Original-Prüfungsfragen mit Kommentar

Biologie

17. Auflage

Bearbeitet von
Willm Uwe Kampen

Georg Thieme Verlag
Stuttgart · New York

Dr. med. Dipl.-Biol. Willm Uwe Kampen
Eiderstr. 97
24768 Rendsburg

1. Auflage 1982
2. Auflage 1984
3. Auflage 1985
4. Auflage 1987
5. Auflage 1988
6. Auflage 1990
7. Auflage 1992
8. Auflage 1993
9. Auflage 1994
10. Auflage 1996
11. Auflage 1997
12. Auflage 1998
13. Auflage 2000
14. Auflage 2002
15. Auflage 2003
16. Auflage 2005
17. Auflage 2006

Die Auflagen 1 bis 10 erschienen unter dem Titel „Biologie und Anatomie-Biochemie-Biologie".

Bibliografische Information der Deutschen Bibliothek
Die Deutsche Bibliothek verzeichnet diese Publikation in der Deutschen Nationalbibliographie; detaillierte bibliographische Daten sind im Internet über http://dnb.ddb.de abrufbar.

© 2006 Georg Thieme Verlag KG
Rüdigerstr. 14, D-70469 Stuttgart
Unsere Homepage:
http://www.thieme.de

Umschlaggestaltung:
Thieme Verlagsgruppe

Umschlagfoto:
Studio Nordbahnhof

Satz:
Graphik & Text Studio, Barbing

Druck:
Grafisches Centrum Cuno GmbH & Co. KG, Calbe
Printed in Germany

ISBN 3-13-114897-7
ISBN 978-3-13-114897-1

Autoren und Verlag haben sich bei der Zusammenstellung der Fragen, bei der Zuordnung der Lösungen und bei der Kommentierung von Fragen und Lösungen um größtmögliche sachliche Richtigkeit bemüht. Dennoch wird eine Gewähr für die in diesem Band enthaltenen Angaben nicht übernommen. Für Inhalt und Formulierung der Prüfungsfragen zeichnet das IMPP verantwortlich.

Das Werk, einschließlich aller seiner Teile, ist urheberrechtlich geschützt. Jede Verwertung außerhalb der engen Grenzen des Urhebergesetzes ist ohne Zustimmung des Verlages unzulässig und strafbar. Das gilt insbesondere für die Vervielfältigung, Übersetzung, Mikroverfilmung und die Einspeicherung und Verarbeitung in elektronischen Systemen.

Vorwort

Seit fast genau 10 Jahren erscheint der GK1 Band Biologie der Schwarzen Reihe nun unter meiner Federführung – und es hat sich in dieser Zeit Einiges im Lehren und Lernen des Faches Humanmedizin getan. Die erst kürzlich in Kraft getretene neue Approbationsordnung soll den Studierenden früher und umfassender an die klinisch-praktische Tätigkeit im täglichen Umgang mit den Patienten heranführen. Ein hehres Ziel, im Kern sicher gut gedacht – wir werden abwarten müssen, ob sich dieses Ziel so realisieren lässt. Auch das IMPP hat in den letzten Jahren eine zunehmende Zahl klinischer Fragen im Programm, was vom Grundgedanken her sicher eine positive Entwicklung ist. Andererseits wird gerade für die richtige Beantwortung dieser Fragen manchmal ein klinisches Spezialwissen vorausgesetzt, das einer/m Studierenden vor dem Physikum nicht zur Verfügung stehen kann. Aber nun ... so lange es das System der Multiple-Choice-Fragen im Physikum gibt, so lange werden Sie alle mit den positiven und negativen Seiten leben müssen (und können).

Was sich sonst im letzten Jahrzehnt in der Medizin getan hat, ist oft für Ihre berufliche Zukunft nicht erfreulich. Man mag hier nur an die jüngste Problematik der Arbeitszeitregelung, an die immer wieder diskutierte Vergütung der ärztlichen Leistungen und den damit verbundenen Ärztemangel denken. Auf der anderen Seite hat sich in Diagnostik und Therapie viel getan, was uns eine qualitativ bessere Patientenversorgung ermöglicht. Und spätestens der nächste strahlende Gesichtsausdruck eines Patienten bei der Mitteilung einer guten Diagnose, beim Besprechen der Heilungsaussichten oder der guten Prognose einer als schlimm befürchteten Erkrankung lässt in jedem von uns die Erkenntnis zum Vorschein kommen, das Richtige studiert zu haben.

Die Ihnen vorliegende 17. Auflage des GK1 Bandes „Biologie" enthält die Originalfragen und Kommentare des Physika der letzten 10 Jahre thematisch den einzelnen Kapiteln zugeordnet. Im selben Umfang wurden alte Fragen aus dem Manuskript gestrichen. Auch die Markierung wichtiger und häufig nachgefragter Zusammenhänge mittels der bereits aus früheren Ausgaben bekannten Ausrufezeichen (jetzt Quadrate) wurde beibehalten. Darüber hinaus wurden neue Lerntexte in diesen Band aufgenommen.

Für kritische Anmerkungen und Ratschläge bin ich – wie immer – dankbar und wünsche allen Physikums-Aspiranten einen langen Atem während der Vorbereitungsphase und viel Erfolg bei der Prüfung!

Ich meine, dass Gesundheit uns glücklich macht,
aber das Umgekehrte tut auch seine Wirkung.
Ich glaube, dass ein glücklicher Mensch
weniger leicht erkrankt als ein unglücklicher.

Bertrand Russel (1872–1970), englischer Mathematiker und Philosoph

Rendsburg, im Juni 2006
Willm Uwe Kampen

ANMERKUNGEN DER REDAKTION

Zur besseren Übersicht über die Schwerpunkte des umfangreichen Prüfungswissens wurden Fragen und Kommentare mit Quadraten gekennzeichnet. Diese gehören Stoffgebieten an, zu denen wiederholt in verschiedener Form Fragen gestellt werden.

- ■ wiederholt geprüfter Stoff
- ■■ sehr wichtiger, häufig geprüfter Stoff

Inhalt

Lerntextverzeichnis		IX
Bearbeitungshinweise		X

1	Allgemeine Zellbiologie, Zellteilung und Zelltod	2, **84**
1.1	Zellbegriff und zelluläre Strukturelemente	2, **84**
1.2	Plasmamembran	2, **84**
1.3	Zellkern	5, **93**
1.4	Zytoplasma, Zytosol	6, **95**
1.5	Ribosomen	7, **96**
1.6	Endoplasmatisches Retikulum	8, **99**
1.6.1	Definition	8, **99**
1.6.2	Rauhes Endoplasmatisches Retikulum	8, **99**
1.6.3	Glattes Endoplasmatisches Retikulum	9, **100**
1.7	Golgi-Apparat	9, **100**
1.8	Exozytose	10, **102**
1.9	Endozytose	10, **102**
1.10	Lysosomen	11, **104**
1.11	Peroxisomen	12, **106**
1.12	Mitochondrien	13, **107**
1.13	Zytoskelett	15, **111**
1.13.1	Mikrotubuli	15, **112**
1.13.2	Intermediärfilamente	17, **114**
1.13.3	Aktinfilamentsystem	18, **115**
1.14	Bildfragen	18, **116**
1.15	Zellzyklus und Zellteilung (Mitose)	22, **119**
1.16	Meiose (Reifeteilung)	26, **126**
1.16.1	Meiose (Reifeteilung)	26, **126**
1.16.2	Verlauf der 1. Reifeteilung	27, **128**
1.16.3	Verlauf der 2. Reifeteilung	27, **128**
1.16.4	Funktion der Meiose	29, **131**
1.17	Zelltod	30, **134**
1.18	Zellkommunikation und Signaltransduktion	31, **135**
1.19	Fragen/Kommentare aus Examen Frühjahr 2006	31, **136**

2	Genetik	33, **139**
2.1	Organisation und Funktion eukaryontischer Gene	33, **139**
2.1.1	Aufbau und Replikation der DNA	33, **139**
2.1.2	DNA-Reparatur	34, **142**
2.1.3	Genbegriff, Transkription und Prozessierung der RNA	35, **143**
2.1.4	Regulation der Genexpression	37, **147**
2.1.5	Differenzielle Genaktivität als Grundlage von Entwicklung und Differenzierung	37, **148**

> Die fett gedruckten Seitenzahlen beziehen sich auf den Kommentarteil.

2.1.6	Translation und genetischer Code	37, **148**
2.1.7	Kartierung von Genen/Genfamilien	40, **152**
2.1.8	Anzahl und Größe von Genen	40, **153**
2.2	Chromosomen des Menschen	40, **154**
2.3	Formale Genetik	42, **156**
2.3.1	Begriffe und Symbole	42, **156**
2.3.2	Mendel'sche Gesetze	43, **157**
2.3.3	Autosomal-dominanter/kodominanter Erbgang, multiple Allelie	43, **159**
2.3.4	Autosomal-rezessiver Erbgang	47, **163**
2.3.5	X-chromosomaler Erbgang	49, **166**
2.3.6	Imprinting	52, **169**
2.3.7	Mitochondriale Vererbung	52, **170**
2.4	Gonosomen, Geschlechtsbestimmung und -differenzierung	53, **170**
2.4.1	X, Y-Chromosom und pseudoautosomale Region	53, **170**
2.4.2	X-Inaktivierung	53, **170**
2.5	Mutationen	53, **171**
2.5.1	Genmutationen	53, **171**
2.5.2	Folge von Genmutationen	54, **172**
2.5.3	Spontane und induzierte Genmutationen	55, **174**
2.5.4	Strukturelle Chromosomenmutationen	56, **175**
2.5.5	Numerische Chromosomenmutationen	57, **176**
2.6	Klonierung und Nachweis von Genen bzw. Genmutationen	60, **179**
2.7	Entwicklungsgenetik	61, **181**
2.8	Populationsgenetik	61, **182**
2.8.1	Hardy-Weinberg-Gesetz	61, **182**
2.8.2	Wirkung von Selektion und Zufall	61, **182**
2.9	Fragen/Kommentare aus Examen Frühjahr 2006	62, **183**

3	Grundlagen der Mikrobiologie und Ökologie	63, **185**
3.1	Morphologische Grundformen der Bakterien	63, **185**
3.2	Aufbau und Morphologie der Bakterienzelle (Procyte)	65, **188**
3.2.1	Unterschiede zur Euzyte	65, **188**
3.2.2	Zellwand	66, **191**
3.2.3	Geißeln, Pili (Fimbrien)	67, **195**
3.2.4	Kapsel	68, **196**
3.2.5	Zellmembran (Zytoplasmamembran)	68, **196**
3.2.6	Ribosomen	68, **196**
3.2.7	Nucleoid (Kernäquivalent), Bakterienchromosom, Plasmide	68, **197**
3.2.8	Sporen	69, **198**
3.3	Wachstum der Bakterien	70, **199**

3.3.1	Stoffwechsel (Verhalten gegenüber Sauerstoff), intrazelluläres Wachstum	70, **199**	3.6.2	Aufbau	78, **215**
			3.6.3	Vermehrung und Genetik	79, **216**
			3.7	Prionen	79, **216**
3.3.2	Bakterienkultur	70, **200**	3.8	Ausgewählte Kapitel aus der Ökologie mit Bezügen zur Mikrobiologie	80, **217**
3.3.3	Wachstum und Vermehrung	70, **200**			
3.4	Bakteriengenetik	73, **204**			
3.4.1	Bakterienchromosom, Plasmide	73, **204**	3.8.1	Stoffkreisläufe	80, **217**
3.4.2	Übertragung von Genmaterial	73, **204**	3.8.2	Nahrungskette, Energiefluss	80, **219**
3.4.3	Antibiotikaresistenz aus evolutionsbiologischer Sicht	74, **208**	3.8.3	Regulation der Populationsgröße in einem Biosystem	81, **220**
3.5	Pilze	75, **208**	3.8.4	Wechselbeziehungen zwischen artverschiedenen Organismen	81, **220**
3.5.1	Lebensweise, medizinische Bedeutung	75, **208**	3.9	Fragen/Kommentare aus Examen Frühjahr 2006	81, **221**
3.5.2	Wachstumsformen	75, **210**			
3.5.3	Vermehrung	76, **210**			
3.5.4	Synthese von Stoffen	76, **210**			
3.6	Viren	76, **211**			
3.6.1	Virusbegriff	76, **211**			

Literaturverzeichnis	223
Bildanhang	225
Sachverzeichnis	229

Die fett gedruckten Seitenzahlen beziehen sich auf den Kommentarteil.

Lerntextverzeichnis

1 Allgemeine Zellbiologie, Zellteilung und Zelltod

Zellmembran I.1	84
Aktiver Transport I.2	88
Zellkontakte I.3	89
Embryonale Induktion I.4	93
Endoplasmatisches Retikulum I.5	99
Diktyosomen und Golgi-Apparat I.6	100
Lysosomen I.7	104
Mitochondrien I.8	107
Zytoskelett I.9	111
Zellzyklus I.10	119
Mitose I.11	121
Metaplasie I.12	125
Meiose und zeitlicher Ablauf der Keimzellreifung I.13	126
Zelltod I.14	134
Prinzipien der Zellkommunikation und Signaltransduktion I.15	135

2 Genetik

Aufbau der Nukleinsäuren II.1	139
DNA-Replikation II.2	141
Exzisionsreparatur strahlungsinduzierter Thymin-Dimere II.3	142
Bildung der reifen mRNA II.4	144
Regulation der Genexpression auf DNA- und RNA-Ebene II.5	147
Proteinbiosynthese II.6	148
Repetitive DNA und Genomgröße II.7	153
Mendel'sche Gesetze II.8	158
Barr-Körperchen II.9	170
Mutationen II.10	171
Numerische Chromosomenaberrationen II.11	176
Klonierung II.12	179
Transgene Tiere II.13	181
Mutation und Selektion als Grundlage der Evolution II.14	182

3 Grundlagen der Mikrobiologie und Ökologie

Prokaryonten-Zelle III.1	188
Bakterielle Zellwand III.2	191
Gram-Färbung III.3	192
Plasmide III.4	197
Bakterielle Sporen III.5	198
Lichtmikroskopischer Nachweis von Bakterien III.6	200
Wachstumsverhalten von Bakterien in statischer Kultur III.7	200
Wirkprinzipien von Antibiotika III.8	202
Parasexuelle Vorgänge bei Bakterien III.9	204
MRSA III.10	207
Pilze III.11	208
Viren III.12	211
Bakteriophagen und ihre Vermehrung III.13	214
Prionen III.14	216
Stoffkreisläufe III.15	217
Nahrungskette III.16	219
Wechselbeziehungen von Organismen III.17	220

Bearbeitungshinweise

Die Original-Prüfungsfragen bilden die Grundlage dieses Bandes. Zur Prüfungsvorbereitung erscheint eine fachbezogene Fragenordnung, wie sie in diesem Band vorliegt, geeignet. In den Original-Aufgabenheften richtet sich die Reihenfolge der Prüfungsfragen nach inhaltlichen Gesichtspunkten. Der Aufgabentyp kann sich daher von Aufgabe zu Aufgabe ändern.

Seit mehreren Jahren werden vom IMPP ausschließlich Aufgaben vom Typ **Einfachauswahl** und **Zuordnung** gestellt.

Die Lösung zu jeder Frage ist am Unterrand derselben Seite vermerkt. Im Lösungsteil findet sich ein ausführlicher Kommentar.

Allgemeines

Soweit nicht besondere Bedingungen genannt sind, bezieht sich der in einer Aufgabe angesprochene Sachverhalt auf den medizinischen und wissenschaftlichen Regelfall sowie auf die Gegebenheiten in der Bundesrepublik Deutschland.

Die Prüfungsaufgaben sind Antwortwahlaufgaben. Sie grenzen die Zahl der Antwortmöglichkeiten auf einen zuvor bestimmten Entscheidungszusammenhang ein. Für alle Aufgabentypen gilt daher: Antworten, die im Antwortangebot nicht enthalten sind, können nicht die richtige Lösung sein.

Die Aufgabe gilt als **richtig gelöst**, wenn die beste Antwort aus dem Antwortangebot A bis E markiert wurde. Die beste Antwort ist diejenige, die im Vergleich der fünf Antwortmöglichkeiten die Aufgabe **am umfassendsten beantwortet**.

Lesen Sie immer alle Antwortmöglichkeiten durch, bevor Sie sich für eine Lösung entscheiden.
Eine Mehrfachmarkierung und das Fehlen einer Markierung wird als falsch gewertet. Können Sie eine Aufgabe nicht lösen, lohnt es sich zu raten, weil eine 20-prozentige Chance besteht, die richtige Lösung zu treffen.

Aufgabentypen

→ Aufgabentyp A: Einfachauswahl

Bei diesem Aufgabentyp sind alle angebotenen Antworten A bis E gegeneinander abzuwägen. Als **richtige Lösung** wird die **Bestantwort** anerkannt. **Bestantwort** ist entweder die am **meisten zutreffende** oder die **allein zutreffende** Antwort bzw. die **am wenigsten zutreffende** oder die **allein unzutreffende** Antwort.

→ Aufgabentyp B: Zuordnung (Aufgaben mit gemeinsamem Antwortangebot)

Bei diesem Aufgabentyp sind in Liste 1 Begriffe oder Sachverhalte aufgeführt, Liste 2 enthält die möglichen Antworten A bis E. Als **richtige Lösung** wird die **allein** oder **am besten zutreffende Zuordnung** anerkannt. Dabei kann auch für mehrere Aufgaben der Liste 1 die gleiche Antwort der Liste 2 die richtige Lösung sein.

Fragen

1 Allgemeine Zellbiologie, Zellteilung und Zelltod

1.1 Zellbegriff und zelluläre Strukturelemente

■■
Ordnen Sie bitte den Begriffen in Liste 1 die zutreffende Erläuterung der Liste 2 zu!

Liste 1
→ 1.1 Zytoplasma
→ 1.2 Karyoplasma
→ 1.3 Plasmalemma

Liste 2
(A) Membransystem in der Zelle
(B) Bestandteile des Zellkerns
(C) Zusammenfassender Begriff für Zellsubstanz
(D) Grenzfläche der Zelle
(E) Grundplasma einschließlich der Zellorganellen und Membransysteme ohne Zellkern

→ 1.4 Die Kern-Plasma-Relation
(A) beschreibt den steten Stoffstrom vom Kern ins Zytoplasma
(B) beschreibt den steten Stoffstrom vom Zytoplasma in den Kern
(C) bezeichnet das für einen Zelltyp vorherrschende Verhältnis von Kernvolumen zur Menge des Zytoplasmas
(D) bezeichnet die genetische Abhängigkeit des Zytoplasmas vom Kern
(E) beschreibt den Zusammenhang der Kernhülle mit dem Endoplasmatischen Retikulum

→ 1.5 Welche Aussage trifft nicht zu?
Zellorganellen sind
(A) die Kinetosomen
(B) der Golgiapparat
(C) die Mitochondrien
(D) die Zentriolen
(E) die Pigmentgranula

1.2 Plasmamembran

■
→ 1.6 Das Plasmalemma ist
(A) ein Membransystem in der Zelle
(B) Bestandteil des Zellkerns
(C) ein zusammenfassender Begriff für Zellsubstanz
(D) die Grenzfläche der Zelle
(E) das Grundplasma einschließlich der Zellorganellen und Membransysteme ohne Zellkern

H97 ■
→ 1.7 Welche Aussage trifft nicht zu?
Folgende Zellstrukturen stellen Kompartimente dar:
(A) Zellkern
(B) Mitochondrien
(C) das Endoplasmatische Retikulum
(D) Nukleolus
(E) Peroxisomen

F97
→ 1.8 Welche Aussage zur Zelle trifft nicht zu?
(A) Die einzelnen zellulären Kompartimente sind durch Membranen abgegrenzt, die eine selektive Permeabilität aufweisen.
(B) Die Zellmembran macht bei den meisten eukaryoten Zellen hinsichtlich ihrer Fläche und Masse nur einen kleinen Anteil aller Membranen aus.
(C) Die sekretorischen Proteine folgen praktisch alle dem gleichen Weg von den Ribosomen ins Endoplasmatische Retikulum, über den Golgi-Apparat ins sekretorische Vesikel.
(D) Sekretorische Zellen des Pankreas setzen die gespeicherten Sekrete in erster Linie kontinuierlich (konstitutiv) frei.
(E) In vielen Fällen ist ein Signalpeptid erforderlich, um bestimmte Proteine in spezielle Kompartimente einzuschleusen.

1.1 (E)   1.2 (B)   1.3 (D)   1.4 (C)   1.5 (E)   1.6 (D)   1.7 (D)   1.8 (D)

1.2 Plasmamembran

H99
1.9 Welche Aussage zur Plasmamembran bzw. Zellmembran trifft nicht zu?
(A) Plasmamembranproteine werden am Endoplasmatischen Retikulum synthetisiert.
(B) Plasmamembranproteine können sich in der Ebene der Membran bewegen.
(C) Glykoproteine der Zellmembran wurden im Golgi-Apparat glykosyliert.
(D) Glykoproteine der Glykokalix haben Rezeptorfunktion (z. B. für Hormone).
(E) Glykolipide sind vorwiegend auf der Innenseite der Zellmembran verteilt.

H01
1.10 Welche Aussage über die Plasmamembran trifft nicht zu?
(A) Plasmamembranproteine können sich in der Membranebene bewegen.
(B) Connexine können der Anheftung der Plasmamembran an die Interzellularmatrix dienen.
(C) Proteine der Plasmamembran stehen mit Zytoskelettelementen in Verbindung.
(D) Integrale Membranproteine ermöglichen den Ionentransport durch die Membran.
(E) Die Plasmamembran enthält spezifische Rezeptorproteine.

F99
1.11 Welche Aussage zur Zellmembran bzw. zur extrazellulären Matrix trifft nicht zu?
(A) Die kohlenhydratreiche Schicht an der Oberfläche der meisten eukaryonten Zellen wird als Glykokalix bezeichnet.
(B) Nur eine Minderheit der Lipidmoleküle der äußeren Zellmembran ist glykosyliert.
(C) Die Proteine sind in der eukaryonten Zellmembran unbeweglich angeordnet.
(D) Glykoproteine finden sich auf der Außenseite der Zellmembran.
(E) Proteoglykane (proteinhaltige Polysaccharide) sind Bestandteil der extrazellulären Matrix.

1.12 Welche Aussage über die Zellmembran trifft nicht zu?
(A) Sie enthält RNA-Moleküle als Antigene.
(B) In ihre Struktur sind Proteine eingebaut.
(C) Sie besteht zum großen Teil aus einer doppelten Lipidschicht.
(D) Sie enthält an Proteine gebundene Polysaccharide.
(E) Membranbestandteile können Wirkstoffe spezifisch binden.

H04
1.13 Lektine sind (Glyko-)Proteine,
(A) die sich an (Oligo-)Saccharide der Glykokalix binden
(B) die Murein hydrolysieren
(C) die Desmosomen stabilisieren
(D) die bei der Exozytose die Verschmelzung der Vesikelmembran mit der Zellmembran bewirken
(E) die bei der Endozytose die Abschnürung der Endozytosevesikel von der Zellmembran bewirken

H95
1.14 Welche Aussage trifft nicht zu?
Die Zellmembran ist am Aufbau folgender Strukturen beteiligt:
(A) Mikrovilli
(B) Zilien
(C) Basalkörper
(D) Desmosomen
(E) Pinozytosevesikel

H90
1.15 Integrierte Membranproteine können bei Säugerzellen folgende Funktionen haben:
(1) Ionentransport
(2) Auslösung eines Second-messenger-Prozesses
(3) Bindung von Peptidhormonen
(4) Aufbau von Gap junctions zur Koppelung von benachbarten Zellen
(5) Einleiten einer adsorptiven Pinozytose

(A) nur 1, 2 und 3 sind richtig
(B) nur 1, 4 und 5 sind richtig
(C) nur 2, 3 und 4 sind richtig
(D) nur 1, 2, 3 und 4 sind richtig
(E) 1–5 = alle sind richtig

F02 H99
1.16 Ein Defekt an welchem Protein verursacht die Mukoviszidose (zystische Fibrose)?
(A) Kollagen
(B) Elastin
(C) Fibronektin
(D) Chlorid-Ionenkanal (CFTR-Protein)
(E) Na^+/K^+-ATPase

1.9 (E) 1.10 (B) 1.11 (C) 1.12 (A) 1.13 (A) 1.14 (C) 1.15 (E) 1.16 (D)

1 Allgemeine Zellbiologie, Zellteilung und Zelltod

→ 1.17 Welche Aussage trifft **nicht** zu?
Kontaktstellen zwischen Zellen können die Aufgabe haben,
(A) eine elektrische Kopplung herzustellen
(B) eine Festlegung von Zellen im Gewebeverband zu erreichen
(C) als Verschlußzone interzelluläre Spalträume abzudichten
(D) amöboide Zellbewegungen auszulösen
(E) einen Austausch von Molekülen zu ermöglichen

→ 1.18 Kontaktinhibition ist
(A) das Fehlen von Desmosomen zwischen Zellen gleichen Typs
(B) der Mangel an Glykokalix auf der Zellmembran durch eine Defektmutante
(C) die Einstellung der amöboiden Bewegung und des Wachstums bei der Begegnung von Zellen gleichen Typs
(D) ungehemmtes Wachstum von bösartigen Tumorzellen
(E) das Fehlen eines Stoffaustauschs zwischen Zellen gleichen Typs

F91
→ 1.19 Welcher Zellkontakt dient zur Abdichtung eines Epithels?
(A) Tight junction
(B) Desmosom
(C) Zonula adhaerens
(D) Gap junction
(E) Synapsen

H05
→ 1.20 Mit welchem Zellkontakt sind Claudine am ehesten assoziiert?
(A) Desmosom
(B) Zonula adhaerens
(C) Nexus
(D) Zonula occludens
(E) Hemidesmosom

F97
→ 1.21 Für Epithelien bzw. Epithelzellen gilt:
(1) Aus allen drei Keimblättern können sich Epithelien entwickeln.
(2) Zytokeratine sind charakteristische Komponenten des Zytoskeletts von Epithelzellen.
(3) Epithelzellen sind über Hemidesmosomen direkt miteinander verbunden.

(A) nur 1 ist richtig
(B) nur 2 ist richtig
(C) nur 1 und 2 sind richtig
(D) nur 1 und 3 sind richtig
(E) nur 2 und 3 sind richtig

H02
→ 1.22 Welche(s) der folgenden Proteine kommt/kommen in der basalen Plasmamembran einer ausdifferenzierten Epithelzelle vor?
(A) Selektine
(B) Occludin
(C) Integrine
(D) Lamine
(E) Villin

F04 ■
→ 1.23 Desmosomen haben folgende Bedeutung:
(A) Abschließung der Interzellularräume
(B) mechanische Verbindung von Gewebezellen
(C) elektrische Kopplung von Nachbarzellen
(D) Austausch kleiner Moleküle zwischen Nachbarzellen
(E) Verbindung von Zellen mit der Basalmembran

F05 ■
→ 1.24 Der Unterschied zwischen Zonulae adhaerentes und Maculae adhaerentes besteht darin, dass Zonulae adhaerentes
(A) Haftstrukturen sind
(B) den parazellulären Transport verhindern
(C) mit Aktinfilamenten assoziiert sind
(D) häufig an der Basis von Epithelzellen vorkommen
(E) den Ionenaustausch zwischen zwei Zellen ermöglichen

H03
→ 1.25 Welches der folgenden Proteine ist am Aufbau einer Zonula adhaerens beteiligt?
(A) E-Cadherin
(B) Occludin
(C) Connexin
(D) $\alpha_6\beta_4$-Integrin
(E) Desmoglein

1.17 (D) 1.18 (C) 1.19 (A) 1.20 (D) 1.21 (C) 1.22 (C) 1.23 (B) 1.24 (C) 1.25 (A)

F03 ■
→ 1.26 Für welchen Zellkontakt ist das Protein β-Catenin typisch?
(A) Nexus
(B) Zonula adhaerens
(C) Zonula occludens
(D) fokaler Kontakt
(E) Hemidesmosom

F04 H03
→ 1.27 Welches der folgenden Proteinmoleküle kommt in einem Hemidesmosom vor?
(A) Occludin
(B) Desmoglein
(C) Connexin
(D) E-Cadherin
(E) $\alpha_6\beta_4$-Integrin

H04 ■
→ 1.28 Welche der folgenden Proteinmoleküle kommen typischerweise in einer gap junction (Nexus) vor?
(A) Occludine
(B) Connexine
(C) Desmogleine
(D) Integrine
(E) E-Cadherine

→ 1.29 Welche Aussage trifft nicht zu?
Bei einer embryonalen Induktion werden durch Zellkontakte funktionell wichtige Effekte in den betroffenen Zellen ausgelöst wie z. B.
(A) Ausbildung von Zellkontakten in Form von Gap junctions und Desmosomen
(B) Synthese und Sekretion von Interzellularsubstanzen
(C) Einstellung der amöboiden Beweglichkeit
(D) zelluläre Atrophie
(E) Bildung von Gewebsverbänden

→ 1.30 Der Zusammenschluß von Zellen zu Zellverbänden während der Embryonalentwicklung kann nur erfolgen, wenn
(A) besondere Kontaktzonen zwischen benachbarten Zellen entstehen
(B) sich die Zellen hinsichtlich der Spezifität ihrer Glykokalix unterscheiden
(C) die mitotische Aktivität eingestellt wird
(D) keine Kontaktinhibition eintritt
(E) keine Desmosomen gebildet werden

1.3 Zellkern

■ ■
→ 1.31 Welche Aussage trifft nicht zu?
Die folgenden Zellbestandteile liegen außerhalb des Zellkerns im Zytoplasma
(A) Lysosomen
(B) Dictyosomen
(C) Ribosomen
(D) Nukleolen
(E) Mitochondrien

F98 ■ ■
→ 1.32 Welche Aussage trifft nicht zu?
Der Zellkern
(A) enthält DNA, RNA und Kernproteine
(B) wird durch die Kernhülle vom Zytoplasma abgegrenzt
(C) weist in den meisten Zellen mindestens einen Nukleolus auf
(D) unterscheidet sich in der Ionenzusammensetzung vom Zytoplasma
(E) ist Ort der Translation der Kernproteine

F03
→ 1.33 Welche Aussage über die Kernmembran trifft zu?
(A) Poren in der Kernmembran erlauben an den Spindelfasern den Zugriff zu den Chromosomen.
(B) Sie wird während der Anaphase aufgelöst.
(C) Der inneren Kernmembran liegt die Kernlamina an.
(D) Die Kernmembran bleibt bis zum Ende der 1. Reifeteilung intakt.
(E) Der Nukleolus besitzt eine eigene umhüllende Membran.

F91
→ 1.34 Welche Aussage trifft nicht zu?
Die Doppelmembranen der Kernhülle ermöglichen den
(A) Transport von Ribosomen in den Zellkern
(B) Transport von tRNA in das Zytoplasma
(C) Transport von mRNA in das Zytoplasma
(D) Transport von Ionen in den Kern
(E) Transport von 40S- bzw. 60S-Ribosomen-Untereinheiten ins Zytoplasma

1.26 (B)   1.27 (E)   1.28 (B)   1.29 (D)   1.30 (A)   1.31 (D)   1.32 (E)   1.33 (C)   1.34 (A)

1.35 Die Chromosomen bestehen im wesentlichen aus
(A) DNA und RNA
(B) DNA und Kohlenhydraten
(C) DNA und Lipiden
(D) DNA und Protein
(E) RNA und Protein

F03 ■

1.36 Welche Aussage beschreibt am zutreffendsten das Nukleosom?
(A) Einheit des Chromatins bestehend aus Histonen und einem DNA-Abschnitt
(B) Multiproteinkomplex u. a. aus Proteasen zur zytoplasmatischen Degradation von Proteinen
(C) biochemische und morphologische Vorgänge, die zum programmierten Tod einer Zelle führen
(D) charakteristische DNA-Sequenzen an den Chromosomenenden mit speziellem Replikationsmodus
(E) Multiproteinkomplex am Zentromer; dient zur Verankerung der Mikrotubuli

H02 ■

1.37 Wo werden Histone einer menschlichen Zelle synthetisiert?
(A) im gesamten Zellkern
(B) nur in den Nukleolus-Regionen des Zellkerns
(C) jeweils an den Chromosomen, zu deren Aufbau sie beitragen
(D) nur an den Ribosomen innerhalb des Zellkerns
(E) an den Ribosomen außerhalb des Zellkerns

1.38 Die Nukleolen enthalten als wesentlichen Inhalt
(A) einen Pool aus messenger-RNA
(B) Kohlenhydrate zur Bildung von Mukopolysacchariden
(C) sich bildende Ribosomen und ribosomale RNA
(D) Nahrungsstoffe in Form von Neutralfetten
(E) den Aminosäuren-Pool für die Proteinbiosynthese

1.39 Welche Aussage trifft nicht zu? Bestandteile des Nukleolus sind
(A) redundante Gene
(B) Proteine
(C) transfer-RNA
(D) ribosomale RNA
(E) Ribosomen

F05 H98 F95 ■■

1.40 Der Nukleolus enthält vor allem:
(A) mRNA
(B) rRNA
(C) tRNA
(D) mtRNA
(E) cDNA

H93

1.41 Der Nukleolus
(1) wird von einer eigenen Membranhülle umgeben
(2) befindet sich an den Nukleolus-Organizer-Regionen der akrozentrischen Chromosomen
(3) ist der Bildungsort der ribosomalen RNA
(4) ist an der Translation beteiligt
(5) ist während der Mitose besonders deutlich sichtbar

(A) nur 1 und 2 sind richtig
(B) nur 2 und 3 sind richtig
(C) nur 2 und 5 sind richtig
(D) nur 3 und 4 sind richtig
(E) nur 3 und 5 sind richtig

F00 ■

1.42 Welche Aussage zum Zellkern trifft nicht zu?
(A) Der Nukleolus ist ein Bereich im Zellkern, in dem ribosomale RNA synthetisiert wird.
(B) Der Nukleolus ist ein Bereich im Zellkern, in dem Ribosomen-Untereinheiten gebildet werden.
(C) Der Transport von Ionen zwischen Kern und Zytoplasma ist nur mit Hilfe von spezifischen Ionenpumpen möglich.
(D) Während der Mitose wird die Kernmembran aufgelöst.
(E) Die äußere Kernmembran ist Teil des endoplasmatischen Retikulums und kann mit Ribosomen besetzt sein.

1.4 Zytoplasma, Zytosol

Zu diesem Kapitel wurden bisher keine Fragen gestellt.

1.35 (D)   1.36 (A)   1.37 (E)   1.38 (C)   1.39 (C)   1.40 (B)   1.41 (B)   1.42 (C)

1.5 Ribosomen

Ordnen Sie den in Liste 1 genannten Zellbestandteilen jeweils die in Liste 2 genannten Funktionen zu!

Liste 1
→ 1.43 Ribosom
→ 1.44 Phagosom

Liste 2
(A) Zellkontakt
(B) Verdauung
(C) ATP-Bildung
(D) Vererbung
(E) Proteinsynthese

H92 ■■
→ 1.45 Ribosomen
(A) kommen nur in Zellen von Eukaryonten vor
(B) setzen sich aus Untereinheiten mit unterschiedlichen Sedimentations-Konstanten zusammen
(C) sind am Endoplasmatischen Retikulum und in Mitochondrien identisch strukturiert
(D) werden nur am Endoplasmatischen Retikulum und in Mitochondrien beobachtet
(E) können komplexe Biomoleküle abbauen

F97 ■
→ 1.46 Welche Aussage trifft nicht zu?
Ribosomen
(A) werden an den Membranen des Endoplasmatischen Retikulums gebildet
(B) in Bindung an Membranen produzieren exportable Proteine
(C) im Zytosol produzieren die Proteine des Zytoskelets
(D) bilden – aufgereiht auf eine mRNA – ein Polysom
(E) sind in sekretorischen Zellen besonders häufig

H01 ■■
→ 1.47 Welche Aussage zu Ribosomen trifft nicht zu?
(A) Ribosomen kommen sowohl bei Eukaryonten als auch bei Prokaryonten vor.
(B) Ribosomen bestehen aus Untereinheiten mit unterschiedlichen Sedimentationskonstanten.
(C) Die beiden Untereinheiten der Ribosomen lagern sich nur dann zusammen, wenn sie an die mRNA gebunden sind.
(D) Als Polysom bezeichnet man mehrere Ribosomen, die an einer mRNA aufgereiht gebunden sind.
(E) Das Signal-Erkennungspartikel (SRP) bindet fest an sämtliche translatierende Ribosomen.

F98 ■■
→ 1.48 Welche Aussage über Ribosomen der eukaryontischen Zelle trifft nicht zu?
(A) Ihre Vorstufen werden im Nukleolus gebildet.
(B) Sie bestehen aus r-RNA und Protein.
(C) Sie bestehen aus drei Untereinheiten (40S, 60S und 80S).
(D) Sie werden in Autophagolysosomen abgebaut.
(E) Sie können sowohl zelleigene als auch sekretorische Proteine synthetisieren.

H02 ■
→ 1.49 Das Antibiotikum Chloramphenicol bindet an die 50S-Untereinheit der Bakterien-Ribosomen und hemmt dadurch die Proteinsynthese. Welcher der folgenden Prozesse wird in der eukaryontischen Zelle in erster Linie beeinträchtigt?
(A) die Transkription im Zellkern
(B) die Prozessierung der hn-RNA
(C) die Proteinsynthese im Zytoplasma
(D) die Proteinsynthese in den Mitochondrien
(E) die oxidative Phosphorylierung in den Mitochondrien

H99 ■
→ 1.50 Welche Aussage zu Ribosomen bzw. zur ribosomalen RNA trifft nicht zu?
(A) Ribosomen bestehen aus RNA und Proteinen.
(B) Ribosomen des Endoplasmatischen Retikulums wirken nur bei der Biosynthese zelleigener Strukturproteine mit.
(C) Die Ribosomen von Prokaryonten und Eukaryonten unterscheiden sich in der Größe.
(D) Gene für ribosomale RNA finden sich auf akrozentrischen Chromosomen.
(E) Gene für ribosomale RNA finden sich im Genom der Mitochondrien.

H05
→ 1.51 Ein typisches an freien Ribosomen gebildetes Protein ist:
(A) Matrix-Metalloproteinase
(B) α-Tubulin
(C) Fibronektin
(D) Prokollagen
(E) Elastin

1.43 (E) 1.44 (B) 1.45 (B) 1.46 (A) 1.47 (E) 1.48 (C) 1.49 (D) 1.50 (B) 1.51 (B)

1 Allgemeine Zellbiologie, Zellteilung und Zelltod

F02 H97 H89 ■■

→ 1.52 Welche der Zuordnungen von Zellbestandteilen zu Enzymen trifft nicht zu?
(A) Zellmembran: Adenylatcyclase
(B) Zytoplasma: Aminoacyl-tRNA-Synthetase
(C) Ribosomen: RNA-Polymerase
(D) Mitochondrien: Cytochromoxidase
(E) Lysosomen: Hydrolasen

■■

→ 1.53 Unter Polysomen versteht man
(A) die Vorstufen von Autolysosomen
(B) die mit mRNA (messenger-RNA) bei der Translation zusammengefaßten Ribosomen
(C) Teile von Golgi-Feldern mit randständigen Vesikeln
(D) die getrennten 40S- bzw. 60S-Ribosomen-Untereinheiten
(E) die Ribosomen in den Mitochondrien

H05 ■

→ 1.54 Ribosomen in Form eines Polysomenkomplexes an Membranen des endoplasmatischen Retikulums
(A) liefern alle das gleiche Polypeptid
(B) liefern einzelne Fragmente eines Polypeptids, die nachfolgend miteinander verknüpft werden
(C) übernehmen beim Vorgang der Translation die entstehenden Polypeptidketten von benachbarten Ribosomen
(D) zerfallen nach Beendigung des Translationsvorganges in Proteine und rRNA-Moleküle
(E) werden nach Beendigung des Translationsvorganges in Lysosomen abgebaut

H93 ■

→ 1.55 An einem Polysom an der Membran des rauhen Endoplasmatischen Retikulums
(A) werden neue Ribosomen hergestellt
(B) liefern alle Ribosomen ein gleiches Polypeptid
(C) werden die Polypeptidketten zur Verlängerung von Ribosom zu Ribosom transportiert
(D) greifen Hormon-Rezeptorkomplexe zur Regulation der Translation ein
(E) können keine Antibiotika zur Wirkung kommen

F03 ■

→ 1.56 Welche der folgenden Aussagen über membrangebundene Ribosomen trifft zu?
(A) Sie unterscheiden sich in ihrer Struktur von kompletten freien Ribosomen des Zytoplasmas.
(B) Sie sind von einer eigenen Membran umgeben.
(C) Sie synthetisieren Membranproteine und sekretorische Proteine.
(D) Sie finden sich bevorzugt an der Plasmamembran.
(E) Sie sind im Innenraum des rauen endoplasmatischen Retikulums angereichert.

1.6 Endoplasmatisches Retikulum

1.6.1 Definition

1.6.2 Rauhes Endoplasmatisches Retikulum

■■

→ 1.57 Granuläres (= rauhes) Endoplasmatisches Retikulum hat vorwiegend folgende Funktion:
(A) Leitung von niedermolekularen Lösungen
(B) Erregungsleitung innerhalb der Zelle
(C) Synthese von exportablem Eiweiß
(D) Synthese von Steroidhormonen
(E) Synthese von Glykogen

F96

→ 1.58 Die basophilen Nissl-Schollen der Nervenzellen
(A) sind Ablagerungen von Stoffwechselschlacken
(B) sind Fixierungsartefakte
(C) sind Komplexe von rauhem Endoplasmatischem Retikulum
(D) finden sich nur in der engeren Umgebung des Zellkerns
(E) kommen bei alten Menschen gehäuft vor

1.52 (C) 1.53 (B) 1.54 (A) 1.55 (B) 1.56 (C) 1.57 (C) 1.58 (C)

H90
→ 1.59 In einer Drüsenzelle ist das rauhe Endoplasmatische Retikulum
(1) eine Zellregion mit extrem dicht zusammengelagerten Membranen
(2) Synthesezone von exportablen Proteinen
(3) Umbauzone für die Oligosaccharidketten von Glykoproteinen der Sekretgranula
(4) eine Zellzone mit Anreicherung an rRNA und Ribosomen

(A) nur 1 und 4 sind richtig
(B) nur 2 und 4 sind richtig
(C) nur 1, 2 und 3 sind richtig
(D) nur 1, 2 und 4 sind richtig
(E) 1–4 = alle sind richtig

■
Den folgenden Zellkompartimenten (Liste 1) ordnen Sie bitte denjenigen Prozeß A–E (Liste 2) zu, der ausschließlich oder überwiegend dort abläuft!

Liste 1
→ 1.60 Endoplasmatisches Retikulum
→ 1.61 Zytoplasma

Liste 2
(A) Synthese der ribosomalen RNA
(B) Synthese von Glukose aus Phosphoenolpyruvat
(C) Hydroxylierung von Arzneimitteln
(D) Oxidation von $NADH_2$
(E) Synthese von mRNA

1.6.3 Glattes Endoplasmatisches Retikulum

H95
→ 1.62 Welche Aussage trifft nicht zu?
Im Bereich des glatten Endoplasmatischen Retikulum werden
(A) Membranproteine synthetisiert
(B) Lipide und Glykogen gespeichert
(C) Sexualhormone synthetisiert
(D) wasserlösliche Stoffe gerichtet transportiert, z. B. vom ER zum Golgi-Komplex
(E) schädliche Stoffwechselprodukte und Arzneimittel entgiftet

F92
→ 1.63 Welche Aussage trifft nicht zu?
Glattes Endoplasmatisches Retikulum (ER)
(A) ist an der Fettsynthese beteiligt
(B) dient u. a. der Ca^{++}-Speicherung in Skelett-Muskelfasern
(C) synthetisiert Peptidhormone
(D) kann durch Anlagerung von Ribosomen in rauhes ER umgewandelt werden
(E) dient dem intrazellulären Transport von Stoffen

H04
→ 1.64 Cytochrom P_{450} ist ein typisches Enzym des/der
(A) endoplasmatischen Retikulums
(B) Ribosomen
(C) Zellmembran
(D) Lysosomen
(E) Cytosols

1.7 Golgi-Apparat

→ 1.65 Welche Aussage trifft nicht zu?
Diktyosomen
(A) bilden Membranvesikel zur Regeneration der Zellmembran
(B) bilden Sekretvesikel in Drüsenzellen
(C) bilden Lysosomen
(D) sind polar aufgebaut und weisen eine Bildungs- und eine Abgabeseite auf
(E) vereinigen sich mit Phagosomen beim Abbau von phagozytiertem Material

F96 ■
→ 1.66 Welche Aussage trifft nicht zu?
Die Diktyosomen als funktionelle Einheiten des Golgi-Komplexes
(A) kommen auch in Prokaryonten vor
(B) stehen mit dem Endoplasmatischen Retikulum in funktioneller Verbindung
(C) bilden die Glykoproteine der Glykokalix
(D) können die durch Endozytose verbrauchte Membran ersetzen
(E) produzieren in Drüsenzellen Sekretvesikel

1.59 (D)   1.60 (C)   1.61 (B)   1.62 (A)   1.63 (C)   1.64 (A)   1.65 (E)   1.66 (A)

1 Allgemeine Zellbiologie, Zellteilung und Zelltod

H91
→ 1.67 Welche Aussage trifft nicht zu?
Der funktionelle Zusammenhang von Diktyosomen und Membranfluß läßt sich durch folgende Aussagen belegen:
(A) Diktyosomen werden an ihrer cis-Seite durch Membranen des Endoplasmatischen Retikulums ergänzt.
(B) Endozytierte Zellmembran kann in Diktyosomen übergehen.
(C) Nach einer Mitose wird die Kernhülle durch Umformung von Diktyosomen ergänzt.
(D) Bei Exozytosen von Sekretgranula wird Granulamembran in die Zellmembran eingebaut.
(E) Die trans-Seite der Diktyosomen liefert lysosomale Membranen.

H96
→ 1.68 Welche Aussage trifft nicht zu?
Der Golgi-Apparat
(A) ist an der Modifikation der Proteine der Glykokalix beteiligt
(B) ist am Membranfluß beteiligt
(C) ist an der Sulfatierung von Proteinen beteiligt
(D) ist Ort der Synthese mitochondrialer Proteine
(E) ist Ort der Glykosylierung von Proteinen

F04 ■
→ 1.69 Im Golgi-Apparat findet/finden sich nicht:
(A) Muzine
(B) Pro-Kollagen
(C) Glykogen
(D) Glykoproteine
(E) Peptidhormone

1.8 Exozytose

Zu diesem Kapitel wurden bisher keine Fragen gestellt.

1.9 Endozytose

■
Bitte ordnen Sie die Aussagen der Liste 2 den Begriffen der Liste 1 zu!

Liste 1
→ 1.70 Phagozytose
→ 1.71 Pinozytose
→ 1.72 Zytopempsis

Liste 2
(A) passiver Transport von Molekülen durch Membranen
(B) Aufnahme von Flüssigkeit durch Membraneinstülpung in die Zelle
(C) Ausschleusung geformter Bestandteile durch Membranmechanismen aus der Zelle
(D) Aufnahme geformter Bestandteile durch Membraneinstülpung in die Zelle
(E) Durchschleusung von in Membranvesikeln eingeschlossenen Flüssigkeiten durch die Zelle

H99 ■
→ 1.73 Welcher Prozeß findet bei der rezeptorvermittelten Endozytose in frühen Endosomen (kurz nach der Vereinigung der „coated vesicles" zum Endosom) statt?
(A) proteolytischer Abbau des Rezeptors
(B) Dissoziation von Rezeptor und Ligand
(C) Abbau von Glykogen
(D) Abbau von Steroidhormonen
(E) Neusynthese von Clathrin

■
→ 1.74 Welcher Vorgang ist in der Abbildung einer Zelle durch den Pfeil gekennzeichnet?
(A) Transport von Material aus dem Golgifeld ins Endoplasmatische Retikulum
(B) Entstehung von primären Lysosomen
(C) Mikropinozytose
(D) Regeneration von Zellmembran
(E) Zytopempsis

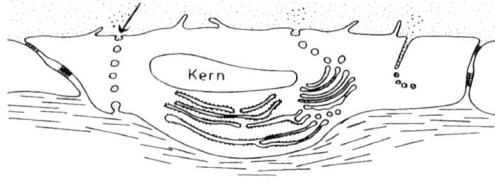

→ 1.75 Die funktionelle Bedeutung der Zytopempsis liegt
(A) in der Aufnahme von gelöstem Material in die Zelle
(B) in der Verschmelzung von Transportvesikeln mit Lysosomen
(C) im Transport durch eine Schicht von Zellen (z. B. Endothel)
(D) im Transport von Material aus Teilen des Endoplasmatischen Retikulums ins Golgifeld
(E) in der Membranregeneration

F96
→ 1.76 Welche Aussage trifft nicht zu?
Amöboide Bewegung
(A) wird durch kontraktile Filamente bewirkt
(B) ermöglicht den Spermien die Bewegung zur Eizelle hin
(C) ist die Bewegungsform der Leukozyten
(D) tritt bei Zellen während der Embryonalentwicklung auf
(E) ermöglicht Makrophagen die Phagozytose

F01 H98 ■
→ 1.77 Welche Aussage zur amöboiden Zellbewegung trifft nicht zu?
(A) Sie kommt durch die Interaktion von Aktin und Myosin im Ektoplasma zustande.
(B) Sie ist weitgehend abhängig von der Zilienbewegung.
(C) Sie wird durch die Bildung von Zytoplasmafortsätzen (Pseudopodien) ermöglicht.
(D) Sie gewinnt die notwendige Energie durch ATP-Spaltung.
(E) Sie spielt in der frühen Embryonalentwicklung eine wichtige Rolle.

H92 ■
→ 1.78 Welche Aussage trifft nicht zu?
Die amöboide Bewegung von Zellen
(A) beruht auf funktionellen Unterschieden zwischen peripheren und inneren Plasmabereichen
(B) wird durch Mikrotubuli im Endoplasma bewirkt
(C) spielt eine Rolle in der embryonalen Entwicklung (Bildung der Keimblätter)
(D) befähigt Leukozyten zur Phagozytose von Bakterien
(E) ist häufig Chemotaxis

H95 F92 ■
→ 1.79 Amöboide Zellbewegung findet sich bei
(1) Spermien beim Vorgang der Besamung
(2) Oozyten II
(3) frühembryonalen Zellen bei der Keimblätterbildung
(4) Leukozyten
(5) Makrophagen

(A) nur 3 ist richtig
(B) nur 4 und 5 sind richtig
(C) nur 3, 4 und 5 sind richtig
(D) nur 1, 3, 4 und 5 sind richtig
(E) nur 2, 3, 4 und 5 sind richtig

F99 H96 H90 ■
→ 1.80 Welche Aussage trifft am wenigsten zu?
Die Bewegung von Makrophagen und Granulozyten
(A) wird durch chemotaktische Reize gerichtet
(B) dient der physiologischen Regeneration
(C) wird durch Aktin-Myosinfilamente verursacht
(D) erfolgt durch Fließen des Zytoplasmas
(E) ist mit Endozytose verbunden

1.10 Lysosomen

■ ■
→ 1.81 Lysosomen
(A) sind lysozymbildende Zellen
(B) sind Bestandteile von Polysomen
(C) enthalten Hydrolasen
(D) sind partielle Abbauprodukte von Ribosomen
(E) sind die Bildungsstätte der Chromosomen und Gene

■
→ 1.82 Lysosomen sind charakterisiert durch
(A) Enzyme der Atmungskette
(B) glykolytische Enzyme
(C) Enzyme der Fettsäuresynthese
(D) Enzyme der Proteinsynthese
(E) hydrolytische Enzyme

F96 ■
→ 1.83 Welche Aussage trifft nicht zu?
Lysosomen haben folgende Funktionen:
(A) β-Oxidation von Fettsäuren
(B) Abbau von phagozytiertem Material
(C) Hydrolyse von Mukopolysacchariden
(D) Abbau von Mitochondrien
(E) Abbau von Membranen des Endoplasmatischen Retikulums

1.75 (C) 1.76 (B) 1.77 (B) 1.78 (B) 1.79 (C) 1.80 (B) 1.81 (C) 1.82 (E) 1.83 (A)

1 Allgemeine Zellbiologie, Zellteilung und Zelltod

→ 1.84 Heterolysosomen (sekundäre Lysosomen) entstehen in einer Zelle, wenn
(A) Membranen des Endoplasmatischen Retikulums und primäre Lysosomen verschmelzen, um Zellorganellen und Zytoplasma abzubauen
(B) Reservestoffe – vor allem Fette – abgebaut werden
(C) Phagosomen und primäre Lysosomen verschmelzen
(D) exportables Eiweiß in Golgi-Membranen eingeschlossen wird
(E) Sekretgranula zur Exozytose vorbereitet werden

H96
→ 1.85 Welche Aussage trifft nicht zu?
Lysosomen
(A) enthalten in manchen Zellen Lipofuszin-Pigment
(B) enthalten Enzyme des Fettsäureabbaus
(C) sind am Abbau von Zellorganellen beteiligt
(D) können durch Autophagie Sekrete vor der Ausstoßung verdauen
(E) mit defekten Enzymen sind Ursache von „Speicherkrankheiten"

H03 ■
→ 1.86 Die azurophilen Granula der neutrophilen Granulozyten sind
(A) Ribosomen-Aggregate
(B) Lysosomen
(C) Pigmentgranula
(D) Peroxisomen
(E) Sekretvesikel

→ 1.87 Eine Anreicherung von Lipofuszin in der Zelle kommt zustande durch
(A) Anhäufung von aktiven Golgi-Feldern
(B) Speicherung von Neutralfetten
(C) Aktivierung von lysosomalen Enzymen
(D) zunehmende Bildung von Lysosomen im Golgi-Feld
(E) nachlassende Aktivität von lysosomalen Enzymen

Ordnen Sie bitte den in Liste 1 genannten Pigmenten ein Organ bzw. einen Organteil (Liste 2) als typischen Ort des Pigmentvorkommens zu!

Liste 1
→ 1.88 Melanin
→ 1.89 Hämosiderin

Liste 2
(A) Cornea
(B) Nebennierenrinde
(C) Milz
(D) Iris
(E) Nebennierenmark

H03
→ 1.90 Welche der folgenden Aussagen zu den Proteasomen ist zutreffend?
(A) Sie gehören zur Familie von Proteasen, die nach der Aktivierung zur Apoptose (Zelltod) führen.
(B) Sie sind in erster Linie für die Verdauung der Fremdproteine, die durch Endozytose aufgenommen werden, verantwortlich.
(C) Sie werden bei pH 5 aktiv.
(D) Sie dienen der zytoplasmatischen Degradation ubiquitinmarkierter Proteine.
(E) Sie werden von einer Membran umgeben, die aus den Golgi-Vesikeln entsteht.

1.11 Peroxisomen

F93
→ 1.91 Welche Aussage trifft nicht zu?
Peroxisomen
(A) enthalten Katalase und H_2O_2-produzierende Oxidasen
(B) enthalten zirkuläre DNA-Moleküle
(C) sind von einer einfachen Membran umgeben
(D) sind am Abbau von Fettsäuren beteiligt
(E) sind besonders häufig in Leber und Niere der Säugetiere

F00
→ 1.92 Welche Aussage zu Peroxisomen trifft nicht zu?
Peroxisomen
(A) entstehen aus Golgi-Vesikeln
(B) kommen in Leber- und Nierenzellen vor
(C) werden auch als „microbodies" bezeichnet
(D) enthalten Enzyme zur Spaltung von H_2O_2
(E) enthalten Enzyme zum Fettsäureabbau

1.84 (C)   1.85 (B)   1.86 (B)   1.87 (E)   1.88 (D)   1.89 (C)   1.90 (D)   1.91 (B)   1.92 (A)

1.12 Mitochondrien

F03 ■■
→ 1.93 Peroxisomen
(A) werden von zwei Biomembranen umgeben
(B) enthalten ringförmige DNA-Moleküle
(C) enthalten die Enzyme der Atmungskette
(D) sind am Fettsäurestoffwechsel beteiligt
(E) bilden die azurophilen Granula der neutrophilen Granulozyten

H01 ■
→ 1.94 Welche der folgenden Funktionen ist für Peroxisomen charakteristisch?
(A) Abbau von Peptidhormonen
(B) Abbau von Wasserstoffperoxid
(C) Bindung von mRNA
(D) Synthese von Glykoproteinen
(E) Synthese von ATP

H05
→ 1.95 Bei der angeborenen Stoffwechselkrankheit der Adrenoleukodystrophie liegt ein gestörter Metabolismus von langkettigen Fettsäuren vor. Welches der genannten Zellorganellen zeigt am wahrscheinlichsten einen Defekt?
(A) Mitochondrium
(B) Peroxisom
(C) Lysosom
(D) Golgi-Apparat
(E) coated vesicle

F99
Ordnen Sie den Strukturen der Liste 1 die jeweils zutreffende Funktion bzw. den jeweils zutreffenden Prozeß aus Liste 2 zu!

Liste 1
→ 1.96 Peroxisomen
→ 1.97 Endosomen

Liste 2
(A) Abbau von H_2O_2
(B) Dissoziation von Rezeptor und Ligand
(C) Bindung von mRNA
(D) Speicherung von Calciumionen
(E) Synthese von Steroid-Hormonen

F01 ■■
→ 1.98 Welche Aussage trifft für Mitochondrien zu?
(A) Die Anzahl der Mitochondrien pro Zelle ist in allen Geweben ungefähr gleich.
(B) Mitochondrien werden bei der Zellteilung zufällig auf die Tochterzellen verteilt.
(C) Die einzige enzymatische Leistung der Mitochondrien ist die zelluläre Atmung.
(D) Die Mitochondrien-DNA wird synchron mit der nukleären DNA repliziert.
(E) Die Phenylketonurie ist eine mitochondriale Erkrankung.

H98 ■
→ 1.99 Welche Aussage trifft nicht zu?
Mitochondrien des Menschen enthalten
(A) den Synthese-Mechanismus für ATP
(B) die Enzyme für die β-Oxidation der Fettsäuren
(C) die Enzyme des Zitrat-Zyklus
(D) die sauren Hydrolasen für den Abbau der Mukopolysaccharide
(E) den Multienzymkomplex der Atmungskette

H02 ■■
→ 1.100 Mitochondrien enthalten keine Enzyme des/der:
(A) β-Oxidation von Fettsäuren
(B) Glykolyse
(C) Zitrat-Zyklus
(D) Atmungskette
(E) ATP-Synthese

F05
→ 1.101 Welches der folgenden Gifte wirkt über eine Blockade der Atmungskette?
(A) Colchicin
(B) Chloramphenicol
(C) Botulinustoxin
(D) Cyanid
(E) Muscarin

1.93 (D)   1.94 (B)   1.95 (B)   1.96 (A)   1.97 (B)   1.98 (B)   1.99 (D)   1.100 (B)   1.101 (D)

1 Allgemeine Zellbiologie, Zellteilung und Zelltod

F00
→ **1.102 Welche Aussage zu Mitochondrien trifft nicht zu?**
Mitochondrien
(A) enthalten in stoffwechselaktiven Zellen besonders viele Cristae
(B) enthalten eine innere und eine äußere Membran
(C) haben in Steroidhormon-produzierenden Zellen tubulär verformte Innenmembranen (Tubuli-Typ)
(D) sind auch in Prokaryonten Ort der ATP-Synthese
(E) können eigene Proteine synthetisieren

F97
→ **1.103 Welche Aussage trifft nicht zu?**
Mitochondrien
(A) enthalten DNA und RNA
(B) enthalten die Enzyme des Zitronensäure-Zyklus
(C) erhalten einen Großteil ihrer Proteine aus dem Zytosol
(D) können sich durch Teilung vermehren
(E) vererben ihre Gene über die mütterlichen und väterlichen Keimzellen

F04
→ **1.104 Welche Aussage zu Mitochondrien trifft nicht zu?**
(A) Sie enthalten eigene zirkuläre DNA und Ribosomen.
(B) Sie synthetisieren einen Teil ihrer Proteine selbst.
(C) Sie importieren die mRNAs der im Zellkern kodierten Proteine.
(D) Sie enthalten Rezeptormoleküle für den Proteinimport.
(E) Sie enthalten eine Signalpeptidase in der Matrix.

F05
→ **1.105 Welche der folgenden Aussagen zu Mitochondrien ist zutreffend?**
(A) Mitochondrien synthetisieren die meisten Phospholipide der Zelle.
(B) Die Cristae mitochondriales werden durch die äußere Mitochondrienmembran gebildet.
(C) Die Enzyme der Elektronentransportkette sind in der Mitochondrienmatrix lokalisiert.
(D) Die meisten Mitochondrienproteine werden von der mitochondrialen DNA kodiert.
(E) Für den Import mitochondrialer Proteine aus dem Zytoplasma gibt es Translokatoren (TOM bzw. TIM) in der äußeren bzw. inneren Mitochondrienmembran.

H04
→ **1.106 Welche Aussage zu Mitochondrien trifft zu?**
(A) Die äußere Membran bildet die Cristae mitochondriales.
(B) Die Enzyme des Citratzyklus sind integrale Proteine der inneren Mitochondrienmembran.
(C) Sitz der Enzyme der Atmungskette ist die Mitochondrien-Matrix.
(D) Die meisten mitochondrialen Proteine werden von Genen des Zellkerns kodiert.
(E) Mitochondrien synthetisieren die meisten Phospholipide der Zelle.

F98 F97
→ **1.107 Mitochondrien**
(1) enthalten ringförmige DNA-Moleküle
(2) vermehren sich durch Teilung
(3) bauen Fettsäuren ab (β-Oxidation)
(4) synthetisieren Adenosintriphosphat
(5) enthalten Ribosomen, die in ihrer Größe den zytoplasmatischen Ribosomen entsprechen

(A) nur 1 und 4 sind richtig
(B) nur 1, 2 und 3 sind richtig
(C) nur 1, 2, 3 und 4 sind richtig
(D) nur 2, 3, 4 und 5 sind richtig
(E) 1–5 = alle sind richtig

F99
→ **1.108 Welche Aussage trifft nicht zu?**
Mitochondrien
(A) enthalten 2 ungleich strukturierte Biomembranen
(B) enthalten Ribosomen
(C) enthalten nur einsträngige DNA
(D) vermehren sich durch Teilung
(E) unterscheiden sich in ihrem Genom vom nukleären Genom

→ **1.109 Welche Aussage trifft nicht zu?**
Mitochondrien
(A) sind besonders zahlreich in stoffwechselaktiven Zellen
(B) besitzen RNA und DNA
(C) haben eine Doppelmembran, an deren Innenseite die Enzyme der Atmungskette lokalisiert sind
(D) haben Tubulusstruktur in steroidproduzierenden Zellen
(E) sind über Membranen mit dem Endoplasmatischen Retikulum verbunden, von dem sie dort gebildete energiereiche Phosphate übernehmen

1.102 (D)   1.103 (E)   1.104 (C)   1.105 (E)   1.106 (D)   1.107 (C)   1.108 (C)   1.109 (E)

H00

→ 1.110 Die Mitochondrien der Zygote
(A) stammen zur Hälfte aus der Eizelle, zur Hälfte aus der Samenzelle
(B) stammen zum größten Teil aus der Samenzelle
(C) stammen aus der Eizelle
(D) stammen zu einem erheblichen Teil aus den die Eizelle umgebenden Follikelepithelzellen
(E) entstehen neu aus dem Zytoplasma der Zygote

H90

→ 1.111 Welche Aussage trifft nicht zu?
Die DNA der Mitochondrien
(A) ist doppelsträngig
(B) ist ringförmig
(C) enthält die Gene für alle mitochondrialen Enzyme
(D) enthält Gene für tRNA
(E) kann unabhängig vom Zellzyklus repliziert werden

H00

→ 1.112 Was trifft für Mutationen des mitochondrialen Genoms nicht zu?
(A) Für die mitochondriale DNA ist charakteristisch, dass sie eine niedrigere Mutationsrate hat als die nukleäre DNA.
(B) Sie können mitochondriale r-RNAs und t-RNAs betreffen.
(C) Sie werden maternal vererbt.
(D) Mitochondrial bedingte Krankheiten zeigen eine große Variabilität in Bezug auf den Schweregrad der Erkrankung.
(E) Sie treten sowohl bei Frauen als auch bei Männern auf.

1.13 Zytoskelett

H94

→ 1.113 Welche Aussage trifft nicht zu?
Elemente des Zytoskeletts sind von Bedeutung
(A) bei der Zellteilung
(B) für die Erhaltung einer bestimmten Zellform
(C) bei der amöboiden Zellbewegung
(D) bei der Erkennung von körperfremden Zellen
(E) als Leitstrukturen für den Organellen- und Vesikel-Transport durch die Zelle

H04

→ 1.114 Die wichtigsten Zytoskelettelemente sollen nach ihrem mittleren Durchmesser in absteigender Reihenfolge angeordnet werden. Welche der Anordnungen trifft zu?
(A) Mikrotubuli > Intermediär-Filamente > Aktin
(B) Mikrotubuli > Aktin > Intermediär-Filamente
(C) Intermediär-Filamente > Mikrotubuli > Aktin
(D) Intermediär-Filamente > Aktin > Mikrotubuli
(E) Aktin > Intermediär-Filamente > Mikrotubuli

1.13.1 Mikrotubuli

F05

→ 1.115 Welches Cytoskelettelement unterliegt am meisten einem dynamischen Auf- und Abbau?
(A) Mikrotubulus
(B) Spektrin
(C) Desmin
(D) Zytokeratin
(E) Vimentin

H93

→ 1.116 Welche Aussage trifft nicht zu?
Mikrotubuli
(A) entstehen durch Aggregation von α- und β-Tubulin
(B) können mit Dynein assoziiert sein
(C) ermöglichen die Veränderungen der Form der Mikrovilli
(D) sind an der Bildung von Zilien beteiligt
(E) werden bei ihrem Aufbau (Aggregation) durch Colchicin gehemmt

H02

→ 1.117 Eine Substanz, die spezifisch das Mikrotubulussystem der Zellen zerstört, wird welche Zellfunktion am unmittelbarsten beeinträchtigen?
(A) Zellatmung
(B) Proteinsynthese
(C) DNA-Reparatur
(D) Zellteilung
(E) Verdauung in den Lysosomen

1 Allgemeine Zellbiologie, Zellteilung und Zelltod

F00 ■
→ 1.118 Welche Aussage zu Mikrotubuli trifft <u>nicht</u> zu? Mikrotubuli
(A) setzen sich vorwiegend aus den Proteinen Kinesin und Dynein zusammen
(B) sind polare Strukturen mit einem Plus- und einem Minusende
(C) werden im Zytoplasma reversibel zusammengebaut (polymerisiert)
(D) dienen dem Transport von Zellorganellen
(E) tragen zur Bildung der Mitosespindel bei

H05 ■
→ 1.119 Wie werden Mitochondrien vom Perikaryon entlang des Axons transportiert?
(A) entlang von Aktinfilamenten
(B) entlang von Neurofilamenten
(C) entlang von Mikrotubuli
(D) entlang von Spektrin
(E) entlang von Dystrophin

H04 F04
→ 1.120 Die Schemazeichnung zeigt den intrazellulären Transport von Vesikeln an Mikrotubuli einer Nervenzelle. („–" und „+" zeigen das Minus- bzw. plus-Ende der Mikrotubuli).

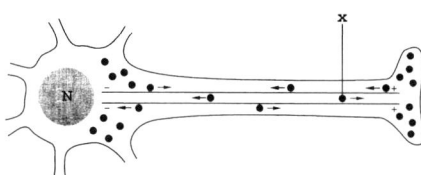

Welches Molekül ist für den Transport des mit x markierten Vesikels am ehesten verantwortlich?
(A) Aktin
(B) Dynein
(C) GFAP
(D) Kinesin
(E) Dynamin

F03 ■
→ 1.121 Die Abbildung zeigt die molekulare Struktur eines bestimmten Zytoskeletttyps.

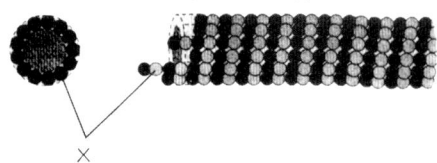

Bei den mit X bezeichneten Untereinheiten handelt es sich um
(A) Tubulin
(B) β-Aktin
(C) Dyneinmoleküle
(D) Kinesinmoleküle
(E) Myosin II

H96 ■
→ 1.122 Welche Aussagen zu den Zellstrukturen 1–3 treffen zu?

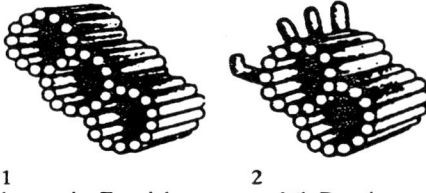

1
kommt im Zentriol vor

2
enthält Dynein

3
besteht aus Mikrotubuli

(A) nur 1 ist richtig
(B) nur 2 ist richtig
(C) nur 1 und 2 sind richtig
(D) nur 2 und 3 sind richtig
(E) 1–3 = alle sind richtig

1.118 (A) 1.119 (C) 1.120 (D) 1.121 (A) 1.122 (C)

F01
Die Abbildung zeigt den Querschnitt einer Zilie aus einem Flimmerepithel des Menschen.

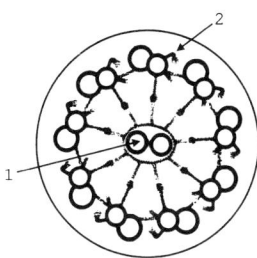

Welches Protein (Liste 2) ist für die Strukturen (Liste 1) charakteristisch?

Liste 1
→ 1.123 Struktur 1
→ 1.124 Struktur 2

Liste 2
(A) Tubulin
(B) Aktin
(C) Gelsolin
(D) Dynein
(E) Myosin

H05
→ 1.125 Das Mikrotubulus-Organisationszentrum (MTOC) ist/wird gebildet von
(A) einem Peroxisom
(B) dem glatten endoplasmatischen Retikulum
(C) dem Golgi-Apparat
(D) einem Zentrosom
(E) Caveolae

■
→ 1.126 Die Zentriolen
(A) verkürzen die Chromosomenfasern der Spindeln
(B) induzieren an den Zellpolen ein Zellmembranwachstum
(C) befestigen die Spindel an der Zellmembran
(D) bestimmen die Richtung der Spindelorientierung und damit die Teilungsebene
(E) sind bei der Mitose gar nicht beteiligt

F04
→ 1.127 Welche Aussage über Zentriolen (menschlicher Zellen) trifft nicht zu?
(A) Sie sind zylindrische Organellen.
(B) Sie verdoppeln sich in Fibroblasten vor der Zellteilung.
(C) Sie sind Bestandteil des Zentrosoms.
(D) Sie bestehen hauptsächlich aus Aktin-Filamenten.
(E) Sie kommen in jeder teilungsfähigen Zelle vor.

1.13.2 Intermediärfilamente

F01
→ 1.128 Intermediärfilamente des Zytoskeletts sind für bestimmte Zellen charakteristisch.
Desmin ist charakteristisch für
(A) Epithelzellen der Haut
(B) Fibrozyten
(C) Nierentubulusepithelzellen
(D) B-Lymphozyten
(E) Muskelzellen

F05 ■
→ 1.129 In einem Tumor wurde das Intermediärfilament Desmin nachgewiesen.
Aus welchem Zelltyp ist daher der Tumor wahrscheinlich entstanden?
(A) Muskelzellen
(B) Epithelzellen
(C) Fibroblasten
(D) Astrozyten
(E) Neuronen

F03
→ 1.130 Für welche Zelle ist das Intermediärfilament-Protein Vimentin am ehesten charakteristisch?
(A) Keratinozyt
(B) Neuron
(C) Muskelzelle
(D) Fibroblast
(E) Oligodendrogliazelle

H04
→ 1.131 Vimentin kommt typischerweise vor in:
(A) Oligodendrogliazellen
(B) Fibrozyten
(C) Neuronen
(D) Epithelzellen der Haut
(E) Darmepithelzellen

1.123 (A) 1.124 (D) 1.125 (D) 1.126 (D) 1.127 (D) 1.128 (E) 1.129 (A) 1.130 (D) 1.131 (B)

1 Allgemeine Zellbiologie, Zellteilung und Zelltod

H03 ■
1.132 Durch den Nachweis von bestimmten Intermediärfilamenten kann bei Tumorzellen auf die Zellart, von der sie abstammen, geschlossen werden.
Der Nachweis von GFAP spricht am ehesten für eine Herkunft aus
(A) Muskelzellen
(B) Epithelzellen
(C) Fibroblasten
(D) Astrozyten
(E) Neuronen

1.13.3 Aktinfilamentsystem

H95
1.133 Welche Aussage trifft nicht zu?
Mikrofilamente
(A) enthalten Aktinmonomere
(B) sind Bestandteil des Zytoskeletts
(C) bewirken die Zilienbewegung
(D) bewirken die amöboide Bewegung der Zelle
(E) sind besonders zahlreich in Mikrovilli des Darmepithels

H03 ■
1.134 Welche Aussage zu den Bestandteilen des Zytoskelettsystems trifft nicht zu?
(A) Bezüglich des Durchmessers der verschiedenen Zytoskelettelemente gilt: Mikrotubuli > Intermediärfilamente > Aktinfilamente.
(B) Intermediärfilamente entstehen durch Zusammenlagerung von monomeren Proteinen.
(C) Mikrotubuli und Aktinfilamente besitzen eine polare Struktur (d. h. ein Plus- und ein Minus-Ende).
(D) Mikrotubuli befestigen sich an Desmosomen.
(E) Aktinfilamente kommen in Mikrovilli der Enterozyten vor.

H01
1.135 Das stabilisierende Grundgerüst in den Mikrovilli des intestinalen Bürstensaums wird typischerweise gebildet durch
(A) Flagellinstrukturen
(B) Dyneinmoleküle
(C) Aktinfilamente
(D) intermediäre Filamente
(E) Mikrotubuli

F03
1.136 Welches der folgenden Moleküle kommt in den Mikrovilli einer ausdifferenzierten Epithelzelle (z. B. eines Enterozyten) vor?
(A) Laminin
(B) Integrin
(C) Fibronectin
(D) Connexin
(E) Villin

1.14 Bildfragen

F98
1.137 Für welche Zellstruktur (A–E) ist Connexin (Connexon-Protein) charakteristisch (siehe Abbildung)?

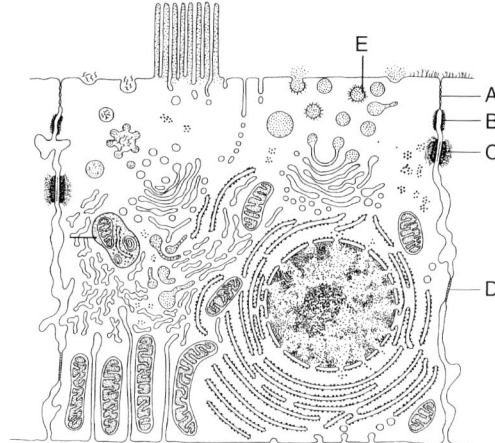

1.132 (D)   1.133 (C)   1.134 (D)   1.135 (C)   1.136 (E)   1.137 (D)

F89

→ 1.138 Welche Aussage trifft nicht zu?
Die in der elektronenmikroskopischen Fotografie (siehe Abbildung) sichtbaren Membranzisternen
(A) enthalten exportable Proteine
(B) sind Teile eines Golgi-Feldes
(C) gehören zum Typ des rauhen ER
(D) haben auf der zytoplasmatischen Seite Ribosomen angeheftet
(E) sind Bestandteil des Proteinsynthese-Apparates

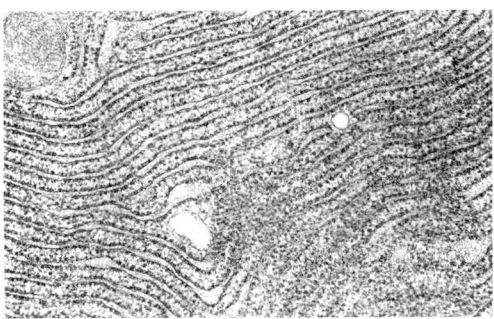

F93

→ 1.139 In der elektronenmikroskopischen Aufnahme einer Leberparenchymzelle (siehe Abbildung) sind Strukturen mit den Buchstaben A–E gekennzeichnet.
Welche Aussage trifft nicht zu?
(A) Die mit A gekennzeichneten Strukturen sind Mikrotubuli.
(B) Die mit B gekennzeichnete Struktur ist rauhes Endoplasmatisches Retikulum.
(C) Die mit C gekennzeichnete Struktur ist ein Lysosom.
(D) Die mit D gekennzeichnete Struktur ist ein Mitochondrium.
(E) Die mit E gekennzeichnete Struktur ist ein Peroxisom.

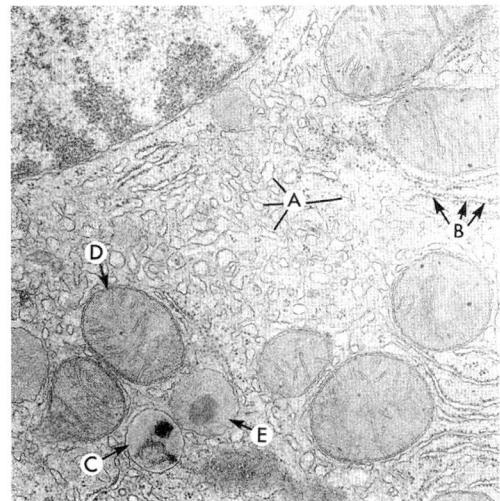

1.138 (B)   1.139 (A)

H87
→ 1.140 Welche Aussage trifft nicht zu?
Die in der Abbildung dargestellte Zellorganelle
(A) gehört zum Golgi-Apparat
(B) weist – hinsichtlich ihrer Funktion – eine Polarität auf
(C) ist ein wichtiger Syntheseort für ATP
(D) ist bei Drüsenzellen an der Sekretion beteiligt
(E) ist am Membranfluß beteiligt

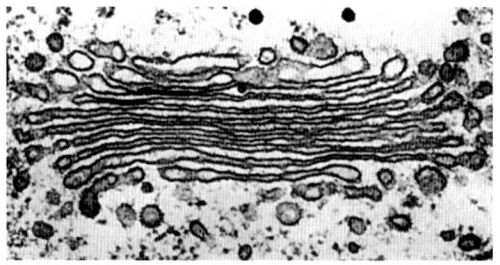

H95 ■
→ 1.141 Welche Aussage zu den mit A–E markierten Zellorganellen (siehe Abbildung) trifft nicht zu?
(A) Organell A ist Ort der Synthese von Membran-Phospholipiden.
(B) Organell B ist besonders stark in sekretorischen Zellen ausgebildet.
(C) Organell C dient der Organisation von Spindelfasern bei der Mitose.
(D) Organell D tritt vermehrt in stark energieverbrauchenden Zellen (z. B. Herzmuskel) auf.
(E) Organell E enthält Enzym zur Spaltung von H_2O_2.

H00
→ 1.142 In der Abbildung sind fünf Organellen (A)–(E) gekennzeichnet.
Welche Aussage zu diesen Organellen ist nicht zutreffend?
(A) Die mit A markierten Organellen enthalten saure Hydrolasen.
(B) Das mit B markierte Organell wird unterteilt in funktionell unterschiedliche Abschnitte, die als Cis und Trans bezeichnet werden.
(C) Die mit C markierten Organellen enthalten die Enzyme des Peroxidstoffwechsels, wie Oxidasen und Katalase.
(D) Im mit D markierten Organell werden Proteine glykosyliert.
(E) Das mit E markierte Organell kann Ca^{++} speichern.

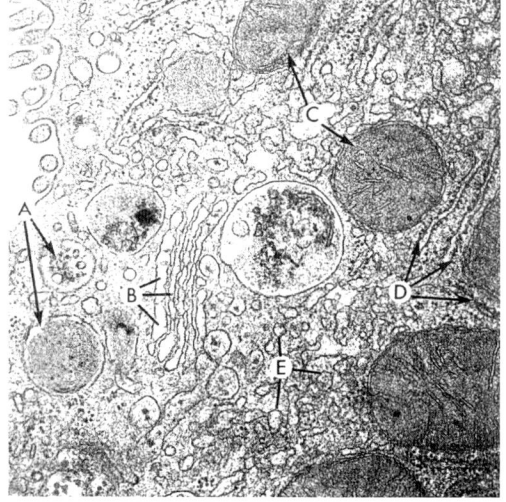

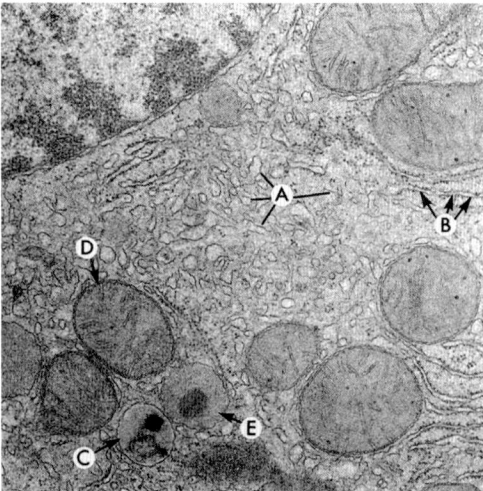

1.140 (C)   1.141 (C)   1.142 (C)

1.14 Bildfragen

Ordnen Sie bitte die in der Abbildung mit A bis E bezeichneten Zellbestandteile den Strukturen der Liste 1 zu!

Liste 1
→ 1.143 Golgi-Feld
→ 1.144 Mitochondrium
→ 1.145 glattes Endoplasmatisches Retikulum
→ 1.146 Desmosom
→ 1.147 Nukleolus

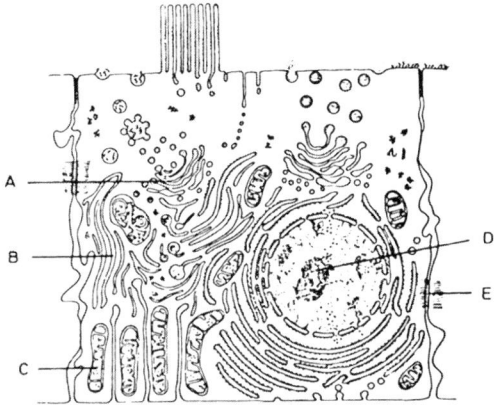

■
Ordnen Sie bitte die in der Abbildung unter A–E genannten Zellbestandteile den in Liste 1 genannten Begriffen zu!

Liste 1
→ 1.151 Pinozytose
→ 1.152 Autolysosomen

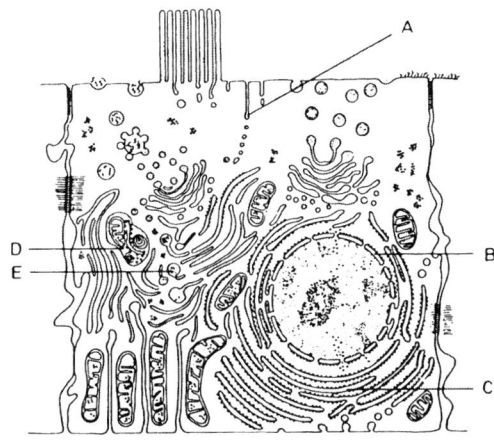

■
Ordnen Sie bitte den in Liste 1 genannten Begriffen die in der Abbildung unter A–E genannten Zellbestandteile zu!

Liste 1
→ 1.148 Endozytose
→ 1.149 primäres Lysosom
→ 1.150 Sekretvakuole

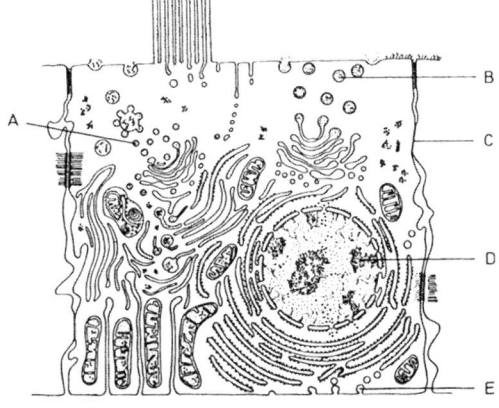

F96
→ 1.153 Welche Aussage trifft nicht zu!
In der Abbildung sind verschiedene Zellstrukturen mit den Buchstaben A–E gekennzeichnet.
(A) Peroxisom: Struktur A
(B) Trans-Golgi-Zisterne: Struktur B
(C) Cis-Golgi-Zisterne: Struktur C
(D) Autophagolysosom: Struktur D
(E) Endosom (Phagosom): Struktur E

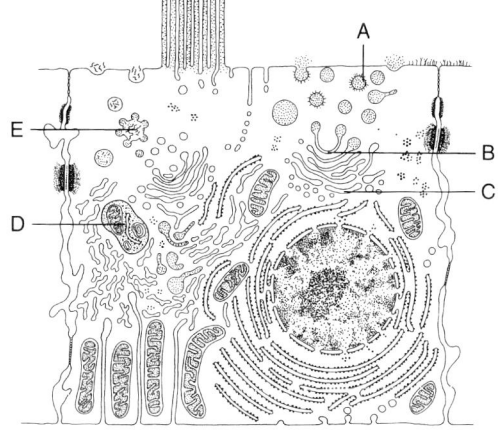

1.143 (A) 1.144 (C) 1.145 (B) 1.146 (E) 1.147 (D) 1.148 (E) 1.149 (A) 1.150 (B) 1.151 (A) 1.152 (D) 1.153 (A)

1 Allgemeine Zellbiologie, Zellteilung und Zelltod

H99 F99 H97 ■ ■

→ 1.154 In der Abbildung sind fünf Zellstrukturen durch ein Kreuz gekennzeichnet.
Welche der folgenden Funktionen wird <u>nicht</u> von einer dieser Zellstrukturen durchgeführt?
(A) Synthese von cAMP
(B) Detoxifikation von Fremdstoffen
(C) Synthese von ATP
(D) Synthese der Untereinheit von Ribosomen
(E) Synthese von Enzymen, Hormonen, Immunglobulin

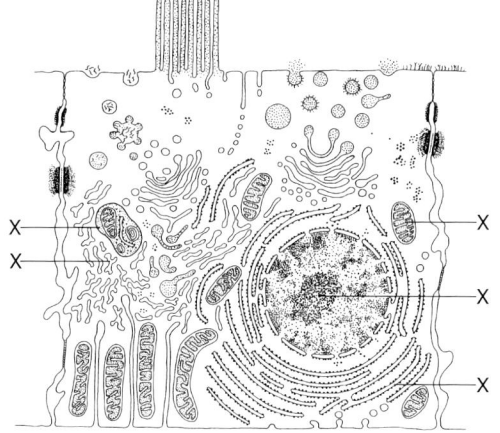

H00 ■

→ 1.155 In der Abbildung sind fünf Zellstrukturen durch ein Kreuz gekennzeichnet.
Welche der folgenden fünf Funktionen (A)–(E) wird <u>nicht</u> durch eine der mit einem Kreuz gekennzeichneten Zellstrukturen durchgeführt?
(A) Autophagozytose
(B) Detoxifikation von Fremdstoffen
(C) Rezeptor-vermittelte Endozytose
(D) Synthese von Steroidhormonen
(E) Bildung von Ribosomen-Untereinheiten

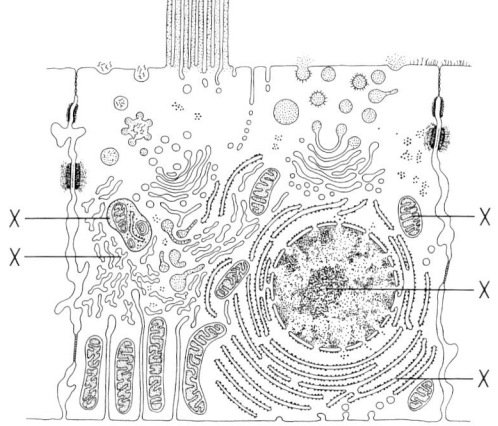

1.15 Zellzyklus und Zellteilung (Mitose)

F02

→ 1.156 Welche Aussage zum Zellzyklus bei Eucyten trifft <u>nicht</u> zu?
(A) In der Interphase erreichen die Chromosomen ihren höchsten Kondensationsgrad.
(B) Längerlebige differenzierte Zellen (z. B. Nervenzellen) können aus der G_1-Phase in ein nicht teilungsbereites Stadium (G_0-Phase) übergehen.
(C) In der S-Phase findet die Replikation der DNA statt.
(D) In der S-Phase verdoppelt sich der Chromatingehalt einer Zelle.
(E) In der G_2-Phase werden Vorbereitungen für die Mitose getroffen.

■ ■

→ 1.157 Welcher der folgenden Vorgänge findet in der G_1-Phase des Zellzyklus <u>nicht</u> statt?
(A) Bildung der Proteine für den Verteilungsapparat der Chromosomen
(B) Bildung von Nicht-Histon-Proteinen
(C) DNA-Vermehrung im Zellkern
(D) Zellwachstum
(E) Bildung der Enzyme für die DNA-Vermehrung

F02 H99 H97 ■ ■

→ 1.158 Welche Aussage zur G_1-Phase des Zellzyklus trifft <u>nicht</u> zu?
(A) Die G_1-Phase beginnt direkt im Anschluss an die Zellteilung.
(B) Die G_1-Phase ist gekennzeichnet durch intensives Zellwachstum mit hoher Protein- und RNA-Synthese.
(C) In der G_1-Phase ist der Chromosomensatz haploid (n).
(D) In der G1-Phase besteht jedes Chromosom aus einer Chromatide.
(E) Zellen der G1-Phase können in die G_0-Phase, ein so genanntes Ruhestadium, eintreten.

F03 ■ ■

→ 1.159 Der DNA-Gehalt einer diploiden Zelle in der G1-Phase des Zellzyklus wird mit 2 C angegeben. Wie groß ist der DNA-Gehalt dieser Zelle in der Metaphase der 1. meiotischen Teilung?
(A) 1/4 C
(B) 1/2 C
(C) 1 C
(D) 2 C
(E) 4 C

1.154 (A)   1.155 (C)   1.156 (A)   1.157 (C)   1.158 (C)   1.159 (E)

1.15 Zellzyklus und Zellteilung (Mitose)

F04
→ 1.160 Der DNA-Gehalt einer diploiden Zelle in der G1-Phase des Zellzyklus wird mit 2 C angegeben. Wie groß ist der DNA-Gehalt einer zugehörigen Tochterzelle in der Metaphase der 2. Meiotischen Teilung?
(A) 1/4 C
(B) 1/2 C
(C) 1 C
(D) 2 C
(E) 4 C

■■
→ 1.161 In welcher Phase des Zellzyklus wird die DNA repliziert?
(A) G_0
(B) G_1
(C) S
(D) G_2
(E) Mitose

H04 ■
→ 1.162 Für die Synthesephase (S-Phase) des Zellzyklus ist außer der DNA-Verdoppelung der folgende Vorgang charakteristisch:
(A) Auflösung der Zellmembran
(B) Bildung der Mitosespindel
(C) Kondensation der Chromosomen
(D) Synthese von Histonen
(E) Verdoppelung des Zentriols

■
→ 1.163 Welche Aussage trifft nicht zu?
In der G_2-Phase
(A) hat die DNA-Synthese schon stattgefunden
(B) steht die Mitose kurz bevor
(C) können die einzelnen Chromosomen schon deutlich unterschieden werden
(D) können mit Hilfe von Reparatur-Enzymen DNA-Defekte noch repariert werden
(E) sind in der Zelle alle Voraussetzungen vorhanden, sofort in die Teilung einzutreten

F04 ■
→ 1.164 Welches Stadium des Zellzyklus überschneidet sich am wahrscheinlichsten mit der Zytokinese?
(A) S-Phase
(B) G2-Phase
(C) Prophase
(D) Metaphase
(E) Telophase

→ 1.165 Durch die Mitose wird normalerweise sichergestellt, daß
(A) jede Zelle mit Ausnahme der Keimzellen alle Chromosomen bekommt
(B) der Verlust von Chromosomen bei früheren Zellteilungen ausgeglichen wird
(C) die funktionelle Differenzierung der verschiedenen Gewebe herbeigeführt wird
(D) der geordnete Ablauf der DNA-Synthese gewährleistet ist
(E) eine gleichmäßige Verteilung der Zellorganellen (Mitochondrien, Lysosomen etc.) auf die Tochterzellen gewährleistet ist

F97 F93 ■
→ 1.166 Welche Aussage trifft nicht zu?
In der Mitose
(A) sind die Chromosomen eng aufgeknäuelt
(B) findet die DNA-Replikation statt
(C) verschwindet die Kernmembran
(D) werden Schwester-Chromatiden auf zwei Zellen verteilt
(E) beginnt die Teilung einer Mutterzelle in zwei Tochterzellen

Ordnen Sie bitte den Begriffen der Liste 1 die jeweils zutreffende Phase des Zellzyklus (Liste 2) zu.

Liste 1
→ 1.167 Proteinsynthese
→ 1.168 Trennung der Zentromeren

Liste 2
(A) Anaphase
(B) Telophase
(C) Prophase
(D) Interphase
(E) Metaphase

→ 1.169 In welcher Phase besteht ein Chromosom aus zwei Chromatiden?
(1) G_1-Phase
(2) G_2-Phase
(3) Prophase der 1. Reifeteilung
(4) Metaphase der 2. Reifeteilung
(5) Telophase der 2. Reifeteilung

(A) nur 1 ist richtig
(B) nur 1 und 5 sind richtig
(C) nur 2, 3 und 4 sind richtig
(D) nur 2, 3, 4 und 5 sind richtig
(E) 1–5 = alle sind richtig

1.160 (D) 1.161 (C) 1.162 (D) 1.163 (C) 1.164 (E) 1.165 (A) 1.166 (B) 1.167 (D) 1.168 (A) 1.169 (C)

1 Allgemeine Zellbiologie, Zellteilung und Zelltod

F00 F95 ■■

→ 1.170 Welche Aussage über die Chromatiden der Metaphase-Chromosomen trifft nicht zu?
Die Chromatiden der Metaphase-Chromosomen
(A) werden in der Mitose getrennt
(B) bleiben im Falle einer sekundären Non-disjunction bei der Reifeteilung beisammen
(C) sind durch DNA-Replikation in der Prophase entstanden
(D) werden nur durch die Zentromeren zusammengehalten
(E) werden nach Verlust der Zentromeren unregelmäßig verteilt

→ 1.171 In welcher Phase des Zellzyklus bzw. der Mitose können Chromosomen unter dem Mikroskop am besten untersucht werden?
(A) S-Phase
(B) G_2-Phase
(C) Prophase
(D) Metaphase
(E) Anaphase

F99

→ 1.172 Welche Aussage trifft nicht zu?
Unter dem Mikroskop sichtbare Metaphasechromosomen des Menschen
(A) enthalten neben der DNA auch Proteine
(B) enthalten die bereits verdoppelte DNA
(C) befinden sich in der G_1-Phase des Zellzyklus
(D) sind stark spiralisiert
(E) lassen das Zentromer erkennen

→ 1.173 Chromosomen in der Metaphase der Mitose haben die folgenden Merkmale:
(1) Sie sind stark spiralisiert.
(2) Sie können beim Menschen individuell (paarweise) klassifiziert werden.
(3) Man kann an ihnen zwei Chromatiden erkennen, die in der Zentromer-Region zusammenhängen.
(4) Sie werden von der Kernmembran umschlossen.

(A) nur 1, 2 und 3 sind richtig
(B) nur 1, 2 und 4 sind richtig
(C) nur 1, 3 und 4 sind richtig
(D) nur 2, 3 und 4 sind richtig
(E) 1–4 = alle sind richtig

F01 F98 F93 ■

→ 1.174 Der Eintritt der Chromosomen in die Anaphase der Mitose lässt sich durch Colchicin unterbinden, weil die
(A) Zentromeren (= Kinetochoren) an den Chromosomen aufgelöst werden
(B) Polymerisation der Spindelproteine verhindert wird
(C) Chromatiden verkleben
(D) Zentriolbildung verhindert wird
(E) Zentriolen nicht zu den Zellpolen wandern können

H05

→ 1.175 Das Alkaloid Vincristin wird in der Therapie maligner Tumoren als Hemmer der Zellteilung eingesetzt.
Es wirkt vor allem durch Blockade des Zellzyklus
(A) in der G_1-Phase
(B) am Ende der S-Phase
(C) am Beginn der G_2-Phase
(D) in der M-Phase
(E) in der G_0-Phase

F93

→ 1.176 Charakteristisch für Stammzellen (z. B. Zellen des Stratum germinativum des Hautepithels) sind folgende funktionelle Besonderheiten:
(1) Sie befinden sich in der G_0-Phase des Zellzyklus.
(2) Sie bleiben zeitlebens teilungsfähig.
(3) Sie haben eine begrenzte Lebensdauer und werden durch physiologische Regeneration ersetzt.
(4) Ihre Zellteilungen ergeben als Tochterzellen neue Stammzellen und differenzierungsfähige Zellen.

(A) nur 2 ist richtig
(B) nur 4 ist richtig
(C) nur 2 und 4 sind richtig
(D) nur 3 und 4 sind richtig
(E) nur 1, 2 und 4 sind richtig

■

→ 1.177 Welche Aussage trifft nicht zu?
Charakteristisch für die physiologische Regeneration sind u. a.:
(A) begrenzte Lebensdauer von Zellen
(B) Vorkommen von differentiellen Teilungen
(C) Vorhandensein von Stammzellen
(D) Einsetzen einer Metaplasie
(E) Zusammenschluß von Stammzellgruppen (Blastem)

1.170 (C)   1.171 (D)   1.172 (C)   1.173 (A)   1.174 (B)   1.175 (D)   1.176 (C)   1.177 (D)

1.15 Zellzyklus und Zellteilung (Mitose)

H97 F95 ■
→ 1.178 Differenzielle Zellteilungen finden statt bei
(1) Spermatogonien (Mensch)
(2) Basalzellen der Hautepidermis
(3) hämatopoetischen Stammzellen
(4) Leberparenchymzellen

(A) nur 1 und 3 sind richtig
(B) nur 2 und 4 sind richtig
(C) nur 1, 2 und 3 sind richtig
(D) nur 1, 3 und 4 sind richtig
(E) nur 2, 3 und 4 sind richtig

H98 H96
→ 1.179 Das Stratum basale der Haut
(1) ist ein Blastem
(2) hat einen hohen Mitose-Index
(3) zeigt differentielle Zellteilungen
(4) ist verhornt
(5) ist stark durchblutet

(A) nur 1, 2 und 3 sind richtig
(B) nur 1, 2 und 5 sind richtig
(C) nur 1, 3 und 5 sind richtig
(D) nur 2, 3 und 4 sind richtig
(E) nur 3, 4 und 5 sind richtig

→ 1.180 Echtes Zellwachstum ist definiert als
(A) Volumenzunahme
(B) Wasserzunahme
(C) Zunahme des zelleigenen Proteins
(D) Aufnahme von phagozytierten Stoffen
(E) Keine der Aussagen trifft zu.

F95 ■ ■
Ordnen Sie den in Liste 1 genannten Begriffen die jeweils zutreffende Aussage der Liste 2 zu!

Liste 1
→ 1.181 Hyperplasie
→ 1.182 Hypertrophie

Liste 2
(A) Zellersatz
(B) Vermehrung der Zellzahl
(C) Vergrößerung des Zellvolumens
(D) Regeneration mit Änderung der Differenzierungsrichtung
(E) Ersatz der Interzellularsubstanz

H99 ■ ■
→ 1.183 Hypertrophie eines Gewebes bedeutet:
(A) Polyploidisierung durch Endomitose
(B) Volumenzunahme durch Zellvermehrung
(C) Volumenzunahme durch Zellvergrößerung
(D) Entdifferenzierung und Umwandlung in ein anderes Gewebe
(E) hemmungsloses Wachstum durch Ausfall der Kontaktinhibition

H95 ■
→ 1.184 Welche Definition des Begriffs Hyperplasie trifft zu?
(A) Polyploidisierung eines Gewebes durch Endomitose
(B) Volumenzunahme eines Gewebes durch Zellvergrößerung
(C) Volumenzunahme eines Gewebes durch Zellvermehrung
(D) Entdifferenzierung eines Gewebes und Umwandlung in ein anderes Gewebe
(E) Verkümmerung oder Abbau eines Gewebes

H97 H94 ■
→ 1.185 Metaplasie eines Gewebes bedeutet:
(A) unkontrolliertes Wachstum durch Ausfall der Kontaktinhibition
(B) Entdifferenzierung und Umwandlung in ein anderes Gewebe
(C) Polyploidisierung durch Endomitose
(D) Verkümmerung oder Abbau
(E) Volumenzunahme durch Zellvergrößerung

F92 ■
→ 1.186 Eine Polyploidie in menschlichen Zellen
(A) kommt nicht vor
(B) kann durch ein Crossing-over entstehen
(C) kann durch Amitose entstehen
(D) kann durch Endomitose entstehen
(E) kommt nur in Form mehrkerniger Zellen vor

F99 ■
→ 1.187 Polyploidie
(A) tritt nur in pflanzlichen Zellen auf
(B) kann z. B. in Leberzellen auftreten
(C) liegt auch vor, wenn nur einzelne Chromosomen mehr als 2fach vorhanden sind
(D) kann durch Crossing-over entstehen
(E) kann durch Chromosomenfehlverteilung in der Mitose entstehen

1.178 (C) 1.179 (A) 1.180 (C) 1.181 (B) 1.182 (C) 1.183 (C) 1.184 (C) 1.185 (B) 1.186 (D) 1.187 (B)

1 Allgemeine Zellbiologie, Zellteilung und Zelltod

1.188 Welcher der folgenden Vorgänge ist _nicht_ Folgeerscheinung einer Endomitose?
(A) Vergrößerung der Zelle
(B) Vergrößerung des Zellkerns
(C) Erhöhung der Transkriptionskapazität
(D) Steigerung der Mitoserate
(E) Vervielfachung des diploiden Chromosomensatzes

1.189 Bei der Amitose
(A) wird eine Spindel ausgebildet
(B) findet eine differentielle Zellteilung statt
(C) können zweikernige Zellen entstehen
(D) vergrößert der Zellkern sein Volumen
(E) wird eine Zelle in zwei ungleich große Tochterzellen geteilt

Ordnen Sie den in Liste 1 aufgeführten Zelltypen der Wirbeltiere die in Liste 2 enthaltene Entstehungsweise zu!

Liste 1
1.190 Plasmodien
1.191 Synzytien

Liste 2
(A) Kernfragmentierung
(B) multiple Kernteilungen ohne Zellteilungen
(C) äquale Zellteilungen
(D) inäquale Zellteilungen
(E) Zellfusion

1.16 Meiose (Reifeteilung)

1.16.1 Meiose (Reifeteilung)

1.192 Eine Zelle hat die S-Phase durchlaufen und enthält eine bestimmte Menge DNA. Sie tritt nun in die Meiose ein.
Nach Ablauf der Meiose enthält eine dabei entstandene Zelle
(A) die doppelte DNA-Menge
(B) die gleiche DNA-Menge
(C) die halbe DNA-Menge
(D) ein Viertel der DNA-Menge
(E) ein Achtel der DNA-Menge

1.193 In welcher Phase des Zellzyklus weist eine diploide Zelle die doppelte Menge an DNA einer Gamete auf?
(A) Prophase
(B) gesamte S-Phase
(C) gesamte G1-Phase
(D) gesamte G2-Phase
(E) Metaphase

1.194 Die letzte S-Phase bei der Keimzellbildung erfolgt
(A) vor der 1. meiotischen Teilung
(B) zwischen der 1. und 2. meiotischen Teilung
(C) während der 2. meiotischen Teilung
(D) nach der 2. meiotischen Teilung
(E) kurz vor der Befruchtung

1.195 Wann findet die letzte S-Phase vor der Keimzellbildung statt?
(A) vor Beginn der Meiose
(B) während der Prophase der 1. meiotischen Teilung
(C) unmittelbar im Anschluss an die 1. meiotische Teilung
(D) kurz vor Beginn der 2. meiotischen Teilung
(E) in der Prophase der 2. meiotischen Teilung

1.196 Wie viele Chromosomen hat der haploide Chromosomensatz (n) des Menschen?
(A) 22
(B) 23
(C) 44
(D) 46
(E) 48

1.197 Eine menschliche Zelle weist auf:
22 Autosomen
1 Y-Chromosom
Um was für eine Zelle handelt es sich dabei?
(A) die Somazelle eines Mannes
(B) die Somazelle einer Frau
(C) eine Zygote mit männlichem Karyotyp
(D) ein Spermium
(E) eine Eizelle

1.188 (D)　1.189 (C)　1.190 (B)　1.191 (E)　1.192 (D)　1.193 (C)　1.194 (A)　1.195 (A)　1.196 (B)　1.197 (D)

F01 F98 H95 H91 ■

→ **1.198** Die Trennung der homologen Chromosomen bei der Keimzellbildung findet statt in der
(A) letzten Interphase vor der 1. meiotischen Teilung
(B) Prophase der 1. meiotischen Teilung
(C) Anaphase der 1. meiotischen Teilung
(D) Metaphase der 2. meiotischen Teilung
(E) Anaphase der 2. meiotischen Teilung

1.16.2 Verlauf der 1. Reifeteilung

1.16.3 Verlauf der 2. Reifeteilung

■ ■

→ **1.199** Wann findet die Replikation für die 2. Reifeteilung statt?
(A) während der S-Phase vor der 1. Reifeteilung
(B) während einer G_1-Phase vor der 1. Reifeteilung
(C) während einer G_1-Phase zwischen der 1. und der 2. Reifeteilung
(D) während einer S-Phase zwischen der 1. und der 2. Reifeteilung
(E) während einer Telophase der 1. Reifeteilung

F00 ■ ■

→ **1.200** Im Laufe der 2. meiotischen Teilung
(A) wird die DNA repliziert
(B) sind homologe Chromosomen gepaart
(C) findet Crossing-over statt
(D) trennen sich die homologen Chromosomen
(E) trennen sich die Schwesterchromatiden

H95 ■ ■

→ **1.201** Welche Aussage trifft für die Bildung der Keimzellen beim Menschen zu?
(A) Oogenese und Spermatogenese beginnen mit der Pubertät.
(B) Die Reduktion der Chromosomenzahl läuft in vier Teilungsschritten ab.
(C) Die Zahl der Oozyten und Spermatozyten 1. Ordnung ist in etwa gleich.
(D) Bei der Oogenese beginnen die Meiosen während der Embryonalentwicklung.
(E) Das Ergebnis der Meiose ist in beiden Geschlechtern die Bildung von vier Keimzellen aus einer Spermatozyte II bzw. Oozyte II.

H91 ■ ■

→ **1.202** Welche Aussage zur Keimzellbildung trifft nicht zu?
(A) Stamm-Spermatogonien teilen sich im Laufe des ganzen Lebens des Mannes.
(B) Bei der Bildung der Spermatozyte I findet eine differentielle Teilung der Spermatogonie statt.
(C) Stamm-Oogonien teilen sich im Laufe des gesamten Lebens der Frau.
(D) Es gibt viel mehr Oogonien als reife Oozyten.
(E) Im Körper der geschlechtsreifen Frau beenden Eizellen die 1. und 2. meiotische Teilung.

H90

→ **1.203** Welche Aussage über die Gametogenese trifft nicht zu?
(A) Durch die beiden meiotischen Teilungen entstehen beim Mann vier reife Spermien aus einer Spermatozyte.
(B) Durch die beiden meiotischen Teilungen entstehen bei der Frau vier reife Eizellen aus einer Oozyte.
(C) Die letzte DNA-Replikation findet beim Mann vor der 1. meiotischen Teilung statt.
(D) Die letzte DNA-Replikation findet bei der Frau vor der 1. meiotischen Teilung statt.
(E) Die Meiose führt bei beiden Geschlechtern zur Reduktion der Chromosomenzahl auf die einfache Zahl n.

F96 ■ ■

→ **1.204** Welche Aussagen über den Verlauf der Meiose bei der Oogenese treffen zu?
(1) Die Prophase der Meiose beginnt etwa ab dem dritten Monat der embryonalen Entwicklung.
(2) Bei der Geburt ist die 1. meiotische Teilung abgeschlossen.
(3) Der Abschluß der 2. meiotischen Teilung erfolgt unmittelbar nach der Befruchtung.
(4) Es kommt zu keiner Paarung der X-Chromosomen.

(A) nur 1 ist richtig
(B) nur 3 ist richtig
(C) nur 1 und 3 sind richtig
(D) nur 1, 2 und 3 sind richtig
(E) nur 2, 3 und 4 sind richtig

1.198 (C) 1.199 (A) 1.200 (E) 1.201 (D) 1.202 (C) 1.203 (B) 1.204 (C)

1 Allgemeine Zellbiologie, Zellteilung und Zelltod

F99 ■■
1.205 Für die Oogenese des Menschen gilt:
(1) Die Oozyten verbleiben im Zeitraum vor der Geburt bis zur Pubertät in der Prophase der Meiose I.
(2) Vor der Ovulation treten Oozyten in die Meiose II ein.
(3) Zum Zeitpunkt der Besamung ist die Meiose II abgeschlossen.

(A) nur 1 ist richtig
(B) nur 1 und 2 sind richtig
(C) nur 1 und 3 sind richtig
(D) nur 2 und 3 sind richtig
(E) 1–3 = alle sind richtig

H92
1.206 Welche Aussage zur Oogenese beim Menschen trifft nicht zu?
(A) Die Meiose beginnt während der vorgeburtlichen Entwicklung.
(B) Während der vorgeburtlichen Entwicklung wird die DNA der Oozyten synthetisiert.
(C) Die DNA der Oozyten kann mehrere Jahrzehnte lang mutagenen Einflüssen ausgesetzt sein.
(D) Kurz nach der Geburt befinden sich alle Geschlechtszellen im Stadium der Oozyte I.
(E) Die Meiose endet vor dem Eintritt der Pubertät.

H96 F94 ■■
1.207 Welche Aussage zur Oogenese und Befruchtung beim Menschen trifft nicht zu?
(A) Die Meiose beginnt zum Zeitpunkt der Reifung der Graaf-Follikel.
(B) Die DNA der Eizelle wird während der vorgeburtlichen Entwicklung synthetisiert.
(C) Kurze Zeit nach der Geburt befinden sich alle Geschlechtszellen im Oozytenstadium.
(D) Die Vereinigung der Ei- und Samenzelle findet in der Metaphase der 2. Reifeteilung der Oozyte statt.
(E) Die Meiose endet nach der Vereinigung von Ei- und Samenzelle.

F98 ■■
1.208 Wann wird die Meiose II in der Oogenese beendet?
(A) während der embryonalen Entwicklung
(B) vor der Pubertät
(C) zwischen dem 1. und 3. Tag des Menstruationszyklus (Primärfollikel)
(D) zum Zeitpunkt der Ovulation
(E) nach der Befruchtung

1.209 Was wird durch die Meiose in der Oogenese normalerweise nicht erreicht?
(A) Die Reduktion der Chromosomenzahl auf die Hälfte trägt dazu bei, daß die Zygote wieder den vollständigen Chromosomensatz (2n) erhält.
(B) Es wird eine große Zahl verschiedener Kombinationen von Chromosomen und damit genetisch verschiedener Gameten erzeugt.
(C) Crossing-over erhöht die Zahl genetisch verschiedener Gameten.
(D) Das Geschlecht des zukünftigen Kindes wird festgelegt.
(E) Jede Keimzelle erhält einen vollständigen haploiden Chromosomensatz.

F02
1.210 Polkörperchen sind:
(A) Produkte der Oogenese
(B) Produkte der Spermatogenese
(C) Bestandteile polarer Spindelfasern
(D) nur in polarisierten Zellen vorhanden
(E) Zentriolen an den Zellpolen

H92 ■
1.211 Der Chromosomensatz der normalen Spermatogonie ist
(A) polyploid
(B) tetraploid
(C) triploid
(D) diploid
(E) haploid

F02
1.212 Eine normale Körperzelle in der G_1-Phase hat den DNA-Gehalt 2 C.
Wie groß sind Chromosomenzahl (n) und DNA-Gehalt (C) einer Spermatocyte II. Ordnung?
(A) 1 n 1 C
(B) 1 n 2 C
(C) 2 n 1 C
(D) 2 n 2 C
(E) 2 n 4 C

1.205 (B)   1.206 (E)   1.207 (A)   1.208 (E)   1.209 (D)   1.210 (A)   1.211 (D)   1.212 (B)

1.16.4 Funktion der Meiose

→ 1.213 In der Meiose wird sichergestellt, daß
(1) die Chromosomenzahl in den Keimzellen, verglichen mit den Körperzellen, auf die Hälfte reduziert wird
(2) jede Keimzelle einen vollständigen Satz an homologen Chromosomen erhält
(3) eine möglichst große Vielfalt an Keimzellen hergestellt wird
(4) eine möglichst große Zahl an Keimzellen erzeugt wird
(5) bei den männlichen Keimzellen X- und Y-Chromosomen getrennt werden

(A) nur 1, 2 und 3 sind richtig
(B) nur 1, 2 und 4 sind richtig
(C) nur 1, 3 und 5 sind richtig
(D) nur 2, 3 und 5 sind richtig
(E) nur 1, 2, 3 und 5 sind richtig

H94
→ 1.214 Welche Aussage trifft nicht zu?
Die Meiose beim Menschen
(A) führt in der Regel zu einer Trennung väterlicher und mütterlicher Chromosomen
(B) führt zu vielen genetisch verschiedenen Keimzellen
(C) führt zur Reduktion der Chromosomenzahl auf die Hälfte der Zahl in Körperzellen
(D) ist in ihrer Funktion bei beiden Geschlechtern gleich
(E) kann zu aneuploiden Keimzellen führen

H98 H94 ■■
→ 1.215 Wann findet bei der Geschlechtszellenbildung genetische Rekombination statt?
(A) während der letzten DNA-Replikation vor der Meiose
(B) nur während der 1. meiotischen Teilung
(C) nur während der 2. meiotischen Teilung
(D) während der 1. und 2. meiotischen Teilung
(E) nach Beendigung der Meiose

H91 ■
→ 1.216 Die Rekombination mittels Crossing-over findet statt:
(A) während der letzten mitotischen Teilungen der Spermiogenese
(B) während der ersten meiotischen Teilung
(C) während der Interphase zwischen erster und zweiter meiotischer Teilung
(D) während der zweiten meiotischen Teilung
(E) nach der zweiten meiotischen Teilung

H01 ■
→ 1.217 Welche Aussage zum Crossing over bzw. zur genetischen Rekombination trifft nicht zu?
(A) Crossing over findet in der meiotischen Prophase I statt.
(B) Ungleiches Crossing over kann zu Chromosomenaberrationen führen.
(C) Genetische Rekombination kommt nur bei Eukaryonten vor.
(D) Die Häufigkeit der Rekombination zwischen zwei Genen ist ein Maß für die Entfernung ihrer Genorte.
(E) Der Austausch homologer Genloci von Nicht-Schwesterchromatiden ist Ausdruck von Rekombinationsprozessen.

H96
→ 1.218 Welche Aussage trifft nicht zu?
Chiasmata
(A) entstehen in der Prophase der ersten Reifeteilung
(B) sind das zytologische Äquivalent zum Crossing-over
(C) sind lichtmikroskopisch im Diplotän erkennbar
(D) werden von „Nichtschwester-Chromatiden" gebildet
(E) kommen beim Menschen an einem Chromosomenpaar jeweils nur einmal vor

H93 ■
→ 1.219 Non-disjunction des menschlichen
(A) X-Chromosoms kommt nur in der 1. meiotischen Teilung vor
(B) X-Chromosoms kommt nur in der 2. meiotischen Teilung vor
(C) Y-Chromosoms kommt nur in der 1. meiotischen Teilung vor
(D) Y-Chromosoms kommt nur in der 2. meiotischen Teilung vor
(E) Chromosoms 21 kommt nur in der 1. meiotischen Teilung vor

H98 F96 F90 ■■
→ 1.220 Welche Aussage trifft nicht zu?
Non-disjunction von zwei X-Chromosomen kann vorkommen in der
(A) 1. meiotischen Teilung beim Manne
(B) 2. meiotischen Teilung beim Manne
(C) 1. meiotischen Teilung bei der Frau
(D) 2. meiotischen Teilung bei der Frau
(E) 1. Furchungsteilung bei der weiblichen Zygote

1.213 (E) 1.214 (A) 1.215 (B) 1.216 (B) 1.217 (C) 1.218 (E) 1.219 (D) 1.220 (A)

1 Allgemeine Zellbiologie, Zellteilung und Zelltod

H01 ■■
→ **1.221** Bei welcher der folgenden Teilungen kann Nondisjunction von zwei X-Chromosomen im Regelfall nicht vorkommen?
(A) 1. meiotische Teilung beim Manne
(B) 2. meiotische Teilung beim Manne
(C) 1. meiotische Teilung bei der Frau
(D) 2. meiotische Teilung bei der Frau
(E) 1. Furchungsteilung bei der weiblichen Zygote

F95 ■
→ **1.222** Welche Aussage trifft nicht zu?
Non-disjunction
(A) tritt in Keimzellen von Männern häufiger als in Keimzellen von Frauen auf
(B) kann in der 1. meiotischen Teilung vorkommen
(C) kann in der 2. meiotischen Teilung vorkommen
(D) kann während der Furchungsteilungen der befruchteten Zygote vorkommen
(E) führt manchmal zur Bildung von chromosomalen Mosaiken

■
→ **1.223** Primäre Non-disjunction liegt vor, wenn
(A) durch Unterbindung oder Störung der Spindelbildung die Chromosomen nicht mehr bewegt werden und eine Zufallsverteilung stattfindet
(B) sich X- und Y-Chromosom beim Menschen in der Meiose paaren
(C) nicht homologe Chromosomen sich in der Meiose paaren und durch Crossing-over verklebt bleiben
(D) nicht homologe Chromosomen durch Translokation zu einer Einheit zusammengeschlossen werden
(E) homologe Chromosomen in der Meiose nicht getrennt werden

H95 ■
→ **1.224** In welcher meiotischen Teilung kann ein XYY-Karyotyp als Folge von Non-disjunction entstehen?
(A) nur in der 1. Teilung beim Mann
(B) nur in der 2. Teilung beim Mann
(C) in beiden Teilungen beim Mann
(D) nur in der 1. Teilung bei beiden Geschlechtern
(E) nur in der 2. Teilung bei beiden Geschlechtern

F91
→ **1.225** Ein XYY-Status kann entstehen durch:
(1) Non-disjunction in der 1. meiotischen Teilung beim Manne
(2) Non-disjunction in der 2. meiotischen Teilung beim Manne
(3) Non-disjunction in der 1. meiotischen Teilung bei der Frau
(4) Non-disjunction in der 2. meiotischen Teilung bei der Frau

(A) nur 1 ist richtig
(B) nur 2 ist richtig
(C) nur 3 ist richtig
(D) nur 4 ist richtig
(E) nur 1 und 2 sind richtig

F00 ■
→ **1.226** Eine Fehlverteilung der Chromosomen bzw. Chromatiden kann vorkommen:
(A) nur in der 1. meiotischen Teilung bei der Mutter
(B) nur in der 2. meiotischen Teilung bei der Mutter
(C) nur in beiden meiotischen Teilungen bei der Mutter
(D) nur in der 1. meiotischen Teilung bei beiden Geschlechtern
(E) in beiden meiotischen Teilungen bei beiden Geschlechtern

→ **1.227** Chromosomenfehlverteilungen während der Furchungsteilung führen zu
(A) dominanten Neumutationen
(B) Unfruchtbarkeit der Frau
(C) dem Auftreten von Chromosomen-Mosaiken
(D) vermehrt auftretenden männlichen Zygoten
(E) dem Auftreten eineiiger Zwillinge

1.17 Zelltod

H05
→ **1.228** Die Apoptose von Zellen kann durch Freisetzung von Substanzen aus geschädigten Zellkompartimenten induziert werden. Insbesondere spielt eine Rolle die Schädigung
(A) des endoplasmatischen Retikulums
(B) von Mitochondrien
(C) des Golgi-Apparates
(D) von Peroxisomen
(E) von Glykogengranula

1.221 (A) 1.222 (A) 1.223 (E) 1.224 (B) 1.225 (B) 1.226 (E) 1.227 (C) 1.228 (B)

H03
→ 1.229 Welche der folgenden Aussagen zu den Caspasen ist zutreffend?
(A) Sie gehören zur Familie der Proteasen, die nach Aktivierung zur Apoptose führen.
(B) Sie treten durch die Ruptur der Lysosomenmembran aus und werden durch niedrigen pH aktiviert.
(C) Sie enthalten ein Mannose-6-Phosphat-Signal.
(D) Sie werden im endoplasmatischen Retikulum synthetisiert und vesikulär zum Golgi-Komplex transportiert.
(E) Sie werden durch Exozytose sezerniert.

1.18 Zellkommunikation und Signaltransduktion

F90
→ 1.230 Welche Aussage trifft nicht zu?
Mit dem Begriff „Second messenger" sind folgende Erscheinungen verbunden:
(A) Reaktionen der Zelle nach Anheftung von Peptidhormonen
(B) Synthese von zyklischem Adenosinmonophosphat (cAMP)
(C) Signalübermittlung vom Plasmalemma ins Zellinnere
(D) Genaktivierung (Auslösung der Transkription)
(E) Anheftung der mRNA an die Ribosomen im Endoplasmatischen Retikulum

H91 ■
→ 1.231 Chemotaxis bei Granulozyten und Makrophagen
(1) ist eine Voraussetzung zum Auffinden von Bakterien im Organismus
(2) bedeutet Steuerung der Bewegungsrichtung
(3) bedeutet Auslösung einer Phagozytose
(4) bedeutet Auslösung von Pinozytose
(5) bedeutet Austausch von Stoffen über Zellkontakte

(A) nur 1 ist richtig
(B) nur 5 ist richtig
(C) nur 1 und 2 sind richtig
(D) nur 1, 2 und 3 sind richtig
(E) nur 1, 2 und 4 sind richtig

1.19 Fragen aus Examen Frühjahr 2006

F06
→ 1.232 Lektine
(A) binden selektiv an Strukturen der Zelloberfläche
(B) markieren spezifisch die Nexus (Gap junctions)
(C) werden von Fettzellen sezerniert
(D) wirken bei der Fusion der sekretorischen Vesikel mit der Plasmamembran
(E) dienen dem Eintritt der Viruspartikel in die Zelle

F06
→ 1.233 Die Glykokalix
(A) enthält als Antigene wirksame Moleküle (z. B. Blutgruppensubstanzen)
(B) bildet Stoffwechselräume (Kompartimente) in der Zelle
(C) ist die äußere Membran der Mitochondrien
(D) grenzt den Zellkern gegen das Zytoplasma ab
(E) enthält die für die Glykolyse erforderlichen Enzyme

F06 ■
→ 1.234 Die polare Differenzierung von Darmepithelien ist notwendig für gerichtete Transportvorgänge. Die Grenze zwischen apikaler und basolateraler Membrandomäne liegt im Bereich welcher Zelljunktion?
(A) Zonula adhaerens
(B) Macula adhaerens
(C) Nexus (Gap junction)
(D) Zonula occludens (Tight junction)
(E) Hemidesmosom

F06
→ 1.235 Ein transzellulärer Austausch von Ionen zwischen benachbarten Dünndarmepithelzellen erfolgt durch
(A) Zonulae occludentes (Tight junctions)
(B) Maculae adhaerentes
(C) Nexus (Gap junctions)
(D) Desmosomen
(E) Hemidesmosomen

F06
→ 1.236 Ribosomen werden zu Polysomen verbunden durch
(A) Zytoskelettelemente, z. B. Spektrin
(B) ribosomale RNA (rRNA)
(C) chromosomale Proteine (Histone)
(D) die mRNA
(E) die wachsende Polypeptidkette

1.229 (A)   1.230 (E)   1.231 (C)   1.232 (A)   1.233 (A)   1.234 (D)   1.235 (C)   1.236 (D)

1 Allgemeine Zellbiologie, Zellteilung und Zelltod

F06
→ 1.237 Die Abbildung zeigt ein elektronenmikroskopisches Bild der Leber, in dem verschiedene Strukturen mit A–E bezeichnet sind.
Wo erfolgt in erster Linie die Biotransformation von Xenobiotika?

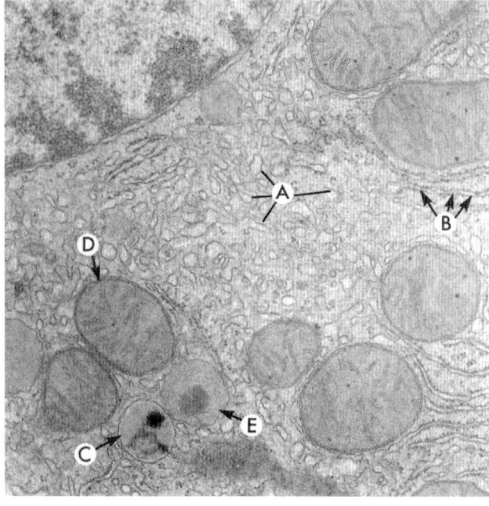

F06 ■
→ 1.238 Dynein interagiert insbesondere mit
(A) Myosin
(B) Vimentin
(C) Mikrotubuli
(D) Aktin
(E) Zytokeratin

F06
→ 1.239 Mikrofilamente finden sich in folgenden Zellbestandteilen:
(A) Kinozilien
(B) Zentriolen
(C) Spindelfasern
(D) Mikrovilli
(E) Kernlamina

F06
→ 1.240 Typisch für die Nekrose ist:
(A) Sie geht mit einer entzündlichen Gewebereaktion einher.
(B) Die Permeabilität der Zellmembran bleibt intakt.
(C) Sie wird durch Aktivierung von Caspasen ausgelöst.
(D) Die Mitochondrien bleiben intakt.
(E) An der Kernmembran treten typische Chromatinablagerungen auf.

F06
→ 1.241 Wie oder wann entstehen spezifische Granula (Sekundärgranula) in neutrophilen Granulozyten?
(A) bei der Phagozytose von Bakterien
(B) unmittelbar nach der Auswanderung von Granulozyten aus Gefäßen
(C) während der Zirkulation von Granulozyten im Blut
(D) während der Granulozytopoese
(E) bei ihrem Untergang

1.237 (A)   1.238 (C)   1.239 (D)   1.240 (A)   1.241 (D)

2 Genetik

2.1 Organisation und Funktion eukaryontischer Gene

2.1.1 Aufbau und Replikation der DNA

→ 2.1 Prüfen Sie die Richtigkeit der folgenden Aussagen über DNA!
(1) Die DNA-Doppelstränge werden durch Wasserstoffbrückenbindungen aneinander gebunden.
(2) In der DNA sind die 4 Basen in äquimolarem Verhältnis vorhanden.
(3) Für die Doppelhelixstruktur ist das Prinzip der Basenpaarung verantwortlich.
(4) In den DNA-Strängen folgt einem Pyrimidinnukleotid jeweils ein Purinnukleotid.

(A) nur 1, 2 und 3 sind richtig
(B) nur 1 und 3 sind richtig
(C) nur 2 und 4 sind richtig
(D) nur 4 ist richtig
(E) 1–4 = alle sind richtig

→ 2.2 Die Nukleotidsequenz der DNA enthält eine
(A) periodische Wiederholung der Basen Adenin, Cytosin, Guanin und Uracil
(B) periodische Wiederholung der Basen Adenin, Cytosin, Guanin und Thymin
(C) zufällige Anordnung der Nukleotide
(D) nicht zufällige und nicht periodische Anordnung der Nukleotide (vergleichbar einer Buchstabenfolge in einer Schrift)
(E) nicht zufällige, periodische Anordnung der Nukleotide (vergleichbar mit der Länge des Genortes)

H97
→ 2.3 Welche Aussage trifft nicht zu?
Folgende Nukleinsäuren sind primär zweisträngig:
(A) Mitochondrien-DNA
(B) Transfer-RNA
(C) DNA grampositiver Bakterien
(D) DNA gramnegativer Bakterien
(E) Plasmide der Bakterien

→ 2.4 DNA (Desoxyribonukleinsäure)
(A) kommt im Zellkern nur unmittelbar vor der Mitose vor
(B) stellt in Form von Ribosomen die Matrix für die Proteinsynthese dar
(C) wird nach der Mitose im Arbeitskern (Interphasekern) durch RNA ersetzt
(D) ist in den Zentriolen vorhanden
(E) ist auch in den Mitochondrien vorhanden

F90
→ 2.5 DNA findet sich beim Menschen als
(1) mitochondriale DNA
(2) hochrepetitive DNA im Zellkern
(3) Einschübe (Introns) in Strukturgenen
(4) funktionell wichtiger Strukturbestandteil in Ribosomen

(A) nur 1 und 2 sind richtig
(B) nur 1 und 3 sind richtig
(C) nur 2 und 3 sind richtig
(D) nur 1, 2 und 3 sind richtig
(E) 1–4 = alle sind richtig

H02
→ 2.6 DNA enthält die Basen A (= Adenin), G (= Guanin), C (= Cytosin) und T (= Thymin).
Wird die Basenzusammensetzung quantitativ analysiert, so ergibt sich für die DNA eines Bakteriums, einer Pflanze und eines Tieres übereinstimmend (im Rahmen der Messgenauigkeit):
(A) molare Menge von A = molare Menge von G
(B) molare Menge von C = molare Menge von T
(C) molare Menge von G = molare Menge von T
(D) molare Menge von A + molare Menge von G = molare Menge von C + molare Menge von T
(E) molare Menge von A + molare Menge von T = molare Menge von G + molare Menge von T

H04
→ 2.7 Die Analyse der Basenzusammensetzung der DNA von Escherichia coli ergibt, dass 38 % aller Basen aus Cytosin bestehen.
Wie hoch ist der Anteil von Thymin?
(A) 12 %
(B) 24 %
(C) 38 %
(D) 62 %
(E) 76 %

2.1 (B)   2.2 (D)   2.3 (B)   2.4 (E)   2.5 (D)   2.6 (D)   2.7 (A)

→ 2.8 Ein Phage hat eine einsträngige DNA von folgender relativer Zusammensetzung:
A: 1,0   C: 0,75   G: 0,98   T: 1,33
Welche Zusammensetzung hat die komplementäre RNA?

	A:	C:	G:	T:	U:
(A)	0,75	1,00	1,33	0,00	0,98
(B)	1,33	0,98	0,75	0,00	1,00
(C)	1,00	0,98	0,75	0,00	1,33
(D)	1,33	0,75	1,00	0,00	0,75
(E)	1,33	0,98	0,75	0,50	0,50

■
→ 2.9 Für die DNA-Replikation trifft nicht zu:
(A) Sie ist semikonservativ.
(B) Sie findet im Zellkern statt.
(C) Sie ist enzymabhängig.
(D) Sie findet in der G_1-Phase statt.
(E) Sie erfolgt unter Anlagerung von komplementären Basen.

F01
→ 2.10 Welcher Sachverhalt ist in dem stark vereinfachten Schema der DNA-Replikation nicht zutreffend dargestellt?
(„oben" und „unten" bezieht sich auf die Lage im Schema)

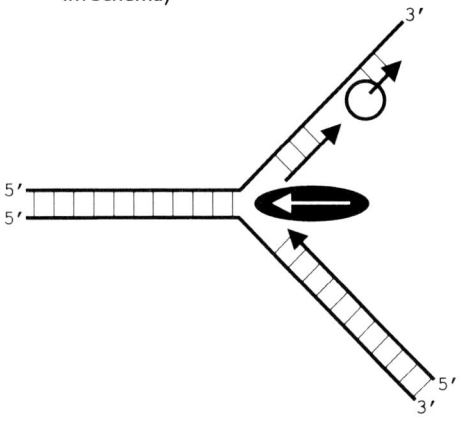

(A) Vorhandensein eines Okazaki-Fragments nahe (rechts oberhalb) der Gabelungsstelle
(B) Polarität der kontinuierlich synthetisierten komplementären DNA-Sequenz
(C) Polarität des oberen parentalen Stranges
(D) Polarität des unteren parentalen Stranges
(E) Vorhandensein einer DNA-Helikase

H02
→ 2.11 In einer Bakterienkultur sind bei jedem Bakterium beide Einzelstränge der DNA radioaktiv markiert. Es erfolgt nun eine Vermehrung in nicht-radioaktivem Medium.
Wie hoch ist am ehesten der Anteil von Bakterien mit radioaktiver DNA in der Kultur nach einmaliger und zweimaliger DNA-Replikation?

	nach einmaliger Replikation	nach zweimaliger Replikation
(A)	50 %	25 %
(B)	50 %	50 %
(C)	100 %	25 %
(D)	100 %	50 %
(E)	100 %	75 %

2.1.2 DNA-Reparatur

F01 F97 H94 ■
→ 2.12 Bei der Exzisionsreparatur der DNA des Menschen
(A) ist eine lokal begrenzte DNA-Synthese notwendig
(B) wird nur die veränderte Nukleotidpaarung aus der DNA entfernt
(C) werden beide Molekülketten der DNA-Doppelhelix lokal begrenzt aufgelöst
(D) ist Einstrahlung von Licht notwendig
(E) wird das gesamte DNA-Molekül eines betroffenen Gens durch Neubildung ersetzt

F96 ■
→ 2.13 Welche Aussage zur Exzisionsreparatur der DNA trifft nicht zu?
(A) Das Schneiden des geschädigten DNA-Stranges erfolgt durch eine Endonuklease.
(B) Die Exzision des geschädigten DNA-Stranges erfolgt durch die reverse Transkriptase.
(C) Die Reparatur des geschädigten DNA-Stranges erfolgt durch eine DNA-Polymerase.
(D) Die Verknüpfung des neusynthetisierten DNA-Stranges erfolgt durch eine Polynukleotid-Ligase.
(E) Für die Neusynthese benutzt die DNA-Polymerase den intakten Tochterstrang als Matrize.

2.8 (B)   2.9 (D)   2.10 (C)   2.11 (D)   2.12 (A)   2.13 (B)

2.1.3 Genbegriff, Transkription und Prozessierung der RNA

2.14 Welche Aussage trifft nicht zu?
Ein Gen
(A) besteht aus einem bestimmten Abschnitt eines DNA-Moleküls
(B) wird bei numerischen Chromosomenaberrationen verändert
(C) kann für die Synthese eines bestimmten Polypeptids zuständig sein
(D) enthält eine hohe Anzahl von Nukleotiden
(E) ist gemeinsam mit anderen Genen auf einem Chromosom angeordnet

F86
2.15 Das Genom des Säugers enthält viel mehr DNA als für seine Strukturgene notwendig ist. Welche Aussage dazu trifft nicht zu?
(A) Es gibt repetitive DNA-Abschnitte.
(B) Gene für rRNA kommen in vielen Kopien vor.
(C) Alle Gene sind mehrfach vorhanden.
(D) Es gibt innerhalb von Strukturgenen lange DNA-Sequenzen, die nicht translatiert werden.
(E) Zwischen den Genen gibt es lange DNA-Sequenzen, die nicht transkribiert werden.

F95
2.16 Welche Aussage trifft nicht zu?
Repetitive DNA
(A) kommt bei Pro- und Eukaryonten auch als hochrepetitive DNA vor
(B) kann als Heterochromatin vorliegen
(C) liegt u. a. in redundanten Genen für rRNA vor
(D) ist in der Zentromerregion des Chromosoms vorhanden
(E) bildet beim Menschen einen erheblichen Teil der Gesamt-DNA des Zellkerns

2.17 Transkription nennt man
(A) Übertragung genetischer Information durch DNA-Bruchstücke, die von bestimmten Zellen aufgenommen werden
(B) Übertragung genetischer Information von DNA auf Ribonukleinsäuren
(C) Übertragung der Peptidyl-tRNA von der A-Stelle der Ribosomen auf die P-Stelle
(D) Biosynthese von Proteinen an Ribosomen
(E) semikonservative Verdopplung der DNA

H98 H97 F97 H96
2.18 Die Abbildung zeigt schematisch das Bild, das sich bei den meisten eukaryontischen Strukturgenen ergibt, wenn eine mRNA in vitro mit der DNA des dazugehörigen Gens hybridisiert wird. Die DNA ist hierbei als Doppellinie, die mRNA als einzelne Linie dargestellt.

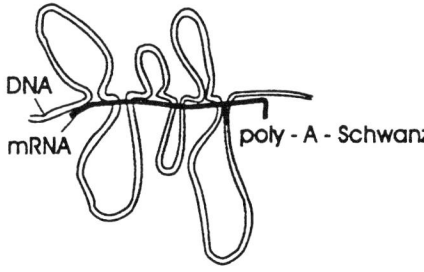

Welche Aussage trifft zu?
(A) Die ungepaarten Schleifen entsprechen den Exons.
(B) Die mRNA ist länger als die DNA.
(C) Das Gen weist 7 Introns auf.
(D) Die Introns sind länger als die Exons.
(E) Der poly-A-Schwanz der mRNA befindet sich am 5'-Ende.

H00
2.19 Welchen Vorgang zeigt die stark vereinfachte Abbildung?

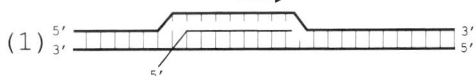
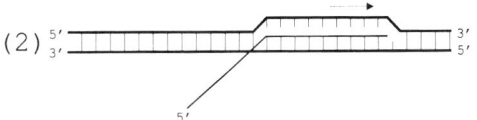

(A) Synthese von RNA
(B) Synthese von Protein
(C) Reparatur von DNA
(D) DNA-Replikation
(E) DNA-Rekombination

2.20 Die genetische Information der Kern-DNA wird zur Proteinbildung durch Transkription unmittelbar übertragen auf
(A) mitochondriale DNA
(B) mitochondriale RNA
(C) ribosomale RNA
(D) transfer-RNA
(E) messenger-RNA

2.14 (B)   2.15 (C)   2.16 (A)   2.17 (B)   2.18 (D)   2.19 (A)   2.20 (E)

2 Genetik

F00 F98 H95 ■■
→ 2.21 Zum „processing" der mRNA rechnet man
(1) die Ablesung des gentischen Codes
(2) das Herausschneiden nichtkodierender Abschnitte
(3) die Aktivierung des second-messenger Prozesses
(4) das Anhängen des Poly-A-Schwanzes
(5) die Verknüpfung der Aminosäuren zu einem Protein

(A) nur 3 ist richtig
(B) nur 1 und 5 sind richtig
(C) nur 2 und 4 sind richtig
(D) nur 1, 2 und 4 sind richtig
(E) nur 1, 2, 4 und 5 sind richtig

F00 ■
→ 2.22 Die Abbildung gibt schematisch die Übersetzung der genetischen Information in ein Protein wieder.
Welcher der Buchstaben (A)–(E) kennzeichnet das Spleißen?

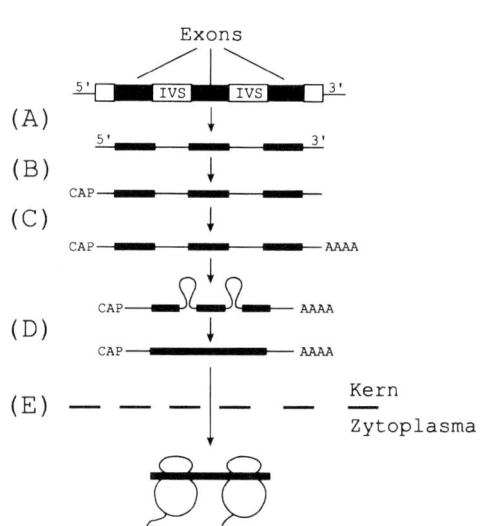

F01
→ 2.23 Die Abbildung gibt schematisch die Übersetzung der genetischen Information in ein Protein wieder.
Bei welchem Schritt (A) – (E) entsteht die heterogene nukleäre RNA (hnRNA)?

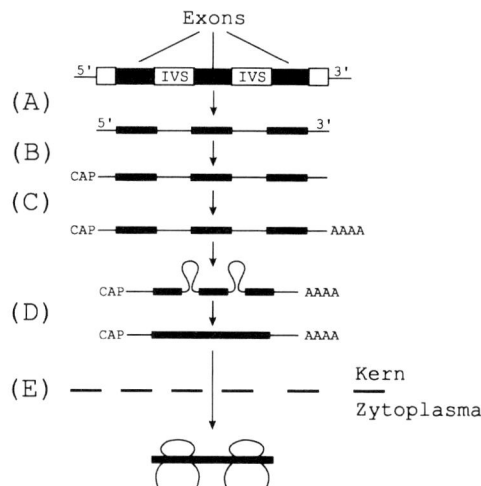

H01 ■
→ 2.24 Die Abbildung gibt schematisch die Übersetzung der genetischen Information in ein Protein wieder.
Welcher der Buchstaben (A)–(E) kennzeichnet die Poly-Adenylierung?

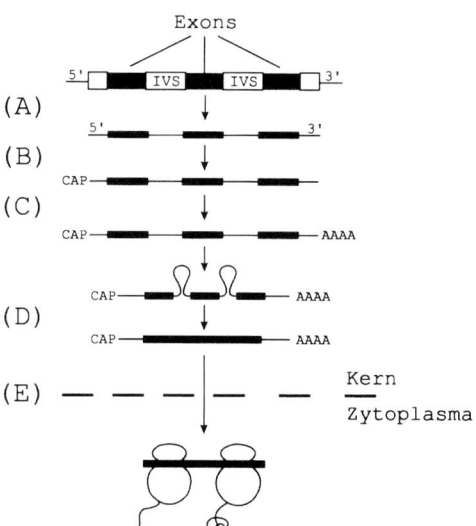

2.21 (C)   2.22 (D)   2.23 (A)   2.24 (C)

F98 ■
→ 2.25 Ribosomale RNA (rRNA) als Bestandteil von Zellorganellen kommt vor:
(1) im Zytoplasma
(2) in Mitochondrien
(3) im Nukleolus
(4) in Endosomen
(5) in Golgi-Vesikeln

(A) nur 1 und 3 sind richtig
(B) nur 1, 2 und 3 sind richtig
(C) nur 1, 2 und 5 sind richtig
(D) nur 2, 3 und 4 sind richtig
(E) nur 3, 4 und 5 sind richtig

→ 2.26 Welche Aussage trifft nicht zu? Transfer-RNA
(A) besitzt ein als Anticodon bezeichnetes Basentriplett, das bei der Proteinbiosynthese an ein korrespondierendes Triplett der mRNA angelagert wird
(B) bindet Aminosäuren esterartig an eine OH-Gruppe der Ribose
(C) besitzt am 3'-OH-Ende die Basensequenz CCA
(D) bildet mit Aminosäuren Aminoacyl-tRNA-Verbindungen
(E) sorgt für den Transport von Aminosäuren aus dem EZR in die Zelle

F95
→ 2.27 Aktive Gene für tRNA finden sich in
(A) Peroxisomen
(B) Mitochondrien
(C) Ribosomen
(D) Lysosomen
(E) Diktyosomen

2.1.4 Regulation der Genexpression

H98
→ 2.28 Welche der folgenden Moleküle sind an der Regulation der Genexpression beteiligt?
(1) Hormonrezeptoren
(2) Repressormoleküle
(3) Effektormoleküle
(4) zyklisches Adenosinmonophosphat (cAMP)

(A) nur 4 ist richtig
(B) nur 2 und 3 sind richtig
(C) nur 1, 2 und 4 sind richtig
(D) nur 2, 3 und 4 sind richtig
(E) 1–4 = alle sind richtig

H99
→ 2.29 Welcher Begriff kann am wenigsten mit einem eukaryoten, proteinkodierenden Gen in Verbindung gebracht werden?
(A) Promotor
(B) Exon-Intron
(C) Terminator
(D) Operon als Regulationseinheit
(E) Histone

2.1.5 Differenzielle Genaktivität als Grundlage von Entwicklung und Differenzierung

F94
→ 2.30 Die Einschränkung der prospektiven Potenz embryonaler Zellen zugunsten einer spezifischen Differenzierung kann erfolgen
(1) bei der Befruchtung der Eizelle
(2) während der Furchungsphase
(3) bei der Bildung der drei Keimblätter
(4) bei der Induktion der Neuralplatte

(A) nur 1 und 2 sind richtig
(B) nur 2 und 3 sind richtig
(C) nur 3 und 4 sind richtig
(D) nur 1, 3 und 4 sind richtig
(E) nur 2, 3 und 4 sind richtig

2.1.6 Translation und genetischer Code

→ 2.31 Die Proteinbiosynthese findet vor allem statt
(1) in der G_1-Phase des Zellzyklus
(2) in der S-Phase des Zellzyklus
(3) in der G_2-Phase des Zellzyklus
(4) in der Prophase der Mitose

(A) nur 1 ist richtig
(B) nur 2 ist richtig
(C) nur 1 und 2 sind richtig
(D) nur 2 und 4 sind richtig
(E) nur 1, 2 und 3 sind richtig

■■
→ 2.32 Welcher der folgenden Vorgänge gibt die vollständige Bedeutung des Begriffs Translation wieder?
(A) die Bindung von Aminosäuren an tRNA
(B) die Übersetzung des mRNA-Codes in die Aminosäuresequenz der Proteine
(C) die Adapterfunktion der tRNA
(D) die Synthese von tRNA
(E) die Gliederung von mRNA in Tripletts (Codons)

2.25 (B) 2.26 (E) 2.27 (B) 2.28 (E) 2.29 (D) 2.30 (C) 2.31 (A) 2.32 (B)

→ 2.33 Welche der genannten Zellstrukturen ist/sind an der Translation unmittelbar beteiligt?
(1) Ribosomen
(2) Mitochondrien
(3) Nukleolen
(4) Membranen des rauhen Endoplasmatischen Retikulums
(5) Membranen von Diktyosomen

(A) nur 1 ist richtig
(B) nur 1 und 5 sind richtig
(C) nur 3 und 4 sind richtig
(D) nur 1, 2, 3 und 4 sind richtig
(E) nur 1, 3, 4 und 5 sind richtig

→ 2.34 Welcher Stoff ist nicht unmittelbar an der Proteinbiosynthese beteiligt?
(A) mRNA
(B) DNA
(C) Ribosomen
(D) aktivierte Aminosäuren
(E) tRNA

F02 ■
→ 2.35 Welchen Vorgang zeigt die schematische Abbildung?

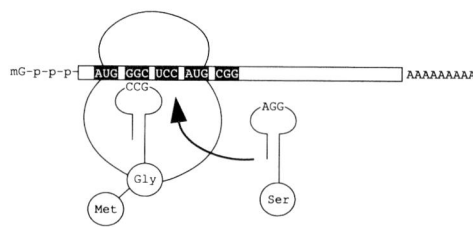

(A) DNA-Replikation
(B) Reparatur von DNA-Schäden
(C) Synthese von mRNA bzw. rRNA
(D) Transkription von tRNAs
(E) Synthese eines Proteins

H98 ■■
→ 2.36 Welche Aussage zur Proteinsynthese trifft zu?
(A) Eukaryontische und prokaryontische Ribosomen haben den gleichen Sedimentationskoeffizienten.
(B) Die Synthese der zytoplasmatischen Proteine erfolgt an freien Ribosomen.
(C) Die Transkription sämtlicher Gene einer Zelle erfolgt im Zellkern.
(D) Die Kernproteine (Nukleoproteine) werden im rauhen Endoplasmatischen Retikulum synthetisiert.
(E) Alle mitochondrialen Proteine werden an mitochondrialen Ribosomen synthetisiert.

→ 2.37 Welche der folgenden Aussagen zur Proteinbiosynthese trifft nicht zu?
(A) Die Proteinbiosynthese erfolgt schrittweise nach dem Prinzip der Kettenverlängerung vom N-terminalen Ende der Peptidkette her.
(B) Der Initiatorkomplex bei der Proteinbiosynthese besteht aus GTP, N-Acetylmethionin und drei Proteinfaktoren.
(C) Bei der Proteinbiosynthese wird der genetische Code übersetzt, der Vorgang wird als Translation bezeichnet.
(D) Die Synthese des Proteins ist ein energieverbrauchender Prozeß.
(E) Für die Proteinbiosynthese wird der genetische Code übersetzt, eine Interaktion der Aminoacyl-tRNA mit den Basen der mRNA (messenger-RNA) ist notwendig.

■■
→ 2.38 Welche Aussage trifft nicht zu?
Bei der Proteinbiosynthese in der Säugetierzelle
(A) entstehen Proteine nur am rauhen Endoplasmatischen Retikulum
(B) wird der genetische DNA-Code in die Aminosäuresequenz übertragen
(C) ist eine funktionsfähige messenger-RNA an Ribosomen notwendig
(D) ist transfer-RNA beteiligt
(E) können die Vorgänge an verschiedenen Reaktionsschritten durch Antibiotika gehemmt werden

F01 ■
→ 2.39 Welche Aussage zur Proteinsynthese und Proteinmodifikation trifft nicht zu?
(A) Die meisten mitochondrialen Proteine werden an freien Ribosomen im Zytoplasma synthetisiert.
(B) Lyosomale Proteine gelangen von den sie synthetisierenden Ribosomen ins Lumen des rauen endoplasmatischen Retikulums.
(C) Die Nukleoproteine werden im Zellkern synthetisiert.
(D) Im endoplasmatischen Retikulum werden Exportproteine prozessiert.
(E) Im Golgi-Komplex werden Proteine glykosyliert.

2.33 (A)   2.34 (B)   2.35 (E)   2.36 (B)   2.37 (B)   2.38 (A)   2.39 (C)

2.1 Organisation und Funktion eukaryontischer Gene

F98 H97 ■
→ 2.40 Ein Protein weist die Aminosäuresequenz Pro-Thr auf.

H00 ■
Ordnen Sie den Begriffen der Liste 1 die entsprechenden Strukturen in der Schemazeichnung der Proteinsynthese (Liste 2) zu!

Liste 1
→ 2.42 Codon
→ 2.43 aminoacylierte tRNA

Liste 2

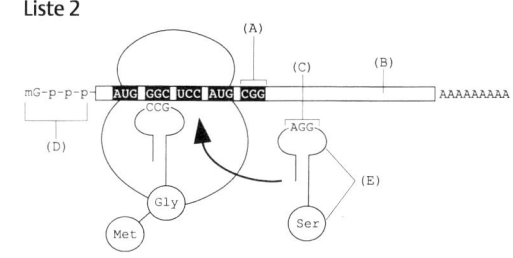

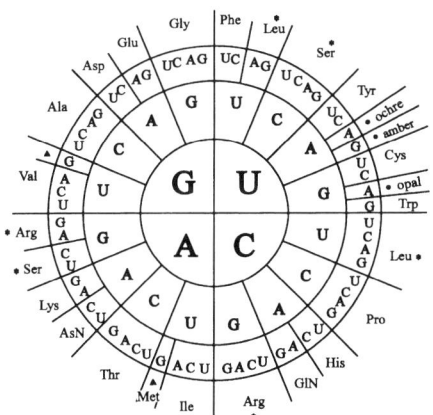

Welche der folgenden mRNA-Basensequenzen trifft gemäß der abgebildeten Code-Sonne hierfür nicht zu?

(A) CCC ACC
(B) CCA ACA
(C) GCC ACC
(D) CCG ACU
(E) CCU ACG

F01
→ 2.44 Welcher der folgenden Sachverhalte ist in dem stark vereinfachten Schema der Proteinsynthese nicht zutreffend dargestellt?

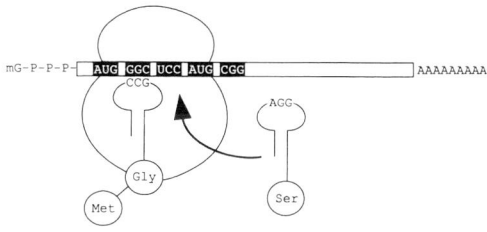

→ 2.41 Die Proteinbiosynthese erfordert folgende Teilschritte:
(1) Bildung der mRNA
(2) Bindung der mRNA an Ribosomen
(3) Aktivierung der Aminosäure
(4) Anheftung einer Aminosäure an die ribosomale RNA

(A) nur 1 und 2 sind richtig
(B) nur 1 und 3 sind richtig
(C) nur 1, 2 und 3 sind richtig
(D) nur 2, 3 und 4 sind richtig
(E) 1–4 = alle sind richtig

(A) Aufbau des Ribosoms aus 2 Untereinheiten
(B) Vorhandensein eines Poly-A-Schwanzes der mRNA
(C) Basenzusammensetzung der mRNA
(D) Basenfolge des Anticodons der tRNA im Ribosom
(E) Methionin als erste Aminosäure der wachsenden Peptidkette

2.40 (C)   2.41 (C)   2.42 (A)   2.43 (E)   2.44 (C)

2.1.7 Kartierung von Genen/Genfamilien

2.45 Welche Aussage trifft nicht zu?
Das Hämoglobin-Molekül
(A) besteht aus vier Polypeptid-Ketten
(B) des Feten zeigt einen anderen Aufbau als das der Mutter
(C) wechselt in der Zusammensetzung aus den Globinen während der vorgeburtlichen Entwicklung mehrmals
(D) ist bei beiden Geschlechtern verschieden aufgebaut
(E) kann genetisch bedingte Veränderungen aufweisen, die Ursache von Krankheiten sein können

2.46 An der Wurzel der Wirbeltierevolution hat es gegeben
(A) je ein Gen für Hämoglobin und Myoglobin
(B) Gene für Hämoglobin A, Hämoglobin F und Myoglobin
(C) überhaupt noch keine Hämoglobin- oder Myoglobin-Gene
(D) ein einziges Gen als gemeinsamen Vorfahren für alle Hämoglobin- und Myoglobin-Gene
(E) je ein Gen für Hämoglobin- α-Kette, -β-Kette und Myoglobin

2.47 Welche Aussage trifft nicht zu?
Die Hämoglobin-Gene des Menschen
(A) sind im Laufe der Evolution aus einem Ur-Gen hervorgegangen
(B) sind durch Mutation duplizierter Gene entstanden
(C) werden in allen Körperzellen transkribiert
(D) werden im Laufe der Ontogenese zu verschiedenen Zeiten aktiv
(E) sind ein Beispiel für die Evolution von Genen

2.48 Welches der genannten Phänomene wurde in der Evolution durch Genduplikation verursacht?
(A) die multiple Allelie der AB0-Blutgruppen
(B) die Trisomie 21 beim Down-Syndrom
(C) das Vorhandensein von Genen für die α- und β-Ketten des Hämoglobins
(D) das Vorkommen von Iso-X-Chromosomen beim Turner-Syndrom
(E) Geschlechtsunterschiede

2.49 In der Betakette des Hämoglobins eines Menschen ist in einer bestimmten Position die normalerweise vorkommende Aminosäure durch eine andere ersetzt.
Wodurch wird dieser Austausch verursacht?
(A) durch Ausfall eines Enzyms
(B) Deletion von drei oder einem Mehrfachen von drei Basen
(C) Austausch einer Base in einem Stop-Codon
(D) Austausch einer Base in einem der transkribierten Codons
(E) ungleiches Crossing-over unter Beteiligung des Beta-Pseudogens

2.50 Welche Aussage trifft nicht zu?
Isoenzyme
(A) haben die gleiche primäre Proteinstruktur (Aminosäuresequenz)
(B) werden durch Genduplikation und Mutation gebildet
(C) weisen ähnliche oder identische enzymatische Aktivität auf
(D) treten auch beim Menschen auf
(E) lassen sich durch Elektrophorese trennen

2.1.8 Anzahl und Größe von Genen

Zu diesem Kapitel wurden bisher keine Prüfungsfragen gestellt.

2.2 Chromosomen des Menschen

2.51 Welche Aussage trifft nicht zu?
Die Chromosomen des Menschen
(A) bilden eine komplexe Struktur aus DNA und Proteinen (z. B. Histonen)
(B) bestehen in der Interphase aus „nackter" DNA
(C) enthalten nichtcodierende DNA-Sequenzen
(D) sind in der Metaphase spiralisiert
(E) lassen sich in der Metaphase unterscheiden

2.45 (D)   2.46 (D)   2.47 (C)   2.48 (C)   2.49 (D)   2.50 (A)   2.51 (B)

2.2 Chromosomen des Menschen

H02 ■

2.52 Bei der Anfertigung eines Karyogramms werden die einzelnen Chromosomen einer Zelle lichtmikroskopisch dargestellt.
Zu dieser Darstellung eignen sich nicht:
(A) Lymphozyten des Blutes
(B) Granulozyten des Blutes
(C) Fibroblasten
(D) Knochenmarks-Zellen
(E) Amnion-Zellen

H01

2.53 Welche Aussage über die im Mikroskop sichtbaren Metaphasechromosomen des Menschen trifft nicht zu?
(A) Sie enthalten neben der DNA auch Proteine.
(B) Sie enthalten die bereits verdoppelte DNA.
(C) Sie befinden sich in der G_1-Phase des Zellzyklus.
(D) Sie sind stark spiralisiert.
(E) Sie lassen das Zentromer erkennen.

F97

2.54 Welche Aussage trifft nicht zu?
Eine routinemäßige Karyotyp-Analyse umfaßt folgende Teilmaßnahmen:
(A) Mitose-Stimulierung durch Phythämagglutination
(B) Mitose-Arretierung durch Colchicin
(C) Hypotonisierung der Zellsuspension zwecks Spreitung der Chromosomen
(D) spezifische Färbung, z. B. nach Giemsa
(E) Untersuchung mit dem Elektronenmikroskop

H04

2.55 Bei der Untersuchung der Chromosomen beim Menschen wird das Pflanzengift Colchicin oder seine Derivate angewendet, da Colchicin
(A) die Polymerisation der Mikrotubuli der Teilungsspindel hemmt
(B) die Replikation der DNA in der S-Phase hemmt
(C) die Spiralisierung der Chromosomen verhindert
(D) alle Zellen, die sich nicht in Teilungsphasen befinden, abtötet
(E) die Kernhülle schon vor der Prophase auflöst

2.56 Welches der folgenden Merkmale ist nicht zur Identifizierung menschlicher mitotischer Chromosomen geeignet?
(A) Länge
(B) Lage des Zentromers
(C) Lage der Chiasmata (Crossing-over)
(D) Muster der G-Banden
(E) Muster der Q-Banden

F94

2.57 Welche Aussage trifft nicht zu?
(A) Die Chromosomen des Menschen lassen sich aufgrund ihrer Bandenmuster unterscheiden.
(B) Man kann Krankheiten mit einfachem Mendelschen Erbgang, die durch eine Punktmutation bedingt sind, durch Untersuchung des Karyotyps diagnostizieren.
(C) Einige komplexe Fehlbildungssyndrome können durch Untersuchung des Karyotyps diagnostiziert werden.
(D) Mehrere Störungen der Geschlechtsentwicklung können durch Untersuchung des Karyotyps diagnostiziert werden.
(E) Die Mehrzahl der Chromosomen-Aberrationen kommt durch Neumutation in der Keimzelle eines der Eltern zustande.

F04

2.58 Welche der folgenden Aussagen zum Kinetochor ist zutreffend?
(A) Repetitive Baueinheit des Chromatins, bestehend aus Histonen und einem DNA-Abschnitt
(B) Struktur am Zentromer, dient zur Verankerung von Mikrotubuli
(C) charakteristische Sequenzen an den Chromosomenenden mit speziellem Replikationsmodus
(D) Multiproteinkomplex u. a. aus Proteasen zur zytoplasmatischen Degradation von Proteinen
(E) charakteristische Aktinbindungsstelle an den Chromosomen

F02

2.59 Welche Aussage beschreibt am zutreffendsten die Telomere?
(A) repetitive Baueinheit des Chromatins bestehend aus Histonen und einem DNA-Abschnitt
(B) Multiproteinkomplex u. a. aus Proteasen zur zytoplasmatischen Degradation von Proteinen
(C) biochemische und morphologische Vorgänge, die zum programmierten Tod einer Zelle führen
(D) charakteristische DNA-Sequenzen an den Chromosomenenden
(E) Multiproteinkomplex am Zentromer; dient zur Verankerung der Mikrotubuli

---

2.52 (B)   2.53 (C)   2.54 (E)   2.55 (A)   2.56 (C)   2.57 (B)   2.58 (B)   2.59 (D)

2.3 Formale Genetik

2.3.1 Begriffe und Symbole

2.60 Unter Expressivität eines Gens wird verstanden
(A) die Häufigkeit von Mutationen eines Gens in einer Population
(B) die Häufigkeit eines Gens in einer Population
(C) die Häufigkeit, mit der ein Gen sich im Phänotyp manifestiert
(D) der unterschiedliche Ausprägungsgrad eines Gens im Phänotyp
(E) der Grad seiner Rezessivität gegenüber dem normalen Allel

2.61 Penetranz bei einem autosomal-dominanten Merkmal bedeutet:
(A) Grad der Schädlichkeit eines Merkmals
(B) Häufigkeit eines Merkmals in einer Geschwisterreihe
(C) durchschnittliche Ausprägung eines Merkmals innerhalb einer Familie
(D) Anteil der Merkmalsträger unter den Genträgern
(E) Häufigkeit eines Merkmals in einer abgegrenzten Population

H03
2.62 Einige Erkrankungen mit genetischer Grundlage tendieren dazu, sich von Generation zu Generation stärker und früher zu manifestieren (z. B. Myotone Muskeldystrophie). Wie wird dieses Phänomen genannt?
(A) Antizipation
(B) Imprinting
(C) Pseudodominanz
(D) unvollständige Penetranz
(E) variable Expressivität

F04
2.63 Welches Phänomen konnte anhand von Erkrankungen, die mit einer Triplettexpansion einhergehen, erstmals molekular erklärt werden?
(A) Co-Dominanz
(B) Neumutation
(C) Imprinting
(D) Antizipation
(E) Polygenie

H05
2.64 Welche Aussage zum genomischen Imprinting trifft am ehesten zu? Es bewirkt
(A) die nicht modifizierte Weitergabe genetischer Informationen von der Mutter auf das Kind
(B) die Modifizierung der Genaktivität durch intragenische Repeatexpansion
(C) das entgegen dem Vererbungsmodus ausbleibende Auftreten genetisch bedingter Merkmale in aufeinander folgenden Generationen
(D) unterschiedliche Genaktivität, je nachdem ob das vererbte Gen vom Vater oder von der Mutter stammt
(E) die Vererbung X-chromosomaler Gene vom Vater auf die Tochter

2.65 Letalfaktoren werden wirksam
(A) nur bei geschlechtsgebundenem Erbgang
(B) bei adulten Organismen
(C) in der „kritischen Phase" (teratogenetisch sensiblen Phase) während der Entwicklung
(D) nur bei Eintritt der Geschlechtsreife
(E) nur bei Dominanz des betreffenden Erbfaktors

2.66 Pleiotropie
(1) kann durch eine Genmutation hervorgerufen werden
(2) betrifft stets mehrere Merkmale im Phänotyp betroffener Organismen
(3) zeigt in der Regel unvollständige Penetranz
(4) kommt durch Zusammenwirken mehrerer Mutationen zustande
(5) ist gleichbedeutend mit Heterogenie

(A) nur 5 ist richtig
(B) nur 1 und 2 sind richtig
(C) nur 1 und 3 sind richtig
(D) nur 2 und 3 sind richtig
(E) nur 2, 3, 4 und 5 sind richtig

H01
2.67 Wenn sich beide Allele im Phänotyp manifestieren (wie z. B. im MN-Blutgruppensystem), nennt man dieses Phänomen
(A) Dominanz
(B) Kodominanz
(C) Rezessivität
(D) Hemizygotie
(E) Heterozygotie

2.60 (D)   2.61 (D)   2.62 (A)   2.63 (D)   2.64 (D)   2.65 (C)   2.66 (B)   2.67 (B)

2.3.2 Mendel'sche Gesetze

→ 2.68 Die Mendelschen Gesetze
(A) treffen für alle Lebewesen zu
(B) treffen nur für Tiere, nicht aber für Pflanzen und Mikroorganismen zu
(C) treffen nur für diploide Lebewesen zu, deren Keimzellen haploid sind
(D) haben einen X-Y-Mechanismus der Geschlechtsbestimmung zur Voraussetzung
(E) sind nur gültig, wenn ein Lebewesen mehr als zwei Nachkommen hat

→ 2.69 Kreuzt man zwei Homozygote verschiedener Allele des gleichen Lokus miteinander, so
(A) entsprechen alle F_1-Nachkommen dem Genotyp des Vaters
(B) sind alle F1-Nachkommen einheitlich heterozygot
(C) enthält die F_1-Generation die beiden Ausgangstypen im Verhältnis 3 (dominantes Allel) : 1 (rezessives Allel)
(D) enthält die F_1-Generation die beiden Ausgangstypen im Verhältnis 1:1
(E) treten die Genotypen im Verhältnis 1 (homozygot des einen Allels) :2 (heterozygot) :1 (homozygot des anderen Allels) auf

F02 H99 H92 ■
→ 2.70 Entscheidend für die Verteilung von Genen nach dem dritten Mendel'schen Gesetz (Unabhängigkeitsgesetz) ist, dass
(A) zwei Gene verschiedene, voneinander unabhängige biochemische Syntheseschritte kontrollieren
(B) zwei Gene auf verschiedenen Chromosomen lokalisiert sind
(C) multiple Allele besteht
(D) zwei Gene auf dem gleichen Chromosom eng beieinander liegen
(E) zwei Gene einer Kopplungsgruppe angehören

F04
→ 2.71 Das 3. Mendel-Gesetz (Unabhängigkeitsgesetz) bezieht sich auf zwei Gene, die
(A) auf einem Chromosom gelegen sind und in verschiedene Stoffwechselprozesse eingreifen
(B) auf einem Chromosom gelegen sind und in aufeinander folgende Stoffwechselprozesse eingreifen
(C) auf homologen Chromosomen als multiple Allele vorliegen
(D) nicht der gleichen Kopplungsgruppe angehören
(E) auf den Geschlechtschromosomen (X oder Y) lokalisiert sind

→ 2.72 Abweichungen vom 3. Mendelschen Gesetz (dem Unabhängigkeitsgesetz) werden beobachtet, wenn
(A) das eine der beiden Gene auf dem X-Chromosom, das andere auf einem Autosom gelegen ist
(B) das eine der betrachteten Gene ein Letalfaktor ist
(C) das eine der beiden Gene dominant, das andere rezessiv ist
(D) die beiden betrachteten Gene auf dem gleichen Chromosom relativ eng benachbart sind
(E) die beiden betrachteten Gene in die gleiche Genwirkkette eingreifen

2.3.3 Autosomal-dominanter/kodominanter Erbgang, multiple Allelie

H05 H01 ■
→ 2.73 In einer Familie weisen nur der Großvater und sein Enkelkind dasselbe autosomal-dominant vererbte Merkmal auf.
Welcher Begriff beschreibt die am wahrscheinlichsten vorliegende Situation am besten?
(A) multiple Allelie
(B) genetische Heterogenität
(C) variable Expressivität
(D) unvollständige Penetranz
(E) Neumutation

2 Genetik

F05 ■

2.74 Bei einem autosomal-dominant vererbten Merkmal versteht man unter Penetranz
(A) die durchschnittliche Ausprägung eines Merkmals innerhalb einer Familie
(B) den Anteil der Merkmalsträger unter den Genträgern
(C) die Häufigkeit eines Merkmals in einer abgegrenzten Population
(D) den Grad der mit dem Merkmal verbundenen Gesundheitsschädigung
(E) die Häufigkeit eines Merkmals in einer Geschwisterreihe

2.75 Welches sind die formalen Merkmale des regelmäßig autosomal-dominanten Erbganges beim Menschen?
(1) Übertragung im allgemeinen von einem Elternteil auf durchschnittlich die Hälfte der Kinder
(2) Unabhängigkeit vom Geschlecht
(3) Aufspaltungsverhältnis 1 Kranker : 3 Gesunde
(4) Das Risiko des nächsten Kindes ist unabhängig davon, wieviele Kinder schon erkrankt sind

(A) nur 2 ist richtig
(B) nur 1 und 3 sind richtig
(C) nur 1, 2 und 4 sind richtig
(D) nur 1, 3 und 4 sind richtig
(E) 1–4 = alle sind richtig

F03 ■

2.76 Welchem der folgenden Erbgänge entspricht der Stammbaum am ehesten?

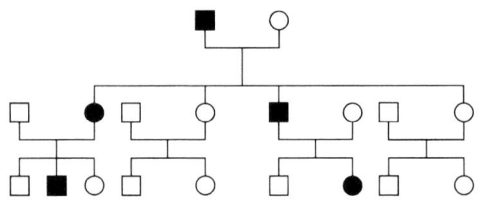

(A) autosomal-rezessive Vererbung
(B) autosomal-dominante Vererbung
(C) maternale (mitochondriale) Vererbung
(D) multifaktorielle Vererbung
(E) X-chromosomal-rezessive Vererbung

■

2.77 Welche Aussage trifft nicht zu?
Bei autosomal-dominantem Erbgang eines seltenen Allels (etwa eines Erbleidens) gilt in der Regel (wenn keine Neumutation vorliegt):
(A) Die Übertragung ist unabhängig vom Geschlecht.
(B) Das Aufspaltungsverhältnis der Phänotypen ist 3 Gesunde zu 1 Kranker.
(C) Werden Homozygote beobachtet, so pflegen sie in der Regel besonders schwer betroffen zu sein.
(D) Ein Elternteil ist heterozygot für dieses seltene Allel.
(E) Durchschnittlich die Hälfte der Kinder ist auch heterozygot.

H04 ■

2.78 Kann eine Person mit einer autosomal-dominanten Erkrankung ein gesundes Kind haben?
(A) ja, aber nur, wenn der Ehepartner nicht die gleiche Erkrankung hat
(B) ja, und zwar auch, wenn der Ehepartner die gleiche Erkrankung hat
(C) ja, aber nur bei herabgesetzter Penetranz
(D) ja, und zwar nur, wenn es sich um eine Neumutation handelt
(E) nein

H96

2.79 Die myotone Dystrophie wird autosomal-dominant vererbt.
Wie groß ist das Erkrankungsrisiko von Kindern im Regelfall, wenn beide Eltern betroffen sind?
(A) 25%
(B) 50%
(C) 67%
(D) 75%
(E) 100%

H95 ■

2.80 Großmutter und Vater leiden an einer seltenen, vollständig autosomal-dominant erblichen Anomalie.
Wie hoch ist das Risiko für die Kinder der gesunden Tochter, an der gleichen Anomalie zu leiden?
(A) nahezu 0
(B) etwa ¼
(C) etwa ½
(D) etwa ⅔
(E) etwa ¾

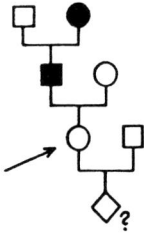

2.74 (B)   2.75 (C)   2.76 (B)   2.77 (B)   2.78 (B)   2.79 (D)   2.80 (A)

F95
→ 2.81 I,1 und II,1 leiden an einer seltenen, autosomal-dominant vererbten Krankheit (100 % Penetranz, aber Manifestationsalter ~ 30 Jahre). III,1 ist 20 Jahre alt.

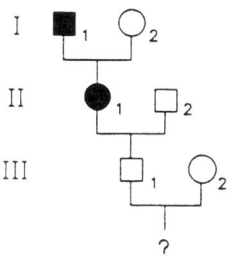

Wie hoch ist das Erkrankungsrisiko eines Kindes von III,1 und III,2?
(A) ~50%
(B) ~25%
(C) ~12,5%
(D) ~6,25%
(E) Das Risiko entspricht der Mutationsrate.

F99 ■■
→ 2.82 Welche Aussage über das AB0-Blutgruppensystem trifft nicht zu?
(A) Es ist ein Beispiel für multiple Allelie.
(B) Alle Blutgruppen sind in Deutschland gleich häufig.
(C) Es besteht Kodominanz der Allele A und B.
(D) Bei der Blutgruppe A kann sich die Dominanz des Allels A gegenüber dem Allel 0 zeigen.
(E) Bei der Blutgruppe B kann sich die Rezessivität des Allels 0 zeigen.

F90 ■
→ 2.83 Welche Aussage trifft nicht zu?
Die Merkmale der AB0-Blutgruppen
(A) gehen auf chemische Unterschiede der Glykokalix zurück
(B) folgen einem vollständig kodominanten Erbgang
(C) bilden in der menschlichen Population einen genetischen Polymorphismus
(D) können zu Komplikationen bei der Bluttransfusion führen
(E) können zur Feststellung der Vaterschaft verwendet werden

H91 ■■
→ 2.84 Im AB0-Blutgruppensystem sind A und B dominant gegenüber 0. A und B verhalten sich kodominant zueinander. Mutter und Kind haben Gruppe AB.
Welche Blutgruppe(n) kann der Vater haben?
(A) alle Gruppen : A, B, AB, 0
(B) A, B, AB
(C) A, B, 0
(D) nur A oder B
(E) nur AB

F96 ■■
→ 2.85 Der Vater hat Blutgruppe A, die Mutter hat Blutgruppe B, das Kind hat Blutgruppe 0.
Welche ist die wahrscheinlichste Erklärung?
(A) Neumutation A → 0
(B) Neumutation B → 0
(C) Der Vater ist heterozygot A0, die Mutter heterozygot B0.
(D) Der Mann ist nicht der biologische Vater des Kindes.
(E) Das Kind wurde nach der Geburt vertauscht.

F99 ■■
→ 2.86 Ein Kind hat die Blutgruppe 0.
Welche Blutgruppenkombination ist bei seinen Eltern nicht möglich?
(A) Vater 0, Mutter AB
(B) Vater A, Mutter A
(C) Vater B, Mutter A
(D) Vater B, Mutter 0
(E) Vater 0, Mutter A

F03 H96 ■■
→ 2.87 In einem Test zur Ausschließung der Vaterschaft werden bei der Mutter die Blutgruppeneigenschaften A/MN und bei ihrem Kind die Blutgruppeneigenschaften 0/M festgestellt. Männer mit welcher der folgenden Kombinationen kommen als Väter nicht in Frage?
(A) 0/M
(B) 0/MN
(C) A/M
(D) A/N
(E) B/MN

2.81 (B) 2.82 (B) 2.83 (B) 2.84 (B) 2.85 (C) 2.86 (A) 2.87 (D)

2 Genetik

F01 F98 F95 ■
2.88 Die M,N-Blutgruppen werden kodominant vererbt. Der Vater hat die Blutgruppe M, die Mutter hat MN.
Welches Zahlenverhältnis erwarten Sie nach den Mendel'schen Gesetzen unter den Kindern?
(A) 100 % MN
(B) 100 % M
(C) 50 % M, 50 % MN
(D) 50 % M, 50 % N
(E) 25 % M, 50 % MN, 25 % N

F95 ■
2.89 Die Blutgruppen M, N werden kodominant vererbt. Der Vater hat die Gruppe M, die Mutter hat die Gruppe N.
Welchen Genotyp (welche Genotypen) erwarten Sie nach der 1. Mendelschen Regel (Uniformitätsgesetz) unter den Kindern?
(A) 100% N
(B) 100% MN
(C) 100% M
(D) 50% M, 50% N
(E) 25% M, 50% MN, 25% N

H02 ■
2.90 Die Blutgruppen M und N werden durch kodominante Allele determiniert. Bei einem Kind liegt phänotypisch die Blutgruppe N vor. Welche phänotypische Kombination von Blutgruppen ist bei seinen Eltern nicht möglich?
(A) Mutter MN, Vater M
(B) Mutter MN, Vater N
(C) Mutter MN, Vater MN
(D) Mutter N, Vater MN
(E) Mutter N, Vater N

H94
2.91 Die Mutter hat die Blutgruppen AB, MN, der Präsumptivvater hat die Blutgruppen A, MN. Bei welcher der folgenden Kombinationen beim Kind kann er als Vater ausgeschlossen werden?
(A) A, M
(B) B, MN
(C) B, N
(D) AB, MN
(E) bei keiner dieser Kombinationen

2.92 Welche der Aussagen über Gene bzw. Allele sind zutreffend?
(1) Allele sind Gene an sich entsprechenden Genorten von homologen Chromosomen.
(2) Wenn sich Allele voneinander unterscheiden, ist der Träger für dieses Merkmal heterozygot.
(3) Ein Gen kann in mehreren abgewandelten Zustandsformen vorkommen.
(4) Das Vorhandensein multipler Allele ist für die Art von Nachteil.

(A) nur 1 und 2 sind richtig
(B) nur 1 und 3 sind richtig
(C) nur 2 und 3 sind richtig
(D) nur 1, 2 und 3 sind richtig
(E) 1–4 = alle sind richtig

F05 ■
2.93 Von multipler Allelie spricht man, wenn
(A) zwei Gene in einer Koppelungsgruppe sehr eng benachbart lokalisiert sind
(B) ein bestimmtes Gen mehrere Merkmale in der Ausprägung beeinflusst
(C) mehrere Varianten eines bestimmten Gens in einer Population vorhanden sind
(D) ein Merkmal durch das Zusammenwirken mehrerer Gene zustande kommt
(E) mehrere Mutationen innerhalb eines bestimmten Gens in einem DNA-Molekül vorliegen

2.94 Welche Aussage trifft nicht zu?
Multiple Allele
(A) sind vorhanden, wenn ein Gen in mehreren durch Mutationen entstandenen Formen vorliegt
(B) liegen in diploiden Zellen an den einander entsprechenden Genorten homologer Chromosomen
(C) sind beim Menschen z. B. für die Gene der AB0-Blutgruppen vorhanden
(D) können die Anpassung einer Art an sich ändernde Umweltbedingungen ermöglichen
(E) sind die Voraussetzung für die multifaktoriell bedingten erblichen Merkmale

---

2.88 (C) 2.89 (B) 2.90 (A) 2.91 (E) 2.92 (D) 2.93 (C) 2.94 (E)

2.3.4 Autosomal-rezessiver Erbgang

2.95 Albinismus ist autosomal-rezessiv erblich. Aus einer Ehe zweier Albinos gingen einmal normalpigmentierte Kinder hervor; die Vaterschaft war gesichert.
Welches ist die wahrscheinlichste Lösung?
(A) Einbau eines Pigmentierungsgens in das Genom des Kindes durch eine Virusinfektion
(B) vollständige Penetranz
(C) Heterogenie
(D) Aktivierung des mutierten Gens durch besonders Tyrosin-reiche Ernährung während der Schwangerschaft
(E) nichterbliche Form des Albinismus bei einem der Eltern

H05

2.96 Die Häufigkeit der autosomal-rezessiv vererbten klassischen Phenylketonurie beträgt bei Neugeborenen in Deutschland ungefähr 1 : 10 000.
Wie hoch ist demnach die Frequenz des mutierten Gens in der Bevölkerung?
(A) 0,0001
(B) 0,001
(C) 0,01
(D) 0,02
(E) 0,05

H00 ■ ■

2.97 Die im Stammbaum mit II/1 gekennzeichnete Frau weist eine klassische Phenylketonurie (PKU) auf. Alle anderen Personen des Stammbaumes haben keine PKU.

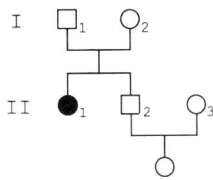

Welche Aussage zur Vererbung der PKU trifft im Regelfall nicht zu?
(A) Die PKU wird autosomal-rezessiv vererbt.
(B) Die Eltern I/1 und I/2 sind für das PKU-Gen heterozygot.
(C) Die Frau II/1 ist für das PKU-Gen homozygot.
(D) Der Mann II/2 ist mit einer Wahrscheinlichkeit von 1/2 für das PKU-Gen heterozygot.
(E) Die Tochter des Paares II/2 und II/3 ist mit einer Wahrscheinlichkeit von 1/3 für das PKU-Gen heterozygot.

H02

2.98 Das Ehepaar Helga und Hans hat je ein Geschwister, das die autosomal-rezessive Krankheit Mukoviszidose aufweist. Sie selbst und ihre Eltern leiden nicht daran. Bislang wurde auch nicht festgestellt, ob einer von ihnen heterozygoter Genträger ist.
Wie groß ist etwa das Risiko für ein Kind dieses Paares, an der Mukoviszidose zu erkranken?
(A) 3/4
(B) 1/2
(C) 1/4
(D) 1/9
(E) 1/16

F01 ■

2.99 Für eine genetisch-epidemiologische Studie wurden 1 600 Familien mit jeweils zwei Kindern ausgewählt. Beide Eltern sind heterozygot für dieselbe autosomal-rezessive Erkrankung.
Wie viele dieser Familien haben nach statistischer Erwartung zwei Kinder, die von der Krankheit betroffen sind?
(A) 100
(B) 400
(C) 600
(D) 800
(E) 1 200

F05

2.100 Die Häufigkeit heterozygoter Genträger für eine rezessive Krankheit beträgt in einer Bevölkerung 1 : 20, in einer anderen 1 : 50.
Wie groß ist das Risiko für ein Kind, von dieser Erkrankung betroffen zu sein, wenn die phänotypisch gesunden Eltern den unterschiedlichen Bevölkerungsgruppen angehören?
(A) 1 : 1 000
(B) 1 : 2 500
(C) 1 : 4 000
(D) 1 : 8 000
(E) 1 : 10 000

F00 ■

→ 2.101 Eine gesunde Frau fragt nach ihrem Risiko, heterozygot für das Gen für eine autosomal-rezessive Krankheit zu sein, die sich bereits im Kindesalter manifestiert. Ihre Eltern sind beide phänotypisch gesund; ihr Bruder ist homozygot und erkrankt.
Wie hoch ist das Risiko?

(A) 0
(B) ¼
(C) ½
(D) ²/₃
(E) 1

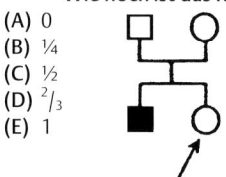

F93 H91 ■

→ 2.102 Eine gesunde Frau fragt nach ihrem Risiko, heterozygot für das Gen für eine sehr seltene autosomal-rezessive Krankheit zu sein. Ihr Halbbruder (gleicher Vater, der mit keiner der beiden Ehefrauen verwandt ist) ist homozygot und erkrankt.
Wie hoch ist das Risiko?

(A) nahezu 0
(B) ca. ¹/₄
(C) ca. ¹/₂
(D) ca. ²/₃
(E) ca. ³/₄

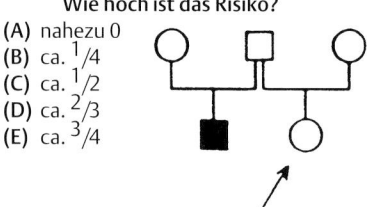

H93

→ 2.103 Die Patientin II,1 leidet an einem seltenen autosomal-rezessiv erblichen Leiden.

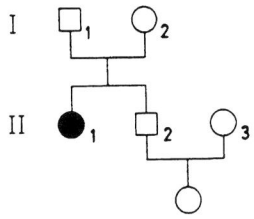

Mit welcher Wahrscheinlichkeit sind ihre Mutter I,2 und ihr Bruder II,2 für dieses Erbleiden heterozygot?

	Mutter heterozygot	Bruder heterozygot
(A)	50%	50%
(B)	50%	67%
(C)	100%	50%
(D)	100%	67%
(E)	100%	75%

H04

→ 2.104 Die beiden betroffenen Personen in dem abgebildeten Stammbaum weisen dieselbe autosomal-rezessive Form der Taubheit auf.

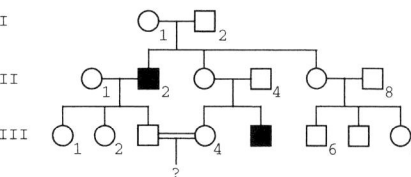

Wie hoch ist die Wahrscheinlichkeit, dass das Kind von III 4 taub sein wird?

(A) 1/2
(B) 1/4
(C) 1/6
(D) 1/8
(E) 1/16

H05 ■

→ 2.105 Ein blutsverwandtes Ehepaar hat vier Kinder, die alle von derselben autosomal-rezessiv erblichen familiären Erkrankung betroffen sind. Die Eheleute fragen nach dem Wiederholungsrisiko für ein weiteres Kind.

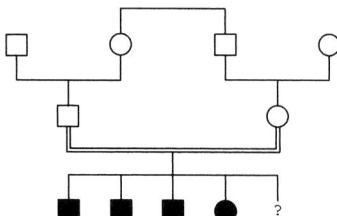

Das Wiederholungsrisiko beträgt etwa

(A) 25 %
(B) 50 %
(C) 66 %
(D) 75 %
(E) 100 %

F03 ■■

→ 2.106 Eine Frau und ein Mann, die an dem gleichen autosomal-rezessiven Erbleiden erkrankt sind, gehen eine Verbindung ein.
Wie hoch ist das Risiko für ihr erstes leibliches Kind, an dem gleichen Leiden zu erkranken?

(A) 100 %
(B) 75 %
(C) 50 %
(D) 25 %
(E) unter 25 %

2.101 (D)   2.102 (C)   2.103 (D)   2.104 (C)   2.105 (A)   2.106 (A)

H98 F98 ■
2.107 In einer Familie treten eine autosomal-rezessive und eine X-chromosomal-rezessive Erkrankung auf.
Welcher Genotyp liegt bei der mit einem Pfeil gekennzeichneten Person vor?

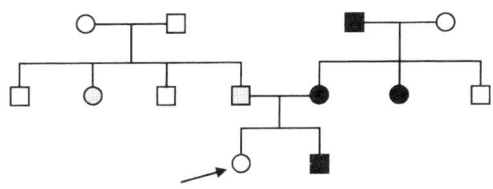

☐ Erkrankte, autosomales Gen
■ Erkrankte, X-chromosomales Gen

Die Symbole der Normalallele für das autosomale Gen sind A, für das X-chromosomale Gen X, für die mutanten Allele a bzw. x.
(A) A/A; X/X
(B) A/a; X/X
(C) A/A; X/x
(D) A/a; X/x
(E) Der Genotyp läßt sich nicht eindeutig bestimmen.

2.3.5 X-chromosomaler Erbgang

H02 F90 ■
2.108 Die Analyse mehrerer großer Stammbäume hat ergeben, dass sich eine erbliche Krankheit von betroffenen Müttern unabhängig vom Geschlecht auf durchschnittlich die Hälfte der Kinder vererbt. Von betroffenen Vätern wird diese auch an alle ihre Töchter vererbt. Die Söhne der betroffenen Väter sind alle gesund.
Welcher ist der wahrscheinlichste Erbgang?
(A) X-chromosomal-dominant
(B) X-chromosomal-rezessiv
(C) autosomal-dominant
(D) autosomal-rezessiv
(E) Es liegt multifaktorielle Vererbung vor.

2.109 Welchen Phänotyp weisen die Kinder einer gesunden Mutter und eines kranken Vaters auf, wenn die Krankheit durch ein X-chromosomal-dominantes Allel bedingt ist?
(A) Alle Kinder sind krank.
(B) Alle Töchter sind gesund, alle Söhne sind krank.
(C) Je eine Hälfte aller Söhne und Töchter ist gesund, die andere Hälfte ist krank.
(D) Alle Kinder sind gesund.
(E) Alle Söhne sind gesund, alle Töchter sind krank.

F03 ■
2.110 Ein Mann leidet an einer X-chromosomal-dominant erblichen Erkrankung. Seine Frau ist gesund und nicht mit ihm blutsverwandt.
Welches Erkrankungsrisiko besteht für seine Nachkommen?
(A) 100 % für seine Söhne
(B) 50 % für seine Söhne
(C) 100 % für seine Töchter
(D) 50 % für seine Töchter
(E)   0 % für seine Töchter

■ ■
2.111 Welche Aussage trifft bei X-chromosomal-dominantem Erbgang mit Letalität der männlichen Hemizygoten nicht zu?
(A) Erhöhung der Häufigkeit von Fehlgeburten bei erkrankten Frauen.
(B) Auftreten des Merkmals nur bei Frauen.
(C) Übertragung nur durch gesunde Männer.
(D) Etwa die Hälfte der Töchter erkrankter Frauen ist ebenfalls erkrankt.
(E) Verschiebung des Geschlechtsverhältnisses unter allen lebenden Kindern erkrankter Frauen zugunsten der Mädchen.

H91 ■
2.112 Zwei Brüder leiden an einer X-chromosomal-rezessiven Krankheit.
Wie groß ist das Risiko für ihre Nichte, heterozygote Überträgerin zu sein?
(A) 0%
(B) 12,5%
(C) 25%
(D) 50%
(E) 75%

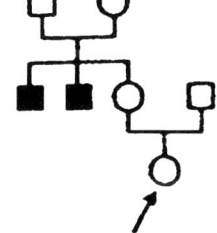

2 Genetik

H92
→ 2.113 Eine gesunde Frau fragt nach ihrem Risiko, heterozygot für das Gen für eine X-chromosomal-rezessive Krankheit zu sein. Ihre Eltern sind beide phänotypisch gesund; ihr Bruder und der Bruder der Mutter sind erkrankt. Wie hoch ist ihr Risiko?

(A) 0
(B) ¼
(C) ½
(D) ²/₃
(E) 1

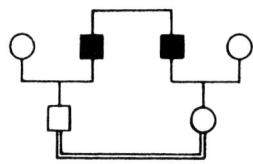

F90 ■■
→ 2.114 Zwei Brüder sind an der X-chromosomal-rezessiv erblichen Hämophilie A erkrankt und mit homozygot gesunden Frauen verheiratet. Der Sohn des einen heiratet die Tochter des anderen (= Vetternehe 1. Grades).

Welches Risiko besteht für deren Kinder, an Hämophilie A zu erkranken?
(A) für Söhne und Töchter je 50%
(B) für Söhne und Töchter je 25%
(C) für Söhne 100%, für Töchter 0%
(D) für Söhne 50%, für Töchter 0%
(E) für Söhne 25%, für Töchter 0%

F02 ■
→ 2.115 Die Personen I/1 und II/1 sind von einer Muskeldystrophie Typ Becker betroffen.

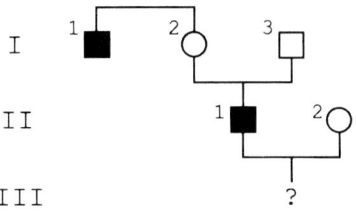

Wie hoch ist das Wiederholungsrisiko für die X-chromosomal-rezessiv vererbliche Muskelkrankheit bei einem Sohn von II/1?
Das Risiko
(A) entspricht dem der Allgemeinbevölkerung
(B) beträgt etwa 5 %
(C) beträgt etwa 25 %
(D) beträgt etwa 50 %
(E) beträgt 100 %

H88 ■■
→ 2.116 Die beiden väterlichen Onkel II,1 und II,2 der Frau III,1 leiden an der X-chromosomal-rezessiv erblichen Muskeldystrophie Typ Duchenne.

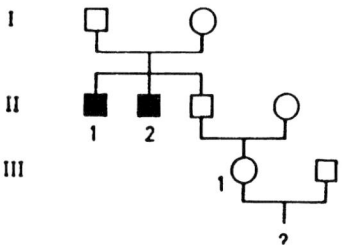

Wie groß ist das Risiko für Söhne von III,1 ebenfalls an dieser Krankheit zu leiden?
(A) 50%
(B) 25%
(C) 12,5%
(D) 6,25%
(E) vernachlässigenswert gering

2.113 (C)   2.114 (D)   2.115 (A)   2.116 (E)

→ 2.117 Der Proband zeigt ein Erbleiden, das bisher in seiner Familie nicht aufgetreten ist.

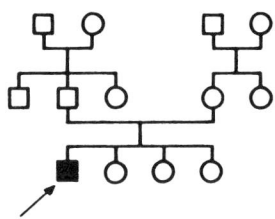

(1) Es kann ein Leiden mit X-chromosomal-rezessivem Erbgang vorliegen.
(2) Es kann ein multifaktoriell bedingtes Erbleiden vorliegen.
(3) Es kann ein Leiden mit autosomal-rezessivem Erbgang vorliegen.
(4) Es kann eine Neumutation erfolgt sein.

(A) nur 2 und 3 sind richtig
(B) nur 2 und 4 sind richtig
(C) nur 1, 3 und 4 sind richtig
(D) nur 2, 3 und 4 sind richtig
(E) 1–4 = alle sind richtig

H05
→ 2.118 Die Abbildung zeigt den Stammbaum einer Familie mit einer X-chromosomal vererbten rezessiven Erkrankung. In dem unter dem Stammbaum abgebildeten Autoradiogramm (nach Elektrophorese und Southern-Blotting) wird ein Restriktionsfragment-Längenpolymorphismus, der mit dem mutierten Gen gekoppelt ist, gezeigt.

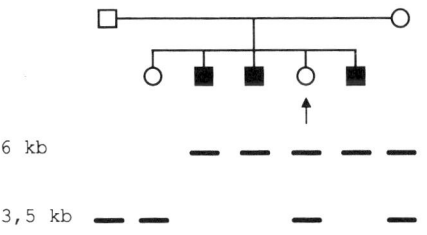

Wie groß ist die Wahrscheinlichkeit für die mit Pfeil markierte jüngste Tochter, Konduktorin zu sein?
(A) ca. 0 %
(B) ca. 25 %
(C) ca. 50 %
(D) ca. 75 %
(E) ca. 100 %

H01
→ 2.119 Die anhydrotische ektodermale Dysplasie ist eine seltene, X-chromosomal-rezessiv vererbte Krankheit. Bei den heterozygoten Frauen finden sich, auch innerhalb einer Familie und auch bei eineiigen Zwillingen, individuell unterschiedliche Muster von Hautarealen, denen die Schweißdrüsen fehlen.
Wie können diese verschiedenen Muster erklärt werden?
(A) zufällige Inaktivierung eines der beiden X-Chromosomen in somatischen Zellen während der Embryogenese
(B) unterschiedlicher genetischer Background
(C) unvollständige Penetranz während der Embryogenese
(D) variable Expressivität während der postnatalen Entwicklung
(E) somatische Mutationen während der Säuglings- und Kleinkindperiode

F96 ■
→ 2.120 Ehepartner mit normalem Farbsehvermögen haben zwei Söhne mit Rotblindheit (Protanopie) und eine Tochter mit normalem Farbsehvermögen.
Welche Aussage über diese Familie trifft nicht zu?
(A) Der Vater trägt auf seinem Y-Chromosom das normale Gen für Rotsehen.
(B) Die Mutter ist Überträgerin des Gens für Rotblindheit.
(C) Die Tochter hat ein Risiko von 50 %, Überträgerin des Gens für Rotblindheit zu sein.
(D) Das Paar hat eine Chance von 50 %, daß der nächste Sohn normales Farbsehvermögen hat.
(E) Das Paar hat eine Chance von 100 %, daß die nächste Tochter normales Farbsehvermögen hat.

H90 ■
→ 2.121 Ein deuteranoper (grünblinder) Mann heiratet eine protanope (rotblinde) Frau.
Welche Wahrscheinlichkeiten bestehen für das Farbsehvermögen der Kinder?
(A) Alle Söhne sind protanop, die Töchter haben normales Farbsehvermögen.
(B) Alle Söhne sind protanop, die Töchter sind deuteranop.
(C) 50% der Söhne sind protanop, 50 % deuteranop; die Töchter haben normales Farbsehvermögen.
(D) Alle Söhne und Töchter sind protanop.
(E) Alle Söhne sind protanop, von den Töchtern sind 50 % protanop und 50 % deuteranop.

2.117 (E) 2.118 (E) 2.119 (A) 2.120 (A) 2.121 (A)

F91

→ 2.122 Die Protanopie (Rotblindheit) ist X-chromosomal-rezessiv erblich. Ein protanoper Mann heiratet eine Frau, die für Protanopie heterozygot ist. Welches Zahlenverhältnis erwarten Sie nach den Mendelschen Gesetzen bei den Kindern?
(A) 50 % der Söhne, aber keine Töchter sind protanop.
(B) 50 % der Kinder (Töchter wie Söhne) sind protanop.
(C) Alle Söhne, aber keine Töchter sind protanop.
(D) Alle Töchter, aber keine Söhne sind protanop.
(E) Alle Kinder (Töchter wie Söhne) sind protanop.

H03 ■

→ 2.123 Rotblindheit (Protanopie) wird durch die Mutation eines Gens auf dem X-Chromosom verursacht und ist rezessiv erblich. Ein Mann hat Protanopie, beide Eltern haben normales Farbsehvermögen.
Welche(r) seiner Großeltern könnte(n) am ehesten rotblind sein?
(A) Großmutter mütterlicherseits
(B) Großvater mütterlicherseits
(C) Großmutter väterlicherseits
(D) Großvater väterlicherseits
(E) beide Großväter mit gleicher Wahrscheinlichkeit

H93 ■

→ 2.124 I,1 ist protanop (rotblind), seine normal farbensichtige Frau (I,2) hat aus ihrer ersten Ehe einen protanopen Sohn (II,2).
Wie hoch ist das Risiko der normal farbensichtigen Frau II,1, heterozygote Überträgerin des Protanopie-Gens zu sein?
(A) 100%
(B) 75%
(C) 66,6%
(D) 50%
(E) 33,3%

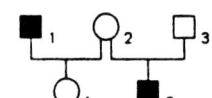

F94 ■

→ 2.125 I,1 ist protanop (rotblind), seine normal farbensichtige Frau (I,2) hat aus 1. Ehe einen protanopen Sohn.
Wie hoch ist das Risiko der Tochter (II,1), protanop zu sein?
(A) 100%
(B) 75%
(C) 50%
(D) 25%
(E) 0%

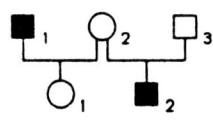

F00 ■

→ 2.126 I,1 ist protanop (rotblind), seine Frau I,2 ist nicht Überträgerin eines Gens für Protanopie. Wie hoch ist im Regelfall das Risiko der Enkelin (III,1), protanop zu sein?
(A) 66,7 %
(B) 50 %
(C) 33,3 %
(D) 25 %
(E) 0 %

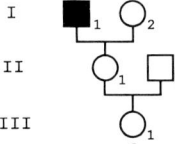

2.3.6 Imprinting

Zu diesem Kapitel wurden bisher keine Fragen gestellt.

2.3.7 Mitochondriale Vererbung

F02

→ 2.127 Wenn ein Gen von der Mutter an Söhne und Töchter und vom Vater weder an Söhne noch an Töchter weitergegeben wird, handelt es sich am wahrscheinlichsten um
(A) mitochondriale Vererbung
(B) autosomal-rezessive Vererbung
(C) autosomal-dominante Vererbung
(D) X-chromosomal-rezessive Vererbung
(E) Hemizygotie

F90

→ 2.128 Ein genetischer Defekt in der mitochondrialen DNA sollte den folgenden Erbgang zeigen:
(A) autosomal-dominant
(B) autosomal-rezessiv
(C) multifaktoriell
(D) Übertragung nur vom Vater auf alle Kinder
(E) Übertragung nur von der Mutter auf alle Kinder

2.122 (B)   2.123 (B)   2.124 (A)   2.125 (C)   2.126 (E)   2.127 (A)   2.128 (E)

2.4 Gonosomen, Geschlechtsbestimmung und -differenzierung

2.4.1 X, Y-Chromosom und pseudoautosomale Region

→ 2.129 Das X-Chromosom des Menschen enthält im Vergleich zum Y-Chromosom
(A) nur wenige, dominante und rezessive Gene
(B) nur wenige, ausschließlich dominante Gene
(C) relativ mehr, ausschließlich dominante Gene
(D) relativ mehr, dominante und rezessive Gene
(E) wenige, ausschließlich rezessive Gene

2.4.2 X-Inaktivierung

H90 ■
→ 2.130 Welche Aussage trifft nicht zu?
Ein Barr-Körperchen
(A) ist ein genetisch weitgehend inaktiviertes X-Chromosom
(B) kann nur im weiblichen Geschlecht vorkommen
(C) tritt schon während der frühen Entwicklungsstadien in Erscheinung
(D) ist von Bedeutung für die Kompensation der Gendosis
(E) kann in verschiedenen Geweben des Organismus jeweils vom Vater oder von der Mutter stammen

→ 2.131 Das Geschlechtschromatin (Barr-Körper) im Zellkern
(A) ist ein direkter Beweis für Hemizygotie des Individuums
(B) wird nach Endomitosen durch Verschmelzung von Nukleolen gebildet
(C) ist während der S-Phase der Ort für die Ribosomenentstehung
(D) wird durch die Genorte zur Geschlechtsbestimmung gebildet
(E) hat mit der Determinierung des Geschlechtes während der Embryonalentwicklung unmittelbar nichts zu tun

H89
→ 2.132 Welche Aussage trifft nicht zu?
Bei folgenden Karyotypen findet man in den Körperzellen maximal ein Barr-Körperchen:
(A) 46, XX
(B) 47, XXY
(C) 47, XXX
(D) 48, XXYY
(E) Mosaik XX/XXY

F91 ■
→ 2.133 Welche Aussage trifft nicht zu?
Im weiblichen Geschlecht ist eines der beiden X-Chromosomen genetisch weitgehend inaktiv.
Seine Inaktivierung
(A) erfolgt schon in den ersten Furchungsstadien
(B) erfolgt in der Blastozyste zur Zeit der Implantation
(C) hat bei Zellkernen eine färberische Besonderheit zur Folge
(D) betrifft zufällig das väterliche oder das mütterliche X-Chromosom
(E) hat zur Folge, daß Genprodukte X-chromosomaler Gene bei beiden Geschlechtern etwa in gleicher Menge gebildet werden

2.5 Mutationen

2.5.1 Genmutationen

■ ■
→ 2.134 Genmutationen
(1) treten meist spontan (ohne erkennbaren Grund) auf
(2) lassen sich unter dem Lichtmikroskop an der DNA erkennen
(3) führen zu Änderungen in der Basensequenz und damit in der genetischen Information
(4) sind letztlich alle durch ionisierende Strahlen verursacht
(5) können nur in Keimzellen vorkommen

(A) nur 1 ist richtig
(B) nur 1 und 3 sind richtig
(C) nur 3 und 4 sind richtig
(D) nur 1, 2 und 3 sind richtig
(E) nur 1, 3 und 5 sind richtig

2.129 (D)   2.130 (B)   2.131 (E)   2.132 (C)   2.133 (A)   2.134 (B)

2.135 Genmutationen bei tierischen Zellen
(A) sind in ihren Auswirkungen vorhersehbar
(B) können durch Schutz vor ionisierenden Strahlen und chemischen Mutagenen vollständig vermieden werden
(C) sind gerichtet
(D) treten mit einer abschätzbaren Wahrscheinlichkeit auf
(E) treten nur in Keimzellen auf

2.5.2 Folge von Genmutationen

2.136 Welche Aussage trifft nicht zu?
In der DNA-Sequenz fällt ein Basenpaar durch Deletion aus. Das kann folgende Auswirkungen haben:
(A) überhaupt keine Auswirkungen, da die Deletion in einem Intron liegt
(B) Synthese eines strukturell veränderten Proteins
(C) Austausch einer einzigen Aminosäure
(D) Verkürzung der gebildeten Polypeptidkette
(E) Ausbleiben der Synthese einer Polypeptidkette

2.137 In der Abbildung ist in mehreren Stufen (A)–(E) die Übersetzung der genetischen Information in ein funktionsfähiges Protein dargestellt. In welcher Stufe manifestiert sich eine Mutation des Promotors zuerst?

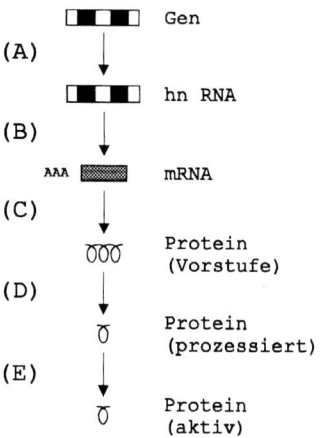

2.138 In der Abbildung ist in mehreren Stufen (A)–(E) die Übersetzung der genetischen Information in ein funktionsfähiges Protein dargestellt. In welcher Stufe manifestiert sich eine Mutation zum vorzeitigen Stopcodon zuerst?

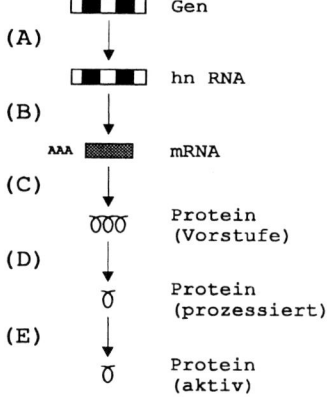

2.139 Veränderungen in der Basensequenz der DNA können
(1) aus einem Gen ein funktionsloses Pseudogen entstehen lassen
(2) aus einem Gen ein solches mit abgewandelter DNA-Basensequenz aber identischer Funktion des kodierten Proteins entstehen lassen
(3) aus einem Gen ein solches mit abgewandelter DNA-Basensequenz und veränderter Funktion des kodierten Proteins werden lassen
(4) zur Bildung eines Terminationscodons führen
(5) nach Deletion oder Insertion eines Nukleotids eine frame-shift-Mutation verursachen

(A) nur 2 und 3 sind richtig
(B) nur 1, 3 und 5 sind richtig
(C) nur 1, 4 und 5 sind richtig
(D) nur 2, 3, 4 und 5 sind richtig
(E) 1–5 = alle sind richtig

2.135 (D) 2.136 (C) 2.137 (A) 2.138 (C) 2.139 (E)

2.5 Mutationen

F89

→ 2.140 Geht durch eine Mutation die Funktionsfähigkeit eines lysosomalen Enzyms verloren, so
(1) ist die Produktion des betreffenden Enzyms in der Proteinbiosynthese nicht mehr möglich
(2) kann eine lysosomale Speicherkrankheit die Folge sein
(3) wird die Bildung der Lysosomen im Golgi-Feld behindert
(4) kann der Abbau zelleigenen Materials, z. B. von Membranen, behindert sein

(A) nur 2 ist richtig
(B) nur 4 ist richtig
(C) nur 2 und 4 sind richtig
(D) nur 1, 2 und 4 sind richtig
(E) nur 2, 3 und 4 sind richtig

H00

→ 2.141 Welche genetisch bedingte Krankheit wird durch den Defekt eines Transportproteins der Zellmembran verursacht?
(A) Hämophilie A
(B) Mukoviszidose (zystische Fibrose)
(C) Muskeldystrophie Typ Duchenne
(D) Phenylketonurie
(E) Sichelzellanämie

F05 F02 H99 ■

→ 2.142 Ein Defekt an welchem Protein verursacht die Mukoviszidose (zystische Fibrose)?
(A) Kollagen
(B) Elastin
(C) Fibronektin
(D) Chlorid-Ionenkanal (CFTR-Protein)
(E) Na^+/K^+-ATPase

F05 H00 ■

→ 2.143 Welche Chromosomenmutation liegt beim Klinefelter-Syndrom typischerweise vor?
(A) gonosomale Monosomie
(B) gonosomale numerische Chromosomenaberration
(C) autosomale Trisomie
(D) Deletion bei einem Autosom
(E) Robertson-Translokation

2.5.3 Spontane und induzierte Genmutationen

→ 2.144 Die Mutationsrate
(1) wird durch ionisierende Strahlen erhöht
(2) liegt für einzelne bekannte Gene des Menschen in der Größenordnung von 10^{-4} bis 10^{-6}
(3) kann durch mit der DNA reagierende chemische Verbindungen erhöht werden
(4) wird durch Strahlung aus natürlichen Quellen (z. B. kosmische Strahlung) beeinflußt

(A) nur 2 und 3 sind richtig
(B) nur 1, 2und 3 sind richtig
(C) nur 1, 2 und 4 sind richtig
(D) nur 1, 3 und 4 sind richtig
(E) 1–4 = alle sind richtig

→ 2.145 Welche Aussage trifft nicht zu?
Die Häufigkeit bestimmter Mutationen beim Menschen kann abhängen von:
(A) dem Alter der Mutter bei der Zeugung
(B) dem Alter des Vaters bei der Zeugung
(C) der Zahl der vorangegangenen Geburten
(D) einigen als Medikamente verwendeten chemischen Stoffen (z. B. Zytostatika)
(E) ionisierenden Strahlen

F96

→ 2.146 Welche Aussage zu Mutationen trifft nicht zu?
(A) Das kurzwellige Sonnenlicht führt zu DNA-Schäden in exponierten Hautzellen.
(B) Als Folge einer mutagenen Exposition steigt das Krebsrisiko an.
(C) Erst nach Überschreiten eines Schwellenwertes sind energiereiche ionisierende Strahlen mutagen.
(D) Schäden an der DNA können durch zelleigene Reparaturprozesse beseitigt werden.
(E) Als Folge einer erblichen Veranlagung kann das Krebsrisiko stark erhöht sein.

F94

→ 2.147 Welche Aussage trifft nicht zu?
Mutationen können beim Menschen ausgelöst werden:
(A) ohne erkennbare Ursache
(B) durch Bestrahlung der Keimdrüsen mit UV-Strahlung
(C) durch Bestrahlung der Keimdrüsen mit Röntgenstrahlung
(D) durch Bestrahlung der Keimdrüsen mit Gammastrahlen
(E) durch Behandlung mit Zytostatika

2.140 (C)   2.141 (B)   2.142 (D)   2.143 (B)   2.144 (E)   2.145 (C)   2.146 (C)   2.147 (B)

2 Genetik

→ **2.148** Welche der folgenden Aussagen über Mutationen und ionisierende Strahlen treffen zu?
(1) Die mutagene Wirkung ionisierender Strahlen ist der Dosis direkt proportional.
(2) Es gibt einen Schwellenwert für die mutagene Wirkung ionisierender Strahlung, d. h. es gibt eine Dosis, die nicht mutagen wirkt.
(3) Ionisierende Strahlen können Punktmutationen und Chromosomenaberrationen auslösen.
(4) Eine akute Bestrahlung hat eine gleich starke genetische Wirkung auf die Keimzellen von Säugetieren wie eine chronische Bestrahlung gleicher Dosis.
(5) Die Belastung des Menschen durch ionisierende Strahlen wird z. Z. in Mitteleuropa zum größeren Teil durch kosmische Strahlung und durch radioaktive Stoffe in der Erdkruste verursacht.

(A) nur 1 und 3 sind richtig
(B) nur 2 und 5 sind richtig
(C) nur 1, 3 und 5 sind richtig
(D) nur 2, 3 und 4 sind richtig
(E) nur 1, 3, 4 und 5 sind richtig

2.5.4 Strukturelle Chromosomenmutationen

→ **2.149** Welche Aussage trifft _nicht_ zu?
Strukturveränderungen der Chromosomen sind:
(A) Deletion
(B) Monosomie
(C) Inversion
(D) zentrische Fusion
(E) Translokation

F03
→ **2.150** Welche der folgenden genetisch bedingten Krankheiten beruht darauf, dass ein Teil eines Chromosoms verloren gegangen ist?
(A) klassische Phenylketonurie
(B) Katzenschrei-Syndrom
(C) Down-Syndrom
(D) Ullrich-Turner-Syndrom
(E) Klinefelter-Syndrom

H99
Ordnen Sie den Begriffen der Liste 1 die jeweils zutreffende zytogenetische Veränderung (A)–(E) aus Liste 2 zu!

Liste 1
→ 2.151 perizentrische Inversion
→ 2.152 Robertsonsche Translokation

Liste 2

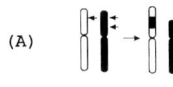

F02
→ **2.153** In der Abbildung sind schematisiert strukturelle Chromosomenaberrationen dargestellt. Welche Darstellung zeigt das Prinzip einer reziproken Translokation?

2.148 (C) 2.149 (B) 2.150 (B) 2.151 (B) 2.152 (E) 2.153 (D)

2.5 Mutationen

H93

→ 2.154 Bei welcher der genannten strukturellen Chromosomenaberrationen kann die gesunde Trägerin keine phänotypisch normalen Kinder (balancierte Translokation) haben?
(A) t 13/21
(B) t 14/21
(C) t 15/21
(D) t 21/21
(E) t 21/22

H94

→ 2.155 Bei welcher der folgenden Chromosomenaberrationen hat der balancierte, klinisch unauffällige Überträger nur 45 getrennt sichtbare Chromosomen?
(A) Robertsonsche Translokation 14/21
(B) reziproke Translokation 6p/11q
(C) Duplikation
(D) parazentrische Inversion 1 q
(E) Deletion 5 p

2.5.5 Numerische Chromosomenmutationen

■■

→ 2.156 Chromosomen- oder Chromatiden-Fehlverteilungen können vorkommen
(1) in der 1. meiotischen Teilung
(2) in der 2. meiotischen Teilung
(3) in den ersten Furchungsteilungen
(4) nach Entstehung von Isochromosomen
(5) nach zentrischer Fusion zwischen homologen Chromosomen

(A) nur 4 und 5 sind richtig
(B) nur 1, 2 und 3 sind richtig
(C) nur 3, 4 und 5 sind richtig
(D) nur 1, 2, 3 und 5 sind richtig
(E) 1–5 = alle sind richtig

H96 H88 ■■

→ 2.157 Eine Chromosomen-Fehlverteilung kann vorkommen:
(A) nur in der 1. meiotischen Teilung bei der Mutter
(B) nur in der 2. meiotischen Teilung bei der Mutter
(C) nur in beiden meiotischen Teilungen bei der Mutter
(D) nur in der 1. meiotischen Teilung bei beiden Geschlechtern
(E) in beiden meiotischen Teilungen bei beiden Geschlechtern

■

→ 2.158 Welche Aussage trifft nicht zu?
Monosomie kann entstehen als Folge von
(A) Non-disjunction in der 1. meiotischen Teilung
(B) Non-disjunction in der 2. meiotischen Teilung
(C) Chromosomenverlust in einer der ersten Furchungsteilungen
(D) Non-disjunction in einer der ersten Furchungsteilungen
(E) zentrischer Fusion (Robertsonsche Translokation) zwischen nicht homologen Chromosomen

→ 2.159 Welche Aussage trifft nicht zu?
Folgen von Chromosomenfehlverteilungen können sein
(A) Erbkrankheiten mit Mendelschem Erbgang
(B) Schwachsinn
(C) Fehlgeburten
(D) Störungen der Geschlechtsentwicklung
(E) multiple Mißbildungen

H00 ■

→ 2.160 Welche Krankheit bzw. welches Syndrom kann nicht mit dem Lichtmikroskop an Chromosomen von Zellen in der Metaphase der Mitose erkannt werden?
(A) Klinefelter-Syndrom
(B) klassische Phenylketonurie
(C) Triple-X-Syndrom
(D) Trisomie 21
(E) Turner-Syndrom (Ullrich-Turner-Syndrom)

F98 H97 F93 ■■

→ 2.161 Welche der folgenden Phänotypen beruhen auf einer numerischen Chromosomenaberration?
(1) Cri-du-chat-Syndrom
(2) Down-Syndrom
(3) Sichelzellenämie
(4) Klinefelter-Syndrom
(5) Ullrich-Turner-Syndrom

(A) nur 1 und 5 sind richtig
(B) nur 1, 2 und 3 sind richtig
(C) nur 2, 3 und 4 sind richtig
(D) nur 2, 4 und 5 sind richtig
(E) nur 3, 4 und 5 sind richtig

2.154 (D)   2.155 (A)   2.156 (E)   2.157 (E)   2.158 (E)   2.159 (A)   2.160 (B)   2.161 (D)

2 Genetik

F02 ■

2.162 Welches der folgenden Syndrome wird nicht durch Aneuploidie verursacht?
(A) Down-Syndrom
(B) Katzenschrei-Syndrom
(C) Klinefelter-Syndrom
(D) Triple-X-Syndrom
(E) Ullrich-Turner-Syndrom

H00 ■

2.163 Welche Chromosomenmutation liegt beim Klinefelter-Syndrom vor?
(A) gonosomale Monosomie
(B) gonosomale numerische Chromosomenaberration
(C) autosomale Trisomie
(D) Deletion bei einem Autosom
(E) Robertsonsche Translokation

F92

2.164 Welche Aussage trifft nicht zu?
Für den Karyotyp gilt:
(A) Es sind Chromosomen aus einer Metaphase.
(B) Es liegt eine gonosomale Trisomie vor.
(C) Es liegt eine numerische Chromosomenaberration von.
(D) Es liegt ein Turner-Syndrom vor.
(E) Es liegt ein Klinefelter-Syndrom vor.

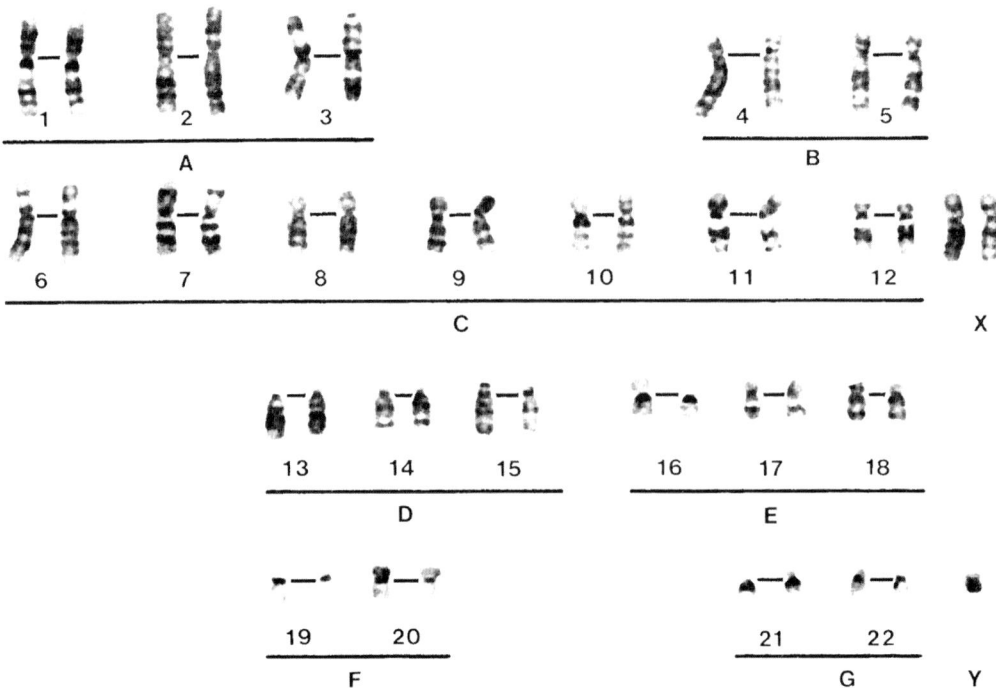

2.162 (B) 2.163 (B) 2.164 (D)

F02
→ 2.165 Welche Aussage trifft auf den Karyotyp (siehe Abbildung) nicht zu?
(A) Es handelt sich um Metaphasechromosomen.
(B) Es liegt ein männlicher Chromosomensatz vor.
(C) Es liegt eine numerische Chromosomenaberration vor.
(D) Es liegt eine gonosomale Anomalie vor.
(E) Es liegt ein Ullrich-Turner-Syndrom vor.

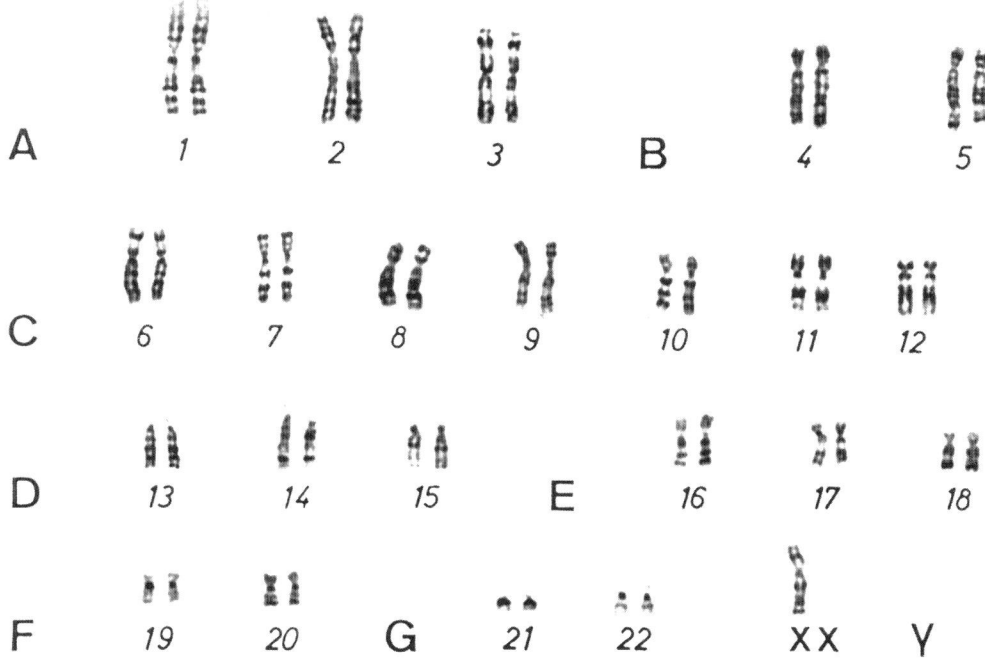

2.165 (B)

2.6 Klonierung und Nachweis von Genen bzw. Genmutationen

H97 ■
→ 2.166 Welche Aussage zu Restriktionsenzymen trifft **nicht** zu?
(A) Sie können ein Genom in DNA-Fragmente zerlegen.
(B) Sie sind in bezug auf ihren Wirkungsmechanismus Endonukleasen.
(C) Sie sind ein Bestandteil der Abwehr eukaryontischer Zellen gegen Invasion fremder DNA.
(D) Sie spalten DNA an palindromischen Sequenzen.
(E) Sie werden bei der Herstellung rekombinanter DNA verwendet.

H95
→ 2.167 Welche Aussage trifft **nicht** zu?
Restriktionsenzyme
(A) können DNA an charakteristischen Basensequenzen schneiden
(B) können zum Nachweis genetischer Polymorphismen der DNA außerhalb codierender Gene herangezogen werden
(C) sind in allen menschlichen Zellen natürlicherweise vorhanden
(D) werden bei der Rekombination von Fremd-DNA mit Bakterien-Plasmiden eingesetzt
(E) werden für die Diagnostik genetisch bedingter Erkrankungen verwendet

H03
→ 2.168 Restriktionsendonukleasen haben ihre Spezifität durch Erkennung von:
(A) spezifischen Protein-Domänen
(B) spezifischen DNA-Sequenzen
(C) Replikationsgabeln
(D) an DNA hybridisierter RNA
(E) enzymatisch hergestellten Proteinfragmenten

H01
→ 2.169 Welche Aussage zur reversen Transkription trifft **nicht** zu?
(A) Als reverse Transkription bezeichnet man die Umkehrung der Ableserichtung an der DNA (von 5' nach 3') bei der mRNA-Synthese.
(B) Die reverse Transkription wird von einer RNA-abhängigen DNA-Polymerase durchgeführt.
(C) Die reverse Transkriptase kann zur Synthese von cDNA verwendet werden.
(D) Reverse Transkription wird z. B. von Retroviren (HIV) durchgeführt.
(E) Die aus Virus-RNA von der reversen Transkriptase synthetisierte DNA kann in die DNA der Wirtszellen integriert werden.

F04
→ 2.170 Ein kleines Genfragment soll mit Hilfe der Polymerasekettenreaktion vervielfältigt werden.
Welcher der folgenden Schritte ermöglicht diese Reaktion?
(A) Aufschmelzen des DNA-Doppelstranges
(B) Zugabe von DNA-abhängiger RNA-Polymerase
(C) Anlagerung von Ribosomen
(D) Zugabe von Topoisomerasen
(E) Zugabe von Restriktionsendonukleasen

H03
→ 2.171 Die Polymerase-Kettenreaktion (PCR) ist eine potente Methode der Gentechnologie.
Welche(r) der folgenden Faktoren gewährt/gewähren die Hitzestabilität der Reaktion?
(A) Zugabe von Ethanol
(B) Zugabe von Glycerin
(C) spezielle Siedesteine
(D) schnelles Abkühlen
(E) spezifische Polymerasen

F04
→ 2.172 Welche der folgenden Antiinfektiva-Gruppen wird heute mittels rekombinanter DNA-Technologie hergestellt?
(A) Penicilline
(B) Tetrazykline
(C) Makrolid-Antibiotika
(D) Interferon-γ
(E) Tuberkulostatika

2.166 (C)   2.167 (C)   2.168 (B)   2.169 (A)   2.170 (A)   2.171 (E)   2.172 (D)

2.7 Entwicklungsgenetik

Zu diesem Kapitel wurden bisher keine Prüfungsfragen gestellt.

2.8 Populationsgenetik

2.8.1 Hardy-Weinberg-Gesetz

→ 2.173 Die Häufigkeit der Homozygoten für ein rezessives Erbleiden beträgt 1:10 000. Wie groß ist etwa die Häufigkeit der für das gleiche Erbleiden Heterozygoten?
(A) 1:5000
(B) 1:1000
(C) 1: 100
(D) 1: 50
(E) 1: 25

2.8.2 Wirkung von Selektion und Zufall

H93
→ 2.174 Evolutionsfördernde Faktoren sind:
(1) Selektion von Organismen
(2) hohe Vermehrungsrate
(3) Mutation von Genen

(A) nur 1 ist richtig
(B) nur 3 ist richtig
(C) nur 1 und 2 sind richtig
(D) nur 2 und 3 sind richtig
(E) 1–3 = alle sind richtig

H00
→ 2.175 Bei der Evolution der Organismen ist (sind) nicht von Bedeutung:
(A) Chromosomen-Strukturveränderungen
(B) Anpassung an veränderte Umweltbedingungen durch gerichtete Mutation
(C) natürliche Auslese (Selektion)
(D) Vermehrung des genetischen Materials
(E) ungerichtete Punktmutationen

H94 ■
→ 2.176 Ungerichtete, zufällige Spontanmutationen
(1) sind eine Voraussetzung der Evolution
(2) werden in ihrer Bedeutung durch natürliche Auslese bestimmt
(3) betreffen nur Organismen mit sexueller Fortpflanzung
(4) können bei Bakterien zur Resistenz gegen Antibiotika führen

(A) nur 1 und 3 sind richtig
(B) nur 1 und 4 sind richtig
(C) nur 1, 2 und 4 sind richtig
(D) nur 2, 3 und 4 sind richtig
(E) 1–4 = alle sind richtig

→ 2.177 Welche Aussage trifft nicht zu?
Während der Evolution der menschlichen Chromosomenformen sind
(A) aus vorwiegend akrozentrischen Formen metazentrische Chromosomen gebildet worden
(B) nur wenige Chromosomen im Chromosomenbestand akrozentrisch geblieben
(C) Robertson-Translokationen beteiligt gewesen
(D) bei den Menschenaffen und beim Menschen sehr ähnliche Chromosomen entstanden
(E) entsprechend dem vermehrten Genbestand auch die Zahl der Chromosomen erhöht worden

F91
→ 2.178 Veränderungen im Bestand der DNA können im Laufe der Evolution
(1) aus einem Gen ein funktionsloses Pseudogen entstehen lassen
(2) aus einem Gen ein solches mit abgewandelter DNA-Basensequenz, aber identischer Funktion des codierten Proteins entstehen lassen
(3) aus einem Gen ein solches mit abgewandelter DNA-Basensequenz und veränderter Funktion des codierten Proteins werden lassen
(4) zwei Gene mit Codierung sehr ähnlicher Proteine entstehen lassen
(5) zwei Gene mit Codierung von Proteinen mit verschiedener Funktion entstehen lassen

(A) nur 2 und 3 sind richtig
(B) nur 1, 4 und 5 sind richtig
(C) nur 2, 3 und 4 sind richtig
(D) nur 1, 2, 4 und 5 sind richtig
(E) 1–5 = alle sind richtig

2.9 Fragen aus Examen Frühjahr 2006

F06
→ 2.179 Lang dauernde Bestrahlung mit ultraviolettem Licht kann durch DNA-Veränderungen bösartige Tumoren der Haut induzieren.
Welche der genannten DNA-Veränderungen wird typischerweise durch eine solche UV-Bestrahlung verursacht?
(A) Verlust der Aminogruppe von Guanin
(B) Inversion
(C) Bildung von Thymin-Dimeren
(D) Methylierung von Guanin
(E) Translokation

F06 ■
→ 2.180 Welche der Mutationen kommt als Ursache einer Verschiebung des Leserahmens eines Gens am wenigsten in Betracht?
(A) Deletion einer Base
(B) Insertion einer Base
(C) Insertion von zwei Basen
(D) Austausch (Substitution) einer Base
(E) Duplikation einer Base

F06 ■
→ 2.181 Welcher der folgenden Begriffe bezeichnet am besten die Manifestation eines Gendefektes an mehreren Organsystemen?
(A) multiple Allelie
(B) genetische Heterogenität
(C) Expressivität
(D) Penetranz
(E) Pleiotropie

F06 ■
→ 2.182 Die Vitamin-D-resistente Rachitis ist X-chromosomal dominant.
Deshalb ist zu erwarten, dass – sofern der andere Ehepartner gesund ist – betroffene
(A) Mütter nur kranke Söhne haben
(B) Mütter nur gesunde Söhne haben
(C) Väter keine kranken Söhne haben
(D) Mütter nur kranke Töchter haben
(E) Väter nur gesunde Töchter haben

F06
→ 2.183 Welcher der folgenden Stammbäume ist für die Vererbung der X-chromosomal-rezessiven Hämophilie B vorrangig als charakteristisch anzusehen?

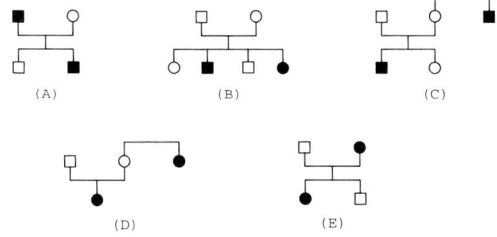

F06 ■
→ 2.184 Die anhydrotische ektodermale Dysplasie ist eine seltene, X-chromosomal-rezessive Krankheit. Bei männlichen Betroffenen kommt es u. a. zu einer Wärmeunverträglichkeit infolge einer Aplasie der Schweißdrüsen. Die heterozygoten Frauen weisen ein individuell unterschiedliches Muster von Hautarealen auf, denen die Schweißdrüsen fehlen (siehe Schemazeichnung).

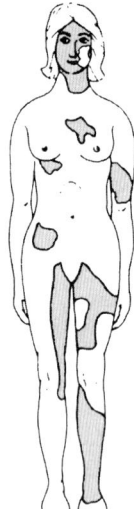

Wie kann diese variable Musterbildung am wahrscheinlichsten erklärt werden?
(A) somatische Genmutationen
(B) somatisches Mosaik aus 46,XX- und 45,X0-Zellen
(C) Einfluss modifizierender autosomaler Gene
(D) unvollständige Penetranz
(E) zufällige Inaktivierung der X-Chromosomen

2.179 (C)   2.180 (D)   2.181 (E)   2.182 (C)   2.183 (C)   2.184 (E)

3 Grundlagen der Mikrobiologie und Ökologie

3.1 Morphologische Grundformen der Bakterien

F99 H95 ■
→ 3.1 Bakterien aus einem Rachenabstrich zeigen folgende Eigenschaften: blauviolette Farbe nach der Gram-Färbung, runde Form, kettenförmige Anordnung, Wachstum in Normalatmosphäre.
Welche Aussagen treffen zu?
Es sind
(1) Streptokokken
(2) Staphylokokken
(3) grampositive Bakterien
(4) Aerobier oder fakultative Aerobier

(A) nur 1 und 4 sind richtig
(B) nur 2 und 3 sind richtig
(C) nur 2 und 4 sind richtig
(D) nur 1, 3 und 4 sind richtig
(E) nur 2, 3 und 4 sind richtig

F97 F96 F92 ■ ■
→ 3.2 Welche Aussage trifft nicht zu?
Für die Klassifizierung der Bakterien sind von Bedeutung:
(A) Fähigkeit zur Sporenbildung
(B) Typ der Begeißelung
(C) Typ der Nukleinsäure des Bakterienchromosoms
(D) Verhalten gegenüber Sauerstoff
(E) Verhalten bei der Gram-Färbung

H02 ■
→ 3.3 Welche Aussage über die als „Kokken" bezeichneten Bakterien trifft nicht zu?
(A) Sie sind kugelförmig.
(B) Sie können in Haufen oder Ketten angeordnet sein.
(C) Sie treten auch in Zweierform (paarweise) auf.
(D) Sie bilden Sporen.
(E) Manche Spezies können Kapseln bilden.

H93
→ 3.4 Welche Aussage zu Form und Aufbau von Bakterien trifft nicht zu?
(A) Staphylococcus aureus: kugelförmig, in Haufen liegend
(B) Streptococcus pyogenes: kugelförmig, in Ketten angeordnet
(C) Escherichia coli: begeißeltes Stäbchen
(D) Vibrio cholerae: kommaförmig, gekrümmt
(E) Treponema pallidum: unbegeißeltes Stäbchen

F04 ■ ■
→ 3.5 Runde, in Ketten angeordnete Bakterien ohne Kapsel und Begeißelung sind
(A) Staphylokokken
(B) Streptokokken
(C) Pneumokokken
(D) Spirillen
(E) Vibrionen

H03 H99 ■ ■
→ 3.6 Bei einer Untersuchung von Krankenhauspersonal wurden aus dem Nasen-Rachen-Raum eines Pflegers Bakterien isoliert, die sich im mikroskopischen Präparat folgendermaßen darstellten: rund, in Haufen liegend, unbeweglich, grampositiv.
Diese Bakterien sind mit der größten Wahrscheinlichkeit
(A) Staphylokokken
(B) Streptokokken
(C) Enterobakterien
(D) Vibrionen
(E) Treponemen

H04 ■
→ 3.7 Ein 68-jähriger Rentner kehrt mit Fieber und Husten mit Auswurf von einer Rundreise in den Anden nach Deutschland zurück. Der Hausarzt weist ihn unter dem Verdacht auf eine Pneumonie ins Krankenhaus ein. Im Gramgefärbten mikroskopischen Präparat des Sputums sind die in Abbildung Nr. 1 im Bildanhang dargestellten Erreger zu sehen.
Es handelt sich am wahrscheinlichsten um:
(A) Influenzaviren
(B) Escherichia coli
(C) Chlamydia pneumoniae
(D) Streptococcus pneumoniae
(E) Mycoplasma pneumoniae

3.1 (D)   3.2 (C)   3.3 (D)   3.4 (E)   3.5 (B)   3.6 (A)   3.7 (D)

3 Grundlagen der Mikrobiologie und Ökologie

H05 ■■

→ 3.8 Ein 8-jähriger Junge entwickelt starke Halsschmerzen mit deutlicher eitriger Entzündung der Gaumenmandeln (Tonsillitis). Von einem Tonsillenabstrich wird eine Bakterienkultur angelegt.
Im Gram-gefärbten mikroskopischen Präparat der gewachsenen Bakterien sind die in der Abbildung Nr. 2 des Bildanhangs dargestellte Erreger zu sehen.
Dabei handelt es sich um
(A) Enterobacteriaceae
(B) Treponemen
(C) Bacillen
(D) Streptokokken
(E) Diplokokken

F02 ■

→ 3.9 Im mikroskopischen Präparat aus dem Sputum eines Patienten mit Verdacht auf Pneumonie sind meist paarweise gelagerte, rundliche bis lanzettförmige Bakterien zu sehen.
Es handelt sich am wahrscheinlichsten um:
(A) Treponemen
(B) Vibrionen
(C) Clostridien
(D) Staphylokokken
(E) Pneumokokken

F05

→ 3.10 Ein 35-jähriger Bauarbeiter stürzte von einem Baugerüst und zog sich dabei eine tiefe Pfählungsverletzung im rechten Oberschenkel zu. In der tiefen, schlecht durchbluteten Wunde entwickelte sich eine lebensbedrohliche Infektion. Im mikroskopischen Präparat finden sich grampositive Stäbchen.
Es handelt sich dabei am ehesten um
(A) Escherichia coli
(B) Mycoplasmen
(C) Staphylococcus aureus
(D) Pneumokokken
(E) Clostridium perfringens

H00

→ 3.11 Im Urin einer Patientin, die an einer akuten Zystitis leidet, werden bei der mikroskopischen Untersuchung stäbchenförmige Bakterien gefunden.
Welches der folgenden Bakterien ist am wahrscheinlichsten Ursache der Zystitis?
(A) Escherichia coli
(B) Mycoplasma hominis
(C) Staphylococcus aureus
(D) Streptococcus pyogenes
(E) Treponema pallidum

F05 ■

→ 3.12 Ein 4-jähriger Knabe erkrankt akut und wird komatös in die Klinik eingeliefert. In seinem Liquorpunktat finden sich (intrazellulär gelegene) gramnegative Diplokokken.
Es handelt sich hier am wahrscheinlichsten um
(A) Neisserien
(B) Pneumokokken
(C) Haemophilus influenzae
(D) Escherichia coli
(E) Shigellen

F03

→ 3.13 Ein Bakterium wächst optimal in Normalatmosphäre, benötigt Glucose und Pepton im Nährmedium, zeigt nach der Gram-Färbung eine rote Farbe und bewegt sich mit Hilfe von über den ganzen Zellkörper verteilten Geißeln.
Dieses Bakterium ist nicht
(A) aerob
(B) heterotroph
(C) grampositiv
(D) peritrich begeißelt
(E) von einer Zellwand umgeben

F02 ■

→ 3.14 Welches der folgenden Bakterien ist ein begeißeltes Stäbchen?
(A) Escherichia coli
(B) Mycoplasma pneumoniae
(C) Staphylococcus aureus
(D) Streptococcus pyogenes
(E) Treponema pallidum

3.8 (D)   3.9 (E)   3.10 (E)   3.11 (A)   3.12 (A)   3.13 (C)   3.14 (A)

H02 H00 ■
→ 3.15 Welche Bakterien werden – bedingt durch den Wachs- und Lipidreichtum ihrer Zellwand – zu den säurefesten Stäbchen gezählt?
(A) Mykobakterien
(B) Staphylokokken
(C) Streptokokken
(D) Treponemen
(E) Vibrionen

3.2 Aufbau und Morphologie der Bakterienzelle (Procyte)

3.2.1 Unterschiede zur Euzyte

H94 ■
→ 3.16 Welche Aussage trifft nicht zu?
Prozyte und Euzyte unterscheiden sich in folgenden Eigenschaften:
(A) Nur die Euzyte hat einen Zellkern mit Kernmembran.
(B) Nur die Euzyte hat mehrere, typische Chromosomen.
(C) Nur die Euzyte hat ein Endoplasmatisches Retikulum.
(D) Nur die Euzyte enthält in der Regel das vollständige, speziesspezifische genetische Material.
(E) Die Euzyte ist in der Regel wesentlich größer als die Prozyte.

F96 F95 ■
→ 3.17 Bakterien unterscheiden sich von tierischen Zellen
(1) in der Größe der Ribosomen
(2) durch das Vorhandensein einer Zellwand
(3) durch das Fehlen einer Kernmembran

(A) nur 2 ist richtig
(B) nur 3 ist richtig
(C) nur 1 und 3 sind richtig
(D) nur 2 und 3 sind richtig
(E) 1–3 = alle sind richtig

H02
→ 3.18 Für ein Bakterium statt einer eukaryotischen tierischen Zelle spricht das Vorhandensein einer/eines
(A) mureinhaltigen Zellwand
(B) endoplasmatischen Retikulums
(C) Nukleosoms
(D) Kinetosoms
(E) Lysosoms

H05 ■
→ 3.19 Protozoen und Bakterien weisen zahlreiche Strukturunterschiede auf.
Ein typisches Strukturelement von Protozoen ist
(A) die Zellwand
(B) der Sexpilus
(C) ein freiliegendes Chromosom ohne Histone
(D) das Mitochondrium
(E) die Kapsel

F96 ■
→ 3.20 In welchem Merkmal stimmen menschliche Zellen und prokaryontische Zellen in der Regel überein?
(A) Zellgröße
(B) Vorhandensein freier Ribosomen
(C) Vorhandensein mitochondrialer DNA
(D) Ausbildung intrazytoplasmatischer Membranen vom Typ eines ER
(E) Ergänzung der Zellmembran durch Vesikel von Diktyosomen

H03 ■ ■
→ 3.21 Welche der folgenden Strukturen bzw. Organellen tritt bei Prokaryonten nicht auf?
(A) Zellwand
(B) Pili
(C) Zellmembran
(D) endoplasmatisches Retikulum
(E) Ribosomen

F03 ■ ■
→ 3.22 Welche der folgenden Strukturen kommt/kommen in Zellen von Prokaryonten vor?
(A) Ribosomen
(B) Mitochondrien
(C) Lysosomen
(D) Kernhülle
(E) endoplasmatisches Retikulum

H00
→ 3.23 Wo sind bei Prokaryoten die Enzyme der Atmungskette lokalisiert?
(A) in den Pili
(B) in den Mitochondrien
(C) im Zellkern
(D) in der Zytoplasmamembran
(E) in der Zellwand

3.15 (A)   3.16 (D)   3.17 (E)   3.18 (A)   3.19 (D)   3.20 (B)   3.21 (D)   3.22 (A)   3.23 (D)

3.2.2 Zellwand

→ 3.24 Als Zellwand wird bezeichnet
(A) die zytoplasmatische Membran
(B) das Kapsid bei Viren
(C) die Proteinhülle bei Viren
(D) die Kapsel bei Bakterien
(E) Keine der Aussagen trifft zu

H90 ■
→ 3.25 Bei Bakterien ist die Zellwand
(A) gleichbedeutend mit Zellmembran
(B) einschichtig
(C) aus Zellulose aufgebaut
(D) Sitz der Enzyme der Atmungskette
(E) für die Form der Zelle verantwortlich

■
Bitte ordnen Sie die Begriffe (Liste 2) den Bestandteilen der Bakterienzelle (Liste 1) zu!

Liste 1
→ 3.26 Murein-Sacculus
→ 3.27 Pili
→ 3.28 Kapsel

Liste 2
(A) Schutz vor Phagozytierung
(B) Bildung von Mesosomen
(C) Bestandteil der zytoplasmatischen Membran
(D) Grundgerüst der Bakterienzellwand
(E) parasexuelle Vorgänge

F02 ■ ■
→ 3.29 Welche Aussage zur bakteriellen Zellwand ist nicht zutreffend?
(A) Sie gibt der Bakterienzelle ihre Form und schützt vor äußeren Einflüssen.
(B) Grundbausteine sind lange Proteinfäden, die durch Quervernetzung stabilisiert werden.
(C) Man unterscheidet – in Abhängigkeit vom Aufbau – grampositive und gramnegative Zellwände.
(D) Bei gramnegativen Bakterien enthält sie Substanzen, die das Potenzial haben, Krankheiten zu verursachen.
(E) Bestimmte Strukturen der bakteriellen Zellwand dienen der Anheftung an Wirtszellen.

H98 H96 ■ ■
→ 3.30 Welche Aussage über die Gram-Färbung der Bakterien trifft nicht zu?
(A) Das unterschiedliche Verhalten grampositiver und gramnegativer Bakterien bei der Gram-Färbung ist durch Unterschiede im Aufbau der Zellwand bedingt.
(B) Typisch für die Zellwand gramnegativer Bakterien ist das Fehlen von Murein.
(C) Das Verhalten der Bakterien bei der Gram-Färbung ist ein wichtiges taxonomisches Merkmal.
(D) Grampositive Bakterien sind nach der Gram-Färbung blau bis blauviolett gefärbt.
(E) Nach dem Anfärben können die zunächst ebenfalls blau bis blauvioletten gramnegativen Bakterien durch Alkohol entfärbt werden.

H03 F97 ■ ■
→ 3.31 Für eine positive Gram-Färbung bei Bakterien ist (sind) entscheidend:
(A) Umfang und Dichte der Nukleoide
(B) bestimmte Inhaltsstoffe im Zytoplasma
(C) die Dichte der Ribosomen
(D) die Struktur der Zellwand
(E) das Vorhandensein von Schleimkapseln

F04 ■ ■
→ 3.32 Das differenzielle Bild der diagnostisch wichtigen Gram-Färbung bei grampositiven Bakterien (violett) und bei gramnegativen Bakterien (rot) beruht auf folgender Besonderheit der grampositiven Bakterien:
(A) stärkere Basophilie (= mehr Ribosomen)
(B) Impermeabilität der Zellwand für den violetten Farbstoff
(C) mehrschichtiges Mureinnetz der Zellwand
(D) Zellwandeinstülpungen in Form der Mesosomen
(E) höherer Elektrolyt-Gehalt des Protoplasten

H05
→ 3.33 Grampositive und gramnegative Bakterien unterscheiden sich im Aufbau ihrer Zellwand. Das Vorhandensein welches der folgenden Zellwandbausteine ist am ehesten charakteristisch für grampositive Bakterien?
(A) Peptidoglykane
(B) Murein
(C) Lipopolysaccharide
(D) Zellmembran
(E) Teichonsäuren

3.24 (E) 3.25 (E) 3.26 (D) 3.27 (E) 3.28 (A) 3.29 (B) 3.30 (B) 3.31 (D) 3.32 (C) 3.33 (E)

3.2 Aufbau und Morphologie der Bakterienzelle (Procyte)

H01 ■
→ 3.34 Das Vorhandensein von Lipopolysacchariden (LPS) in der äußeren Membran der Zellwand ist charakteristisch für
(A) grampositive Bakterien
(B) gramnegative Bakterien
(C) geißeltragende Bakterien
(D) kapselbildende Bakterien
(E) sporenbildende Bakterien

F05
→ 3.35 Lipopolysaccharid (LPS) ist ein Bestandteil der bakteriellen Zellwand, welcher für die Pathogenität von großer Bedeutung ist.
Welche Aussage zur Struktur, Lokalisation bzw. Funktion von LPS trifft zu?
(A) LPS kommt sowohl bei grampositiven als auch bei gramnegativen Bakterien vor.
(B) LPS ist ein Endotoxin.
(C) LPS ist in der bakteriellen Zellmembran lokalisiert.
(D) Die Polysaccharidketten des LPS ragen in den periplasmatischen Raum.
(E) LPS ist Bestandteil des Mureinsacculus.

H00
→ 3.36 Welche Aussage zu bakteriellen Lipopolysacchariden trifft nicht zu?
(A) Sie sind Bestandteil der Zellwand.
(B) Sie können als Endotoxin wirken.
(C) Sie werden von lebenden Bakterien sezerniert.
(D) Sie werden von gramnegativen Bakterien gebildet.
(E) Sie werden erst nach dem Abbau der Zellwand frei.

H05 ■
→ 3.37 Eine 74-jährige Frau wird mit Verdacht auf eine Nierenbeckenentzündung ins Krankenhaus eingeliefert und entwickelt dort eine Sepsis mit hohem Fieber und Herz-Kreislauf-Versagen. Aus der Blutkultur werden gramnegative Stäbchen isoliert.
Welche der folgenden Erregerstrukturen trägt am meisten zu dieser Symptomatik bei?
(A) Pilus
(B) Murein
(C) Nukleoid
(D) Lipopolysaccharid
(E) Lipoteichonsäure

F97
→ 3.38 Penicillin führt bei Penicillin-empfindlichen Bakterien zur
(A) Denaturierung der Eiweiße
(B) Hemmung der Zellwandsynthese
(C) Blockade der Ribosomen
(D) Schädigung der Plasmamembran
(E) Zerstörung der chromosomalen DNA

H03 H00 ■
→ 3.39 Welche der folgenden Bakteriengattungen ist den L-Formen der Bakterien morphologisch am ähnlichsten?
(A) Mykoplasmen
(B) Staphylokokken
(C) Streptokokken
(D) Treponemen
(E) Vibrionen

H02 F98 ■
→ 3.40 Mykoplasmen sind
(A) zellwandlose Mikroorganismen
(B) kapselbildende Bakterien
(C) animale Viren
(D) aus einem penicillinhaltigen Kulturmedium entstandene Bakterien
(E) mit Lysozym behandelte Bakterien

3.2.3 Geißeln, Pili (Fimbrien)

F93
→ 3.41 Welche Aussage trifft nicht zu?
Die Geißeln der Bakterien
(A) können im Elektronenmikroskop dargestellt werden
(B) haben den gleichen Aufbau wie die Geißeln menschlicher Spermien
(C) dienen der Fortbewegung
(D) enthalten Flagellin
(E) werden zur Unterscheidung der Bakteriengattungen herangezogen

F04
→ 3.42 Welche Aussage zu Bakteriengeißeln trifft zu?
(A) Sie enthalten Aktin.
(B) Sie werden von der Zellmembran umschlossen.
(C) Sie zeigen elektronenmikroskopisch die typische Erscheinung von 9 · 2 + 2 Mikrotubuli.
(D) Sie führen eine kontinuierliche Drehbewegung aus.
(E) Sie sind an einem Kinetosom verankert.

3.34 (B)   3.35 (B)   3.36 (C)   3.37 (D)   3.38 (B)   3.39 (A)   3.40 (A)   3.41 (B)   3.42 (D)

H04
→ 3.43 Das Protein Flagellin ist ein charakteristisches Protein der
(A) Bakteriengeißel
(B) Spermiengeißel
(C) Stressfasern
(D) Tonofilamente
(E) Zilien

H04 ■
→ 3.44 Die Entstehung mancher bakterieller Infektionen setzt die Anheftung des Bakteriums an Wirtszellen bzw. Oberflächen des Wirtsorganismus voraus.
Welche der folgenden Strukturen des Bakteriums ist daran am ehesten beteiligt?
(A) Sexpilus
(B) Fimbrium
(C) Mesosom
(D) Zellmembran
(E) intramurales Protein

H01 ■
→ 3.45 Welche Strukturen dienen bei Bakterien der Anheftung an Oberflächen (z. B. Schleimhaut der Urethra)?
(A) Geißeln
(B) Pili
(C) Kapseln
(D) Mureinsacculi
(E) Mesosomen

H05 ■
→ 3.46 Einige Bakterien besitzen die Fähigkeit zur starken Adhärenz an Wirtsgewebe.
Welche der folgenden Strukturen ist als typischer Adhärenzfaktor von Escherichia coli bekannt?
(A) Peptidoglykan
(B) Zellmembran
(C) Fimbrien (Pili)
(D) Kapsel
(E) Lipoteichonsäure

F92 ■ ■
→ 3.47 Welche Zuordnung (Struktur – Funktion) bei Bakterien trifft nicht zu?
(A) Geißel – Fortbewegung
(B) Pili – Anheftung (z. B. an Schleimhäute)
(C) Sexpili – Transduktion
(D) Kapsel – Schutz vor Phagozytose
(E) Zellmembran – aktiver Stofftransport

3.2.4 Kapsel

F01 ■
→ 3.48 Ein typisches Beispiel für Kapselbildung bei Bakterien als Pathogenitätsfaktor (Hemmung der Phagozytose) sind:
(A) Mykoplasmen
(B) Pneumokokken
(C) Spirochäten
(D) Staphylokokken
(E) Vibrionen

3.2.5 Zellmembran (Zytoplasmamembran)

Zu diesem Kapitel wurden bisher keine Fragen gestellt.

3.2.6 Ribosomen

Zu diesem Kapitel wurden bisher keine Fragen gestellt.

3.2.7 Nucleoid (Kernäquivalent), Bakterienchromosom, Plasmide

H01 ■ ■
→ 3.49 Welche Aussage über die Plasmide der Bakterien trifft nicht zu?
(A) Es sind extrachromosomale genetische Elemente.
(B) Sie bestehen aus RNA.
(C) Sie können Resistenzfaktoren tragen.
(D) Sie können Fertilitätsfaktoren tragen (F-Faktoren).
(E) Sie können zwischen Bakterien verschiedener Spezies übertragen werden.

F01 ■
→ 3.50 Welche Aussage über Bakterien-Plasmide trifft nicht zu?
(A) Sie sind das Bakterien-Chromosom.
(B) Sie können Träger von Resistenzfaktoren sein.
(C) Sie können den F-Faktor tragen.
(D) Sie sind ringförmige, doppelsträngige DNA.
(E) Sie sind übertragbar.

3.43 (A) 3.44 (B) 3.45 (B) 3.46 (C) 3.47 (C) 3.48 (B) 3.49 (B) 3.50 (A)

3.2 Aufbau und Morphologie der Bakterienzelle (Procyte)

H93
→ 3.51 R-Faktoren, die bei Bakterien Resistenz gegen Antibiotika verursachen, befinden sich in der Regel
(A) im Nukleotid
(B) auf Plasmiden
(C) in Mesosomen
(D) im Murein-Anteil der Zellwand
(E) in den Proteinen des Plasmalemmas

H98
→ 3.52 Welche Aussage trifft nicht zu?
Die Resistenzfaktoren (R-Faktoren) der Bakterien
(A) sind Gene
(B) sind nur auf dem Chromosom lokalisiert
(C) können durch Konjugation übertragen werden
(D) können durch Transduktion übertragen werden
(E) sind Ursache der übertragbaren Antibiotikaresistenz

H05
→ 3.53 Das Bakterium Escherichia coli kann nach Aufnahme klonierter cDNA, die von beta-Hämoglobin-mRNA stammt, das vollständige Polypeptid synthetisieren.
Dies geschieht jedoch nicht nach Aufnahme des entsprechenden klonierten chromosomalen Gens, weil
(A) die bakterielle Polymerase keine Introns transkribieren kann
(B) Introns Schleifen ausbilden, die die bakteriellen Ribosomen blockieren
(C) Introns Codons enthalten, die von den bakteriellen tRNAs nicht erkannt werden
(D) Bakterien die transkribierte RNA nicht spleißen können
(E) Bakterien die Proteinvorstufen nicht korrekt prozessieren können

3.2.8 Sporen

H90
→ 3.54 Welche Aussage trifft nicht zu?
Im Vergleich zur Bakterienzelle (Protocyte) sind Bakteriensporen
(A) wasserärmer
(B) stoffwechselaktiver
(C) resistenter gegen Hitzeeinwirkung
(D) resistenter gegen Desinfektionsmittel
(E) langlebiger

H99 H96
→ 3.55 Die Sporen der Bakterien
(A) werden bei optimalen Wachstumsbedingungen gebildet
(B) entstehen nur nach Konjugation
(C) enthalten die gesamte genetische Information des Bakteriums
(D) dienen der ungeschlechtlichen Vermehrung
(E) können von der Mehrzahl der Bakteriengattungen gebildet werden

F01
→ 3.56 Welche Aussage über Bakteriensporen trifft nicht zu?
(A) Sie können von allen Bakterienarten gebildet werden.
(B) Sie haben einen geringen Wassergehalt.
(C) Sie sind resistent gegen Erwärmung.
(D) Sie sind resistent gegen Austrocknung.
(E) Sie haben eine lange Lebensdauer.

F03
→ 3.57 Welche Aussage trifft für Bakteriensporen nicht zu?
(A) Sie sind Überdauerungsformen.
(B) Sie sind wasserärmer als die Ausgangs-Bakterien.
(C) Sie sind resistenter gegen Erhitzen und Austrocknung als die Ausgangs-Bakterien.
(D) Sie können von der Mehrzahl der Bakteriengattungen gebildet werden.
(E) Sie haben einen reduzierten Stoffwechsel.

F02
→ 3.58 Welche der folgenden Bakterien sind Sporenbildner?
(A) Staphylokokken
(B) Streptokokken
(C) Clostridien
(D) Mykobakterien
(E) Treponemen

3.51 (B)   3.52 (B)   3.53 (D)   3.54 (B)   3.55 (C)   3.56 (A)   3.57 (D)   3.58 (C)

3.3 Wachstum der Bakterien

3.3.1 Stoffwechsel (Verhalten gegenüber Sauerstoff), intrazelluläres Wachstum

H02
→ 3.59 Obligat anaerobe Bakterien zeigen hinsichtlich ihrer Wachstumserfordernisse folgendes Verhalten:
(A) Luftsauerstoff fördert das Wachstum, ist aber entbehrlich.
(B) Luftsauerstoff ist unentbehrlich.
(C) Atmosphärischer Stickstoff ist unentbehrlich.
(D) Wachstum erfolgt nur bei Zugabe organischer Stickstoffverbindungen.
(E) Luftsauerstoff behindert das Wachstum.

F90
→ 3.60 Welche Aussage trifft nicht zu?
Obligat anaerobe Bakterien
(A) wachsen nur ohne Sauerstoff
(B) benötigen anorganische Verbindungen als Kohlenstoffquelle
(C) können Energie durch Gärung gewinnen
(D) lassen sich auf Vollmedium-Nährböden (Komplex-Medien) kultivieren
(E) können organische Verbindungen im Boden und in Gewässern abbauen

H04
→ 3.61 Anaerobe Bakterien lösen aufgrund ihres besonderen Metabolismus charakteristische Infektionen beim Menschen aus.
Welche der folgenden Aussagen trifft für Anaerobier zu?
(A) Anaerobier vermehren sich ausschließlich in gut belüfteten Körperregionen (z. B. Lunge), da sie selbst keinen Sauerstoff synthetisieren können.
(B) Anaerobier sind mit Enzymen ausgestattet, welche reaktive Sauerstoffintermediate (z. B. H_2O_2, O_2^-) sehr effizient abbauen und dadurch das zum Überleben notwendige anaerobe Milieu generieren.
(C) Schlecht durchblutete, tiefe Verletzungen begünstigen Infektionen mit anaeroben Bakterien.
(D) Anaerobe Bakterien wachsen prinzipiell nur unter sauerstofffreien Bedingungen.
(E) Fakultativ anaerobe Bakterien benötigen Sauerstoff zum Wachstum.

3.3.2 Bakterienkultur

H90
→ 3.62 Das Vollmedium zur Kultur von Bakterien in Petrischalen enthält:
(1) Stickstoff in Form von Pepton
(2) Stickstoff in Form von Ammoniumchlorid
(3) Kohlenstoff in Form von Glukose
(4) Kohlenstoff in Form von Natriumkarbonat
(5) Agar zur Verfestigung

(A) nur 1 und 3 sind richtig
(B) nur 3 und 5 sind richtig
(C) nur 1, 3 und 5 sind richtig
(D) nur 1, 4 und 5 sind richtig
(E) nur 2, 3 und 5 sind richtig

H93
→ 3.63 Welche Aussage trifft nicht zu?
Ein Bakterium wächst optimal in Normalatmosphäre, benötigt Glukose und Pepton im Nährmedium, zeigt nach Gram-Färbung eine rotgelbe Farbe und bewegt sich mit Hilfe von über den ganzen Zellkörper verteilten Geißeln.
Dieses Bakterium ist
(A) aerob
(B) heterotroph
(C) grampositiv
(D) peritrich begeißelt
(E) von einer Zellwand umgeben

3.3.3 Wachstum und Vermehrung

H95 F93
→ 3.64 Welche Aussage trifft nicht zu?
Bei der Kultur humanpathogener Bakterien
(A) ist eine Temperatur von 37°C in der Regel optimal
(B) kann das Medium durch Agar verfestigt werden
(C) kann Pepton als Stickstoffquelle zugesetzt werden
(D) kann der optimale pH-Wert durch Zugabe von Pufferlösungen gewährleistet werden
(E) kann in der Regel eine Beurteilung frühestens nach 72 Stunden vorgenommen werden

3.59 (E)   3.60 (B)   3.61 (C)   3.62 (C)   3.63 (C)   3.64 (E)

3.3 Wachstum der Bakterien

F92 ■
3.65 Welche Aussage trifft für die logarithmische Wachstumsphase einer Bakterienkultur in flüssigem Medium zu?
(A) allmähliches Erreichen der maximalen Teilungsrate
(B) erste Phase der Wachstumskurve
(C) gleichbleibende Populationsdichte
(D) maximale Teilungsrate
(E) abnehmende Populationsdichte

F94
3.66 Welche Aussage trifft nicht zu?
Für die logarithmische Wachstumsphase einer Bakterienkultur in flüssigem Medium gilt:
(A) Die Populationsdichte nimmt zu.
(B) Die Population wächst um eine konstante Zahl pro Zeiteinheit.
(C) Die Konzentration der Stoffwechselprodukte nimmt zu.
(D) Die Substratkonzentration nimmt ab.
(E) Die höchste Teilungsrate aller Wachstumsphasen ist erreicht.

H04
3.67 Bei den Nährböden (Vollmedium) zur Züchtung medizinisch wichtiger Bakterien dient als Stickstoffquelle
(A) Luftstickstoff
(B) Pepton
(C) Nitrat
(D) Nitrit
(E) Ammoniumsulfat

F00
3.68 Welche Aussage trifft für die Kultur von Escherichia coli in einem flüssigen Nährmedium nicht zu?
(A) Teilungen der Bakterien können alle 20 min stattfinden.
(B) Nach Ablauf einer Anlaufphase (lag-Phase) findet ein exponentielles Wachstum der Bakterienpopulation statt.
(C) Es kann ein Bakterientiter von 10^9/ml Nährmedium erreicht werden.
(D) Dem flüssigen Nährmedium muss Agar-Agar zugesetzt werden.
(E) Abnehmende Nährstoffkonzentration und zunehmende Konzentration an Stoffwechselprodukten führen zu einer Herabsetzung der Wachstumsrate der Bakterienpopulation.

3.69 Bakterien
(1) teilen sich unter optimalen Bedingungen alle 20 min
(2) besitzen keinen abgegrenzten Zellkern
(3) können durch Mutation antibiotikaresistente Stämme bilden
(4) können ihre Resistenzfaktoren an andere Bakterien weitergeben

(A) nur 1, 2 und 3 sind richtig
(B) nur 1, 2 und 4 sind richtig
(C) nur 1, 3 und 4 sind richtig
(D) nur 2, 3 und 4 sind richtig
(E) 1–4 = alle sind richtig

F04 H98 F98 ■
3.70 Die mittlere Generationszeit (Zeit, in der sich die Bakterienanzahl verdoppelt) von Escherichia coli beträgt unter optimalen Bedingungen
(A) 1/2 Minute
(B) 3 Minuten
(C) 20 Minuten
(D) 150 Minuten
(E) 300 Minuten

3.71 Die Generationszeit der Bakterien
(1) ist abhängig vom Substratangebot
(2) ist abhängig von der Temperatur
(3) nimmt an Länge in der stationären Phase ab
(4) kann bei Escherichia coli unter optimalen Bedingungen 20 Minuten betragen

(A) nur 1 und 2 sind richtig
(B) nur 1 und 3 sind richtig
(C) nur 2 und 4 sind richtig
(D) nur 1, 2 und 4 sind richtig
(E) 1–4 = alle sind richtig

H03 ■ ■
3.72 Die spezifische Wirkung von Penicillin auf Bakterien beruht auf:
(A) spezifischer Bindung an 60S-Ribosomen
(B) Hemmung der bakteriellen Atmungsketten
(C) spezifischer Interaktion mit bakterieller Replikase
(D) Hemmung der Transpeptidase des Mureins
(E) spezifischer Hemmung der RNA-Polymerase der Bakterien

3.65 (D)   3.66 (B)   3.67 (B)   3.68 (D)   3.69 (E)   3.70 (C)   3.71 (D)   3.72 (D)

3 Grundlagen der Mikrobiologie und Ökologie

F03 ■■
→ 3.73 Am ehesten empfindlich gegen Penicillin sind:
(A) Mycoplasmen
(B) Retroviren
(C) Protoplasten
(D) Rikettsien
(E) grampositive Bakterien

F03 ■
→ 3.74 Die selektive Toxizität von Antibiotika gegenüber Bakterien beruht auf Unterschieden an subzellulären Bestandteilen oder von Stoffwechselvorgängen zwischen Prokaryonten und Eukaryonten.
Wo liegt der Angriffspunkt von Chloramphenicol?
(A) Mesosom
(B) Zytoplasmamembran
(C) Proteinbiosynthese
(D) Nukleinsäuresynthese
(E) Zellwandsynthese

■
→ 3.75 Welche der folgenden Zuordnungen ist richtig?
(1) Bakterizidie – Hemmung der Bakterienvermehrung
(2) Bakteriostase – Abtötung der Bakterien
(3) Persistenz – Unempfindlichkeit der Bakterien gegen bestimmte Antibiotika
(4) Resistenz – Überstehen der Anwendung eines bestimmten Mittels, obwohl die Bakterien gegen dieses Mittel empfindlich sind

(A) Keine der Zuordnungen ist richtig
(B) nur 1 ist richtig
(C) nur 2 ist richtig
(D) nur 1 und 3 sind richtig
(E) nur 2 und 4 sind richtig

F05 ■
→ 3.76 Bei einer Bakterienkultur kann man verschiedene Wachstumsphasen unterscheiden.
In welcher Phase zeigen penicillinempfindliche Bakterien ihre größte Empfindlichkeit gegen Penicillin?
(A) lag-Phase
(B) log-Phase
(C) stationäre Phase
(D) Absterbephase
(E) als Protoplasten

F98 ■
→ 3.77 Welche Aussage ist für den Begriff „Bakteriostase" am zutreffendsten?
(A) Austrocknungsresistenz
(B) Überleben nach Einwirkung abtötender Stoffe
(C) Hemmung der Vermehrung
(D) Verhinderung des Wachstums durch Sauerstoff
(E) progressive Abtötung

H93
→ 3.78 Bei Nachweisverfahren (Diagnostik) in der Bakteriologie werden folgende Eigenschaften der Bakterien bewertet:
(1) Verhalten bei der Gram-Färbung
(2) Verhalten gegenüber Sauerstoff
(3) Form, Farbe und Geruch der Kolonien (Kultur)
(4) Wachstum und Selektivmedien (z. B. mit Antibiotikazusatz)
(5) biochemische Leistungen (z. B. Lactosevergärung)

(A) nur 1, 2 und 5 sind richtig
(B) nur 1, 2, 3 und 4 sind richtig
(C) nur 1, 3, 4 und 5 sind richtig
(D) nur 2, 3, 4 und 5 sind richtig
(E) 1–5 = alle sind richtig

→ 3.79 Welche Aussage trifft nicht zu?
Zur Abtötung von Bakterien werden angewendet:
(A) 70%iger Ethylalkohol
(B) Formaldehyd
(C) Phenolderivate
(D) UV-Strahlung
(E) Tiefgefrieren (bei Nahrungmitteln)

3.73 (E)   3.74 (C)   3.75 (A)   3.76 (B)   3.77 (C)   3.78 (E)   3.79 (E)

3.4 Bakteriengenetik

3.4.1 Bakterienchromosom, Plasmide

Zu diesem Kapitel wurden bisher keine Fragen gestellt.

3.4.2 Übertragung von Genmaterial

H99 ■■
→ 3.80 Welche Aussage über Parasexualität bei Bakterien trifft nicht zu?
(A) Unter Parasexualität versteht man die Möglichkeit der Übertragung von genetischem Material zwischen Bakterien.
(B) Bei der Transduktion wird genetisches Material der Zelle A mittels der Sexpili in die Zelle B gebracht.
(C) Die generelle (unspezifische) Transduktion ermöglicht die Übertragung eines beliebigen DNA-Fragments.
(D) Transformation ist die direkte Aufnahme von DNA durch kompetente Zellen.
(E) Konjugation ist die Überführung von DNA aus Zelle A in Zelle B mittels eines Fertilitätsfaktors.

F03 ■
→ 3.81 Übertragung genetischen Materials zwischen Bakterienzellen kann am ehesten erfolgen im
(A) Anschluss an eine mitotische Teilung
(B) Anschluss an eine meiotische Teilung
(C) Zuge der Konjugation
(D) Zuge der Kopulation
(E) Zuge der Sporulation

H00 F00 ■■
→ 3.82 Die Fähigkeit zur Kapselbildung (Pathogenitätsfaktor) kann zwischen Pneumokokkenstämmen (Streptococcus pneumoniae) durch freie DNA übertragen werden.
Dieser Vorgang wird bezeichnet als:
(A) Konjugation
(B) Transduktion
(C) Translation
(D) Transformation
(E) Transposition

F99 ■
→ 3.83 Welche Aussage trifft nicht zu?
Transposons
(A) sind mobile genetische Elemente
(B) werden auch als „Springende Gene" bezeichnet
(C) können bei Bakterien von einem Plasmid auf ein anderes Plasmid übertragen werden
(D) treten nur bei Bakterien auf
(E) können bei Bakterien Gene für Antibiotikaresistenz enthalten

F04 ■
→ 3.84 Transposons
(A) finden sich nur in menschlichen Leberzellen
(B) sind Grundlage für die Lyon-Hypothese
(C) können Überträger von Antibiotika-Resistenzen sein
(D) bewirken den Übergang vom lysogenen zum lytischen Zustand einer Virusinfektion
(E) sind Auslöser für die Robertson-Translokation

F98 ■■
→ 3.85 Welche Aussage trifft nicht zu?
Die Transposition bei Bakterien
(A) ist die Übertragung mobiler genetischer Elemente
(B) kann Ursache von Mutationen sein
(C) tritt nur nach Infektion durch einen Bakteriophagen auf
(D) hat Bedeutung bei der Übertragung von Antibiotikaresistenz
(E) kann zur Verlagerung von R-Faktoren innerhalb des Genoms führen

H94 ■
→ 3.86 Die Bakterientransformation beruht auf:
(A) Aufnahme und Integration von freier DNA
(B) interzellulärem Transfer von DNA über Pili
(C) Infektion durch temperente Phagen
(D) Transfer von DNA durch Phagen
(E) Informationstransfer von der DNA auf RNA

F97 ■
→ 3.87 Die direkte Aufnahme von freier DNA durch ein Bakterium bezeichnet man als
(A) Transposition
(B) Transformation
(C) Transduktion
(D) Konjugation
(E) Lysogenie

3.80 (B)   3.81 (C)   3.82 (D)   3.83 (D)   3.84 (C)   3.85 (C)   3.86 (A)   3.87 (B)

3 Grundlagen der Mikrobiologie und Ökologie

→ 3.88 Resistenz von Bakterien – z. B. gegen Antibiotika – kann folgende Ursachen haben:
(1) Vorhandensein einer primären Resistenz
(2) Entstehen einer sekundären Resistenz durch Spontanmutation und anschließende Selektion
(3) Übertragung von Resistenzfaktoren von resistenten Bakterien mittels Transformation, Transduktion oder Konjugation

(A) nur 1 ist richtig
(B) nur 1 und 2 sind richtig
(C) nur 1 und 3 sind richtig
(D) nur 2 und 3 sind richtig
(E) 1–3 = alle sind richtig

H04 ■■
→ 3.89 Eine Kultur von Bakterien, die kein Tryptophan synthetisieren können, wird durch Viren infiziert, die durch Lyse von Tryptophan-synthetisierenden Bakterien freigesetzt wurden. Die meisten Bakterien der ursprünglichen Kultur können als Folge der Infektion Tryptophan synthetisieren.
Welcher Mechanismus ist hierfür verantwortlich?
(A) Konjugation
(B) Rekombination
(C) Transformation
(D) Koexpression
(E) Transduktion

■
→ 3.90 Transduzierende Bakteriophagen
(1) können Resistenzfaktoren übertragen
(2) sind an der Transformation beteiligt
(3) sind Voraussetzung für das Zustandekommen einer Konjugation zwischen Bakterien
(4) sind auf Bakterien spezialisierte Viren

(A) nur 1 ist richtig
(B) nur 4 ist richtig
(C) nur 1 und 2 sind richtig
(D) nur 1 und 4 sind richtig
(E) nur 3 und 4 sind richtig

H03 F99 ■■
→ 3.91 Unter Transduktion versteht man in der Mikrobiologie
(A) den Transport von Antibiotika durch die Zellwand
(B) die Umwandlung einer Antibiotika-sensiblen Kultur in eine Antibiotika-resistente Kultur
(C) die chemisch induzierte Veränderung der bakteriellen DNA
(D) Bakterien-Übertragung von einem Tier auf ein anderes Tier
(E) Übertragung von bakteriellem Genmaterial auf andere Bakterien durch Bakteriophagen

3.4.3 Antibiotikaresistenz aus evolutionsbiologischer Sicht

→ 3.92 Wie kommt es unter Antibiotikaeinwirkung bei Bakterien zu einer Anreicherung von resistenten Stämmen in den Zellkulturen?
(A) Durch Absterben der empfindlichen Bakterien können sich die resistenten Formen ohne Konkurrenz vermehren.
(B) Die Antibiotika fördern die Ausbildung von multipler Resistenz gegen mehrere Antibiotika.
(C) Die Antibiotika fördern die Übertragung von Resistenzfaktoren.
(D) Die Antibiotika wirken als mutagene Chemikalien auf das Bakterienchromosom.
(E) Alle Aussagen treffen zu.

H90 ■
→ 3.93 Welche Aussage trifft nicht zu?
Für den Menschen pathogene gramnegative Bakterien können Erbfaktoren einer Resistenz gegen Antibiotika vom Typ der Penicilline
(A) auch über Gen-Transfer von Bakterien aus Tieren oder von Bodenbakterien erhalten
(B) nur über Konjugations-Pili auf Bakterienzellen der gleichen Art übertragen
(C) auf Plasmiden tragen
(D) auf dem Bakterienchromosom tragen
(E) bei der Zellteilung auf beide Tochterbakterien wiedergeben

---

3.88 (E)   3.89 (E)   3.90 (D)   3.91 (E)   3.92 (A)   3.93 (B)

3.5 Pilze

3.5.1 Lebensweise, medizinische Bedeutung

H90 ■
→ 3.94 Welche Aussage trifft nicht zu?
Pilze
(A) leben stets heterotroph
(B) besitzen echte Zellkerne
(C) gewinnen Stoffwechselenergie durch Ab- und Umbau organischer Verbindungen
(D) sind in ökologischer Hinsicht Produzenten
(E) können sich durch ungeschlechtliche Bildung von Sporen vermehren

F98 ■ ■
→ 3.95 Welche Aussage trifft nicht zu?
Pilze
(A) sind Eukaryonten
(B) sind heterotrophe Organismen
(C) können die Photosynthese durchführen
(D) sind zur asexuellen Fortpflanzung befähigt
(E) sind am Abbau organischer Substanzen beteiligt

F01 ■
→ 3.96 Welche Aussage trifft für Pilze nicht zu?
(A) Sie sind autotroph.
(B) Sie können ein aus Hyphen bestehendes Myzel bilden.
(C) Sie vermehren sich durch Sporenbildung.
(D) Sie spielen als Destruenten im Ökosystem eine wichtige Rolle.
(E) Manche Spezies können antimikrobiell wirksame Substanzen bilden.

H98 F98 ■ ■
→ 3.97 Welche Aussage trifft nicht zu?
Pilze
(A) sind Eukaryonten
(B) sind heterotrophe Organismen
(C) können die Photosynthese durchführen
(D) sind zur asexuellen Fortpflanzung fähig
(E) sind am Abbau organischer Materie beteiligt

H01 ■ ■
→ 3.98 Welche Aussage über Pilze trifft nicht zu?
(A) Sie sind Prokaryonten.
(B) Sie sind hinsichtlich ihres Kohlenstoff- und Stickstoffbedarfs obligat heterotroph.
(C) Unter den Pilzen gibt es Saprophyten und Parasiten.
(D) Viele Arten können sich durch Sporenbildung vermehren.
(E) Sie sind in ökologischer Hinsicht Destruenten.

H94 ■
→ 3.99 Welche Aussage trifft nicht zu?
Pilze
(A) besitzen einen Zellkern mit Kernmembran
(B) haben typische Chromosomen
(C) sind zur Photosynthese befähigt
(D) vermehren sich durch geschlechtliche und ungeschlechtliche Sporen
(E) können beim Menschen Hautkrankheiten hervorrufen

F05
→ 3.100 Ein 46-jähriger Mann erkrankt nach einer Nierentransplantation im Zustand der massiven Immunsuppression an einer schweren Pneumonie. Im mikroskopischen Präparat der Bronchialspülflüssigkeit (Abbildung Nr. 3 des Bildanhangs) ist eine typische Wuchsform eines Erregers dargestellt.
Es handelt sich am wahrscheinlichsten um:
(A) Schimmelpilze (z. B. Aspergillus)
(B) Streptococcus pneumoniae
(C) Chlamydia pneumoniae
(D) Spirochäten
(E) Mykobakterien

3.5.2 Wachstumsformen

F95 F94 ■
→ 3.101 Pilze
(1) bilden ein aus Hyphen bestehendes Myzel
(2) sind obligat heterotroph
(3) leben saprophytisch, parasitisch oder symbiontisch
(4) vermehren sich durch Sporenbildung
(5) sind prokaryontische Organismen

(A) nur 1, 2 und 5 sind richtig
(B) nur 1, 3 und 4 sind richtig
(C) nur 1, 2, 3 und 4 sind richtig
(D) nur 2, 3, 4 und 5 sind richtig
(E) 1–5 = alle sind richtig

3.94 (D)   3.95 (C)   3.96 (A)   3.97 (C)   3.98 (A)   3.99 (C)   3.100 (A)   3.101 (C)

3.5.3 Vermehrung

Zu diesem Kapitel wurden bisher keine Fragen gestellt.

3.5.4 Synthese von Stoffen

H04 H93 ■■
→ 3.102 Der Schimmelpilz Aspergillus flavus produziert als toxischen Stoff:
(A) das Alkaloid Atropin
(B) das Herzglykosid Digitonin
(C) den RNA-Polymerase-Hemmer α-Amanitin
(D) das kanzerogene Aflatoxin
(E) das Halluzinogen Ergotamin

H99 ■
→ 3.103 Welche Aussage über Aflatoxine trifft nicht zu?
(A) Sie werden von Claviceps purpurea synthetisiert.
(B) Sie werden auf verschimmelten Nahrungsmitteln gebildet (Nüsse, Getreide).
(C) Sie sind hitzeresistent.
(D) Sie sind hepatotoxisch.
(E) Sie sind kanzerogen.

F04 ■■
→ 3.104 Das Mutterkorn (Claviceps purpurea) enthält als toxischen Stoff
(A) α-Amanitin
(B) Digitonin
(C) Atropin
(D) Ergotamin
(E) Aflatoxin

F99 ■
→ 3.105 Welche Wirkung hat das von Pilzen synthetisierte α-Amanitin?
(A) RNA-Polymerase II-Hemmung
(B) Replikationshemmung
(C) Blockierung der Zellwandsynthese
(D) Serotonin-Antagonismus (Halluzinogenese)
(E) Blockierung der Atmungskette

H02 ■■
→ 3.106 Der Knollenblätterpilz produziert das Gift
(A) Digitonin
(B) Atropin
(C) Ergotamin
(D) α-Amanitin
(E) Aflatoxin

3.6 Viren

3.6.1 Virusbegriff

→ 3.107 Welche Aussage trifft nicht zu?
Viren
(A) benutzen Enzyme der Zelle, besonders den Proteinsyntheseapparat
(B) können auf flüssigen und festen Nährböden geeigneter chemischer Zusammensetzung gezüchtet werden
(C) können in manchen Fällen ihr Genom in das Genom der Wirtszelle integrieren
(D) können DNA oder RNA als genetisches Material enthalten
(E) können sich nur im Innern der Zelle vermehren

→ 3.108 Folge einer Virusinfektion kann sein:
(1) Virusproduktion ohne Zellzerstörung
(2) Integration der Virus-Nukleinsäure
(3) sofortiger Zelltod ohne Virusvermehrung
(4) Virusproduktion mit Zellzerstörung

(A) nur 4 ist richtig
(B) nur 1 und 2 sind richtig
(C) nur 2 und 4 sind richtig
(D) nur 1, 2 und 4 sind richtig
(E) 1–4 = alle sind richtig

3.102 (D)   3.103 (A)   3.104 (D)   3.105 (A)   3.106 (D)   3.107 (B)   3.108 (D)

F04

→ 3.109 Viren sind Krankheitserreger, welche im Gegensatz zu den meisten Bakterien zum Leben außerhalb von Wirtszellen nicht befähigt sind (obligater Zellparasitismus). Ihre Pathogenität beruht auf einer Vielzahl von Wirkungen auf die Wirtszelle.
Welcher der folgenden Mechanismen ist charakteristisch für die Auslösung einer akuten Erkrankung durch viele humanpathogene Viren?
(A) Fimbrien-vermittelte Invasion in die Wirtszelle
(B) Synthese von Lipopolysaccharid
(C) Zerstörung der Wirtszellen durch Lyse
(D) Integration der Virusnukleinsäure in das Wirtsgenom
(E) Synthese von Exotoxinen

F95

→ 3.110 Obligat-intrazelluläre Parasiten sind:
(1) Phagen
(2) Viren
(3) Bakterien
(4) Pilze

(A) nur 1 ist richtig
(B) nur 2 ist richtig
(C) nur 1 und 2 sind richtig
(D) nur 1, 2 und 3 sind richtig
(E) nur 2, 3 und 4 sind richtig

F96 H91 ■

→ 3.111 Welche Aussage über humanpathogene Viren trifft nicht zu?
(A) Es gibt Viren, bei denen die genetische Information in einer RNA gespeichert wird.
(B) Rezeptoren der Zellmembran ermöglichen die Anheftung der Viren.
(C) Die Virusnukleinsäure wird in die Wirtszelle injiziert.
(D) Das Kapsid wird in der Wirtszelle abgebaut.
(E) Eine das Kapsid bedeckende Hülle ist nur bei manchen Viren vorhanden.

F00 ■

→ 3.112 Welche Aussage über humanpathogene Viren trifft nicht zu?
(A) DNA oder RNA enthalten die genetische Information.
(B) Ein aus Protein bestehendes Kapsid umgibt die Nukleinsäuren.
(C) Eine das Kapsid bedeckende Lipidhülle ist bei allen Virusgruppen vorhanden.
(D) Viren können von der Wirtszelle unter Beteiligung der Wirtzellmembran aufgenommen werden.
(E) Das Kapsid wird nach der Penetration in der Wirtszelle abgebaut.

F05 ■

→ 3.113 Welche der folgenden Aussagen zur Struktur, Vermehrung oder Pathogenität von Viren trifft zu?
(A) Viren besitzen entweder RNA oder DNA, niemals aber beide Nukleinsäuren.
(B) Nukleosidanaloga sind typische Virostatika, welche mit der Synthese von viralen Glykoproteinen interferieren.
(C) Behüllte Viren enthalten in ihrer Hülle ähnlich wie Bakterien Murein.
(D) Viruskapside entsprechen der Bakterienkapsel und bestehen ausschließlich aus Lipiden.
(E) Bei allen RNA-Viren wird die RNA über eine reverse Transkriptase in DNA umgesetzt.

F91

→ 3.114 Über die verschiedenen Virus-Typen kann folgendes ausgesagt werden:
(1) Sie können DNA enthalten.
(2) Sie können RNA enthalten.
(3) Sie sind mutationsfähig.
(4) Sie können kristallisierbar sein.
(5) Sie können von einer komplexen Membran umhüllt sein.

(A) nur 1, 2 und 4 sind richtig
(B) nur 3, 4 und 5 sind richtig
(C) nur 1, 2, 3 und 4 sind richtig
(D) nur 1, 2, 3 und 5 sind richtig
(E) 1–5 = alle sind richtig

3.109 (C)   3.110 (C)   3.111 (C)   3.112 (C)   3.113 (A)   3.114 (E)

3 Grundlagen der Mikrobiologie und Ökologie

→ **3.115 Welche Aussage trifft nicht zu?**
Bei der Infektion einer Zelle mit einem Virus
(A) kann reverse Transkriptase bei RNA-Retroviren die Virus-RNA in DNA transkribieren
(B) kann Virus-DNA in mRNA transkribiert werden
(C) kann Virus-DNA repliziert werden
(D) wird Virus-Nukleinsäure (RNA oder DNA) innerhalb des Kapsids repliziert
(E) werden Ribosomen der Wirtszelle zur Synthese von Virusproteinen benutzt

H98

→ **3.116 Welche Aussage trifft nicht zu?**
Viroide
(A) bestehen aus ringförmiger RNA
(B) sind Defektmutanten humanpathogener Viren
(C) sind „nackt" (frei von Proteinhülle)
(D) sind infektiös
(E) sind als Erreger von Pflanzenkrankheiten bekannt

F99

→ **3.117 Welche Aussage trifft nicht zu?**
Viroide
(A) bestehen aus RNA
(B) sind defekte Mutanten humanpathogener Viren
(C) werden – wie die Viren – von der Wirtszelle vermehrt
(D) enthalten ringförmige Nukleinsäure
(E) sind unbehüllt

H95

→ **3.118 Welche Aussage trifft nicht zu?**
Bakteriophagen
(A) sind Viren
(B) enthalten Strukturproteine zum Schutz der Nukleinsäure
(C) gelangen durch Endozytose in die Wirtszelle
(D) können durch Restriktionsenzyme der Wirtszelle an der Vermehrung gehindert werden
(E) können sich nur innerhalb der Wirtszelle vermehren

F89 ■

→ **3.119 Ein temperenter Phage weist folgendes Charakteristikum auf:**
(A) Er befällt nur zellwandlose Bakterien.
(B) Er vermehrt sich nur bei Temperaturen unter 33 °C.
(C) Infizierte Bakterien können überleben.
(D) Der Vermehrungszyklus verläuft extrem langsam.
(E) Er überträgt Antibiotika-Resistenz.

H97 H88 ■

→ **3.120 Lysogenie bedeutet in der Bakteriologie:**
(A) die Fähigkeit, tierische Zellen aufzulösen
(B) den Besitz eines induzierbaren Prophagen
(C) Empfindlichkeit gegen Lysozym
(D) Sekretion bakteriolytischer Antibiotika
(E) die Neigung einer Population zur Autolyse

H04 ■

→ **3.121 Man nennt eine Bakterienzelle lysogen, wenn**
(A) sie durch Lysozymbehandlung geschädigt ist
(B) sie durch Toxine anderer Bakterienzellen geschädigt werden kann
(C) sie einen Prophagen beherbergt
(D) sie Krebszellen auflöst
(E) sie die Fähigkeit zur Geißelbildung besitzt

3.6.2 Aufbau

H93

→ **3.122 Die Virushülle humanpathogener Viren**
(1) enthält Lipide
(2) wird von Ether, Chloroform oder Detergentien zerstört
(3) wird vor der Adsorption an die Wirtszelle abgestreift
(4) ist ein Klassifizierungsmerkmal

(A) nur 1 und 2 sind richtig
(B) nur 2 und 4 sind richtig
(C) nur 1, 2 und 4 sind richtig
(D) nur 1, 3 und 4 sind richtig
(E) nur 2, 3 und 4 sind richtig

H92 ■■

→ **3.123 Welche Aussage trifft nicht zu?**
Viren können enthalten:
(A) Lipide
(B) DNA und RNA gemeinsam
(C) Strukturproteine
(D) Glykoproteine
(E) Enzyme

3.115 (D) 3.116 (B) 3.117 (B) 3.118 (C) 3.119 (C) 3.120 (B) 3.121 (C) 3.122 (C) 3.123 (B)

3.6.3 Vermehrung und Genetik

F90

→ 3.124 Welche Aussage trifft für den Vermehrungszyklus von Viren in menschlichen Zellen nicht zu?
(A) Bindung an Rezeptoren der Zellmembranen
(B) Injektion der Nukleinsäure in die Zelle
(C) Reduplikation der Nukleinsäure
(D) Synthese der Virusproteine
(E) Montage der Virusbestandteile

F05

→ 3.125 Im Vermehrungszyklus von Viren erfolgt beim „uncoating"
(A) die Transkription der Virus-Nukleinsäure in der Wirtszelle
(B) der Einbau von Virus-Nukleinsäure in Wirtschromosomen
(C) die Bildung neuer Virushüllen in der Wirtszelle
(D) die Freisetzung der Virus-Nukleinsäure
(E) die Bildung neuer Kapsomeren in der Wirtszelle

F89

→ 3.126 Die Eklipse der Virusvermehrung wird durch folgenden Vorgang definiert:
(A) Das aufgenommene Virion ist in der Zelle nicht mehr nachweisbar.
(B) Die Virus-Nukleinsäure wird integriert.
(C) Der Zellkern der Wirtszelle wird zerstört.
(D) Der zytopathische Effekt erreicht ein Maximum.
(E) Neugebildete Viruspartikel werden entlassen.

■

→ 3.127 Folgende Vorgänge spielen sich bei der Virussynthese ab:
(1) Adsorption: Bindung des Virus an einen Rezeptor der Zellmembran
(2) Penetration: Aufnahme des Virus durch die Zelle (Pinozytose)
(3) Uncoating: Freilegen der Virusnukleinsäure durch enzymatischen Abbau von Hülle – falls vorhanden – und Kapsid
(4) Reifung: Synthese von Virusnukleinsäure, Kapsid und gegebenenfalls Hüllmaterial sowie Zusammenbau der Viruspartikel

(A) nur 1 und 4 sind richtig
(B) nur 1, 2 und 3 sind richtig
(C) nur 1, 2 und 4 sind richtig
(D) nur 2, 3 und 4 sind richtig
(E) 1–4 = alle sind richtig

F91 ■

→ 3.128 Welche Aussage trifft nicht zu?
Die reverse Transkriptase
(A) ermöglicht den Fluß der genetischen Information von der RNA zur DNA
(B) findet Verwendung in der Gentechnologie
(C) ermöglicht die Synthese von cDNA
(D) ist Voraussetzung für die Transkription in prokaryontischen Zellen
(E) spielt bei der Vermehrung des HIV (AIDS-Virus) eine wesentliche Rolle

H92

→ 3.129 Zur Viruszüchtung ist (sind) geeignet:
(1) die Zellkultur
(2) das lebende Tier
(3) das Embryo-haltige Brutei
(4) fötales Blutserum

(A) nur 1 ist richtig
(B) nur 1 und 2 sind richtig
(C) nur 2 und 3 sind richtig
(D) nur 1, 2 und 3 sind richtig
(E) 1–4 = alle sind richtig

3.7 Prionen

H03

→ 3.130 Die iatrogene (z. B. durch Duratransplantate übertragene) Creutzfeldt-Jakob-Krankheit wird hervorgerufen durch:
(A) Bakterien
(B) Viren
(C) Rickettsien
(D) Prionen
(E) Chlamydien

3.8 Ausgewählte Kapitel aus der Ökologie mit Bezügen zur Mikrobiologie

3.8.1 Stoffkreisläufe

→ 3.131 Welche der folgenden Zuordnungen aus dem Stickstoffkreislauf sind richtig?
(1) biologische N_2-Bindung – ermöglicht durch in Symbiose mit Pflanzen lebende Bakterien
(2) Umsetzung von Harnstoff zu Ammoniak – Mineralisation durch Bodenbakterien
(3) Umsetzung von Ammoniak zu Nitrat – Nitrifikation durch Bodenbakterien
(4) Umsetzung von Nitrat zu Stickstoff – Denitrifikation durch Bodenbakterien
(5) Ammonium-Ion, Nitration – Ionen, die von Pflanzen aufgenommen werden können

(A) nur 1 und 2 sind richtig
(B) nur 1 und 5 sind richtig
(C) nur 1, 2, 3 und 4 sind richtig
(D) nur 2, 3, 4 und 5 sind richtig
(E) 1–5 = alle sind richtig

F97 H87
→ 3.132 An welchen Umsetzungen im Rahmen des Stickstoff- bzw. Schwefelkreislaufs sind Mikroorganismen beteiligt?
An der Erzeugung von
(1) Ammoniak durch Abbau organischer Substanz
(2) Nitrat durch Nitrifikation
(3) Stickstoff durch Denitrifikation
(4) Schwefelwasserstoff durch Abbau organischer Substanz unter anaeroben Bedingungen

(A) nur 1 und 3 sind richtig
(B) nur 2 und 3 sind richtig
(C) nur 1, 2 und 4 sind richtig
(D) nur 2, 3 und 4 sind richtig
(E) 1–4 = alle sind richtig

F96
→ 3.133 Welches der folgenden Gase entsteht typischerweise bei der aeroben Zersetzung organischer Substanzen in Gewässern?
(A) CO
(B) CO_2
(C) CH_4
(D) H_2S
(E) NO_2

H96 F88 ■
→ 3.134 Für die Selbstreinigung der Gewässer gilt:
(1) Die Selbstreinigung wird hauptsächlich von autotrophen Organismen vorgenommen.
(2) Bei der Selbstreinigung wird Sauerstoff verbraucht.
(3) Bei ausreichendem Sauerstoffgehalt werden chlorierte Kohlenwasserstoffe (z. B. Chloroform, PCB) in der Regel rasch abgebaut.
(4) Durch Selbstreinigung wird der Schwermetallgehalt des Wassers deutlich gesenkt.
(5) Bei der Selbstreinigung werden aus Fäkalien herrührende Verunreinigungen abgebaut.

(A) nur 5 ist richtig
(B) nur 2 und 3 sind richtig
(C) nur 2 und 5 sind richtig
(D) nur 1, 2 und 5 sind richtig
(E) nur 2, 3, 4 und 5 sind richtig

H89
→ 3.135 Welche Aussage trifft nicht zu?
Bei der biologischen Abwasserreinigung in der Kläranlage
(A) finden Prozesse statt, die auch bei der Selbstreinigung der Gewässer ablaufen
(B) sind aerobe Mikroorganismen tätig
(C) sind vor allem autotrophe Mikroorganismen beteiligt
(D) wird Sauerstoff verbraucht
(E) werden organische Substanzen abgebaut

3.8.2 Nahrungskette, Energiefluss

H99
→ 3.136 Die folgende schematische Darstellung stellt ein vereinfachtes Modell des Energie- und Materialflusses in einem Ökosystem dar.
Materialfluss: gerader Pfeil, Energiefluss: geschlängelter Pfeil
Durch welches Symbol (A–E) werden Destruenten (Mikroorganismen) gekennzeichnet?

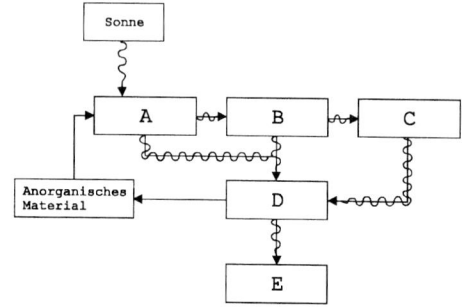

3.131 (E)   3.132 (E)   3.133 (B)   3.134 (C)   3.135 (C)   3.136 (D)

3.9 Fragen aus Examen Frühjahr 2006

F02

→ 3.137 Welche Rolle haben Bakterien im Allgemeinen im Stoffkreislauf von Ökosystemen?
(A) Produzenten
(B) Konsumenten erster Ordnung
(C) Konsumenten zweiter Ordnung
(D) Destruenten
(E) neutrale Elemente ohne signifikante Funktion

3.8.3 Regulation der Populationsgröße in einem Biosystem

Zu diesem Kapitel wurden bisher keine Fragen gestellt.

3.8.4 Wechselbeziehungen zwischen artverschiedenen Organismen

→ 3.138 Endoparasiten sind
(1) Malariaerreger in Erythrozyten
(2) Vitamin K erzeugende Darmbakterien
(3) zur Normalflora gehörige Bakterien der Haut
(4) blutsaugende Läuse

(A) nur 1 ist richtig
(B) nur 2 ist richtig
(C) nur 1 und 2 sind richtig
(D) nur 1, 2 und 3 sind richtig
(E) 1–4 = alle sind richtig

H01

→ 3.139 Die Beziehung zwischen Vitamin-K-produzierenden Darmbakterien und dem Menschen wird am zutreffendsten bezeichnet als
(A) Symbiose
(B) Kommensalismus
(C) Parasitismus
(D) Konkurrenz
(E) Selektion

F06

→ 3.140 Worin besteht die Gemeinsamkeit zwischen Rickettsien, Chlamydien und Viren?
(A) Zellparasitismus
(B) Empfindlichkeit gegen Antibiotika
(C) eigener Stoffwechsel
(D) Vermehrung durch Zweiteilung
(E) Mureingerüst der Zellwand

F06

→ 3.141 Grampositive und gramnegative Bakterien unterscheiden sich im Aufbau ihrer Zellwand. Welche der folgenden Zellwandstrukturen ist charakteristisch für gramnegative Bakterien?
(A) Peptidoglykan
(B) Murein
(C) Lipopolysaccharid
(D) Kapsel
(E) Lipoteichonsäure

F06

→ 3.142 Lysozym greift welche der genannten Strukturen/Substanzen der Bakterienzellen an?
(A) Polysaccharidkapsel
(B) Murein
(C) Polypeptidkapsel
(D) Lipid A
(E) Plasmamembran

F06

→ 3.143 Die Bestimmung von H-Antigenen dient zur Beurteilung der Pathogenität von Bakterien. Sie sind lokalisiert in/auf
(A) der Kapsel
(B) dem Mureinsacculus
(C) der Zellwand
(D) den Geißeln
(E) der Zellmembran

3.137 (D)   3.138 (A)   3.139 (A)   3.140 (A)   3.141 (C)   3.142 (B)   3.143 (D)

Kommentare

1 Allgemeine Zellbiologie, Zellteilung und Zelltod

1.1 Zellbegriff und zelluläre Strukturelemente

→ **Frage 1.1:** Lösung E

Der Begriff **Zytoplasma** beinhaltet **Grund- oder Hyaloplasma** (wässrige Lösung verschiedener organischer und anorganischer Stoffe) und die darin eingebetteten **Zellorganellen**, ausgenommen den Zellkern.

→ **Frage 1.2:** Lösung B

Das **Karyoplasma** stellt den von der Kernmembran umschlossenen Inhalt des Zellkerns dar. Neben der entspiralisierten DNA (Chromatin) sind Histone und diverse Enzyme seine wichtigsten Bestandteile.

→ **Frage 1.3:** Lösung D

Das **Plasmalemma** (= Zellmembran) in Form einer Lipiddoppelschicht mit ein- und aufgelagerten Funktionsproteinen ist die äußere Grenze einer tierischen Zelle. Bei Pflanzenzellen ist diese Schicht zusätzlich von einer festen Zellwand umgeben.
Zu (A): Intrazelluläre Membransysteme sind am Aufbau verschiedener Organellen, z. B. Mitochondrien, Golgi-Apparat, Lysosomen und Endoplasmatisches Retikulum beteiligt. In ihrer Grundstruktur entsprechen sie der äußeren Zellmembran; die spezifischen Leistungen werden durch spezielle Proteine determiniert.
Zu (C): Die gesamte Zelle, bestehend aus Zytoplasma, Karyoplasma und Zellmembran wird auch als Protoplast bezeichnet.

→ **Frage 1.4:** Lösung C

Zu (C): Das Verhältnis von Kern zu Zytoplasma ist bei den verschiedenen Zelltypen sehr unterschiedlich, für eine Zellsorte jedoch weitgehend konstant. Die Kerngröße wird u. a. von genetischen Faktoren (Chromosomenanzahl), äußeren Einflüssen (Alter, Ernährungszustand) und der gegenwärtigen Stoffwechselaktivität beeinflusst. Eine große Kern-Plasma-Relation ist typisch für stark teilungsaktive Zellen, z. B. Zellen schnell wachsender Tumoren.
Zu (A) und (B): Zwischen Kern und Zytoplasma besteht ein ständiger Stoffaustausch. So werden die im Kern an den Strukturgenen der DNA erstellten Kopien der genetischen Information in Form der mRNA zur Proteinsynthese ins Zytoplasma transportiert. Die nötigen Enzyme für die im Zellkern ablaufenden Stoffwechselprozesse werden im Zytoplasma synthetisiert und ins Karyoplasma überführt.
Zu (D): Der Zellkern als Ort der genetischen Information einer Zelle steuert über eine selektive Genexpression sämtliche im Zytoplasma ablaufenden Stoffwechselprozesse.
Zu (E): Die membranumgrenzten Zisternen des Endoplasmatischen Retikulums (ER) und die Kernmembran hängen direkt miteinander zusammen.

→ **Frage 1.5:** Lösung E

Zu (E): Pigmentgranula sind membranfreie Zelleinschlüsse, die endogenen oder exogenen Ursprungs sein können. Beispiele sind **Melanin** als endogenes Pigment der intraepidermalen Melanozyten und **Kohlepartikel** als exogenes Pigment in Alveolarmakrophagen oder in der Haut (Tätowierung).
Zu (A) und (D): Kinetosomen und Zentriolen sind membranfreie Organellen, die aus einem System von Mikrotubuli in spezieller Anordnung bestehen.
Kinetosomen dienen als Basalkörperchen der Verankerung und Bewegung von Zilien und Geißeln.
Zentriolen sind die Zentren der Bildung von Mikrotubuli beim Aufbau des Spindelapparats im Rahmen der Zellteilung.

1.2 Plasmamembran

I.1 Zellmembran

Die **Zellmembran** (= Plasmalemma) als Doppelschicht aus Phospholipiden ist die Grenzfläche eukaryontischer und prokaryontischer Zellen (s. auch Lerntext III.10 „Prokaryonten-Zelle"). Singer und Nicholson stellten 1972 ihr sog. **Fluid Mosaic-Modell** vor, das die **Lipiddoppelschicht** als dynamische, bei Körpertemperatur nahezu flüssige Membran beschreibt. Die Phospholipide sind mit ihren hydrophoben Fettsäureketten einander zugekehrt und weisen mit den hydrophilen Molekülanteilen nach außen. Eine Vielzahl von **Membranproteinen** ist der Lipiddoppelschicht auf- oder eingelagert und bedingt die zellspezifischen Membranfunktionen. So sind beispielsweise Rezeptoren an der äußeren Membranseite aufgelagert, hochspezifische Tunnelproteine hingegen durchspannen als makromolekulare „Poren" die gesamte Membran und ermöglichen auf diese Weise einen direkten Stoffaustausch zwischen dem inneren und dem äußeren Zellmilieu. Die Proteine sind in der Membran transversal beweglich, können ihre spezielle Ausrichtung zur Innen-/Außenseite jedoch aus energetischen Gründen nicht verändern.

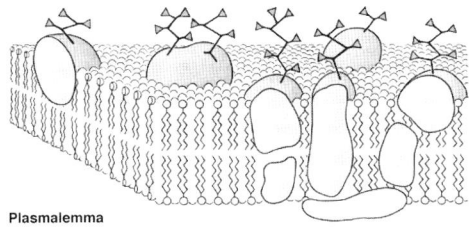

Abb. 1.1 Plasmalemma (aus: Vogel, G., Angermann, H.: Taschenatlas der Biologie, Band 1, 5. Aufl., Thieme, Stuttgart, 1990)

Die bei eukaryontischen Zellen vorhandenen, intrazytoplasmatischen Membransysteme als Teil der verschiedenen Organellen sind identisch aufgebaut – man spricht daher auch allgemein von der sog. Biomembran. Diese Strukturverwandtschaft ermöglicht auch den Austausch von Membranmaterial im Rahmen des **Membranflusses**, z. B. bei Endo- oder Exozytose sowie bei intrazellurären Transportvorgängen über Membranvesikel.

→ **Frage 1.6:** Lösung D

Zu (D): Die äußere Membranumgrenzung einer jeden Zelle wird als Zytoplasmamembran oder Plasmalemma bezeichnet. Als Grenzfläche zum umgebenden Milieu übernimmt sie neben der mechanischen Abgrenzung viele wichtige funktionelle Aufgaben, z. B. Aufnahme und Abgabe von Stoffen, Reizaufnahme und -weiterleitung, Zellkontakte, Antigenität u. a.
Zu (A): Intrazelluläre Membranen sind Teil verschiedener Organellen wie Mitochondrien oder Lysosomen.
Zu (B): Der Zellkern wird von der mit Poren durchsetzten Kernmembran umgrenzt. Diese besteht aus zwei Phospholipid-Doppelschichten (sog. innere und äußere Elementarmembran), die durch den sog. perinucleären Raum getrennt werden. Man nennt die Kernmembran auch Karyolemm oder Nucleolemm. An manchen Stellen setzt sie sich direkt in die Membran des rER fort.
Zu (C) und (E): Der **Protoplast** als Gesamtheit der Zellsubstanz und das **Zytoplasma** als Summe von Organellen und Grundplasma ohne den Zellkern haben begrifflich nichts mit dem Plasmalemma zu tun.

H97
→ **Frage 1.7:** Lösung D

Zu (D): Die Bildung von Ribosomen läuft während der Interphase im Zellkern ab. Man sieht Anhäufungen von ribosomalen Proteinen und rRNA, die in den gängigen Lehrbuchabbildungen durch eine rundliche, deutlich dunklere Kontrastierung als das umliegende Chromatin des Zellkerns auffallen. Diese Strukturen werden als Nukleoli bezeichnet. Da sie innerhalb des Zellkerns liegen, sind sie natürlich nicht von einer Membran umgeben.
Zu (A), (B), (C) und (E): Alle genannten Strukturen gehören zu den membranumgrenzten Organellen einer eukaryotischen Zelle.

F97
→ **Frage 1.8:** Lösung D

Zu (D): Die Freisetzung der Pankreassekrete erfolgt in erster Linie nach Bedarf, also schubweise. Die Basalsekretion, d. h. die kontinuierliche Abgabe von Bicarbonat und Enzymen macht nur 2–3 % (Bicarbonat) bzw. 10–15 % (Enzyme) der Maximalsekretion aus und ist daher nicht als mengenmäßig überwiegender Vorgang zu verstehen.
Anmerkung: Die maximale Freisetzung von Sekret erfolgt bei Übertritt des sauren Nahrungsbreies ins Duodenum. Darauf wird CCK (Cholecystokinin) aus den I-Zellen der Dünndarmschleimhaut freigesetzt, das als stärkstes Stimulans der pankreatischen Enzymsekretion gilt.
Zu (A): Hochspezifische Tunnel- und Transportproteine, die in die intrazellulären Membranen inkorporiert sind, bilden die molekulare Grundlage einer ausgeprägt selektiven Permeabilität zwischen den verschiedenen Kompartimenten.
Zu (B): Das Endoplasmatische Retikulum bildet ein intrazelluläres Membransystem, dessen Oberfläche die der äußeren Zellmembran übertrifft.
Zu (C): Dieser korrekten Aussage ist nichts hinzuzufügen.
Zu (E): Die verschiedenen räumlich und funktionell getrennten Kompartimente einer eukaryotischen Zelle implizieren die Existenz bestimmter Signale, die intrazellulären Proteinen „ihren Platz zuweisen". Dieser, im Englischen als **protein targeting** bezeichnete wichtige Vorgang wird durch sog. **Signalpeptide** verwirklicht.
Als Beispiel sei hier die grundlegende Sortierung von zytoplasmatischen und zum Export bestimmten Proteinen erläutert. Ein zu sezernierendes Pro-

1 Allgemeine Zellbiologie, Zellteilung und Zelltod

tein enthält eine kurze Aminosäuresequenz am N-terminalen Ende der wachsenden Polypeptidkette, die die Bindung eines zytosolischen Ribosoms an das rauhe Endoplasmatische Retikulum (rER) initiiert. Die weitere Proteinsynthese erfolgt nun direkt in eine Zisterne des rER. Noch während der Translation wird das Erkennungspeptid von einer Signal-Peptidase abgespalten; es ist daher im fertigen Protein nicht mehr enthalten.

H99 ■ ■
→ **Frage 1.9:** Lösung E

Zu **(E):** **Glykolipide** sind als typischer Bestandteil der **Glykokalix**, die u. a. die antigenen Charakteristika einer Zelle determiniert, vor allem an der Außenseite der Zellmembran lokalisiert.
Zu **(A):** Das mit Ribosomen besetzte **rauhe Endoplasmatische Retikulum** (rER) dient der Zelle als Syntheseort sog. **Exportproteine**. Neben verschiedenen sezernierten Proteinen (Prokollagen, Enzyme u. v. a. m.) gehören zu dieser Gruppe auch die Membranproteine.
Zu **(B):** Unter physiologischen Bedingungen muss man sich die Zellmembran als einen Flüssigkeitsfilm vorstellen, in den Membranproteine eingebettet, oder an den sie angeheftet sind. In der Membranebene ist eine diffusible Lateralbewegung der Proteine möglich; ein Wechsel von der Membranaußen- zur -innenseite ist in der Regel nur unter Energieverbrauch im Rahmen von Transportvorgängen möglich.
Zu **(C):** Die im rER synthetisierten Membranproteine (siehe Lösung (A)) werden im **Golgi-Apparat** chemisch modifiziert. Zu den enzymatisch katalysierten Veränderungen gehören u. a. Glykosylierung, Sulfatierung und Phosphorylierung.
Zu **(D):** Neben den bereits erwähnten Glykolipiden besitzt die Zellmembran zahlreiche **Glykoproteine**, die u. a. als Transportproteine, Tunnelproteine (z. B. Ionenkanäle) oder als Rezeptorproteine für Hormone fungieren.

H01 ■ ■
→ **Frage 1.10:** Lösung B

Zu **(B):** **Connexine** sind integrale Transmembranproteine, die die Grundstruktur des offenen Zellkontaktes (Nexus oder Gap junction) bilden. Die Proteine sind in Form kleiner Röhren an exakt gegenüberliegenden Stellen in die Membranen der Zellen eingebaut und ermöglichen auf diese Weise einen direkten Zytoplasmakontakt. Eine Verbindung zwischen Membran und extrazellulärer Matrix, wie z. B. zwischen Epithelzelle und Basalmembran, wird durch so genannte „**Hemidesmosomen**" ermöglicht.
Siehe auch Lerntext I.3 „Zellkontakte".

Zu **(A)** und **(E):** Die Proteine der Zellmembran sind in der Tat unter physiologischen Bedingungen in der Membranebene beweglich. Dieser Vorgang besitzt eine große Bedeutung bei der Rezeptor-vermittelten Endozytose, bei der Substanzen aus dem Extrazellulärraum zunächst an spezifische Rezeptoren gebunden, danach an einem umschriebenen Areal der Membran konzentriert und schließlich über Endozytose in die Zelle aufgenommen werden (z. B. Aufnahme von LDL durch die Leberzelle).
Zu **(C):** Durch die Verankerung von Membranproteinen an intrazellulären Elementen des Zytoskeletts wird ihre Beweglichkeit stark eingeschränkt.
Zu **(D):** Im Rahmen des aktiven Transportes können Membranproteine als so genannte „Carrier" unter Energieverbrauch auch geladene Ionen entgegen einem Konzentrationsgradienten innerhalb der Zelle konzentrieren.
Siehe auch Lerntext I.2 „Aktiver Transport".

F99 ■ ■
→ **Frage 1.11:** Lösung C

Zu **(C):** Die Membranproteine sind als integrale oder periphere Proteine Bestandteile der Lipiddoppelschicht. Sie können in transversaler Richtung in der Membran bewegt werden (z. B. Konzentration von Membranrezeptoren bei der Rezeptor-vermittelten Endozytose). Auch eine Lateralbewegung ist möglich. Lediglich ein Wechsel der Ausrichtung „innen-außen", sog. flip-flop, ist aus energetischen Gründen nicht möglich.
Zu **(A)** und **(D):** An der Außenseite der Zellmembran tragen Membranlipide und -proteine häufig Oligo- oder Polysaccharidketten. Diese Schicht wird als **Glykokalix** bezeichnet und ist u. a. für die Antigenstruktur der einzelnen Zelle von großer Bedeutung.
Zu **(B):** Die Mehrzahl der Membranlipide bildet das „Gerüst" der Lipiddoppelschicht. Ein kleinerer Teil trägt mehr oder weniger umfangreiche Oligo- oder Polysaccharidketten und ist somit als **Glykolipid** Teil der zellulären Glykokalix.
Zu **(E):** Eine entscheidende Funktion besitzen **Proteoglykane** – sehr große Molekülaggregate aus Proteinen und Polysacchariden – im hyalinen Gelenkknorpel. Sie dienen der Wasserbindung und damit der funktionsdeterminierenden Viskoelastizität des Gewebes.

→ **Frage 1.12:** Lösung A

Zu **(A):** Die Zellmembran enthält keine Nukleinsäuren. Ihre antigenen Eigenschaften werden durch die an der Zellaußenseite fixierte **Glykokalix** bestimmt, ein Netzwerk von Oligosacchariden in kovalenter Bindung an Membranproteine und -lipide.

1.2 Plasmamembran

Zu (E): Die spezifische Bindung von Substanzen ist über **Rezeptoren** möglich, die in Form von Proteinen oder als Bestandteile der Glykokalix auf der Membranaußenseite fixiert sind. Eine hohe Passgenauigkeit zwischen Rezeptor und gebundener Substanz (= Ligand) wird durch die entsprechende räumliche Struktur der Bindungspartner ermöglicht („Schlüssel-Schloss-Prinzip"), die häufig durch kleinste Strukturänderungen während der Anbindung noch weiter erhöht wird („induced-fit"). Beispiele für diese hochspezifischen Erkennungsmechanismen sind die Wirkungen von Hormonen und Pharmaka auf Zellen, die Rezeptor-vermittelte Endozytose, aber auch das Eindringen von Viren über bestimmte Rezeptorproteine.

H04
→ **Frage 1.13:** Lösung A

Zu (A): Über die Bindung an (mindestens) zwei Kohlenhydrat-haltige Moleküle der Zelloberfläche, z. B. Glykokalix, können **Lektine** als Zucker-bindende Proteine Zellen agglutinieren. Lektine werden sowohl von pflanzlichen als auch von tierischen Zellen synthetisiert.
Durch ihre spezifischen Bindungseigenschaften sind Lektine zunehmend verwendete Moleküle der biowissenschaftlichen Grundlagenforschung. Beispielsweise kann man Lektine mit kleinen Goldkörnchen verbinden und auf diesem Wege deren Zielzellen im Elektronenmikroskop zweifelsfrei markieren. Bekannte Beispiele pflanzlicher Lektine sind das Concavalin A und das WGA (wheat germ agglutinine).
Zu (B): Das Murein bakterieller Zellwände wird durch **Lysozym** zerstört, ein Enzym, das somit der unspezifischen Immunabwehr dient.
Zu (C): Bestandteile von Desmosomen sind die transmembranen Cadherine, Desmoglein, Desmocollin und Desmoplakin. Lektine kommen hier nicht vor.
Zu (D) und (E): Die komplexen Vorgänge, die die Anlagerung und Verschmelzung von Membranvesikeln bei der Endo- und Exozytose steuern, sind noch nicht vollständig bekannt. Bei der exozytotischen Freisetzung eines Neurotransmitters an der präsynaptischen Membran einer Nervenzelle spielen neben Ca^{2+}-Ionen zahlreiche Proteine eine Rolle, die z. T. der Energieerzeugung durch Hydrolyse von GTP (Guanosintriphosphat) dienen. Es sind hier Substanzen wie Synaptobrevin, Synaptophysin oder Synaptotagmin zu nennen. Im Rahmen der endozytotischen Wiederaufnahme des Transmitters ist das Dynamin I von großer Bedeutung.
All das ist absolutes Spezialwissen, hat aber mit Lektinen nichts zu tun.

H95
→ **Frage 1.14:** Lösung C

Zu (C): Ein **Basalkörperchen** ist eine elektronenmikroskopisch nachweisbare Struktur an der Basis einer Zilie. Es besteht aus einem Zylinder, der von 13 Mikrotubulus-Tripletts gebildet wird und funktionell der Verankerung des kontraktilen Apparats einer Zilie in der Zelle dient. Die Zellmembran ist am Aufbau eines Basalkörperchens nicht beteiligt.
Zu (A): **Mikrovilli** sind kleinste, fingerförmige Ausstülpungen der Zytoplasmamembran. Sie dienen der **Oberflächenvergrößerung** und sind häufig an resorbierenden Epithelien zu finden (z. B. Darm). Mikrovilli sind mit Zytoplasma ausgefüllt und enthalten Filamente des Zytoskeletts.
Zu (B): **Zilien** sind ebenfalls Ausstülpungen der Zytoplasmamembran. In ihrem Inneren enthalten sie eine definierte Struktur aus 9 Mikrotubulus-Doppelzylindern, die kreisförmig 2 einzelne Mikrotubuli umgeben („9 × 2 + 2"-Struktur). Zilien sind zur **aktiven Beweglichkeit** befähigt (z. B. Flimmerepithel von Luftröhre und Bronchien). Die Energie stammt aus der Spaltung von ATP durch eine spezifische ATPase (Dynein).
Zu (D): **Desmosomen** (Maculae adhaerentes) sind eine Form der **mechanischen Zellkontakte**. Die Membranen zweier benachbarter Zellen sind einander angenähert und durch eine „Kittsubstanz" aus Glykoproteinen punktförmig aneinander fixiert. Im Inneren jeder Zelle liegt eine „Protein-Platte" der Zellmembran an, von der Tonofilamente in die Zelle ausstrahlen und sie so stabilisieren.
Zu (E): **Pinozytosevesikel** sind intrazelluläre Bläschen, die im Rahmen der **Endozytose** gelöster Stoffe von der Zellmembran abgeschnürt werden.

H90
→ **Frage 1.15:** Lösung E

Zu (1): Ionen können durch aktiven, energieabhängigen Transport auch entgegen einem Konzentrationsgefälle in die Zelle aufgenommen werden. Bei diesem Prozess dienen integrale Membranproteine als sog. **Carrier**. Ein Transmembranfluss geladener Teilchen in Richtung eines Konzentrationsgefälles ist über integrale „Tunnelproteine" mit zentraler Pore denkbar.
Zu (2) und (3): Die Bindung eines Peptidhormons an seinen membranständigen Rezeptor (Glykoprotein) löst intrazellulär die Bildung eines sog. „Second messengers" aus, der über eine Kette nachgeschalteter biochemischer Prozesse zur spezifischen Hormonantwort in der Zelle führt (siehe Abb. 1.8). Siehe Lerntext I.15 „Prinzipien der Zellkommunikation und Signaltransduktion".
Zu (4): **Gap junctions** sind offene Zellkontakte, die benachbarte Zellen zu einer funktionellen Einheit

1 Allgemeine Zellbiologie, Zellteilung und Zelltod

verbinden. Morphologisch bestehen sie aus hochgeordneten Einheiten von Tunnelproteinen (Connexin), die die benachbarten Zellmembranen als zweiteilige Poren durchsetzen.
Siehe Lerntext I.3 „Zellkontakte".
Zu (5): Bei der Pinozytose als Aufnahme gelöster Substanzen in die Zelle können integrale Membranproteine als substratspezifische Rezeptoren einen hohen Grad an Selektivität gewährleisten.

I.2 Aktiver Transport

Im Gegensatz zur passiven Aufnahme durch Diffusion oder Osmose ermöglichen aktive Transportprozesse der Zelle eine Selektion der aufgenommenen Stoffe und deren Anreicherung im Zytoplasma entgegen einem Konzentrationsgefälle. Die für den aktiven Transport benötigte Energie wird meist durch die enzymatische Spaltung von Adenosintriphosphat (ATP) erzeugt.

1. Aktiver Transport durch **Membranfluss**

Im Rahmen der **Endozytose** kann die Zelle einen kleinen Bereich ihrer Zytoplasmamembran nach innen einsenken und in Form eines Membranvesikels abschnüren. Die in diesem Vesikel befindlichen Substanzen stehen damit der intrazellulären Verdauung durch lysosomale Enzyme zur Verfügung oder können bei der sog. **Zytopempsis** unverändert durch die Zelle geschleust und an einer anderen Stelle wieder nach extrazellulär abgegeben werden.
Die endozytotische Aufnahme fester Stoffe wird als **Phagozytose**, die von gelösten Substanzen als **Pinozytose** bezeichnet.

2. Transmembrantransport

Bei diesem Transport passieren die aufgenommenen Stoffe die Membran direkt, es kommt dabei zu keiner Bildung von Vesikeln.
Träger dieser Transportform sind integrale Membranproteine, sog. **Carrier**, die die aufzunehmende Substanz an einer Membranseite binden, die Membran als Carrier-Substrat-Komplex durchqueren und das freie Substrat an der anderen Seite wieder abgeben. Eine andere Möglichkeit sind Proteine, die die gesamte Membran als **Tunnelprotein** durchsetzen und mit ihrer zentralen Pore den Stoffdurchtritt durch die Membran über eine Art Schleusenmechanismus ermöglichen.
Ein besonders wichtiger Carrier ist die **Na^+/K^+-ATPase**, die unter ATP-Spaltung gegen das Konzentrationsgefälle Na^+ aus der Zelle heraus und K^+ in die Zelle hinein transportiert. Sie gleicht damit die passiven Ionenströme (Na^+-Einstrom, K^+-Ausstrom) aus und ermöglicht so ein stabiles Transmembranpotenzial der lebenden Zelle.

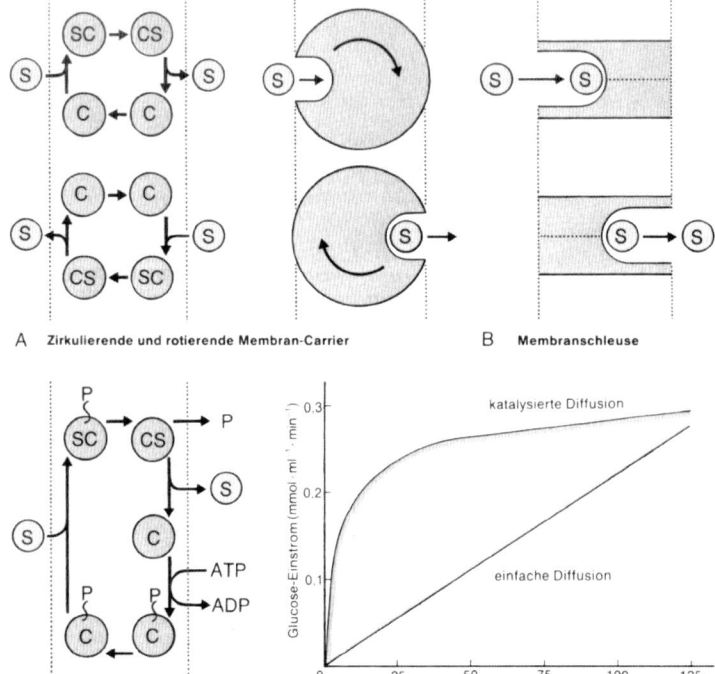

A Zirkulierende und rotierende Membran-Carrier
B Membranschleuse
C Membranpumpe
D Katalysierte und einfache Glucose-Diffusion

Abb. 1.2 Reaktionsmodelle und Wirkung von Membran-Carriern (aus: Vogel, G., Angermann, H.: Taschenatlas der Biologie, Band 1, 5. Aufl., Thieme, Stuttgart, 1990)

F02 H99
→ Frage 1.16: Lösung D

Zu (D): Die Mutation des Chlorid-Ionenkanals ist Ursache der autosomal-rezessiv vererbten **Mukoviszidose** (Zystische Fibrose). Es kommt zur Veränderung der Zusammensetzung von Sekreten diverser exokriner Drüsen, vor allem der Bronchialdrüsen und des Pankreas. Der sezernierte Schleim ist abnorm zähflüssig, führt zur Obstruktion der Drüsen und schließlich zur exokrinen Insuffizienz.

Zu (A): Einen Defekt des Strukturproteins Kollagen findet man als erworbene Erkrankung im Rahmen von Vitamin-C-Hypovitaminosen (**Skorbut**) oder auch angeboren beim **Ehlers-Danlos-Syndrom**, das durch eine verminderte Festigkeit des kollagenen Bindegewebes gekennzeichnet ist.

Zu (B): Viele der typischen **Alterungsvorgänge** von Haut und inneren Organen gehen mit einer verminderten Elastinbildung und vermutlich auch mit strukturellen Veränderungen des Strukturproteins einher. Eine X-chromosomal-rezessiv vererbte Elastinvernetzungsstörung ist Ursache eines Subtyps (V) des bereits genannten **Ehlers-Danlos-Syndroms**.

Zu (C): Fibronektin ist ein ubiquitär im Bindegewebe vorhandenes Strukturprotein, das durch Bindungsstellen für Kollagene, Fibrin oder Zellmembranen vielfältige Aufgaben in der Zell-Zell- und Zell-Matrix-Interaktion besitzt. Die Zellen diverser **Tumoren**, z. B. Zervixkarzinomzellen, stellen die Fibronektinsynthese ein, was zu einer extrem erhöhten Zellmobilität im Rahmen des invasiven Tumorwachstums führt.

Zu (E): Die Na^+/K^+-ATPase ist als Energie verbrauchende „Pumpe" wichtiger Bestandteil biologischer Membranen, die über die Aufrechterhaltung eines Konzentrationsgradienten von Na^+- und K^+-Ionen das Transmembranpotenzial zwischen zwei Kompartimenten aufrecht erhält. Ein spezieller Defekt dieses Proteins, der Ursache einer Erkrankung sein kann, ist mir nicht bekannt.

I.3 Zellkontakte

Ein funktionsfähiges und stabiles Gewebe setzt feste Verbindungen zwischen den einzelnen Zellen voraus, aus denen es aufgebaut wird. Die Verbindungen können durch direkten Kontakt oder über die Vermittlung durch Interzellularsubstanzen zustande kommen.
Bei den direkten Zellkontakten werden unterschieden:

1. Zonula occludens = Tight junction
Hierbei kommt es zur Verschmelzung der beiden Membranschichten zweier benachbarter Zellen. Diese direkte Verbindung erfolgt jedoch nicht flächig, sondern in Form verzweigter Leisten, die jede Zelle gürtelförmig mit ihrer Nachbarzelle „verschweißen".
Tight junctions gibt es besonders häufig an der apikalen Zellseite hochprismatischer Epithelzellen, die ein Hohlorgan auskleiden (z. B. Darm, Gallenblase). Sie schließen den Interzellularraum gegen einen unkontrollierten Stoffeinstrom ab und besitzen zusätzlich mechanische Funktion.

2. Macula adhaerens = Desmosom
Desmosomen verbinden zwei benachbarte Zellen über die Vermittlung einer interzellulären Kittsubstanz. Sie bestehen aus zwei Proteinscheiben, den sog. **Haftplatten**, die in beiden Zellen an korrespondierenden Stellen der Zellmembran innen anliegen. Von hier aus ziehen stabilisierende Mikrofilamente in jede Zelle. Der etwas erweiterte Interzellularraum wird durch Glykoproteine zwischen beiden Haftplatten überbrückt.
Desmosomen bilden einen punktförmigen stabilen Zell-Zell-Kontakt, ohne jedoch den Interzellularraum zu verschließen – ein Stoffaustausch mit tieferen Schichten ist möglich.
Bei der Befestigung von Epithelzellen auf der Basalmembran kommen sog. Hemidesmosomen vor, die morphologisch halben Desmosomen ähneln, in ihrer molekularen Struktur jedoch anders aufgebaut sind. Beide Zellkontakte besitzen die o. g. Proteinplatten, die durch Intermediärfilamente aus dem Zytoplasma fixiert werden.

3. Nexus = Gap junction
An umschriebenen, fleckförmigen Arealen sind die Membranen zweier benachbarter Zellen einander angenähert. In diesem Bereich sind integrale Membranproteine (**Connexine**) an exakt gegenüberliegenden Stellen in die Membranen inkorporiert und berühren sich gegenseitig. Die Proteine lassen in ihrem Inneren einen kleinen „Tunnel" frei, sodass über den Zusammenhalt zweier Connexine beide Zellen in direktem Zytoplasmakontakt miteinander stehen. Neben der mechanischen Funktion haben Gap junctions daher auch enorme physiologische Bedeutung, da sie einen direkten Stoffaustausch zwischen den Zellen ermöglichen. Besonders häufig kommen Gap junctions in den sog. Glanzstreifen im Herzmuskel vor, wo sie eine elektrische Kopplung der Zellen ermöglichen.

Klinischer Bezug
Medizinische Bedeutung haben Zellkontakte insbesondere dann, wenn sie nicht richtig ausgebildet werden oder durch unterschiedliche Mechanismen aufgelöst werden.

So können z. B. die Zellen maligner Tumoren ihren festen Platz im Gewebsverband nach Auflösung der Zellkontakte verlassen und als Ausgangspunkt einer Metastase (= Tochtergeschwulst) über Blut- oder Lymphbahn in andere Organe einwandern. Auch verschiedene Blasen-bildende Erkrankungen der Haut, z. B. die verschiedenen Formen der Pemphigus-Gruppe, werden vermutlich durch autoaggressive Antikörper vermittelt, die zur partiellen Auflösung der epithelialen Zellkontakte und somit zur lokal umschriebenen Trennung der einzelnen Hautschichten führen.

→ **Frage 1.17:** Lösung D

Zu (D): Amöboide Zellbewegung kommt nur bei Einzelzellen vor, z. B. Leukozyten. Sobald stabile Zellkontakte bestehen, werden Beweglichkeit, Zellwachstum und Teilungsrate reduziert. Man bezeichnet diesen Effekt, der bei Zellen bösartiger Tumoren häufig fehlt, auch als **Kontaktinhibition**.
Zu (A) und (E): Beschrieben sind typische Funktionen von Gap junctions.
Zu (C): Tight junctions verschließen durch Membranverschmelzung den Interzellularraum und verhindern so einen Stoffdurchtritt in tiefere Schichten.

→ **Frage 1.18:** Lösung C

Schließen sich Zellen gleichen Typs zu einem stabilen Gewebe zusammen, so werden interzelluläre Kontaktstrukturen ausgebildet. Die erste „Kontaktaufnahme" erfolgt hierbei über die Glykoproteine und -lipide der Glykokalix, über die eine Zell-Zell-Erkennung ermöglicht wird. Als Reaktion auf die entstehenden Zellkontakte stellen die Zellen ihre amöboide Beweglichkeit ein, Teilungsrate und Zellwachstum werden reduziert – ein Prozess, den man als **Kontaktinhibition** bezeichnet.
Der Verlust dieser Kontaktinhibition ist ein wichtiges Kennzeichen von Zellen bösartiger Tumoren.

F91
→ **Frage 1.19:** Lösung A

Zu (A): Abdichtung ist die typische Funktion der Tight junctions; über direkte Membranverschmelzung wird ein interzellulärer Stofftransport wirkungsvoll verhindert.
Zu (B) und (C): Desmosomen (Maculae adhaerentes) dienen der mechanischen Verknüpfung zweier benachbarter Zellen. Ist ihre Form nicht fleck-, sondern gürtelförmig, werden sie als Zonulae adhaerentes bezeichnet.
Zu (D): Siehe Lerntext I.3 „Zellkontakte".
Zu (E): **Synapsen** sind spezifische Verbindungsstellen zwischen Nervenzellen, die der Informationsübertragung dienen. Es handelt sich dabei nicht um einen mechanischen Zellkontakt; der Interzellularspalt (hier: **synaptischer Spalt**) wird durch chemische Botenstoffe, sog. **Transmitter**, überbrückt.

H05
→ **Frage 1.20:** Lösung D

Zu (D): **Occludin** und **Claudine** sind die wichtigsten Membranproteine der **Zonula occludens** (= Tight junction). Es sind integrale Membranproteine, die die Verknüpfung zweier benachbarter Zellmembranen vermitteln und dabei eine Pore bilden, die einen selektiven Durchtritt bestimmter Ionen in wässriger Lösung durch den ansonsten geschlossenen Interzellularraum ermöglicht.
Zu (A) und (B): Desmosomen (= Maculae adhaerentes) und Zonulae adhaerentes enthalten **Cadherine** als charakteristische Proteine.
Zu (C): Die charakteristischen Proteine der Nexus (= Gap junctions) sind die **Connexine**, die als Transmembranproteine eine offene Verbindung zwischen den benachbarten Zellen bilden und so einen direkten Austausch kleiner Moleküle oder elektrischer Reize (z. B. im Herzmuskel) ermöglichen.
Zu (E): **Integrine** vermitteln in Hemidesmosomen von Epithelzellen den Haftkontakt zur darunter liegenden Basallamina.

F97
→ **Frage 1.21:** Lösung C

Zu (1): **Epithel** ist lediglich der Ausdruck für ein **Deckgewebe**, sagt aber nichts über dessen embryologische Herkunft aus. Alle drei Keimblätter sind in der Lage, Epithelien zu bilden. Die äußere Haut entstammt dem **Ektoderm**, die Auskleidung des Magen-Darm-Traktes dem **Entoderm** und das Bauch-/Lungenfell dem **Mesoderm**.
Zu (2): Die große Gruppe der **Intermediärfilamente** gehört zur Zytoskelett-Architektur aller Zellen. Im Gegensatz zu Mikrotubuli oder Aktin, die in allen Zellarten vorkommen können, sind Intermediärfilamente aber weitgehend gewebsspezifisch. So ist beispielsweise **Zytokeratin** für Epithelzellen, **Vimentin** für Bindegewebsfibroblasten und **GFAP** (**G**lial **F**ibrillary **A**cidic **P**rotein) für Gliazellen charakteristisch.
Zu (3): Die Verbindung von Epithelzellen untereinander wird u. a. durch komplette **Desmosomen** hergestellt. Sie bestehen aus zwei Proteinplatten an gegenüberliegender Stelle der Zellmembran-Innenseite, die innerhalb der einzelnen Zelle durch Tonofilamente ausgesteift und interzellulär über diverse „Kittsubstanzen" miteinander verbunden sind.

Hemidesmosomen sind an der basalen Zellmembran von Epithelzellen lokalisiert und stellen eine Verbindung zur darunter liegenden Basalmembran her.

H02
→ Frage 1.22: Lösung C

Zu (C): **Integrine** kommen tatsächlich an den basalen Membrananteilen von Epithelzellen vor. Sie dienen vor allem zur Herstellung und Erhaltung eines Kontaktes zwischen Zelle und darunter liegender extrazellulärer Matrix (vor allem Aktinfilamente). Darüber hinaus spielen Integrine eine wichtige Rolle bei der Neubildung von Gefäßen (Angiogenese) und bei der Regulation der Leukozytenmigration.
Zu (A): **Selektine** sind maßgeblich an der Kontaktaufnahme zwischen Endothel und Leukozyten im Rahmen lokaler Entzündungsreaktionen beteiligt. Neben der Endotheloberfläche und den Leukozyten findet man bestimmte Selektin-Subtypen auch auf Thrombozyten.
Zu (B): **Occludin** ist ein Transmembranprotein des in Epithelien lokalisierten, geschlossenen Zellkontaktes, der tight junction.
Zu (D): **Lamin** ist ein Geflecht von Intermediärfilamenten an der Innenseite der Kernmembran eukaryonter Zellen.
Zu (E): Den schönen Namen **Villin** trägt ein Protein, das der Bündelung von jeweils 20–30 Aktinfilamenten in einem gastrointestinalen Mikrovillus dient.

F04 ■
→ Frage 1.23: Lösung B

Zu (B): **Desmosomen**, auch als Maculae adhaerentes bezeichnet, dienen der mechanischen Verbindung zweier benachbarter Zellen durch eine Kombination aus interzellulärer „Kittsubstanz" und intrazellulären Proteinscheiben, von denen aus stabilisierende Mikrofilamente in jede Zelle hineinreichen.
Zu (A): Das nahezu komplette Abdichten des Interzellularraumes ist die klassische Funktion des **Schlussleistennetzes**, wie es besonders in der epithelialen Auskleidung von Hohlorganen vorkommt, deren potenziell gewebsschädigende Inhaltsstoffe sicher von der Umgebung abgeschlossen werden müssen (z. B. Gallenblase, Harnblase u. a.).
Zu (C) und (D): Der offene Zellkontakt, **Nexus** oder **Gap junction** genannt, bietet über korrespondierende Tunnelproteine in den Membranen benachbarter Zellen die Möglichkeit, elektrische Impulse oder auch kleine Moleküle direkt weiterzuleiten, ohne dass der Interzellularraum überbrückt werden muss.

Zu (E): Epithelzellen werden auf der darunter liegenden Basalmembran mittels sog. **Hemidesmosomen** befestigt.
Siehe auch Lerntext I.3 „Zellkontakte".

F05 ■
→ Frage 1.24: Lösung C

Eine sehr schwere Frage! Zonulae adhaerentes (= Gürteldesmosomen) und Maculae adhaerentes (= Fleckdesmosomen) gehören zu den Zellkontakten, die v. a. in Epithelien für den mechanischen Zusammenhalt der Zellen verantwortlich sind. Die Zonulae adhaerentes liegen als streifenförmige Haftstruktur im apikalen Zellpol unterhalb der Schlussleiste, aber über den Maculae adhaerentes.
Zu (C): Zonulae adhaerentes sind über verschiedene Bindeproteine (α-Actinin und Vinculin) an das integrale Membranprotein E-Cadherin gebunden, das seinerseits an die Aktinfilamente des sog. „terminalen Netzwerkes" bindet. Das ganze System hat als kontraktile Struktur die Fähigkeit, eine bei Verlust von Epithelzellen entstehende Lücke im Gewebeverband zu schließen. Die Maculae adhaerentes dagegen sind als fokale Zellkontakte mit intrazellulären Intermediärfilamenten verbunden und führen so zu einer sehr zugfesten Verbindung der benachbarten Zellen.
Zu (A): Beide genannten Zellkontakte sind Haftstrukturen.
Zu (B): Ein parazellulärer Transport wird nur durch die Schlussleiste verhindert.
Zu (D): Beide genannten Zellkontakte sind eher an den apikalen Zellpolen lokalisiert.
Zu (E): Ein Ionenaustausch zwischen benachbarten Zellen wird ausschließlich durch offene Zellkontakte, die sog. Gap junctions oder Nexus, ermöglicht.

H03
→ Frage 1.25: Lösung A

Zu (A): **E-Cadherin** ist ein Protein, das für Zell-Zell-Adhäsionen von Bedeutung ist. Insbesondere in epithelialen Zellverbänden ist E-Cadherin struktureller Bestandteil von Zonulae adhaerentes („Gürteldesmosomen"). Medizinisch relevant ist das Protein im Rahmen der Karzinomentwicklung, da bei seinem Funktionsverlust die Invasivität der malignen Zellen erhöht ist.
Zu (B): Das Adhäsionsmolekül **Occludin** ist integraler Bestandteil des Schlussleistennetzes, der Zonula occludens, und sorgt für eine interzelluläre Abdichtung z. B. in Gefäßendothelien.
Zu (C): Gap junctions (= Nexus) sind durch das Transmembranprotein **Connexin** charakterisiert.
Zu (D): **Integrine** kommen an den basalen Membrananteilen von Epithelzellen vor. Sie dienen v. a.

1 Allgemeine Zellbiologie, Zellteilung und Zelltod

der Herstellung und Erhaltung eines Kontaktes zwischen Zelle und darunter liegender, extrazellulärer Matrix, z. B. aus Aktinfilamenten. Darüber hinaus haben sie Bedeutung im Rahmen der Entstehung von Blutgefäßen (Angiogenese) und bei der Steuerung der Leukozytenmigration.

Zu (E): **Desmoglein** und Desmocollin sind transmembranöse, filamentartige Proteine, die den Interzellularspalt in einem Desmosom überbrücken. Autoantikörper gegen Desmoglein sind von klinischer Bedeutung bei blasenbildenden Erkrankungen der Haut, z. B. Pemphigus vulgaris.

F03 ■
→ Frage 1.26: Lösung B

Lokalisation und Funktion von β-Catenin gehören sicher nicht zum Wissensstand, der innerhalb des Grundstudiums Humanmedizin erwartet werden kann; ein schönes Beispiel für eine IMPP-Frage der besonderen Art.

Zu (B): **β-Catenin** ist ein zytoplasmatisches Protein, das im Rahmen von Zell-Zell-Interaktionen und bei der Signaltransduktion von Bedeutung ist. Im Bereich von Zonulae adhaerentes („Gürteldesmosomen") vermittelt es die Bindung zwischen Cadherin und dem intrazellulären Aktin-Zytoskelett. Medizinisch relevant ist das β-Catenin durch seine Beteiligung an der Entstehung bösartiger Magen-Darm-Tumoren.

Zu (A): Gap junctions (= Nexus) sind durch das Transmembranprotein **Connexin** charakterisiert.

Zu (C): Das Adhäsionsmolekül **Occludin** ist integraler Bestandteil des Schlussleistennetzes, der Zonula occludens, und sorgt für eine interzelluläre Abdichtung z. B. in Gefäßendothelien.

Zu (D): Der **fokale Kontakt**, früher als Punktdesmosom bezeichnet, enthält Laminin 5 als charakteristisches Protein.

Zu (E): **Hemidesmosomen** enthalten Laminin 5 und Typ-VII-Kollagen und dienen als wichtige mechanische Zellkontakte.

F04 H03
→ Frage 1.27: Lösung E

Die gleichen Moleküle wurden in verschiedenen Examina in anderer Reihenfolge abgefragt.

Zu (E): **Integrine** kommen an den basalen Membrananteilen von Epithelzellen vor. Sie dienen v. a. der Herstellung und Erhaltung eines Kontaktes zwischen Zelle und darunter liegender extrazellulärer Matrix, z. B. aus Aktinfilamenten. Darüber hinaus haben sie Bedeutung im Rahmen der Entstehung von Blutgefäßen (Angiogenese) und bei der Steuerung der Leukozytenmigration.

Das speziell gefragte Integrin $\alpha_6\beta_4$ wird in der späten Embryonalphase exprimiert. Im Tiermodell der Maus ist bekannt, dass eine Mutation zu diesem Zeitpunkt zur letalen Ablösung der Haut führt.

Zu (A): Das Adhäsionsmolekül **Occludin** ist integraler Bestandteil des Schlussleistennetzes, der Zonula occludens, und sorgt für eine interzelluläre Abdichtung z. B. in Gefäßendothelien.

Zu (B): **Desmoglein** und Desmocollin sind transmembranöse, filamentartige Proteine, die den Interzellularspalt in einem Desmosom überbrücken. Autoantikörper gegen Desmoglein sind von klinischer Bedeutung bei blasenbildenden Erkrankungen der Haut, z. B. Pemphigus vulgaris.

Zu (C): Gap junctions (= Nexus) sind durch das Transmembranprotein **Connexin** charakterisiert.

Zu (D): **E-Cadherin** ist ein Protein, das für Zell-Zell-Adhäsionen von Bedeutung ist. Insbesondere in epithelialen Zellverbänden ist E-Cadherin struktureller Bestandteil von Zonulae adhaerentes („Gürteldesmosomen"). Medizinisch relevant ist das Protein im Rahmen der Karzinomentwicklung, da bei seinem Funktionsverlust die Invasivität der maligne transformierten Zellen erhöht ist.

H04 ■
→ Frage 1.28: Lösung B

Fragen zu den biochemischen Bestandteilen verschiedener Zellkontakte werden in den letzten Physika häufig gefragt: Im Termin H03 war es die Zonula adhaerens und im F04 das Hemidesmosom.

Zu (B): Der offene Zellkontakt, **Nexus** oder **Gap junction**, bietet über korrespondierende Tunnelproteine aus **Connexin**-Proteinen in den Membranen benachbarter Zellen die Möglichkeit, elektrische Impulse oder auch kleine Moleküle direkt weiterzuleiten, ohne dass der Interzellularraum überbrückt werden muss.

Zu (A): Das nahezu komplette Abdichten des Interzellularraumes ist die klassische Funktion des **Schlussleistennetzes**, wie es besonders in der epithelialen Auskleidung von Hohlorganen vorkommt, deren potenziell gewebsschädigende Inhaltsstoffe sicher von der Umgebung abgeschlossen werden müssen (z. B. Gallenblase, Harnblase u. a.). Der entscheidende Protein-Anteil ist das **Occludin**.

Zu (C): **Desmosomen** dienen der mechanischen Verbindung zweier benachbarter Zellen durch eine Kombination aus den interzellulären „Kittsubstanzen" **Desmoglein** und Desmocollin und intrazellulären Proteinscheiben, von denen aus stabilisierende Mikrofilamente in jede Zelle hineinreichen.

Zu (D): **Integrine** kommen an den basalen Membrananteilen von Epithelzellen vor. Sie dienen vor allem der Herstellung und Erhaltung eines Kontaktes zwischen Zelle und darunter liegender, extrazellulärer Matrix, z. B. aus Aktinfilamenten. Darüber hinaus haben sie Bedeutung im Rahmen der Entstehung von Blutgefäßen (Angiogenese) und bei der Steuerung der Leukozytenmigration.

Zu **(E): E-Cadherin** ist ein Protein, das für Zell-Zell-Adhäsionen von Bedeutung ist. Insbesondere in epithelialen Zellverbänden ist E-Cadherin struktureller Bestandteil von Zonulae adhaerentes („Gürteldesmosomen"). Medizinisch relevant ist das Protein im Rahmen der Karzinomentwicklung, da bei seinem Funktionsverlust die Invasivität der malignen Zellen erhöht ist.

Siehe auch Lerntext I.3 „Zellkontakte".

→ **Frage 1.29:** Lösung D

Zu **(D):** Zelluläre Atrophie tritt bei stark vermindertem Stoffwechsel auf; Grund dafür sind zum einen pathologische Veränderungen, z. B. Mangeldurchblutung oder Inaktivität, zum anderen physiologische Alterungsprozesse (z. B. die Altersinvolution des Thymus).

Zu **(A), (B), (C) und (E):** Die Differenzierung eines embryonalen Zellverbandes zum reifen, spezialisierten Gewebe geht mit der Ausbildung von Zellkontakten, Verminderung der Zellbeweglichkeit und der Synthese von gewebsspezifischer Interzellularsubstanz einher.

Siehe Lerntext I.4 „Embryonale Induktion".

I.4 Embryonale Induktion

Im Rahmen der Embryonalentwicklung kommt es zu einer zeitlich regulierten Abfolge von Wachstums- und Differenzierungsvorgängen, die durch Wechselwirkungen zwischen verschiedenen Zellpopulationen und der sie umgebenden extrazellulären Matrix gesteuert werden. In den frühesten Entwicklungsstadien sind embryonale Zellen noch **pluripotent**, d. h. sie können sich in Abhängigkeit verschiedenster äußerer Faktoren zu völlig unterschiedlichen Geweben entwickeln. Man spricht in diesem Zusammenhang auch von der **prospektiven Potenz**, die viel größer ist als die **prospektive Bedeutung**, die ihrerseits die Art des Gewebes festlegt, zu der sich das betreffende Zellareal normalerweise differenziert. Dieser Prozess der fortlaufenden und spezialisierten Entwicklung einer Zellpopulation zum „gewünschten" Gewebe innerhalb der Embryonalentwicklung wird durch den Begriff der **Induktion** beschrieben. Beispielsweise induziert während der Augenentwicklung das ausgestülpte Augenbläschen die Differenzierung des Oberflächenepithels zur Augenlinse. Wird das Augenbläschen experimentell an eine andere Stelle des Embryos verpflanzt, so kann es auch dort die Entwicklung der Linse aus dem Oberflächenektoderm induzieren und führt in dieser Situation zu einer fehlgeleiteten Entwicklung. Nach Abschluss dieser induktiven Vorgänge ist die Richtung der Differenzierung festgelegt; die embryonale Induktion ist also sowohl lokal als auch zeitlich begrenzt.

Für die embryonale Induktion werden neben der Existenz diffusibler Signalmoleküle auch Einflüsse der extrazellulären Matrix sowie der direkte Kontakt zwischen Induktor und dem zu induzierenden Gewebe diskutiert.

Klinischer Bezug

Nicht nur in der Embryonalentwicklung haben induktive Prozesse eine wichtige Funktion. Auch bösartige Tumoren besitzen die Fähigkeit, über die Sekretion verschiedener „Botenstoffe" die Bildung und das Wachstum von Blutgefäßen, die so genannte Angiogenese, zu induzieren. Diese Gefäße dienen ausschließlich der Versorgung des wachsenden Tumors, der ab einer bestimmten Größe nicht mehr durch Diffusion ernährt werden kann. Experimentelle Ansätze in der Tumortherapie nutzen genau diesen Mechanismus und versuchen durch die Blockade der Angiogenese ein weiteres Tumorwachstum zu verhindern.

→ **Frage 1.30:** Lösung A

Zu **(A):** Die Ausbildung von Zellkontakten ist eine unbedingte Voraussetzung für die Bildung eines Gewebsverbandes. Neben der mechanischen Festigkeit sind auch chemischer Stoffaustausch oder elektrische Kopplung von Bedeutung (Gap junctions!).

Zu **(D):** Kontaktinhibition als Verlust der amöboiden Beweglichkeit ist eine Voraussetzung für die Entstehung von Zellkontakten.

1.3 Zellkern

→ **Frage 1.31:** Lösung D

Zu **(D): Nukleolen** oder **Kernkörperchen** sind ein oder mehrere umschriebene Bereiche innerhalb des Interphase-Zellkerns, in denen neue Ribosomen entstehen. Sie enthalten große Mengen an ribosomaler RNA und ribosomalen Proteinen.

Zu **(A), (B), (C) und (E):** Alle genannten Strukturen sind im Zytoplasma lokalisiert. Lysosomen, Dictyosomen und Mitochondrien sind von einer Membran umgrenzt, Ribosomen besitzen keine Membran.

1 Allgemeine Zellbiologie, Zellteilung und Zelltod

F98 ■■
→ **Frage 1.32:** Lösung E

Zu (E): Die Translation als Endpunkt der Proteinbiosynthese läuft an Ribosomen ab und ist ausschließlich im Zytoplasma lokalisiert. Auch Kernproteine entstehen auf diese Weise und werden erst sekundär in den Zellkern zurücktransportiert.
Zu (A): Die Erbsubstanz DNA ist im Zellkern mit basischen Kernproteinen (Histonen) assoziiert. RNA entsteht im Kern bei der Genexpression, bei der von Strukturgenen der DNA Kopien in mRNA umgeschrieben werden (Transkription). Auch die Synthese von tRNA und rRNA findet im Zellkern statt.
Zu (B): Ein Zellkern wird immer durch eine Membranhülle vom Zytoplasma abgegrenzt, sonst wäre er definitionsgemäß kein Zellkern.
Zu (C): Der Nukleolus ist der Ort der rRNA-Synthese im Interphase-Zellkern.
Zu (D): Die hohe Konzentration negativ geladener Makromoleküle (DNA, RNA) impliziert bereits eine andere Ionenzusammensetzung des Kernplasmas im Vergleich zum Zytoplasma.

F03
→ **Frage 1.33:** Lösung C

Zu (C): Neueren Strukturuntersuchungen zur Folge gliedert sich die Kernhülle in eine innere und eine äußere Membran, die Kernporenkomplexe und die unterhalb der inneren Membran lokalisierte **Kernlamina**, die das Intermediärfilament Lamin enthält und für die Formgebung und Stabilität der Kernhülle unverzichtbar ist. Durch Phosphorylierung der Lamine depolymerisiert die Kernlamina, was zum Zerfall der Kernhülle im Rahmen der Zellteilung führt.
Zu (A): Die in der Kernhülle enthaltenen Poren dienen dem Stoffaustausch zwischen Kern und Zytoplasma, z. B. Transport der mRNA aus dem Zellkern zu den zytoplasmatischen Ribosomen. Mit der Anheftung von Spindelfasern im Rahmen der Zellteilung haben die Kernporen nichts zu tun.
Zu (B) und (D): Die Auflösung der Kernhülle passiert frühzeitig am Übergang zwischen Pro- und Metaphase; die Ausbildung der Mitosespindel verläuft dabei in einem engen zeitlichen Zusammenhang.
Zu (E): Der Nukleolus als Ort der Bildung neuer Ribosomen ist innerhalb des Zellkerns lokalisiert und nicht von einer eigenen Membran umgrenzt.

F91
→ **Frage 1.34:** Lösung A

Zu (A) und (E): Im Zellkern gibt es keine vollständigen Ribosomen; es werden jedoch die im Nukleolus synthetisierten ribosomalen Untereinheiten aus dem Kern ins Zytoplasma transportiert.
Zu (B) und (C): Alle RNA sind Transkriptionsprodukte von DNA-Genen und werden nach ihrer Synthese aus dem Kern ins Zytoplasma transportiert.

→ **Frage 1.35:** Lösung D

Zu (D): Chromosomen bestehen aus einer stark verdrillten **DNA-Doppelhelix**, die um Aggregate aus basischen Proteinen, sog. **Histone**, gewickelt ist. Die Einheit aus Histonkomplex und umgebendem DNA-Abschnitt wird auch als **Nukleosom** bezeichnet. Neben den Histonen sind weitere Proteine mit der DNA assoziiert, die für Reparatur, Replikation und Transkription verantwortlich sind.

F03 ■
→ **Frage 1.36:** Lösung A

Zu (A): Die Baueinheit des Chromatins, bestehend aus einem Abschnitt der **DNA-Doppelhelix** und einem Komplex basischer Proteine, den sog. **Histonen**, wird als **Nukleosom** bezeichnet.
Zu (B): Sind an einem Stoffwechselweg verschiedene Enzyme in enger Abfolge beteiligt, so ist die räumliche Zusammenlagerung dieser Enzyme zu einem großen **Multienzymkomplex** sinnvoll. Beispiele hierfür sind der Pyruvatdehydrogenase-Komplex oder der Multienzymkomplex für die Biosynthese von Fettsäuren.
Zu (C): Die beschriebenen Vorgänge kennzeichnen die **Apoptose** als programmierten Zelltod, der eine wichtige Bedeutung im Rahmen verschiedenster physiologischer Entwicklungsvorgänge von Geweben und Organen hat, aber auch bei katabolen Erkrankungen auftritt.
Zu (D): Die beschriebenen DNA-Abschnitte an den Enden der Chromosomen sind unter dem Namen **Telomere** bekannt. Ihre physiologische Bedeutung liegt im Erhalt der strukturellen Integrität der Chromosomen; darüber hinaus werden Einflüsse auf Alterungsprozesse und Tumorgenese diskutiert.
Zu (E): **Zentromere** (= Kinetochore) sind in der Tat die Anheftungsstellen für die Spindelfasern am Verbindungspunkt beider Chromatiden eines Chromosoms. Mit einem Nukleosom haben sie aber nichts zu tun.

H02 ■
→ **Frage 1.37:** Lösung E

Zu (E): **Histone** sind Aggregate basischer Proteine, um die die verdrillte DNA-Doppelhelix gewickelt ist und so die höhermolekulare Struktur der **Nukleosomen** bildet. Wie jedes Protein, so werden auch die Histone an zytoplasmatischen Ribosomen synthetisiert. Innerhalb des Zellkerns gibt es keine Ribosomen, somit sind (A)–(D) leicht als falsch zu erkennen.

→ **Frage 1.38:** Lösung C

Zu (C): Die ribosomale RNA wird an bestimmten Abschnitten der Kern-DNA gebildet. Diese Transkription sowie die Zusammensetzung der rRNA mit den ribosomalen Proteinen, die aus dem Zytoplasma in den Kern transportiert werden, finden im Nukleolus statt. In den meisten Zellkernen findet man in der Interphase nur einen Nukleolus; bei gesteigerter Stoffwechselaktivität der Zelle kann ihre Zahl aber auch steigen.

→ **Frage 1.39:** Lösung C

Zu (C): tRNA dient als „Vermittlermolekül" zwischen dem spezifischen Basentriplett der mRNA und der dazu passenden Aminosäure bei der Translation. Dieser Prozess findet im Zytoplasma, nicht im Zellkern statt.
Zu (A): Als redundant bezeichnet man solche Gene, die in vielfacher, identischer Kopie vorliegen. Das Genom einer eukaryontischen Zelle enthält eine große Menge solcher redundanten Gene, z. B. für rRNA an den Chromosomen 13–15, 21 und 22. Durch die hohe Kopien-Anzahl wird die Synthese einer Vielzahl gleichartiger Genprodukte gewährleistet.
Zu (B), (D) und (E): Ribosomen bestehen aus ribosomaler RNA und Proteinen und werden im Nukleolus gebildet.

F05 H98 F95 ■ ■
→ **Frage 1.40:** Lösung B

Zu (B): Im Nukleolus des Interphase-Zellkerns findet die Transkription der Gene der ribosomalen RNA (rRNA) statt. Im Zytoplasma synthetisierte ribosomale Proteine werden in den Kern transportiert und dort mit der neu gebildeten rRNA zu den zwei Untereinheiten der Ribosomen zusammengesetzt. Durch die hohe Konzentration an rRNA und ribosomalen Proteinen zeigt der Nukleolus im mikroskopischen Bild eine höhere Dichte als das ihn umgebende Chromatin.
Zu (A) und (C): Die Gene für verschiedene mRNA und tRNA sind natürlich auch im Zellkern vorhanden, jedoch über das ganze Chromatin verteilt und nicht im Bereich des Nukleolus.
Zu (D): Mitochondrien enthalten eine eigene, ringförmige RNA, die mtRNA.
Zu (E): In der Gentechnologie wird die mRNA eines gewünschten Proteins mit Hilfe der reversen Transkriptase, eines Enzyms aus Retroviren, in eine DNA umgeschrieben. Diese DNA, die frei von Introns ist, wird auch als cDNA (= complementary DNA) bezeichnet und kann nun in ein bakterielles oder virales Genom integriert werden.

H93
→ **Frage 1.41:** Lösung B

Zu (2) und (3): An den Chromosomen 13–15, 21 und 22 befinden sich die redundanten Gene zur Synthese der rRNA. Diese Bereiche werden auch Nukleolus-Organizer-Regionen (NOR) genannt.
Zu (1): Der Nukleolus liegt im Zellkern und besitzt keine Membranhülle.
Zu (4): Die Translation findet im Zytoplasma statt.
Zu (5): In der Mitose sind die Chromosomen in ihrer Transportform maximal aufspiralisiert, es findet keine Transkription statt, der Zellkern ist aufgelöst – also gibt es während der Mitose keinen Nukleolus.

F00 ■
→ **Frage 1.42:** Lösung C

Zu (C): Die Kernmembran enthält zahlreiche Öffnungen mit einem Durchmesser um 60 nm, die sog. **Kernporen**, durch die ein ungehinderter Fluss niedermolekularer Substanzen möglich ist. Für den Transport von Ionen sind somit keine Membranpumpen notwendig.
Zu (A) und (B): Der **Nukleolus** ist ein Bereich innerhalb des Zellkerns, an dem neue Ribosomen gebildet werden. Es kommt hierbei zur **Synthese ribosomaler RNA** und zur Aggregation mit den im Zytoplasma gebildeten Proteinen. Die fertigen Untereinheiten werden in das Zytoplasma zurückbefördert und an einer vorliegenden mRNA zum fertigen Ribosom zusammengesetzt.
Zu (D): Im Rahmen der Mitose werden die Chromosomen in ihre zwei identischen Chromatiden aufgetrennt und durch den Spindelapparat zu gleichen Teilen auf die Tochterzellen verteilt. Dieser Vorgang setzt die Auflösung der Kernmembran voraus.
Zu (E): Die äußere Membran der Kernhülle gehört tatsächlich zum Endoplasmatischen Retikulum und ist häufig mit Ribosomen besetzt.

1.4 Zytoplasma, Zytosol

Zu diesem Kapitel wurden bisher keine Fragen gestellt.

1.5 Ribosomen

→ **Frage 1.43:** Lösung E

Zu (E): Ribosomen sind die Orte der **Translation** als Teil der Proteinbiosynthese. Hierbei wird die Basenabfolge der mRNA in eine definierte Abfolge von Aminosäuren umgesetzt. Diesem Vorgang der Translation ist die **Transkription** im Zellkern vorgeschaltet, bei der der entsprechende Abschnitt der Original-DNA in die „Kopie" mRNA umgeschrieben wird.

→ **Frage 1.44:** Lösung B

Zu (B): Phagosomen sind intrazelluläre Endozytosevesikel, die noch abzubauende Substanz enthalten. Sie verschmelzen in der Regel mit einem primären Lysosom und werden über diese Fusion der intrazellulären Verdauung zugeführt.

H92 ■ ■
→ **Frage 1.45:** Lösung B

Zu (B): Ribosomen der eukaryontischen Zelle setzen sich aus zwei Untereinheiten, 40S und 60S, zusammen. Ihre „Größe" wird nach der Sedimentationsgeschwindigkeit in der Ultrazentrifuge mit der Einheit Svedberg (S) beschrieben. Da diese Einheit nicht additiv ist, hat das gesamte Ribosom, bestehend aus beiden Untereinheiten, 80S.
Zu (A): Auch prokaryontische Zellen haben Ribosomen; diese sind allerdings mit 70S kleiner und setzen sich aus zwei Untereinheiten mit 30S und 50S zusammen.
Zu (C): Im Einklang mit der Endosymbionten-Theorie ähneln die mitochondrialen Ribosomen denen der Prokaryonten. Sie haben eine Größe von etwa 70S, sind allerdings bei verschiedenen Organismen sehr variabel.
Zu (D): Ribosomen findet man in großer Zahl frei im Zytoplasma. An ihnen werden die in der Zelle verbleibenden Proteine synthetisiert.
Zu (E): An oder in Ribosomen finden keinerlei abbauende Stoffwechselprozesse statt; sie dienen einzig und allein der Proteinbiosynthese.

F97 ■
→ **Frage 1.46:** Lösung A

Zu (A): Ribosomen bestehen aus zwei Untereinheiten, die sich erst zu Beginn der Translation an der mRNA zusammenlagern. Dieser Prozess findet im Zytoplasma statt. Die Synthese der ribosomalen Proteine läuft ebenfalls im Zellplasma, die der ribosomalen rRNA im Zellkern ab. Die Membranen des Endoplasmatischen Retikulums haben somit nichts mit der Bildung von Ribosomen zu tun.
Zu (B): An den Membranen des rauhen Endoplasmatischen Retikulums (rER) werden Proteine synthetisiert, die die Zelle nach außen abgibt – z. B. Drüsensekrete, Strukturproteine (Kollagen u. a.) und Transmitter. Diese sog. **exportablen Proteine** werden vom ER via Golgi-Apparat über intrazellulären Membranfluss in Sekretvesikel verpackt, die dann nach entsprechendem Reiz mit der Zellmembran fusionieren.
Zu (C): Zytoskelett-Proteine (Mikrotubuli, Aktin usw.) werden an freien Ribosomen im Zytoplasma synthetisiert. Es besteht kein Zusammenhang mit den Membranen des rER. Der gleiche Vorgang gilt auch für alle anderen **intrazellulären Proteine**, z. B. Enzyme, ribosomale Proteine oder Kernproteine.
Zu (D): Als **Polysom** bezeichnet man eine mRNA, an der während der Translation viele Ribosomen wie in einer Perlenkette aufgereiht sind.
Zu (E): Sekretorische Zellen haben – sofern es sich um proteinhaltiges Sekret handelt – eine sehr hohe Proteinsyntheserate, was eine Vielzahl an Ribosomen voraussetzt.

H01 ■ ■
→ **Frage 1.47:** Lösung E

Zu (E): Das so genannte Signal-Recognition-Particle **SRP** besteht aus einer kurzen RNA und sechs Proteinen. Es bindet an Ribosomen, die eine wachsende Polypeptidkette enthalten, deren Anfang eine bestimmte Signalsequenz als definierte Abfolge von Aminosäuren enthält. Diese Signalsequenz kennzeichnet das neu synthetisierte Protein als Exportprotein, das nicht im Zytoplasma, sondern direkt in die Zisternen des rauen ER gebildet werden soll. Das SRP vermittelt in diesen Fällen die Bindung des betreffenden Ribosoms an das rER.
Ist die Erkennungssequenz am N-terminalen Ende des neuen Peptids nicht enthalten, bindet das SRP nicht und das entsprechende Ribosom verbleibt innerhalb des Zytoplasmas. Auf diese Weise trennt die Zelle exportable Proteine von solchen, die innerhalb der Zelle verbleiben sollen.
Zu (A)–(D): Ribosomen als Organellen der Proteinbiosynthese kommen bei Prokaryonten und Eukaryonten vor, sind jedoch unterschiedlich groß. Bei prokaryontischen Zellen bestehen die Ribosomen aus einer 30S- und einer 50S-Untereinheit, in der Eukaryonten-Zelle sind beide Untereinheiten mit 40S und 60S größer. Die Größe wird mit S für „**Svedberg**" bezeichnet und beschreibt die Sedimentationsgeschwindigkeit der Partikel in der Ultrazentrifugation. Die Svedberg-Einheiten sind nicht additiv, sodass die Gesamtgrößen mit 70S für das prokaryontische und 80S für das eukaryontische Ribosom angegeben werden. Beide Untereinheiten

lagern sich erst mit einer reifen mRNA zu Beginn der Proteinsynthese (**Translation**) zusammen. Häufig sind dann mehrere Ribosomen an eine mRNA gebunden – eine Struktur, die man auch als **Polysom** bezeichnet. Selbstverständlich produzieren alle Ribosomen einer mRNA das identische Protein.

F98 ■ ■
→ Frage 1.48: Lösung C

Zu (C): **Ribosomen** bestehen in jeder Zelle aus nur **zwei Untereinheiten**.
Zu (A): Der Nukleolus, das sog. Kernkörperchen, ist der Ort, an dem beide ribosomalen Untereinheiten synthetisiert werden. Der Zusammenbau zum Dimer erfolgt im Zytoplasma.
Zu (B): Jede ribosomale Untereinheit besteht aus etwa 40 % ribosomaler rRNA und 60 % Protein.
Zu (D): Überalterte Ribosomen werden – wie andere Organellen auch – in Autophagolysosomen enzymatisch abgebaut.
Zu (E): Freie Ribosomen synthetisieren Proteine, die in der Zelle verbleiben. Dies sind z. B. alle Enzyme, die für den zellulären Stoffwechsel benötigt werden, aber auch ribosomale Proteine, Kernproteine etc. An den Ribosomen des rauhen Endoplasmatischen Retikulums werden Exportproteine gebildet. Zu dieser Gruppe gehören alle sekretorischen Proteine sowie die Proteine der Zellmembran.

H02 ■
→ Frage 1.49: Lösung D

Hinter der etwas komplizierten Formulierung des Ausgangstextes verbirgt sich eine Frage nach Vorkommen und Aufbau von Ribosomen in einer eukaryontischen Zelle.
Zu (D): Mitochondrien sind die einzigen Organellen tierischer Zellen, die durch den Besitz von DNA und eigenen Ribosomen zur Proteinsynthese befähigt sind. Die mitochondrialen Ribosomen sind, ähnlich den prokaryontischen Ribosomen, aus einer 50S- und einer 30S-Untereinheit aufgebaut, was man sich durch die sog. **Endosymbionten-Theorie** erklärt. Danach handelt es sich bei Mitochondrien um vormals eigenständige Prokaryonten, die im Laufe der Evolution nach Phagozytose in einer Art Symbiose zum eigenständigen Organell der eukaryontischen Zelle geworden sind.
Eine Hemmung der ribosomalen 50S-Untereinheit kann daher die mitochondriale Proteinbiosynthese in der Tat beeinträchtigen.
Zu (A): Ribosomen sind lediglich am Prozess der **Translation** beteiligt. Mit der **Transkription**, dem Umschreiben der DNA-Information auf die mRNA im Zellkern, haben Ribosomen nichts zu tun.

Zu (B) und (E): Prozessierung einer RNA oder die Energiegewinnung durch oxidative Phosphorylierung sind Stoffwechselvorgänge, an denen Ribosomen nicht beteiligt sind.
Zu (C): Die Proteinbiosynthese außerhalb der Mitochondrien wird von zytoplasmatischen Ribosomen übernommen, die aus einer 40S- und einer 60S-Untereinheit aufgebaut sind. Eine Hemmung der 50S-Untereinheit durch ein Antibiotikum wird daher keinen Einfluss auf diesen Syntheseweg haben.

H99 ■
→ Frage 1.50: Lösung B

Zu (B): Zelleigene Strukturproteine werden an zytoplasmatischen, sog. „freien" Ribosomen synthetisiert. Die Ribosomen des **rauhen Endoplasmatischen Retikulums** bilden **Exportproteine**. Zu dieser Gruppe gehören
– sezernierte Eiweiße, z. B. Bestandteile der extrazellulären Matrix wie Kollagen, Elastin oder Enzyme für die extrazelluläre Verdauung
– und Proteine, die in die Zellmembran inkorporiert werden.

Zu (A): Jede ribosomale Untereinheit besteht zu etwa 40 % aus ribosomaler RNA und zu etwa 60 % aus ribosomalen Proteinen.
Zu (C): Prokaryontische Zellen (Bakterien und Cyanobakterien) besitzen „kleine" Ribosomen aus einer 50S- und einer 30S-Untereinheit. Die Einheit S (= Svedberg) beschreibt hierbei die Sedimentationsgeschwindigkeit in der Ultrazentrifuge und ist nicht additiv; das gesamte **Prokaryonten-Ribosom** hat daher **70S**. Eine **eukaryontische Zelle** (höhere Pflanzen und Tiere) ist durch „große" **80S-Ribosomen** gekennzeichnet.
Zu (D): Auf den Chromosomen 13–15 und 21–22, die zu den akrozentrischen Chromosomen gehören, liegen die Gene zur Synthese der ribosomalen RNA als **mittelrepetitive DNA** in 100–1000 Kopien vor.
Zu (E): Mitochondrien sind nach der **Endosymbionten-Theorie** ehemals eigenständige, phagozytierte Prokaryonten, die im Verlauf der Evolution in einer Art Symbiose zum Organell der eukaryontischen Wirtszelle wurden. Damit vereinbar besitzen sie eigene (70S) Ribosomen und eine ringförmige DNA, die u. a. Gene für ribosomale RNA enthält.
Siehe Lerntext I.8 „Mitochondrien".

H05
→ Frage 1.51: Lösung B

Zu (B): Freie zytoplasmatische Ribosomen produzieren intrazelluläre Proteine für den Stoffwechsel der Zelle oder für ihr Zytoskelett. In der genannten Liste ist das α-Tubulin als Baustein von intrazellulären Mikrotubuli das einzige Protein, das in der Zelle verbleibt. Alle anderen Beispiele sind nach

extrazellulär abgegebene Proteine, die an den Ribosomen des rauen endoplasmatischen Retikulums (rER) synthetisiert und in Exozytosevesikel verpackt werden.
Zu (A): **Matrix-Metalloproteasen (MMP)** sind nach interstitiell sezernierte oder in die Zellmembran inkorporierte Enzyme, die für den Umbau der extrazellulären Matrix große Bedeutung besitzen. Klinisch relevant sind der Abbau von Bestandteilen der Basalmembran bei metastasierenden Tumoren mit hoher Expression von MMP oder die Zerstörung des hyalinen Gelenkknorpels durch MMP, die z. B. bei der rheumatoiden Arthritis im Rahmen einer entzündlichen Stimulation durch Zytokine vermehrt produziert werden.
Zu (C)–(E): Die drei Proteine **Fibronektin**, **Prokollagen** (= Vorstufe des Kollagens) und **Elastin** sind typische Bestandteile der extrazellulären Matrix von Bindegeweben.

F02 H97 H89 ■■
→ **Frage 1.52:** Lösung C

Zu (C): Am Ribosom findet die Proteinbiosynthese statt, d. h. die Bildung eines Proteins entsprechend des in Form der mRNA vorgegebenen „Bauplans". Eine Synthese von RNA findet hier nicht mehr statt. Die **RNA-Polymerase** ist für die Synthese einer RNA als komplementäre Kopie der DNA im Zellkern verantwortlich.
Zu (A): Durch die an der Innenseite der Zellmembran lokalisierte **Adenylatcyclase** werden Signale extrazellulärer Botenstoffe (z. B. Hormone) in intrazelluläre Reize (in Form des zyklischen Adenosinmonophosphats, cAMP) transformiert. Zu diesem Zweck ist die Adenylatcyclase funktionell an den jeweiligen Hormonrezeptor gekoppelt und bildet nur dann cAMP, wenn dieser Rezeptor durch einen Liganden besetzt ist.
Zu (B): Die Bindung freier Aminosäuren an ihre spezifische tRNA wird von der im Zytoplasma lokalisierten **Aminoacyl-tRNA-Synthetase** katalysiert.
Zu (D): Die **Cytochromoxidase** ist ein wichtiges Enzym der in den Mitochondrien lokalisierten „Atmungskette", durch die die Zelle ihre Energie in Form von Adenosintriphosphat (ATP) erzeugt.
Zu (E): **Hydrolasen** sind Enzyme, die chemische Bindungen unter Aufspaltung von Wasser katalysieren. Dieser Vorgang ist ein wichtiger Schritt im Rahmen des Substratabbaus in den Lysosomen.

■■
→ **Frage 1.53:** Lösung B

Zu (B): Während der **Translation** wandern zahlreiche Ribosomen hintereinander über eine mRNA und synthetisieren auf diese Weise alle das gleiche Protein in vielfacher Ausfertigung. Den Komplex aus mRNA und den perlschnurartig daran gebundenen Ribosomen bezeichnet man als **Polysom**.
Zu (A): Autolysosomen sind sekundäre Lysosomen, die zelleigenes Material abbauen.
Zu (C): Gemeint sind die Diktyosomen.

H05 ■
→ **Frage 1.54:** Lösung A

Zu (A): Da in einem Polysom nur eine mRNA als Bauplan für eine Polypeptidkette vorliegt, können die beteiligten Ribosomen auch nur dieses eine Protein (in vielfacher Ausfertigung) synthetisieren.
Zu (B): Ein Protein wird immer als eine Einheit codiert und produziert. Lediglich größere Eiweiße aus mehreren Untereinheiten bestehen aus verschiedenen Polypeptiden – nicht aber aus Proteinfragmenten.
Zu (C): Jede Polypeptidkette wird an einem einzelnen Ribosom synthetisiert; ein Wechsel der entstehenden Aminosäurenkette zwischen den Ribosomen findet nicht statt.
Zu (D): Nach beendeter Translation zerfallen die Ribosomen in ihre Untereinheiten und lösen sich so von der mRNA. Eine Auflösung dieser Untereinheiten in ihre Bestandteile (Proteine und rRNA) findet jedoch nicht statt.
Zu (E): Die freien ribosomalen Untereinheiten können sich mehrmals nacheinander an verschiedenen mRNA assoziieren und neue Proteine produzieren.

H93 ■
→ **Frage 1.55:** Lösung B

Zu (B): Der Begriff Polysom beschreibt eine Ansammlung von Ribosomen, die durch eine gemeinsame mRNA miteinander verbunden sind. Sie „wandern an der mRNA entlang" und produzieren alle, wenn auch zeitlich versetzt, das gleiche Protein.
Zu (A): Die Bildung neuer Ribosomen erfolgt im Nukleolus des Zellkerns.
Zu (C): Jedes Ribosom produziert eine komplette Polypeptidkette; ein Wechsel des entstehenden Proteins zwischen Ribosomen kommt nicht vor.
Zu (D): Ribosomen sind keine direkten Zielorte der Regelung der Genaktivität. Hormon-Rezeptor-Komplexe führen an der Zellmembran zur Bildung eines intrazellulären second messengers oder wirken im Zytoplasma oder Zellkern auf entsprechende Ziel-Enzyme.
Zu (E): Ribosomen sind sehr wohl Angriffspunkt zahlreicher Antibiotika (Tetrazykline, Aminoglykoside u. a.).
Siehe Lerntext III.8 „Wirkprinzipien von Antibiotika".

F03 ■
→ **Frage 1.56:** Lösung C

Zu (C) und (E): Ribosomen an der Membran des endoplasmatischen Retikulums (nicht im Innenraum) synthetisieren sog. **Exportproteine**, die nach ihrer Produktion über Transportvesikel im Rahmen des Membranflusses zum Golgi-Apparat transportiert werden, dort eine chemische Modifikation erfahren, um schließlich in die äußere Zellmembran inkorporiert oder auch vollständig nach extrazellulär abgegeben zu werden. Beispiele sind Carrierproteine der Zellmembran, extrazelluläre Matrixproteine (z. B. Kollagen) oder auch extrazellulär wirksame Enzyme.

Zu (A): Zytoplasmatische und membrangebundene Ribosomen unterscheiden sich in ihrer Struktur nicht.

Zu (B): Ribosomen besitzen keine Membranbestandteile.

Zu (D): An der äußeren Plasmamembran befinden sich keine Ribosomen.

1.6 Endoplasmatisches Retikulum

1.6.1 Definition

I.5 Endoplasmatisches Retikulum

Das **Endoplasmatische Retikulum** (ER) ist ein intrazytoplasmatisches Netzwerk membranumgrenzter und miteinander kommunizierender Räume. Sind dem ER an der Außenseite der Membranen Ribosomen aufgelagert, wird es als raues ER (**rER**) bezeichnet. Die Ribosomen dienen der Synthese sog. **Exportproteine**, d. h. Eiweiße, die in die äußere Zellmembran inkorporiert oder nach extrazellulär abgegeben werden. Sie werden direkt in die Zisternen des rER hinein synthetisiert, von wo aus sie in Membranvesikeln verpackt zur Zellmembran transportiert werden können. Fehlen die Ribosomen, so wird das ER als glatt (**sER** von engl. „smooth") bezeichnet. In diesem Fall dient es unter anderem der Produktion von Steroiden oder als intrazelluläres Speicherorgan.

Klinischer Bezug

Da die Zisternen des sER u. a. auch oxidative Enzyme zur Inaktivierung von Medikamenten, Giften und karzinogenen Stoffen enthalten, kann es bei vermehrter Exposition mit diesen Substanzen zu einer reaktiven Vermehrung des sER (Enzyminduktion) kommen. So findet man z. B. bei chronischem Missbrauch von Barbituraten (Schlafmittel) oder Alkohol sowie bei vermehrter Belastung mit Pestiziden eine deutliche Proliferation der intrazellulären Membransysteme des sER.

1.6.2 Rauhes Endoplasmatisches Retikulum

■ ■
→ **Frage 1.57:** Lösung C

Zu (C): Das rER ist in Funktionseinheit mit seinen Ribosomen Syntheseort von Proteinen, die von der Zelle abgegeben oder in diese Membran eingebaut werden, sog. **Exportproteine** (z. B. Enzyme der extrazellulären Verdauung, Strukturproteine der extrazellulären Matrix).

Zu (D): Das sER ist Ort der Synthese von **Steroidhormonen**. In anderen Zellen dient es als Speicherorgan (Fettspeicher in Darmepithelien) oder als Ort vielfacher biochemischer Prozesse beim Abbau von toxischen Substanzen und Pharmaka.

Zu (E): Die Synthese von Glykogen läuft im Zytoplasma ab.

F96
→ **Frage 1.58:** Lösung C

Basophilie bedeutet eine gute Anfärbbarkeit mit basischen Farbstoffen. Diese sind in wässriger Lösung positiv geladen, färben also verstärkt negative Ladungen im Gewebe an.

Zu (C): Am rauhen Endoplasmatischen Retikulum (rER) findet die Synthese zu exportierender Proteine (Membran- und Sekretproteine) statt. Diese sind häufig selbst negativ geladen. Zusätzlich sind polyanionische RNA-Moleküle an der Translation beteiligt. Aufgrund der hohen negativen Ladungsdichte zeigt das rER eine verstärkte Basophilie im histologischen Schnitt, was bei Anfärbung mit Methylen- oder Toluidinblau zur Darstellung scholliger Ablagerungen in Nervenzellen führt, die nach ihrem Erstbeschreiber als Nissl-Schollen bezeichnet werden (F. N. Nissl 1860–1919, Psychiater in Heidelberg). Funktionell vergleichbare Komplexe von rER in Drüsenzellen, die eine hohe Produktion proteinreicher Sekrete zeigen, werden auch als Ergastoplasma bezeichnet.

Zu (A) und (E): Hier wird auf die Ablagerung von **Lipofuszin** in Form der sog. Altersflecken abgezielt. Lipofuszin besteht aus nicht weiter abbaubaren Resten des Lipidstoffwechsels, die in Lysosomen vieler Zelltypen, darunter auch Hautzellen, „endgelagert" werden. Ein Zusammenhang mit Nissl-Schollen besteht nicht.

Zu (D): Nissl-Schollen sind im Zytoplasma der Nervenzelle gleichmäßig verteilt. Man findet sie auch in perikaryonnahen Bereichen der Dendriten; der Axonhügel ist frei von Nissl-Schollen.

1 Allgemeine Zellbiologie, Zellteilung und Zelltod

H90

→ **Frage 1.59:** Lösung D

Zu (1), (2) und (4): Das rauhe ER besteht aus einem dichten Netzwerk membranumgrenzter Räume, denen eine große Zahl von Ribosomen angelagert ist. Es ist der Ort der Synthese von Exportproteinen; in einer Drüsenzelle sind das typischerweise Enzyme, die der extrazellulären Verdauung dienen.
Zu (3): Die biochemische Modifikation exportabler Proteine (Glykosylierung, Sulfatierung u. a.) findet in den Diktyosomen des Golgi-Apparates statt.

→ **Frage 1.60:** Lösung C

Zu (C): Die Hydroxylierung gehört zu einer Vielzahl biochemischer Modifikationen, die im Rahmen der Entgiftung von Pharmaka ablaufen. Diese Prozesse finden vor allem im glatten ER von Leberzellen statt.

→ **Frage 1.61:** Lösung B

Zu (B): Im Rahmen der **Glukoneogenese** wird aus Aminosäuren Glukose für die Energiegewinnung hergestellt. Dieser Prozess läuft verstärkt nach einer längeren Zeit schlechter Ernährung ab, wenn die Glukosespeicher (Glykogen in Leber und Skelettmuskulatur) bereits ausgeschöpft sind.
Nach Abspaltung der Amino- und Carboxylgruppen wird das Grundgerüst der Aminosäuren zu Phosphoenolpyruvat abgebaut. Diese Substanz wird dann in einer Kette von Reaktionen, die einer rückwärts laufenden Glykolyse ähneln (nicht gleichen!) zu Glukose umgebaut.
Zu (A) und (E): Die Synthese von rRNA und mRNA findet im Zellkern statt.
Zu (D): Nicotinsäureamid-Adenin-Dinucleotid (NAD) spielt in seiner reduzierten Form ($NADH_2$) eine wichtige Rolle als Überträger von Elektronen und Protonen im Rahmen der mitochondrialen Atmungskette.

1.6.3 Glattes Endoplasmatisches Retikulum

H95

→ **Frage 1.62:** Lösung A

Zu (A): Das glatte Endoplasmatische Retikulum (sER) hat mit der Proteinsynthese nichts zu tun. Membranproteine werden den sog. Exportproteinen zugeordnet, die im rauhen ER gebildet werden.
Zu (B)–(E): Alle Antworten beschreiben verschiedene Aufgaben des glatten ER. Eine zentrale Funktion, die chemische Modifikation (Glykosylierung, Sulfatierung etc.) von Proteinen, Zuckern und Fetten, versteckt sich in Antwort (E). Chemische Umwandlungen von Arzneimitteln können allerdings auch erst zu toxischen Metaboliten führen, sog. „Giftung".

F92

→ **Frage 1.63:** Lösung C

Zu (C): Peptidhormone sind Exportproteine, die im rauhen ER gebildet werden.
Zu (A): Die Verlängerung der primär im Zytoplasma synthetisierten Fettsäuren und die Einfügung von Doppelbindungen (ungesättigte Fettsäuren) benötigt Enzyme, die in den Membranen des glatten ER lokalisiert sind.
Zu (B): Als „**Sarkoplasmatisches Retikulum**" hat das glatte ER in Muskelzellen die wichtige Funktion, das für die Muskelkontraktion benötigte Ca^{2+} zu speichern und es auf den Reiz einer Membrandepolarisation hin in das Zytoplasma freizusetzen.
Zu (E): Über einen ständigen Austausch von Membranvesikeln (**Membranfluss**) stehen ER, Golgi-Apparat, Lysosomen und äußere Zellmembran miteinander in Verbindung.

H04

→ **Frage 1.64:** Lösung A

Zu (A): **Cytochrom P_{450}** bezeichnet eine große Gruppe von Isoenzymen – beim Menschen sind bisher mehr als 50 Gene für Cytochrom P_{450} bekannt –, die je nach Substratspezifität für den Abbau von Medikamenten und Fremdstoffen sowie für den Aufbau von Steroiden verantwortlich sind. Sie sind induzierbar, d. h. je nach Bedarf werden die Cytochrom-P_{450}-Enzyme in unterschiedlicher Menge gebildet. Innerhalb der Zelle findet man sie im Endoplasmatischen Retikulum.

1.7 Golgi-Apparat

I.6 Diktyosomen und Golgi-Apparat

Diktyosomen sind die funktionellen Untereinheiten des Golgi-Apparates und bestehen aus kleinen Stapeln von 5–10 flachen, membranumgrenzten Zisternen. Das Organell ist schüsselförmig und hat eine Konvex- und eine Konkavseite, die funktionell unterschiedlich sind.
Diktyosomen sind verantwortlich für **biochemische Modifikation, Kondensation und Verpackung von Proteinen in Transportvesikel**. Die betreffenden Proteine stammen aus dem rauhen ER und werden dem Diktyosom auf der konvexen Auf-

1.7 Golgi-Apparat

nahme-("cis") Seite in Transportvesikeln zugeführt. Durch sukzessive Abschnürung und Verschmelzung von Vesikeln an den Seiten der Zisternen wird das immer weiter veränderte Protein zur konkaven Abgabe-("trans") Seite wietergegeben, von wo es schließlich in ein Transportvesikel verpackt und zur Zellmembran befördet wird.
Weitere wichtige Aufgaben der Diktyosomen sind die Bildung primärer Lysosomen und die Bereitstellung von Membranmaterial zur Regeneration der Zellmembran.

→ **Frage 1.65:** Lösung E

Zu **(E)**: **Phagosomen** sind Membranvesikel, die phagozytiertes Material enthalten. Im Rahmen der intrazellulären Verdauung verschmilzt ein Phagosom mit einem **Lysosom**, dessen hydrolytische Enzyme das aufgenommene Material abbauen.
Zu (A)–(D): Siehe Lerntext I.6 „Diktyosomen und Golgi-Apparat".

F96 ■
→ **Frage 1.66:** Lösung A

Der Golgi-Apparat ist ein intrazellulärer Membrankomplex, der im Dienste zellulärer Transportprozesse und diverser biochemischer Umbauprozesse steht.
Zu **(A)**: Intrazelluläre, membranumgrenzte Organellen kommen nur in eukaryontischen Zellen vor.
Zu (B), (D) und (E): Diese Antworten beschreiben Vorgänge, die unter dem Stichwort **Membranfluss** subsummiert werden. Die im rauhen Endoplasmatischen Retikulum (rER) synthetisierten exportablen Proteine (z. B. Sekrete von Drüsenzellen) werden im Golgi-Apparat u. a. glykosiliert und sulfatiert. Zu diesem Zweck – wie auch zur Bildung exkretorischer Vesikel – werden die betreffenden Substanzen zwischen ER, Golgi-Apparat und Zellmembran in Vesikeln transportiert. Auch der „Nachschub" von Zellmembranmaterial nach mehrfacher Endozytose wird durch Membranen des Golgi-Apparates gewährleistet.
Zu (C): Diese Antwort wurde von knapp einem Drittel der Prüfungskandidaten als falsch ausgewählt. Das IMPP versteckte folgenden Fallstrick: genaugenommen wird nur die Glykosylierung im Golgi-Apparat vorgenommen. Die eigentliche Bildung der Proteine erfolgt natürlich im rauhen ER, sodass diese Antwort nur zweifelhaft richtig ist.

H91
→ **Frage 1.67:** Lösung C

Zu **(C)**: Die Kernhülle wird durch eine Doppelmembran gebildet, die an der Außenseite mit Ribosomen besetzt ist und mit dem rauhen ER in direkter Verbindung steht.
Zu (A), (B), (D) und (E): Siehe Lerntext I.6 „Diktyosomen und Golgi-Apparat".

H96
→ **Frage 1.68:** Lösung D

Zu **(D)**: Der Golgi-Apparat ist an der Synthese von Proteinen nicht beteiligt. Seine Funktion liegt u. a. in der **biochemischen Modifikation von Proteinen**, z. B. Glykosylierung. Die mitochondrialen Proteine werden zu 90 % an freien Ribosomen des Zytoplasmas synthetisiert und über spezifische Carrier-Systeme in das Mitochondrium eingeschleust. Die restlichen 10 % der mitochondrialen Proteine werden im Inneren des Mitochondriums an eigenen Ribosomen produziert.
Zu (A): Im rauhen Endoplasmatischen Retikulum synthetisierte Membranproteine werden im Golgi-Apparat modifiziert, z. B. mit Zuckerresten unterschiedlicher Länge glykosyliert, danach in Transportvesikeln zur Zellmembran gebracht und dort inkorporiert. Die Zuckerketten sind danach Bestandteile der **Glykokalix**, die u. a. die antigenen Eigenschaften der Zelle determiniert.
Zu (B): Unter **Membranfluss** versteht man den Austausch von Membranmaterial zwischen verschiedenen Organellen, z. B. ER, Lysosomen, Golgi-Apparat, Endo-/Exozytose-Vesikel untereinander und mit der Zellmembran. Diese Vorgänge stehen vorwiegend im Dienste des Stoffaustausches zwischen intrazellulären Kompartimenten und dem Extrazellulärraum.
Zu (C): Die Sulfatierung ist, neben der mehrfach erwähnten Glykosylierung, ein weiterer Vorgang der Modifikation von Proteinen, die im Golgi-Apparat abläuft.
Zu (E): Siehe Kommentar zu (D) und (A).

F04 ■
→ **Frage 1.69:** Lösung C

Die Aufgaben des Golgi-Apparates sind chemische Modifikationen, Kondensierung und Verpackung von Proteinen in Transportvesikel. Diese werden entweder nach extrazellulär abgegeben (Exportproteine) oder in die Zellmembran inkorporiert. Darüber hinaus bildet der Golgi-Apparat die primären Lysosomen, die durch ihren Gehalt an Enzymen der intrazellulären Verdauung dienen.
Zu (C): **Glykogen** als Speicherform von Kohlenhydraten („tierische Stärke") ist ohne eine Membranumgrenzung in das Zytoplasma eingelagert und kann bei Bedarf enzymatisch mobilisiert werden.
Zu (A) und (D): Der eher veraltete Begriff **Muzin** (= Schleimstoff) bezeichnet eine chemisch heterogene Gruppe von zumeist großen Molekülen, die

durch ihren hohen Gehalt an Kohlenhydraten eine starke Wasserbindung aufweisen und dadurch eine viskose bis gelee-artige extrazelluläre Matrix bilden können. Beispiele für derartige Substanzen sind **Glykoproteine** oder **Glykosaminoglykane**, wie sie im hyalinen Gelenkknorpel oder in der Synovia vorkommen.

Zu (B): **Prokollagen** ist als klassisches Exportprotein die unreife Vorform des Kollagens, das in vielen verschiedenen Varianten eines der wichtigsten Bindegewebsproteine darstellt. Das Prokollagen wird nach Synthese im rER und nachfolgender Modifizierung im Golgi-Apparat nach extrazellulär abgegeben. Im Interzellularraum werden randständige „Registerpeptide" abgespalten, es entsteht das sog. Tropokollagen, das dann durch Aggregation und abschließende kovalente Vernetzung zum fertigen, fibrillären Kollagenmolekül wird.

Zu (E): Zahlreiche Hypophysenhormone, z. B. Thyreotropin-Releasing Hormon (TRH), Oxytocin und Vasopressin, bestehen aus weniger als 10 Aminosäuren und werden daher zu den **Peptidhormonen** gezählt, deren endgültige chemische Struktur erst nach Modifikation im Golgi-Apparat entsteht.

1.8 Exozytose

Zu diesem Kapitel wurden bisher keine Fragen gestellt.

1.9 Endozytose

■
→ **Frage 1.70:** Lösung D

Phagozytose bezeichnet die Aufnahme fester Stoffe, Pinozytose die Aufnahme gelöster Substanzen in eine Zelle über Vorgänge, die unter Abschnürung von Membran-Vesikeln ablaufen. Beide Prozesse werden als **Endozytose** zusammengefasst.

■
→ **Frage 1.71:** Lösung B

Siehe Kommentar zu Frage 1.70.

■
→ **Frage 1.72:** Lösung E

Wird eine Substanz in Membranvesikeln durch die Zelle hindurch geschleust ohne abgebaut oder verändert zu werden, spricht man von **Zytopempsis/ Transzytose**, die somit eine Kombination von Endo- und Exozytose darstellt.

H99 ■
→ **Frage 1.73:** Lösung B

Die rezeptorvermittelte Endozytose über sog. „**coated vesicles**" gehört zu den aktiven Transportmechanismen lebender Zellen und kommt u. a. bei der Aufnahme von LDL-Cholesterin, Vitamin-B_{12}-Transcobalamin-Komplex und Eisen-Transferrin-Komplex vor.

Zu (B): Das „coated vesicle" verliert kurz nach der Endozytose seine Proteinhülle aus Clathrin und verschmilzt mit weiteren Vesikeln zum **Endosom**. Durch eine ATP-getriebene Protonenpumpe in der Endosomenmembran kommt es zu einem Abfall des pH-Wertes im Inneren des Vesikels, was zur Dissoziation von Membranrezeptor und aufgenommenem Liganden führt. Dieser Prozess ermöglicht die getrennte Verwertung beider Moleküle: Der Rezeptor wird in einer Art „Recycling" erneut in die Membran inkorporiert, der endozytierte Ligand wird dem Zellstoffwechsel zugeführt.

Zu (A): Der Rezeptor wird eben nicht abgebaut, sondern wiederverwertet.

Zu (C) und (D): Glykogen ist die intrazelluläre Speicherform der Glukose. Das Polysaccharid wird im Zytoplasma synthetisiert und bei Bedarf wieder abgebaut. Steroidhormone sind hydrophobe Moleküle und gelangen ohne einen aktiven Transportmechanismus in die Zelle. Beide Substanzen haben mit der rezeptorvermittelten Endozytose nichts zu tun.

Zu (E): Das Strukturprotein **Clathrin** besteht aus einem Trimer von drei schweren und drei leichten Proteinketten und umhüllt das „coated vesicle" unmittelbar nach der Endozytose. Die Ablösung vom Vesikel (siehe (B)) wird durch ein ATP-getriebenes Enzym („uncoating enzyme") katalysiert und die einzelnen Clathrin-Trimere werden für die Bildung neuer „coated vesicles" wiederverwendet.

→ **Frage 1.74:** Lösung E

Zu (E): Der abgebildete transzelluläre Transport eines Stoffes in Membranvesikeln ohne lysosomalen Abbau wird als **Zytopempsis** bezeichnet. Der Vorgang ist typisch für Zellen, die an der Auskleidung von Hohlorganen beteiligt sind, z. B. Gefäßendothel oder Darmschleimhaut.

Zu (A): Beschrieben wird ein intrazellulärer Transportweg mittels Membranvesikeln, die innerhalb der Zelle eine Kommunikation zwischen membranumgrenzten Kompartimenten (z. B. Golgi-Apparat, Endoplasmatisches Retikulum u. a.) erlauben.

Zu (B): Primäre Lysosomen werden vom Golgi-Apparat abgeschnürt. Sie enthalten katabole Enzyme und sind verantwortlich für intrazelluläre Verdauungsprozesse.

1.9 Endozytose

Zu (C): (Mikro)pinozytose steht für die Aufnahme gelöster Substanzen durch Abschnürung von Membranvesikeln.
Zu (D): Zur Aufrechterhaltung der Zellgestalt ist ein Ersatz von Membranmaterial notwendig, das im Rahmen der Endozytose nach intrazellulär abgeschnürt wird. Diese Regeneration wird durch Membranvesikel von Golgi-Apparat und ER ermöglicht, die mit der äußeren Zellmembran verschmelzen.

■
→ **Frage 1.75:** Lösung C

Zu (C): Der transzelluläre Transport von Stoffen durch eine Zelle ohne enzymatischen Abbau wird als Zytopempsis bezeichnet. Funktionell wichtig ist dieser Vorgang bei Zellen, die an der Auskleidung von Hohlorganen beteiligt sind; z. B. werden Antikörper der Muttermilch im kindlichen Darm per Zytopempsis aufgenommen und in das Blut des Kindes überführt.
Zu (A): Beschrieben ist die Pinozytose.
Zu (B): Die Verschmelzung eines Endozytose-Vesikels mit einem Lysosom ist der erste Schritt der intrazellulären Verdauung.
Zu (D): **Exportproteine** werden im rER synthetisiert und über Membranvesikel in den Golgi-Apparat überführt. Dort findet zunächst eine enzymatische Modifikation (z. B. Glykosylierung) statt, bevor die fertige Substanz in Transportvesikel verpackt und schließlich zur Zellmembran transportiert wird.
Zu (E): Die Regeneration endozytierter Membranabschnitte erfolgt über Vesikel aus Golgi-Apparat und ER.

F96
→ **Frage 1.76:** Lösung B

Zu (B): Spermien besitzen eine Geißel, mit deren Hilfe sie sich fortbewegen.
Zu (A), (C), (D) und (E): Amöboide Zellbewegung ist von der einzelligen Amöbe bis zu diversen Zellen der Säugetiere beobachtbar. Das Bewegungsprinzip ist immer gleich: ineinander gleitende Aktin- und Myosinfilamente (A) setzen bei der ATP-Spaltung frei werdende chemische Energie in Bewegung um. Die Filamente sind membrannah besonders dicht und erzeugen einen gleichgerichteten Zytoplasmastrom. Durch Ausbildung von **Pseudopodien** (Scheinfüßchen) am vorderen und durch Membraninvagination am hinteren Zellpol kommt es zu einer gerichteten Bewegung der gesamten Zelle. Auch das Umfassen von Nahrungs- oder Fremdstoffen bei der Phagozytose läuft nach diesem Prinzip ab (E). Amöboide Zellbewegung ermöglicht in der Embryonalzeit die gerichtete Wanderung von Zellen bei der orts- und zeitgerechten Organanlage (D) sowie im adulten Organismus wichtige Vorgänge der unspezifischen Immunabwehr (C).

F01 H98 ■
→ **Frage 1.77:** Lösung B

Diese Frage ist nicht neu. Sie wurde im Herbst 1998 in Form einer Positiv-Auswahl erstmals verwendet.
Zu (B): Die Bewegung einer Zelle durch den Schlag einer Zilie oder Geißel hat mit der amöboiden Zellbewegung, die durch eine intrazelluläre Plasmaströmung entsteht, nichts zu tun.
Zu (A), (C) und (D): Bei der amöboiden Bewegung „kriecht" die Zelle durch Ausstrecken von Zytoplasmafortsätzen an ihrer Vorderseite bei gleichzeitiger Einschmelzung am hinteren Ende vorwärts. Die Bewegung wird durch das Ineinandergleiten von Aktin- und Myosinfilamenten im randständigen Zytoplasma (sog. Ektoplasma) unter Verbrauch von ATP ermöglicht.
Zu (E): Neben der chemotaktischen Wanderung von Entzündungszellen hat die amöboide Zellbewegung insbesondere in der Embryonalentwicklung eine wichtige Funktion. So wandern z.B. die Urkeimzellen bereits in der 6. Embryonalwoche in die primäre Gonadenanlage ein.

H92 ■
→ **Frage 1.78:** Lösung B

Zu (B): An der amöboiden Zellbewegung sind Aktin- und Myosinfilamente beteiligt. Mikrotubuli spielen keine Rolle.
Zu (A): Das Zytoplasma einer Zelle wird in zwei funktionell verschiedene Bereiche aufgeteilt – das direkt unter der Membran gelegene, relativ feste **Ektoplasma** und das im Inneren der Zelle lokalisierte, flüssige **Endoplasma**. Im Ektoplasma sind die genannten Aktin- und Myosinfilamente lokalisiert und ermöglichen der Zelle eine Veränderung der äußeren, vergleichsweise festen Außenhaut, während das innere Endoplasma diesen Bewegungen passiv folgt.
Zu (E): Amöboide Zellbewegung ist häufig mit Chemotaxis verbunden; die Zellen bewegen sich in Richtung eines Konzentrationsgradienten einer Substanz, die als Attractant (anziehend) oder Repellent (abstoßend, umgekehrte Bewegungsrichtung) wirkt. Ein gutes Beispiel dafür ist die aktive Bewegung von Leukozyten und Makrophagen in Richtung auf einen akuten Entzündungsherd. Chemotaktisch wirken hier sog. Zytokine.

H95 F92 ■
→ **Frage 1.79:** Lösung C

Zu (3): **Amöboide Zellbewegung** frühembryonaler Zellen ist eine wichtige Voraussetzung für die orts-

1 Allgemeine Zellbiologie, Zellteilung und Zelltod

und zeitgerechte Entwicklung von Keimblättern und (später) Organanlagen.
Zu (4) und (5): Leukozyten werden in drei Untergruppen gegliedert: Granulozyten, Monozyten und Lymphozyten. Davon zeigen Granulo- und Monozyten als Zellen der unspezifischen Immunabwehr typischerweise amöboide Zellbewegung. Makrophagen sind organspezifische Abwehrzellen, die sich aus Blut-Monozyten differenziert haben.
Zu (1): Spermien bewegen sich durch das Schlagen ihrer Geißel fort.
Zu (2): Oozyten II sind nicht zur aktiven Bewegung befähigt. Sie werden nach der Ovulation passiv durch den Schlag der Fimbrien und durch einen peritonealen Flüssigkeitsstrom in das Lumen des Eileiters befördert.

F99 H96 H90 ■
→ Frage 1.80: Lösung B

Zu (B): Der Begriff der **physiologischen Regeneration** meint den Zellersatz in Körpergeweben, die einem starken „Verbrauch" unterliegen, so z. B. die Epithelien der äußeren Haut oder der Schleimhäute von Trachea und Darm. Makrophagen und Granulozyten haben entscheidende Funktion bei der **pathologischen Regeneration** nach Gewebsverletzungen. Sie sind u. a. an der Bildung von Granulationsgewebe bei der Wundheilung beteiligt.
Zu (A): Die aktive Bewegung verschiedener Zellen in Richtung eines Konzentrationsgradienten von Signalstoffen wird als **Chemotaxis** bezeichnet. Dieses Prinzip ist schon bei primitiven Einzellern (z. B. Amöben) verwirklicht.
Zu (C): Die Zellbewegung von Makrophagen und Granulozyten verläuft nach demselben Prinzip, das schon bei der Amöbe beobachtet werden kann, die auch für den Ausdruck **„amöboide Zellbewegung"** namengebend war. Das energieabhängige Ineinandergleiten von Aktin- und Myosinfilamenten, die in den entsprechenden Zellen dicht unter der Zellmembran liegen, ist der Motor dieser Bewegung.
Zu (D): Das Zytoplasma fließt entlang der intrazellulären Filamente in gleicher Bewegungsrichtung unter Mitnahme sämtlicher Zellorganellen.
Zu (E): Während der amöboiden Bewegung werden am vorderen Zellpol kleine, plasmagefüllte Ausstülpungen der Zellmembran (sog. **Pseudopodien** oder „Scheinfüßchen") gebildet. Zur selben Zeit finden am hinteren Zellpol Membraneinstülpungen in Form von Endozytosevorgängen statt.

1.10 Lysosomen

I.7 Lysosomen

Lysosomen sind membranumgrenzte Zellorganellen, die bis zu 60 hydrolytische Enzyme für den katabolen Zellstoffwechsel enthalten. Ihre Funktion ist sowohl die **intrazelluläre Verdauung** von Material, das aus der Umgebung der Zelle aufgenommen wurde (**Heterophagie**), als auch von zelleigenen Bestandteilen, z. B. überalterten Mitochondrien (**Autophagie**). Größe und Enzymgehalt der Lysosomen sind sehr variabel, sie reichen von 0,2 μm bis zu mehreren μm. Je nach Funktionszustand unterscheidet man primäre von sekundären Lysosomen.
Primäre Lysosomen sind elektronenoptisch homogene Vesikel, die noch nicht an Verdauungsprozessen beteiligt waren. Sie entstehen durch Abschnürung aus dem Golgi-Apparat, selten auch direkt aus dem ER. Die Inhaltsstoffe primärer Lysosomen können auch per Exozytose nach extrazellulär abgegeben werden und dort an katabolen Prozessen teilnehmen.
Sekundäre Lysosomen zeigen meist eine inhomogene Struktur, die durch das in ihnen enthaltene abzubauende Material erklärt werden kann. Ein sekundäres Lysosom entsteht durch Verschmelzung eines primären Lysosoms mit einem Endozytosevesikel. Je nach Inhalt – zellfremdes oder zelleigenes Material – unterscheidet man **Heterophagosomen** von **Autophagosomen**. Als **Residualkörper** oder auch tertiäre Lysosomen bzw. Telolysosomen werden Lysosomen bezeichnet, die Reststoffe enthalten, die von der Zelle nicht weiter abgebaut werden können. Diese Substanzen werden entweder im Rahmen der Exozytose nach extrazellulär abgegeben oder als Pigmente in der Zelle „endgelagert".

Klinischer Bezug
Fehler in der Enzymausstattung der Lysosomen können zum Ausfall verschiedenster kataboler Stoffwechselwege führen und über eine Anhäufung von Metaboliten innerhalb der Zellen schwere Krankheiten auslösen. Klinische Beispiele für diese „lysosomalen Speicherkrankheiten" sind die verschiedenen Formen der Mukopolysaccharidosen. Aufgrund angeborener Enzymdefekte akkumulieren verschiedene Abbauprodukte von Mukopolysacchariden in den Zellen verschiedener Organe, z. B. im Skelettsystem, in der Haut, im zentralen Nervensystem oder im Endokard und führen dort zu unterschiedlich stark ausgeprägten funktionellen Störungen. ■

→ **Frage 1.81:** Lösung C

Zu (C): Hydrolasen sind Enzyme, die ihr Substrat unter Einlagerung von H_2O spalten. Sie sind die typischen Inhaltsstoffe von Lysosomen.
Zu (A): Lysosomen sind membranumgrenzte Organellen, keine Zellen. **Lysozym** ist ein bakterizides Enzym, das in Tränenflüssigkeit und Nasensekret enthalten ist und eine Zerstörung der bakteriellen Zellwand bewirkt.
Zu (B): Polysomen sind Ansammlungen von Ribosomen an einer mRNA.

→ **Frage 1.82:** Lösung E

Zu (E): Siehe Lerntext I.7 „Lysosomen".
Zu (A): Enzyme der Atmungskette sind in den Mitochondrien lokalisiert.
Zu (B), (C) und (D): Die Enzyme der Glykolyse, der Fettsäuresynthese und der Proteinsynthese findet man im Zytoplasma.

F96 ■

→ **Frage 1.83:** Lösung A

Zu (A): Der oxidative Fettsäureabbau (β-Oxidation) läuft in den Mitochondrien ab.
Zu (B) und (C): Lysosomen als Organellen der intrazellulären Verdauung dienen u. a. dem enzymatischen Abbau von außen aufgenommener Substanzen. Eine mangelhafte Enzymausstattung kann zur Anhäufung nicht weiter abbaubaren Materials in den Lysosomen führen, sog. **lysosomale Speicherkrankheiten** (z. B. Mukopolysaccharidose, Glykogenose).
Zu (D) und (E): Im Rahmen der „Zell-Erneuerung" findet auch ein intrazellulärer Abbau überalterter Organellen statt. Auch dieser, als **Autophagie** bezeichnete Vorgang, läuft in den Lysosomen ab.

→ **Frage 1.84:** Lösung C

Siehe Lerntext I.7 „Lysosomen".

H96

→ **Frage 1.85:** Lösung B

Zu (B): Der Abbau von Fettsäuren im Rahmen der sog. β-Oxidation erfolgt in den Mitochondrien.
Zu (A): **Lipofuszin** als endogenes Pigment entsteht aus nicht weiter verwertbaren Resten des Lipidabbaus. Diese Stoffwechsel-Abbauprodukte werden in Lysosomen abgelagert. Ansammlungen von Zellen in der Haut, die in hoher Konzentration Lipofuszin in ihren Lysosomen enthalten, bilden die sog. **Altersflecken**.
Zu (C): Lysosomen als wichtige Bestandteile der intrazellulären Verdauung sind natürlich in der Lage, neben den von außen aufgenommenen Stoffen auch zelleigenes Material (z. B. überalterte Mitochondrien) enzymatisch abzubauen – ein Vorgang, der als **Autophagie** bezeichnet wird.
Zu (D): Verschmilzt ein Sekretvesikel auf dem Weg vom Golgi-Apparat zur Zellmembran mit einem Lysosom, so wird das Sekret noch intrazellulär inaktiviert und abgebaut; ein – neben dem Abbau zelleigener Organellen – weiterer Aspekt der Autophagie.
Zu (E): Bei fehlerhafter Enzymausstattung der Lysosomen kann es zum Ausfall bestimmter Schritte in katabolen Stoffwechselabläufen kommen. Die nicht weiter abbaubaren Metabolite akkumulieren in den Lysosomen, die im Extremfall die gesamte Zelle „verstopfen" und zu schweren Krankheitsbildern führen können. Siehe Lerntext I.7 „Lysosomen".

H03 ■

→ **Frage 1.86:** Lösung B

Zu (B): In jedem neutrophilen Granulozyten sind bis zu 200 Granula mit lysosomalen Enzymen enthalten, die dem Abbau phagozytierter Substanzen und Fremdkörper (z. B. Bakterien) dienen. Da keine kontinuierliche Nachbildung erfolgt, nimmt die Zahl der Granula mit zunehmender Lebensdauer der Zelle ab. Etwa 20 % dieser Granula entsprechen den primären und homogenen, **azurophilen Granula**, die im Lichtmikroskop erkennbar sind. Sie enthalten saure, hydrolytische Enzyme. Die restlichen, sekundären 80 % der Granula sind deutlich kleiner, im Lichtmikroskop häufig nicht sichtbar und enthalten z. T. kristalloide Binnenstrukturen.
Zu (A), (C) und (D): Mit Ribosomen, Pigmentgranula und Peroxisomen haben die azurophilen Granula nichts zu tun.
Zu (E): Da die lysosomalen Enzyme für den intrazellulären Abbau endozytierter Stoffe verwendet werden, tritt eine Sekretion nicht auf. Allerdings wird durch freigesetzte Enzyme im Rahmen des Zerfalls neutrophiler Granulozyten auch das umliegende Gewebe angedaut – ein Vorgang, der mit der Entstehung von Eiter in Verbindung steht.

→ **Frage 1.87:** Lösung E

Zu (E): **Lipofuszin** als endogenes Pigment ist ein Endprodukt der Lipidverdauung, das enzymatisch nicht weiter zerlegt werden kann. Es verbleibt in den Lysosomen, die als sog. Residualkörper intrazellulär abgelagert werden.

→ **Frage 1.88:** Lösung D

Zu (D): **Melanin** als Farbstoff der Melanozyten ist verantwortlich für Augen-, Haar- und Hautfarbe. Im Auge wird es besonders im Bereich der Iris eingelagert.

1 Allgemeine Zellbiologie, Zellteilung und Zelltod

→ **Frage 1.89:** Lösung C

Zu (C): **Hämosiderin** ist ein Produkt des Hämoglobinabbaus, der zum größten Teil in der Milz stattfindet. Bei Patienten mit einer „Eisenüberladung" des Körpers, z. B. nach zahlreichen Bluttransfusionen, kommt es zur verstärkten Ansammlung von Hämosiderin (Hämosiderose).
Zu (A): Die Cornea (Hornhaut) ist beim Gesunden transparent und enthält keine Pigmente.

H03
→ **Frage 1.90:** Lösung D

Zu (D): **Proteasomen** sind die wichtigsten Enzyme beim nicht-lysosomalen Proteinabbau, insbesondere von falsch gefalteten und kurzlebigen Proteinen. Sie sind an der Regulation des Zellzyklus bei Pflanzen und Tieren beteiligt. Sie bestehen aus großen Proteinaggregaten, die eine zylindrische bis röhrenartige Form mit einem zentralen Kanal aufweisen. In der Tat werden solche Proteine, die durch die Proteasomen abgebaut werden sollen, vorher von spezifischen Enzymen mit mehreren Ubiquitinmolekülen markiert.
Zu (A): Gemeint sind die **Caspasen**, die bei der Induktion der Apoptose die zentrale Rolle spielen.
Zu (B), (C) und (E): Beschrieben sind Enzyme, die beim Abbau endozytierten Materials im Rahmen der intrazellulären Verdauung aktiv sind. Dieser Vorgang läuft über die Verschmelzung von Endozytosevesikeln und Lysosomen, die zumeist einen niedrigen pH-Wert aufweisen.

1.11 Peroxisomen

F93
→ **Frage 1.91:** Lösung B

Zu (B): Als einzige Organellen eukaryontischer Zellen enthalten Mitochondrien ein eigenes, ringförmiges DNA-Molekül, das sie zur Synthese eines Teils ihrer eigenen Proteine befähigt.
Zu (A), (C), (D) und (E): **Peroxisomen** („Microbodies") sind membranumgrenzte Organellen (C) mit feingranulärer, elektronendichter Binnenstruktur, teils mit kristallinen Einschlüssen. Sie kommen bereits in einzelligen Lebewesen, in Wirbellosen und in Pflanzen vor. Bei Säugetieren sind insbesondere Leber- und Nierentubuluszellen reich an Peroxisomen (E). Wichtigste enzymatische Inhaltsstoffe der Peroxisomen sind Wasserstoffperoxid (H_2O_2) bildende **Oxidasen** und die H_2O_2 spaltende **Katalase** (A). Peroxisomen sind an vielen oxidativen Stoffwechselprozessen beteiligt, z. B. β-Oxidation der Fettsäuren (D) oder Entgiftungsreaktionen (Methanolabbau). In Pflanzenzellen sind sie ein wichtiger Bestandteil verschiedener Stoffwechselprozesse im Rahmen der Photosynthese.

F00
→ **Frage 1.92:** Lösung A

Zu (A): Peroxisomen entstehen als 0,5 bis 3 μm große Abschnürungen des Endoplasmatischen Retikulums.
Zu (B): Leber- und Nierentubuluszellen in Säugetierzellen sind besonders zahlreich an Peroxisomen. Die Organellen kommen jedoch auch schon bei Einzellern, Wirbellosen und bei Pflanzen vor.
Zu (C): Beide Begriffe, **Peroxisomen** und **microbodies**, sind synonym zu verwenden.
Zu (D): Peroxisomen enthalten Wasserstoffperoxid (H_2O_2) bildende **Oxidasen** zum oxidativen Abbau diverser Substrate und die H_2O_2 spaltende **Katalase**.
Zu (E): Der Abbau der Fettsäuren, die sog. „β-Oxidation", läuft zu Beginn in den Peroxisomen ab und wird schließlich in den Mitochondrien beendet.

F03 ■ ■
→ **Frage 1.93:** Lösung D

Zu (D): **Peroxisomen** (= microbodies) sind wichtige Organellen verschiedenster oxidativer Stoffwechselprozesse. Sie enthalten Wasserstoffperoxid-bildende Oxidasen sowie das Leitenzym **Katalase**, das dieses Peroxid wieder aufspaltet. Peroxisomen sind an verschiedenen Entgiftungsreaktionen (Methanolabbau) und an der **β-Oxidation der Fettsäuren** beteiligt.
Zu (A), (B) und (C): Alle genannten Strukturen charakterisieren die **Mitochondrien** als Organellen der Erzeugung energiereicher Phosphate („Kraftwerke der Zelle").
Siehe Lerntext I.8 „Mitochondrien".
Zu (E): Die spezifischen Granula der neutrophilen Granulozyten entsprechen speziellen Lysosomen, die zahlreiche saure, hydrolytische Enzyme enthalten. Die Granula fusionieren mit entsprechenden Phagozytosevesikeln, um deren Inhalt (z. B. Bakterien) abzubauen.

H01 ■
→ **Frage 1.94:** Lösung B

Zu (B): Im Rahmen oxidativer Stoffwechselprozesse (z. B. Fettsäureabbau) kommt es unter Beteiligung verschiedener **Oxidasen** in den Peroxisomen zur Bildung von Wasserstoffperoxid, was dann durch die ebenfalls in den Peroxisomen lokalisierte **Katalase** wieder gespalten wird.
Zu (A): Peptidhormone binden an membranständige Rezeptoren, da sie die Zellmembran nicht durchdringen können. Werden sie daraufhin als

Rezeptor-Ligand-Komplex per Endozytose in die Zelle aufgenommen, können sie durch Peptidasen aus den Lysosomen abgebaut werden. Findet lediglich eine Aktivierung intrazellulärer Signalkaskaden ohne Aufnahme des Hormons nach intrazellulär statt, kann das Peptidhormon nach der Dissoziation vom Rezeptor von extrazellulären Peptidasen inaktiviert werden. Peroxisomen spielen hierbei keine Rolle.

Zu (C): Bildung von mRNA setzt das Vorhandensein einer DNA als Matrize voraus – diese ist in Peroxisomen nicht enthalten.

Zu (D) und (E): Aufbauende Stoffwechselprozesse sind keine Domäne der Peroxisomen. Die Synthese von Glykoproteinen findet nacheinander an Ribosomen (Protein) und im Golgi-Apparat (Glyko-) statt. ATP wird vor allem im Rahmen der mitochondrialen Atmungskette gebildet.

H05
→ Frage 1.95: Lösung B

Zu (A) und (B): Der oxidative Abbau sehr **langkettiger, gesättigter Fettsäuren** (über 22 C-Atome) findet in der Tat nur in den **Peroxisomen** statt. Die übrigen Fettsäuren werden auch in den **Mitochondrien** verstoffwechselt – eine Frage, die an Spitzfindigkeit kaum zu überbieten ist!

Zu (C): **Lysosomen** bauen durch ihren Gehalt hydrolytischer Enzyme sowohl von außen aufgenommene Stoffe (Heterophagie) als auch zelleigene Bestandteile, z. B. überalterte Mitochondrien, ab (Autophagie). Die Fettsäureoxidation ist nicht ihre Aufgabe.

Zu (D): Im **Golgi-Apparat** finden u. a. chemische Modifikationen von Exportproteinen statt, die dann in Transportvesikel verpackt und nach extrazellulär abgegeben werden.

Zu (E): **Coated vesicles** sind spezielle Pinozytosevesikel, die an zahlreichen Rezeptor-vermittelten Endozytosevorgängen beteiligt sind.

F99
→ Frage 1.96: Lösung A

Zu (A): Das Leitenzym der Peroxisomen ist die Katalase, die dem Abbau von H_2O_2 dient. Darüber hinaus laufen auch die ersten Reaktionsschritte beim Fettsäureabbau in den Peroxisomen ab.

F99
→ Frage 1.97: Lösung B

Zu (B): Im Rahmen der rezeptorvermittelten Endozytose werden Rezeptor und Ligand gemeinsam endozytiert. Intrazellulär kommt es zur Dissoziation der Bindungspartner, wovon der Rezeptor „recycled" wird.

Zu (C): Die mRNA wird im Rahmen der Proteinbiosynthese vom Ribosom gebunden.

Zu (D): Ca^{2+}-Ionen werden in den quergestreiften Muskelzellen vom sarkoplasmatischen Retikulum, einer Spezialform des glatten Endoplasmatischen Retikulums, gespeichert und auf spezifischen Reiz ins Zytoplasma freigesetzt.

Zu (E): Steroidhormone werden im glatten Endoplasmatischen Retikulum synthetisiert.

1.12 Mitochondrien

I.8 Mitochondrien

In den Mitochondrien finden komplexe biochemische Reaktionsabläufe statt (**Atmungskette**), die die im Zellstoffwechsel freiwerdende Energie in eine nutzbare Form (Adenosintriphosphat, **ATP**) überführen, welche begrenzt gespeichert werden kann.

Die äußere Form der Mitochondrien reicht von kugelförmig über länglich bis zu Y-förmig. Ihre Anzahl ist abhängig vom Energieverbrauch der betreffenden Zelle, z. B. etwa 2500 in einer Leberzelle.

Den strukturellen Aufbau kann man nur elektronenmikroskopisch erkennen. Die Begrenzung eines Mitochondriums besteht aus zwei Membranen, von denen die innere zum Zweck der Oberflächenvergrößerung in breite Falten (**Cristae**) oder fingerförmige Ausstülpungen (**Tubuli**) aufgeworfen ist und sich in die innere **Matrix** vorwölbt. An der inneren Membran ist der Multienzymkomplex der Atmungskette lokalisiert. Weitere wichtige Stoffwechselprozesse, wie der oxidative Fettsäureabbau oder der Zitratzyklus , werden von Enzymen der Mitochondrien-Matrix katalysiert. Auch Anteile der Glukoneogenese, des Harnstoffzyklus und der Synthese von Lipiden und Ketonkörpern laufen in der Matrix ab.

Die Entstehung der Mitochondrien wird mit der sog. **Endosymbionten-Theorie** erklärt. Danach soll es sich bei Mitochondrien um ursprünglich endozytierte Prokaryonten handeln, die nicht abgebaut wurden, sondern ihre Stoffwechselprozesse in einer Art Symbiose der Wirtszelle zur Verfügung gestellt haben. Gestützt wird diese Theorie von der Tatsache, dass Mitochondrien über ein eigenes, ringförmiges DNA-Molekül verfügen, auf dem ein Teil der mitochondrialen Proteine codiert ist. Über die Ablesung eines etwas abgewandelten genetischen Codes werden diese Proteine mit Hilfe eigener Ribosomen auch intramitochondrial synthetisiert. Schließlich ähnelt die Entstehung neuer Mitochondrien durch Querteilung der Vermehrung prokaryontischer Zellen.

Klinischer Bezug
Werden Mitochondrien durch einen chronischen Gewebsschaden oder durch Phagozytose aus dem Interzellularraum freigesetzt, kommt es zur Bildung von Autoantikörpern gegen mitochondriale Oberflächenantigene, so genannter AMAs (= antimitochondriale Antikörper). Diese AMAs können dann im Serum des Patienten nachgewiesen werden und tragen so zur Sicherung der Diagnose bei. Die Bildung von AMAs ist bekannt u. a. bei der chronisch aggressiven Hepatitis, bei der lymphozytären Thyreoiditis und dem Sjögren-Syndrom.

F01 ■ ■
→ **Frage 1.98:** Lösung B

Zu (B): Bei der Teilung einer Zelle werden die Mitochondrien in der Tat zufällig auf beide Tochterzellen verteilt. Die Mitochondrien selbst vermehren sich durch Längsteilung während der Interphase der Zelle.
Zu (A): Da die Mitochondrien als Organell der Energieerzeugung dienen, ist ihre Zahl stark abhängig vom Energieumsatz der Zelle. In Leberzellen kann daher ihre Zahl bis zu 2500 betragen.
Zu (C): Neben der Energie erzeugenden Atmungskette laufen in den Mitochondrien zahlreiche andere Stoffwechselwege ab, die natürlich ebenfalls nur mittels enzymatischer Leistungen funktionieren, z.B. der oxidative Abbau von Fettsäuren, der Zitratzyklus oder Teile des Harnstoffzyklus.
Zu (D): Da sich Mitochondrien zwar innerhalb der Interphase ihrer Mutterzelle, jedoch nicht mit ihr „synchronisiert" teilen, laufen auch die Replikation von mitochondrialer und nukleärer DNA unabhängig voneinander ab.
Zu (E): Ursache der Phenylketonurie ist der Defekt eines zytoplasmatischen Enzyms, der Phenylalanin-4-Hydroxylase, der unbehandelt zu schwerer geistiger Behinderung, verzögerter körperlicher Entwicklung und vermehrten Krampfanfällen führt. Die Mitochondrien haben mit dieser autosomal-rezessiven Erbkrankheit nichts zu tun.

H98 ■
→ **Frage 1.99:** Lösung D

Fragen zu den Stoffwechselleistungen von Mitochondrien sind beim IMPP sehr beliebt. Auch die gesuchte Falschaussage zum Abbau von Mukopolysacchariden ist nicht neu.
Zu (D): Der **Abbau von Mukopolysacchariden erfolgt in den Lysosomen**. Klinische Bedeutung bekommt dieser Stoffwechselweg, wenn in ihm durch einen genetischen Defekt ein Enzymmangel besteht. Es kommt in dieser Situation zur Anhäufung der Polysaccharide in den Lysosomen und zu teilweise dramatischen Krankheitsbildern, den sog. Mukopolysaccharidosen.
Zu (A) und (E): Die Enzyme der **Atmungskette** als letztem Schritt oxidativer Abbauprozesse sind in der inneren Mitochondrienmembran lokalisiert. Hierbei wird die Übertragung von Elektronen und Protonen auf molekularen Sauerstoff unter Bildung von Wasser zur **ATP-Synthese** genutzt.
Zu (B) und (C): Die sog. β-Oxidation beim Abbau von Fettsäuren, genau wie der **Zitratzyklus** als zentrale „Drehscheibe" des katabolen Stoffwechsels finden in den Mitochondrien statt.

H02 ■ ■
→ **Frage 1.100:** Lösung B

Zu (B): Die **Glykolyse** als erster Schritt der zellulären Energiegewinnung aus Glukose wird von zytoplasmatischen Enzymen katalysiert.
Zu (A) und (C): Enzyme für den oxidativen Abbau von Fettsäuren und den Zitratzyklus sind in der mitochondrialen Matrix lokalisiert.
Zu (D) und (E): Die Synthese von ATP als chemische Speicherform von Energie im Rahmen der Atmungskette läuft im **Multienzymkomplex** der inneren Mitochondrienmembran ab.
Siehe Lerntext I.8 „Mitochondrien".

F05
→ **Frage 1.101:** Lösung D

Zu (D): **Cyanide** blockieren die Atmungskette durch die Hemmung der **Cytochromoxidase**, des letzten Enzyms der Elektronentransportkette, das die Übertragung der Elektronen auf O_2 als terminalen Elektronenakzeptor katalysiert. Charakteristisch für eine Cyanidvergiftung sind der Geruch nach Bittermandeln und die rosige Haut des Patienten, die dadurch entsteht, dass der Sauerstoff dem Hämoglobin nicht entzogen werden kann und deshalb das venöse Blut arterialisiert bleibt.
Zu (A): **Colchicin**, das giftige Alkaloid der Herbstzeitlosen, ist ein Mitosegift, das die Polymerisierung der Mikrotubuli blockiert und damit die Verteilung der Chromosomen während der Zellteilung verhindert.
Zu (B): Das Antibiotikum **Chloramphenicol** blockiert bakterielle Ribosomen und hemmt deren Proteinbiosynthese auf der Ebene der Translation.
Zu (C): **Botulinustoxine** (aus *Clostridium botulinum*) gehören zur Gruppe der thermolabilen Exotoxinen grampositiver Bakterien. Botulinustoxin hemmt die Acetylcholin-Ausschüttung an den cholinergen Synapsen und an der neuromuskulären

Endplatte. Ein sinnvoller Einsatz bei bestimmten Formen der Augenfehlstellung oder der Dystonie, einer unwillkürlichen und schmerzhaften Muskelanspannung, ist bekannt. In der letzten Zeit erlangte das Toxin eine fragwürdige „medizinische" Bedeutung, da es zum Unterspritzen von Falten und durch seine neuromuskuläre Lähmung zur optischen „Verjüngung" eingesetzt wird.

Zu (E): **Muscarin** ist das Gift des Fliegenpilzes. Es wirkt als Acetylcholin-Analogon aktivierend an der postsynaptischen Membran, kann aber von körpereigenen Enzymen nicht abgebaut werden, sodass es zur Dauererregung kommt. Als Gegengift wird das Alkaloid der Tollkirsche, Atropin, eingesetzt.

F00 ■
→ **Frage 1.102:** Lösung D

Zu (D): Prokaryonten enthalten keine membranumgrenzten Organellen, daher auch keine Mitochondrien.
Zu (A) und (B): Mitochondrien sind von einer äußeren und einer inneren Membran umgeben. Die innere Membran bildet Falten und Aufwerfungen, die in den Innenraum des Organells hineinragen (Vergrößerung der inneren Oberfläche!). Am häufigsten sind flache, plattenartige Falten, die sog. **Cristae**. Die Struktur der Mitochondrien ändert sich je nach ihrer funktionellen Aktivität. In Zellen mit großer Stoffwechselaktivität, z. B. im Herzmuskel, ist die Zahl der Cristae besonders hoch.
Zu (C): In Steroidhormon sezernierenden Zellen besitzen die Mitochondrien röhrenförmige Ausstülpungen (**Tubuli**) der inneren Membran.
Zu (E): Mitochondrien besitzen eine eigene DNA, auf der die Gene für einige – nicht für alle – mitochondriale Proteine codiert sind.
Siehe Lerntext I.8 „Mitochondrien".

F97 ■■
→ **Frage 1.103:** Lösung E

Zu (E): Mitochondrien sind in Eizelle und Spermium enthalten. Bei der Befruchtung wird jedoch nur der Spermien-Zellkern in die Eizelle überführt, sodass die Mitochondrien der neu gebildeten Zygote ausnahmslos aus der Eizelle, also von der Mutter, stammen. Die Vermehrung der Mitochondrien findet dann durch Querteilung statt.
Zu (C): Nur ein kleiner Teil der mitochondrialen Proteine wird im Organell selbst synthetisiert; der größere Anteil wird im Zytoplasma der Zelle gebildet und dann in das Mitochondrium überführt.

F04 ■■
→ **Frage 1.104:** Lösung C

Zu (C): Nur ein kleiner Teil der mitochondrialen Proteine wird im Organell selbst produziert. Etwa 90 % der benötigten Eiweiße werden im Zytoplasma synthetisiert und in das Mitochondrium importiert. Die im Zytoplasma befindlichen mRNA-Moleküle werden nicht in das Mitochondrium aufgenommen.
Zu (A) und (B): Mitochondrien enthalten eine eigene ringförmige DNA und Ribosomen. Sie sind daher zur Proteinbiosynthese befähigt, bilden aber nur etwa 10 % ihrer benötigten Eiweiße selber.
Zu (D) und (E): Der Import der im Zytoplasma synthetisierten Proteine in das Mitochondrium ist nur nach Erkennung endständiger **Signalsequenzen** möglich, die von speziellen Rezeptoren der äußeren Mitochondrienmembran gebunden werden („**proteine targeting**"). Innerhalb des Mitochondriums werden die endständigen Peptidsequenzen von einer speziellen **Signalpeptidase** abgespalten.

F05 ■
→ **Frage 1.105:** Lösung E

Zu (D) und (E): Nur ein kleiner Teil der mitochondrialen Proteine wird von dem Organell auf der Basis seiner eigenen DNA synthetisiert, der überwiegende Anteil wird aus dem Zytoplasma „importiert". Diese Proteine besitzen endständige Signalsequenzen, die von speziellen Rezeptoren und Transportsystemen (TOM bzw. TIM) der inneren und äußeren Mitochondrienmembran erkannt werden.
Zu (A): Phospholipide werden v. a. im glatten endoplasmatischen Retikulum synthetisiert.
Zu (B): Cristae mitochondriales dienen der Vergrößerung der inneren Mitochondrien-Oberfläche und werden ausschließlich durch Einfaltungen der inneren Membran gebildet.
Zu (C): Die Synthese von ATP als chemische Energiespeicherform geschieht im Multienzymkomplex der sog. Atmungs- oder Elektronentransportkette, der in die innere Mitochondrienmembran integriert ist.
Siehe Lerntext I.8 „Mitochondrien".

H04 ■
→ **Frage 1.106:** Lösung D

Zu (D): In der Tat werden etwa 90 % der mitochondrialen Proteine durch Gene des Zellkerns codiert, an Ribosomen des Zytoplasmas synthetisiert und über spezielle Carrier-Systeme in das Organell transportiert.
Zu (A): Die äußere Mitochondrienmembran ist morphologisch und funktionell wenig spektakulär. Die innere Membran bildet unterschiedlich struk-

1 Allgemeine Zellbiologie, Zellteilung und Zelltod

turierte Einfaltungen (faltenartige **Cristae** oder fingerartige **Tubuli**) zum Zweck der Oberflächenvergrößerung.
Zu (B) und (C): Es ist genau umgekehrt: Die Enzyme des Zitratzyklus liegen in der mitochondrialen Matrix, die der Atmungskette sind in der inneren Mitochondrienmembran lokalisiert.
Zu (E): Die Synthese von Phospholipiden ist nicht Aufgabe der Mitochondrien; sie findet u. a. im glatten Endoplasmatischen Retikulum statt.

F98 F97 ■ ■
→ **Frage 1.107:** Lösung C

Zu (5): Entsprechend der Endosymbionten-Theorie, wonach sich Mitochondrien aus endozytierten Prokaryonten entwickelt haben sollen, sind die mitochondrialen Ribosomen mit etwa 70S kleiner als die zytoplasmatischen 80S-Ribosomen der eukaryontischen Zelle.
Zu (1): Mitochondrien enthalten eine ringförmige DNA, deren Gene allerdings nur etwa 10 % der Mitochondrienproteine codieren. Der überwiegende Anteil stammt aus dem Zytoplasma.
Zu (2): Mitochondrien vermehren sich unabhängig vom Zellzyklus durch Querteilung.
Zu (3) und (4): Mitochondrien sind zentrale Organellen des Zellstoffwechsels. In ihnen laufen sowohl abbauende Stoffwechselwege (Zitratzyklus, β-Oxidation der Fettsäuren) als auch wichtige Syntheseschritte ab (ATP-Synthese).

F99 ■ ■
→ **Frage 1.108:** Lösung C

Fragen zu Aufbau, Stoffwechsel und Funktionen von Mitochondrien sind sehr häufig!! (Siehe Lerntext I.8 „Mitochondrien").
Zu (C): Mitochondriale DNA ist immer doppelsträngig.
Zu (A): Die äußere Membran dient als weitgehend permeable Umhüllung des Mitochondriums. Die innere Membran als eigentlicher Funktionsträger enthält die Enzymsysteme der Atmungskette und ist zum Zweck der Oberflächenvergrößerung stark aufgefaltet.
Zu (B): Nach der **Endosymbionten-Theorie** sind Mitochondrien durch Phagozytose ehemals eigenständiger Prokaryonten entstanden, die nicht verdaut wurden, sondern ihre Stoffwechselfähigkeiten der Wirtszelle als Symbiont zur Verfügung stellten. Auf diese Weise wird auch das Vorhandensein eigener (70S) Ribosomen erklärbar.
Zu (D): Mitochondrien vermehren sich unabhängig vom Zellzyklus durch Querteilung.
Zu (E): Mitochondriale DNA ist ringförmig und unterscheidet sich darüber hinaus in ihrem genetischen Code von der DNA im Kern der Zelle.

→ **Frage 1.109:** Lösung E

Zu (E): Mitochondrien sind nicht am Membranfluss beteiligt. Die erwähnten energiereichen Phosphate (ATP) werden im Mitochondrium an der inneren Membran im Rahmen der Atmungskette synthetisiert.
Zu (D): Der häufigste Mitochondrien-Typ besitzt kleine Aufwerfungen der inneren Membran, die eine blattartige, faltige Struktur zeigen (Cristae-Typ). In den Steroid produzierenden Zellen von Nebennierenrinde oder Keimdrüsen sind die Einstülpungen finger- bis röhrenförmig gestaltet (Tubulus-Typ).

H00
→ **Frage 1.110:** Lösung C

Zu (C): Beide Keimzellen, Eizelle und Spermium enthalten selbstverständlich Mitochondrien zur Energieerzeugung im Rahmen der Atmungskette. Bei ihrer Verschmelzung zur Zygote wird jedoch nur der Kern des Spermiums in die Eizelle aufgenommen. Daher stammen alle Mitochondrien der Zygote ausschließlich aus der mütterlichen Eizelle.
Zu (A), (B) und (D): Samenzelle und Follikelepithelzellen besitzen Mitochondrien, geben diese aber nicht an die Zygote weiter.
Zu (E): Eine de novo Entstehung membranumgrenzter Organellen aus dem Zytoplasma kommt nicht vor.

H90
→ **Frage 1.111:** Lösung C

Zu (C): Die Mehrzahl der mitochondrialen Enzyme wird durch chromosomale Gene codiert.
Zu (D): Da der genetische Code der mitochondrialen Proteinbiosynthese leicht von dem der eukaryontischen Wirtszelle abweicht, wird auch eigene mitochondriale tRNA benötigt, deren Gene auf der mitochondrialen DNA lokalisiert sind.

H00
→ **Frage 1.112:** Lösung A

Zu (A): Mitochondriale und nukleäre DNA unterscheiden sich nicht wesentlich in ihrer Mutationsrate.
Zu (B): Da Mitochondrien eigene (70S-)Ribosomen besitzen und der genetische Code der mitochondrialen Proteinbiosynthese leicht von dem der Kern-DNA abweicht, trägt die mitochondriale DNA u.a. die genetische Information für spezifische rRNA- und tRNA-Moleküle. Selbstverständlich können auch diese Gene von Mutationen der mitochondrialen DNA betroffen sein.
Zu (C) und (E): Alle Mitochondrien der Zygote stammen aus der Eizelle, da bei der Befruchtung nur der Kern des Spermiums in die weibliche

Keimzelle aufgenommen wird. Mutationen der mitochondrialen DNA werden daher immer nur von der Mutter vererbt. Natürlich sind alle weiblichen und männlichen Nachkommen Empfänger dieser Mutation.

1.13 Zytoskelett

I.9 Zytoskelett

Ein komplexes intrazelluläres Netzwerk aus verschiedenen Strukturproteinen ist als Zytoskelett nicht nur für die Aufrechterhaltung der äußeren Zellform verantwortlich. Auch im Rahmen von Zytoplasmabewegungen, intrazellulärem Transport von Membranvesikeln und bei der Zellteilung spielen die verschiedenen Anteile des Zytoskeletts eine wichtige Rolle. In diesem Zusammenhang ist der dynamische Charakter aller beteiligten Proteine von entscheidender Bedeutung; das Zytoskelett ist kein starres und unveränderbares Gerüst, sondern passt sich durch ständigen Umbau den jeweiligen Bedürfnissen der Zelle an.

Es werden drei Anteile des Zytoskeletts unterschieden:

Mikrotubuli
Mikrotubuli sind schlanke Proteinröhren mit einem Durchmesser von 24 nm. Sie entstehen durch Polymerisation einzelner globulärer Proteine, der **Tubuline**, und sind einem ständigen Auf- und Abbau unterworfen. Die dazu notwendige Energie wird durch die Spaltung von GTP, einem energiereichen Triphosphat, gewonnen. Mikrotubuli wachsen immer nur an einer Seite (+) durch die Anbindung weiterer Tubulin-Monomere. Mikrotubuli kommen vereinzelt vor oder sind durch „Proteinbrücken" zu Strukturen höherer Komplexität verknüpft. Sie dienen vor allem der Aufrechterhaltung der Zellgestalt. Darüber hinaus fungieren sie als Gleitschienen beim intrazellulären Transport von Organellen (gerichtet vom (–)- zum (+)-Ende des Mikrotubulus), bilden die Mitosespindel und sind das Grundgerüst von Zentriolen, Zilien und Geißeln.

Mikrofilamente
Mikrofilamente sind 5–7 nm dünne Fäden, die aus **Aktin** bestehen. In Muskelzellen ermöglichen sie gemeinsam mit der ATPase Myosin eine aktive Zellbewegung. Aktinfilamente mit wenig oder ganz ohne Myosin bilden in den meisten Zellen eine dünne Schicht unter der Zellmembran, wo sie mit den verschiedenen Membranfluss-Vorgängen zu tun haben. Zusätzliche Funktionen werden den Mikrofilamenten bei der intrazellulären Zytoplasmaströmung und der Durchschnürung der Zelle bei der Zellteilung zugeschrieben.

Intermediärfilamente
Der dritte Bestandteil des Zytoskeletts besteht aus 8–10 nm dicken Strukturproteinen, die für jede Zellart spezifisch sind. So enthalten Epithelzellen **Keratin**, Mesenchymzellen **Vimentin**, Muskelzellen **Desmin**, Nervenzellen **Neurofilamente** und Gliazellen **G**lial **F**ibrillary **A**cidic **P**rotein (**GFAP**). Über die genauen Funktionen der Intermediärfilamente ist noch relativ wenig bekannt. Vermutlich haben sie in erster Linie stützende Funktion; aber auch am axonalen Transport in Neuronen oder an der Bewegung von Pigmentgranula sollen sie beteiligt sein.

Klinischer Bezug
Die Zellspezifität der Intermediärfilamente ist bei der Diagnostik bösartiger Tumoren von Bedeutung. Bei unbekanntem Primärtumor kann durch die histologische und immunhistochemische Analyse von Metastasengewebe im Hinblick auf das vorhandene Intermediärfilament unter Umständen die Herkunft des Primärtumors eingegrenzt werden. Außerdem ist in vielen Fällen auf diesem Weg auch die korrekte Diagnose eines Tumors möglich, der in seinen anderen Charakteristika so stark verändert („dedifferenziert") ist, dass er dem Ursprungsgewebe nicht mehr ähnelt.
Die Expression von Keratin passt z. B. zur Metastase eines Malignen Melanoms, der Nachweis von Vimentin gelingt in vielen mesenchymalen Tumoren, z. B. in einem Sarkom der Membrana synovialis.

H94
→ Frage 1.113: Lösung D

Zu (D): Die Unterscheidung zwischen körpereigenen und körperfremden Zellen durch das Immunsystem beruht auf der Erkennung membrangebundener Oberflächenantigene der Glykokalix; das Zytoskelett ist daran nicht beteiligt.
Zu (A), (B), (C) und (E): Siehe Lerntext I.9 „Zytoskelett".

H04
→ Frage 1.114: Lösung A

Nein, dies ist keine Frage von Herrn Jauch – obwohl sie durchaus als Einstieg in eine beliebte

1 Allgemeine Zellbiologie, Zellteilung und Zelltod

Quiz-Sendung dienen könnte: „Bringen Sie die nachfolgenden ... usw."
Wie die Namen der verschiedenen Strukturen des Zytoskeletts suggerieren, sind **Intermediärfilamente** „mittelgroß", nämlich 8–10 nm. Aktin gehört zu den **Mikrofilamenten** und hat einen Durchmesser von etwa 5–7 nm. Um einen Tubulus zu bilden, braucht es etwas mehr; deshalb haben die **Mikrotubuli** (trotz ihres Präfix) mit 24 nm den größten Durchmesser. (A) ist also richtig.
Siehe Lerntext I.9 „Zytoskelett".

1.13.1 Mikrotubuli

F05
→ Frage 1.115: Lösung A

Zu (A): Die **Mikrotubuli**, schlanke Proteinröhren mit einem Durchmesser von 24 nm, sind in der Tat sehr dynamische Strukturen des Zytoskeletts, die einem fortwährenden Umbau unterworfen sind. Sie bestehen aus einer Vielzahl einzelner globulärer Proteine, der **Tubuline**, die unter Verbauch des energiereichen GTP polymerisiert werden. Mikrotubuli sind gerichtete Strukturen, sie wachsen nur am sog. (+)-Ende. Mikrotubuli dienen in der Zelle zahlreichen Transportvorgängen, wobei sie zumeist eine Art Leitschiene darstellen. Siehe Lerntext I.9 „Zytoskelett".
Zu (B): Spektrin gehört zu den Aktin-bindenden Proteinen. Medizinische Bedeutung besitzt dieses Protein bei bestimmten Formen der Sphärozytose – einer Erbkrankheit, bei der die Flexibilität der Erythrozytenmembran durch einen Mangel an funktionstüchtigem Spektrin stark eingeschränkt ist, sodass ein vermehrter Abbau der roten Blutkörperchen in der Milz erfolgt.
Zu (C), (D) und (E): Diese drei Elemente des Zytoskeletts gehören zu den Intermediärfilamenten, die als Zell-spezifische Strukturproteine vermutlich v. a. eine Stützfunktion haben und dabei recht stabil sind.
Desmin ist charakteristisch für Muskelzellen, Zytokeratin für Epithelzellen und Vimentin für Fibroblasten.

H93
→ Frage 1.116: Lösung C

Zu (C): Mikrovilli sind kleine, fingerförmige Ausstülpungen der Zelle, die im Dienste der Oberflächenvergrößerung stehen. Sie sind besonders häufig an resorbierenden Epithelien (z. B. Darmschleimhaut) ausgebildet. Ihre Beweglichkeit wird über ein System aus Aktin- und Myosinfilamenten ge-

währleistet, Mikrotubuli sind daran nicht beteiligt.
Zu (A) und (D): Siehe Lerntext I.9 „Zytoskelett".
Zu (B): **Dynein** ist ein ATP-spaltendes Enzym, das die neun peripheren Mikrotubuli-Paare eines Axonema miteinander verbindet. Durch die energieabhängige Konformationsänderung des Dyneins gleiten die Mikrotubuli aneinander entlang und führen so zur Bewegung der Geißel.
Zu (E): **Colchicin** als Gift der Herbstzeitlosen (*Colchicum autumnale*) verhindert die Polymerisation der Mikrotubuli, was für die Bewegung der Chromosomen bei der Zellteilung notwendig ist. Diese Giftwirkung macht man sich diagnostisch zunutze: Die Chromosomen werden in der Metaphase „arretiert" und können so isoliert und lichtmikroskopisch untersucht werden.
Ähnlich wirkende Alkaloide der Pflanze *Vinca rosea* werden auch therapeutisch genutzt. Präparate wie Vincristin oder Vinblastin dienen als Chemotherapeutika der Eindämmung ungehemmter Zellvermehrung, insbesondere bei Leukämien und Lymphomen.

H02
→ Frage 1.117: Lösung D

Zu (D): **Mikrotubuli** sind ein Teil des Zytoskeletts und als dynamische, ständig im Umbau begriffene Strukturen besonders an der Ausbildung der Zellgestalt und deren Veränderung sowie an Transportvorgängen innerhalb von Zellen beteiligt. Daher ist die Zellteilung, in deren Verlauf die Chromosomen innerhalb der Zelle verteilt werden, besonders von einer Schädigung der Mikrotubuli betroffen. Die Blockade der regulären Chromosomen-Verteilung durch das „Spindelgift" Colchizin macht man sich bei der Erstellung eines Karyogramms zunutze.
Siehe Lerntext I.9 „Zytoskelett".
Zu (A), (B), (C) und (E): Alle anderen Antwortmöglichkeiten sind intrazelluläre Stoffwechselvorgänge unter Beteiligung verschiedenster Enzyme; Mikrotubuli spielen hierbei keine Rolle. Allerdings können intrazelluläre Vesikel, auch Lysosomen, an Mikrotubuli wie an Gleitschienen entlang bewegt werden – das aber hat nichts mit der eigentlichen Verdauung im Lysosom zu tun.

F00 ■
→ Frage 1.118: Lösung A

Zu (A): **Dynein** ist ein ATP-spaltendes Protein, das ein wichtiger Bestandteil eukaryontischer Geißeln ist und in der sog. „9 × 2 + 2"-Struktur die Verbindung der 9 peripheren Mikrotubuluspaare herstellt. Auch **Kinesin** ist eine ATPase und vermittelt den Transport von Vesikeln oder anderen Organellen entlang eines Mikrotubulus, der dabei gewissermaßen als „Schiene" dient. Beide Proteine haben somit eine enge topographische und funktionelle Beziehung zu Mikrotubuli, sind jedoch nicht deren direkte Bestandteile.

Zu (B), (C), (D) und (E): Mikrotubuli sind als wichtiger Bestandteil des Zytoskeletts aus vielen gleichartigen Monomeren (Tubulin) aufgebaut. Sie sind gerichtete, dynamische Strukturen, die einem ständigen Auf- und Abbau unterliegen. Die Anbindung neuer Tubuline kann nur an das (+)-Ende eines bestehenden Mikrotubulus erfolgen, dessen Wachstum deshalb immer vom (-)- zum (+)-Ende gerichtet ist. Zu ihren Aufgaben gehören der gerichtete Transport von Vesikeln und anderen Organellen sowie der Aufbau von Mitosespindel, Zentriol oder Geißeln.

Siehe Lerntext I.9 „Zytoskelett".

H05 ■
→ **Frage 1.119:** Lösung C

Zu (C): **Mikrotubuli** dienen u. a. als „Schienen", an denen entlang Vesikel oder auch Organellen unter Energieverbrauch durch Vermittlung ATP-spaltender Proteine wie Kinesin transportiert werden können.

Zu (A): **Aktin**- oder Mikrofilamente besitzen wichtige Funktionen bei der Regulation intrazellulärer Plasmabewegungen und sind in Verbindung mit Myosin Bestandteil kontraktiler Zellen.

Zu (B): **Neurofilamente** sind als spezielle Intermediärfilamente von Nervenzellen wichtiger Bestandteil des Zytoskeletts, haben aber mit intrazellulären Transportbewegungen nichts zu tun.

Zu (D): In vielen Zellen liegt ein dünnes Netzwerk aus Aktinfilamenten direkt unterhalb der Zellmembran, es wird durch **Spektrin** in der Membran verankert.

Zu (E): In einem Muskel werden die in der einzelnen Muskelfaser entstehenden Kräfte auf benachbarte Muskelfasern und das umgebende Bindegewebe übertragen. Hochgeordnete Transmembrankomplexe aus zahlreichen Proteinen und Glykoproteinen, die als **Costamere** bezeichnet werden, verbinden die einzelnen zellulären und extrazellulären Komponenten miteinander. Ein Baustein der Costamere ist das **Dystrophin**. Bei der erblichen Muskeldystrophie vom Typ Duchenne führt ein defektes Dystrophin zu rezidivierenden Einrissen der Zellmembranen und damit zu Muskelzellnekrosen.

Siehe Lerntext I.9 „Zytoskelett".

H04 F04
→ **Frage 1.120:** Lösung D

Eine fast identische Zeichnung wurde erst im letzten Physikum verwendet. Die Antwortmöglichkeiten sind vollkommen identisch. Doch Vorsicht: Dieses Mal wird nach dem gerichteten Transport vom Zellkörper zur präsynaptischen Membran gefragt; im letzten Physikum war es genau anders herum!

Zu (B) und (D): Die Entscheidung fällt zwischen den beiden ATP-spaltenden Proteinen **Dynein** (B) und **Kinesin** (D), die beide für zelluläre Bewegungs- und Transportvorgänge verantwortlich sind. Beide nutzen Mikrotubuli als „Leitschiene" und können sich unter Energieverbrauch an diesen entlangbewegen. Beide Substanzen unterscheiden sich aber in ihrer Laufrichtung: Dynein transportiert Vesikel vom (+)- zum (-)-Ende eines Mikrotubulus; Kinesin bewegt sich vom (-)- zum (+)-Ende, genau wie es hier gefragt wird.

Kinesin ist ein Molekül, das typischerweise in **Nervenzellen** vorkommt und dort den Vesikeltransport mit dem entsprechenden Transmitter vom Zellkörper (-) zur Nervenendigung (+) vermittelt. **Dynein** ist hauptsächlich in der **Geißel** eukaryontischer Zellen vorhanden, wo es eine Verbindung zwischen den peripheren Mikrotubuli-Paaren vermittelt und durch energieabhängige Konformationsänderung die Bewegung der Geißel ermöglicht.

Zu (A): **Aktin** ist der Baustein von Mikrofilamenten.

Zu (C): Glial fibrillary acidic proteine (**GFAP**) ist das Intermediärfilamentprotein von Gliazellen.

Zu (E): **Dynamin** ist ein GTP-spaltendes, Mikrotubuli-bindendes Protein, das wichtige Funktionen im Rahmen der Rezeptor-vermittelten Endozytose von Clathrin-Vesikeln besitzt.

F03 ■
→ **Frage 1.121:** Lösung A

Zu (A): In der Abbildung ist die typische Struktur eines **Mikrotubulus** dargestellt. Als wichtige Bestandteile des Zytoskeletts bestehen diese hohlen, etwa 24 nm im Durchmesser messenden Proteinröhren aus einzelnen, globulären Proteinen, dem **Tubulin**.

Zu (B): Monomeres Aktin ist ein Bestandteil der viel dünneren (5–7 nm) und nicht hohlen **Aktinfilamente**.

Zu (C) und (D): Dynein und Kinesin sind ATP-spaltende „**Motorproteine**", die für intrazelluläre Transportvorgänge entlang von Mikrotubuli und für die Bewegung eukaryotischer Geißeln („Dynein-Arme") zuständig sind.

Zu (E): Auch das **Myosin** ist ein ATP-spaltendes **Motorprotein** mit Bindungsstellen für Aktin und ATP; es hat eine wichtige Funktion bei der Muskelkontraktion. Myosin, das außerhalb von Muskelzellen vorkommt, wird als Myosin II bezeichnet.

1 Allgemeine Zellbiologie, Zellteilung und Zelltod

H96

→ **Frage 1.122:** Lösung C

Zu (1): Das dargestellte Triplett von Mikrotubuli entspricht der elektronenmikroskopischen Struktur, wie sie im Zentriol oder in Zilien-Basalkörperchen nachweisbar ist.
Zu (2): Hier sind zwei aneinandergeheftete Mikrotubuli sichtbar, wie sie in den Zilien eukaryontischer Zellen vorkommen. Am kompletten Tubulus sind die sog. „Dynein-Arme" angebracht, die durch ihre ATP-spaltende Aktivität die Energie für die Zilienbewegung liefern. In jedem Zilium sind 9 solcher Strukturen um 2 isolierte Mikrotubuli angeordnet, das sog. „9 × 2 + 2"-Muster.
Zu (3): Diese Abbildung entspricht einem der unter (2) erwähnten zentralen Mikrotubuli eines eukaryontischen Ziliums. 13 sog. „Protofilamente" bilden die typische Röhrenstruktur eines Mikrotubulus.

F01

→ **Frage 1.123:** Lösung A

Die Zeichnung zeigt den Aufbau einer eukaryontischen Zilie mit ihrem charakteristischen „9x2+2-Muster". Ein zentral liegendes Paar von Mikrotubuli, aufgebaut aus dem Monomer Tubulin (A), ist umgeben von 9 Paaren Mikrotubuli, die jeweils zwei sog. Dynein-Arme (D) tragen. Dynein ist als ATP-spaltendes Enzym für die Energieerzeugung zur aktiven Bewegung der Zilie verantwortlich.
Zu (B) und (E): Aktin und Myosin sind die charakteristischen Funktionsproteine der Muskelzelle. Das ATP-abhängige „aneinander Vorbeigleiten" der hochgeordneten Proteinstrukturen ist Grundlage der Bewegung von Muskeln, spielt aber auch in der Bewegung verschiedener Einzelzellen eine wichtige Rolle.
Zu (C): Gelsolin ist ein Aktin modulierendes Protein. Es hat in veränderter Form klinische Bedeutung bei der Auslösung einer Amyloidose.

F01

→ **Frage 1.124:** Lösung D

Siehe Kommentar zu Frage 1.123.

H05

→ **Frage 1.125:** Lösung D

Zu (D): Zentriol und umgebendes Zentroplasma werden auch als **Zentrosom** – oder unter funktionellen Gesichtspunkten als „Mikrotubulus-Organisationszentrum" (MTOC) bezeichnet. Die große Bedeutung für die Organisation des Zytoskeletts wird durch aktuelle Forschungsergebnisse gestützt, die Veränderungen des Zentrosoms in den meisten menschlichen Tumoren beschreiben.

Zu (A): **Peroxisomen** enthalten Enzyme des oxidativen Stoffwechsels, insbesondere Wasserstoffperoxid-bildende Oxidasen und als sog. Leitenzym die Katalase, die dieses Peroxid wieder aufspaltet.
Zu (B): Das **glatte Endoplasmatische Retikulum** hat seine Funktionen v. a. in der chemischen Modifikation von Proteinen, Kohlenhydraten und Fetten – mit Mikrotubuli hat es nichts zu tun.
Zu (C): Der **Golgi-Apparat** ist ebenfalls für verschiedene chemische Modifikationen zuständig, v. a. werden in ihm aber exportable Proteine in Transportvesikel verpackt.
Zu (E): Die **Caveolae** sind kleine Einstülpungen der äußeren Zellmembran, die morphologisch dem endoplasmatischen Retikulum ähneln. Die genaue Funktion ist nicht bekannt, eine Speicherung von Ca^{2+}-ionen wird jedoch für bestimmte Zellen diskutiert.

■

→ **Frage 1.126:** Lösung D

Zu (D): Zentriolen sind kurze Hohlzylinder aus Mikrotubuli, die paarig in der Zelle vorliegen. Zu Beginn der Zellteilung wandern die beiden Zentriolen zu den Zellpolen, induzieren die Ausbildung der Mitosespindel und legen somit die Teilungsebene der Zelle fest.
Zu (C): Die Fasern der Mitosespindel bestehen aus Mikrotubuli und erstrecken sich von den Zentriolen zum Zentromer eines jeden Chromosoms.

F04

→ **Frage 1.127:** Lösung D

Zu (D): Zentriolen bestehen aus jeweils 9 **Mikrotubuli**-Tripletts, nicht aus Aktin.
Zu (A), (B) und (E): Zentriolen sind paarweise vorliegende, zylindrische Organellen in allen teilungsfähigen Zellen. Sie verdoppeln sich vor der Zellteilung und wandern zu den beiden Zellpolen. Damit legen sie als Anheftungspunkt der Spindelfasern die Teilungsebene der Zelle fest.
Zu (C): Zentriol und das umliegende Zentroplasma bilden gemeinsam das **Zentrosom**. Funktionell spricht man auch von der „Mikrotubulus-Organisationsregion" (MTOR).

1.13.2 Intermediärfilamente

F01

→ **Frage 1.128:** Lösung E

Intermediärfilamente sind etwa 8–10 nm dicke Strukturproteine, die für jede Zellart spezifisch sind. Siehe Lerntext I.9 „Zytoskelett".

Zu (E): **Desmin** ist das Intermediärfilament der Muskelzellen.
Zu (A) und (C): Epithelzellen enthalten **Keratin** als charakteristisches Intermediärfilament.
Zu (B) und (D): Fibrozyten und Lymphozyten entstammen dem Mesenchym und sind durch das Vorkommen von **Vimentin** gekennzeichnet.

F05 ■
→ Frage 1.129: Lösung A

Nach den verschiedenen Intermediärfilamenten und den dazugehörigen Zelltypen wird in den letzten Examina häufig gefragt. Die vorliegende Zusammenstellung stammt aus dem Physikum F03, nur in anderer Reihenfolge.
Zu (A): **Desmin** ist das charakteristische Intermediärfilament von Muskelzellen.
Zu (B): Epithelzellen, in anderen Fragetexten auch als Keratinozyten bezeichnet, synthetisieren **Keratin**, das u. a. die Grundsubstanz von Haaren und Nägeln bildet.
Zu (C): Fibroblasten enthalten das spezifische Intermediärfilament **Vimentin**.
Zu (D): Astrozyten gehören zur Gruppe der Gliazellen und bilden das für sie typische **GFAP** (glial fibrillary acidic proteine).
Zu (E): **Neurofilamente** sind die für Nervenzellen typischen Strukturproteine des Zellskeletts.
Siehe Lerntext I.9 „Zytoskelett".

F03
→ Frage 1.130: Lösung D

Zu (D): Fibroblasten als typische Zellen kollagenhaltigen Bindegewebes besitzen in der Tat **Vimentin** als charakteristisches Intermediärfilament.
Zu (A): Keratinozyten, die verschiedene Formen mehrschichtiger Plattenepithelien bilden, sind durch die Produktion von **Keratin** charakterisiert. Es dient sowohl als Hornsubstanz in der äußeren Haut wie auch als Grundstoff für Haare und Nägel.
Zu (B): In Neuronen findet man **Neurofilamente** als spezifische zytoskelettale Substanzen.
Zu (C): **Desmin** ist das charakteristische Intermediärfilament von Muskelzellen.
Zu (E): Oligodendrozyten sind die Gliazellen des zentralen Nervensystems. Sie enthalten **GFAP** (glial fibrillary acidic protein).
Siehe auch Lerntext I.9 „Zytoskelett".

H04
→ Frage 1.131: Lösung B

Zu (B): **Fibrozyten** und ihre „unreiferen" Vorläuferzellen, die **Fibroblasten**, sind Zellen des kollagenen Bindegewebes und sind durch ihr charakteristisches Intermediärfilament **Vimentin** gekennzeichnet.

Zu (A): **Oligodendrozyten** als Gliazellen des zentralen Nervensystems enthalten das Intermediärfilament **GFAP** (glial fibrillary acidic proteine).
Zu (C): **Neuronen** sind u. a. durch den Gehalt an **Neurofilamenten** gekennzeichnet.
Zu (D): Das typische Strukturprotein der epithelialen **Keratinozyten** ist das **Keratin**, das in verhornter Form sowohl für die oberste Hautschicht wie auch für den Aufbau von Haaren und Nägeln benötigt wird.
Zu (E): **Darmepithelzellen** besitzen an ihrem apikalen Zellpol sog. **Mikrovilli** zur Oberflächenvergrößerung. Diese Zellausläufer werden u. a. durch **Aktinfilamente** und **Villin** stabilisiert.

H03 ■
→ Frage 1.132: Lösung D

Der Fragetext beschreibt eine theoretische Möglichkeit, Tumorzellen durch die Analyse von Bestandteilen ihres Zytoskeletts bestimmten Grundgeweben zuzuordnen. Leider ist es praktisch aber häufig so, dass maligne Tumoren stark dedifferenzieren und deshalb auch über ihre **Intermediärfilamente** nicht mehr charakterisierbar sind.
Zu (D): Astrozyten gehören zu den Gliazellen und synthetisieren das dafür spezifische **GFAP** (glial fibrillary acidic protein).
Zu (A): Muskelzellen enthalten **Desmin**.
Zu (B): Epithelzellen synthetisieren **Keratin**.
Zu (C): Fibroblasten als die dominierenden Zellen des Bindegewebes enthalten **Vimentin**.
Zu (E): Neuronen sind durch das spezifische Vorkommen von **Neurofilamenten** gekennzeichnet.
Siehe Lerntext I.9 „Zytoskelett".

1.13.3 Aktinfilamentsystem

H95
→ Frage 1.133: Lösung C

Das **Zytoskelett** eukaryontischer Zellen besteht aus drei Gruppen von Proteinfilamenten: **Mikrofilamente** (bestehend aus Aktin), **Mikrotubuli** und **Intermediärfilamente**.
Zu (C): Zilienbewegung beruht auf der energieabhängigen „Verwringung" der Mikrotubuli-Aggregate im Inneren der Zilie. Neun Doppeltubuli sind kreisförmig um zwei zentrale einzelne Tubuli gelagert. Über die ATPase-Aktivität der an den äußeren Tubuli befestigten „Dynein-Arme" wird die aktive Bewegung ermöglicht.
Zu (A): „Mikrofilamente" ist ein älterer zytologischer Ausdruck für „Aktinfilamente". Ein Aktinfilament (F-Aktin) besteht aus einer Vielzahl aneinander gereihter globulärer Aktin-Monomere (G-Aktin).

1 Allgemeine Zellbiologie, Zellteilung und Zelltod

Zu (D): In Kombination mit dem ATP-spaltenden Myosin dienen Aktin-/Mikrofilamente der amöboiden Zellbewegung. Die biochemischen Vorgänge (Ineinandergleiten von Aktin und Myosin) sind dabei genau die gleichen wie bei der Muskelkontraktion.

Zu (E): Mikrovilli im Darmepithel sind in ihrem Inneren von einem Netz aus Aktinfilamenten durchzogen, das ihrer Stabilisierung dient. Diese Mikrofilamente sind am oberen Zellpol in einem größeren Netzwerk, dem sog. terminal web verankert.

Siehe auch Lerntext I.9 „Zytoskelett".

H03 ■
→ **Frage 1.134:** Lösung D

Zu (D): Desmosomen (= Haftplatten) als mechanische Zellkontakte bestehen aus scheibenförmigen Proteinen an der Innenseite der Zellmembran, die über sog. **Tonofilamente**, die zu den **Mikrofilamenten** gehören, innerhalb der Zelle ausgesteift sind.

Zu (A): Der Durchmesser von Mikrotubuli beträgt 24 nm, der von Intermediärfilamenten 8–10 nm und der von Aktin-/Mikrofilamenten 5–7 nm.

Zu (B): Intermediär- und Mikrofilamente sowie Mikrotubuli werden aus monomeren Einzelproteinen zusammengelagert.

Zu (C): Die beschriebene, polare Struktur ist die Basis eines gerichteten Auf- und Abbaus der genannten zytoskelettalen Proteine.

Zu (E): Die lumenseitigen Zellen des Darmepithels besitzen zur Oberflächenvergrößerung eine Vielzahl kleinster Ausstülpungen, die **Mikrovilli**, die in ihrer Gesamtheit den sog. **Bürstensaum** bilden. An der Basis der Mikrovilli sind in der Tat zahlreiche Aktinfilamente zu einem dichten Netz, dem „**terminal web**", verwoben. Diese Struktur dient dem Bürstensaum zum Erhalt seiner Stabilität. Eine aktive Beweglichkeit ist für die Mikrovilli nicht bekannt.

H01
→ **Frage 1.135:** Lösung C

Zu (C): **Aktin**filamente, die auch als so genannte **Mikrofilamente** dem Zytoskelett zugerechnet werden, sind tatsächlich zur Stabilisierung der intestinalen Mikrovilli unter der Basalmembran des Darmepithels lokalisiert. Über das zusätzliche Vorkommen von **Myosin**filamenten entsteht ein kontraktiles System, das auch als „terminal web" bezeichnet wird.

Zu (A): Die bakterielle Geißel, im Vergleich zur analogen Struktur der eukaryontischen Zelle mit einem Durchmesser von nur 10–20 nm erheblich dünner, ist aus dem Protein **Flagellin** aufgebaut.

Zu (B) und (E): **Mikrotubuli** und das ATP-spaltende **Dynein** sind die Proteine, die die Geißeln eukaryontischer Zellen aufbauen. Hierbei sind in hochgeordneter Struktur zwei zentrale Mikrotubuli von insgesamt 9 Doppeltubuli mit angehängten „Dynein-Armen" umgeben, das so genannte „$9 \times 2 + 2$"-Muster. Außerdem sind Mikrotubuli ein Bestandteil des Zytoskeletts und als solche an wichtigen Vorgängen und Strukturen wie Membranfluss, Mitosespindel oder amöboider Zellbewegung beteiligt.

Zu (D): Die Gruppe der **Intermediärfilamente** besteht aus einer Vielzahl unterschiedlicher Proteine, die für jeden Zelltyp spezifisch sind.

Siehe auch Lerntext I.9 „Zytoskelett".

F03
→ **Frage 1.136:** Lösung E

Zu (E): **Villin** ist ein Protein, das jeweils 20–30 Aktinfilamente in einem gastrointestinalen Mikrovillus bündelt und auf diese Weise dessen strukturelle Integrität sichert.

Zu (A): **Laminin** ist ein Glykoprotein der Basalmembranen und dient der Vermittlung von Zell-Zell- und Zell-Matrix-Interaktionen.

Zu (B): **Integrine** kommen an den basalen Membrananteilen von Epithelzellen vor. Sie dienen vor allem zur Herstellung und Erhaltung eines Kontaktes zwischen Zelle und darunter liegender extrazellulärer Matrix (vor allem Aktinfilamente). Darüber hinaus spielen Integrine eine wichtige Rolle bei der Neubildung von Gefäßen (Angiogenese) und bei der Regulation der Leukozytenmigration.

Zu (C): **Fibronectin** ist ein wichtiges Plasmaprotein, das von Leberzellen synthetisiert wird und dessen Funktion durch den angloamerikanischen Namen „**cell attachment factor**" gut charakterisiert wird. Es vermittelt z. B. die Bindung von Fibroblasten an Kollagenfibrillen und ist im Rahmen entzündlicher Vorgänge (Granulationsgewebe) von großer Bedeutung.

Zu (D): **Connexine** sind als integrale Membranproteine am Aufbau des offenen Zellkontaktes (Nexus) maßgeblich beteiligt.

1.14 Bildfragen

F98
→ **Frage 1.137:** Lösung D

Zu (D): **Connexin** ist das Transmembranprotein, das die interzellulären Poren in einem **Nexus** (Gap junction) aufbaut. Dieser offene Zellkontakt ermöglicht eine physiologische Verbindung zwischen benachbarten Zellen und ist mit D gekennzeichnet.

Zu (A) und (C): Die hier bezeichneten Zellkontakte werden als **Tight junction** (A) und **Desmosom** (C) bezeichnet. Es sind in erster Linie Zellverbindungen mit mechanischer Funktion. Connexin kommt in ihnen nicht vor.
Zu (B): Eine neue Kreation des IMPP, die trotz ihrer klaren zeichnerischen Form nicht sicher zuzuordnen ist. Ein Connexin-haltiger Nexus ist es aber sicher nicht.
Zu (E): Man erkennt ein sog. **coated vesicle**, das einem mit Clathrin umhüllten Endosom entspricht und vor allem bei der rezeptorvermittelten Endozytose eine große Bedeutung besitzt.

F89
→ **Frage 1.138:** Lösung B

Abgebildet ist ein rauhes Endoplasmatisches Retikulum. Es ist ein mit Ribosomen besetztes intrazelluläres Membransystem, das für die Synthese von Exportproteinen (Hormone, Enzyme, Kollagen usw.) zuständig ist.
Zu (B): Diktyosomen als Teile des Golgi-Apparats besitzen keine Ribosomen.

F93
→ **Frage 1.139:** Lösung A

Zu (A): Das mit A gekennzeichnete Organell ist das **glatte Endoplasmatische Retikulum**. Es dient u. a. der Synthese von Steroidhormonen und Membranlipiden und besteht aus einem System kommunizierender, von einer Membran umgrenzter Zisternen.
Zu (B): Mit B ist das **rauhe ER** markiert, das der Synthese exportabler Proteine, z. B. Kollagen, dient.
Zu (C): Der Buchstabe C weist im Bild auf ein **sekundäres Lysosom**; die dunklen Einschlüsse zeigen die bereits angelaufene intrazelluläre Verdauung. Die abgebauten Substanzen können von der Zelle phagozytiert sein, oder es handelt sich um zelleigenes Material.
Zu (D): Markiert ist in der Tat ein **Mitochondrium**, das im Rahmen der Atmungskette (= oxidative Phosphorylierung) der ATP-Synthese dient.
Zu (E): Mit E ist ein **Peroxisom** markiert – ein Organell, das mit einer speziellen Ausstattung aus Wasserstoffperoxid bildenden und -spaltenden Enzymen u. a. am Lipidstoffwechsel und am Abbau von Purinen beteiligt ist.

H87
→ **Frage 1.140:** Lösung C

Zu (C): Die ATP-Synthese findet in den Mitochondrien statt. Die abgebildete Struktur ist ein Diktyosom und hat damit nichts zu tun.
Zu (A): Die Gesamtheit aller Diktyosomen wird als Golgi-Feld bezeichnet.

Zu (B) und (D): Diktyosomen besitzen eine Aufnahme-(cis) und eine Abgabe-(trans) Seite. Ihre Aufgabe ist u. a. die enzymatische Modifikation von Exportproteinen (z. B. Drüsensekrete) und deren Verpackung in Transportvesikel.
Zu (E): Ein im rauhen ER synthetisiertes Exportprotein wird in einem abgeschnürten Membranvesikel zur cis-Seite des Diktyosoms transportiert. In verschiedenen Schritten erfolgt die entsprechende Modifikation, z. B. Glykosylierung, Sulfatierung usw.; dabei wird das Reaktionsprodukt über Membranvesikel sukzessive zur trans-Seite überführt, schließlich in ein Transportvesikel verpackt und zur Zellmembran transportiert. Dort wird es durch Verschmelzung von Vesikel- und Zellmembran nach außen freigesetzt.
Die beschriebenen Vorgänge werden mit dem Begriff **Membranfluss** beschrieben und sind nur möglich, da alle biologischen Membranen einen identischen Grundbauplan haben (Fluid mosaic-Modell). Siehe auch Lerntext I.6 „Diktyosomen und Golgi-Apparat".

H95 ■
→ **Frage 1.141:** Lösung C

Zu (C): Das mit C gekennzeichnete Organell ist ein **Sekundärlysosom** und als solches Teil intrazellulärer Verdauungsprozesse. Das am Aufbau von Spindelfasern beteiligte Zentriol ist im Bild nicht vorhanden.
Zu (A): Mit A ist das **glatte Endoplasmatische Retikulum** markiert. Neben der Synthese von Membran-Lipiden dient es in manchen Drüsenzellen der Bildung von Steroidhormonen.
Zu (B): Das mit B gekennzeichnete **rauhe Endoplasmatische Retikulum** dient der Synthese von Exportproteinen und ist daher in sekretorischen Zellen besonders stark ausgebildet (z. B. Antikörper produzierende Plasmazellen).
Zu (D): **Mitochondrien** (mit D markiert) sind die „Kraftwerke der Zelle". Metabolisch oder mechanisch hoch aktive Zellen haben einen hohen Energiebedarf und daher eine große Zahl an Mitochondrien.
Zu (E): Runde Organellen mit kristalloider Binnenstruktur werden als **Peroxisomen** oder **Microbodies** bezeichnet. Ihr Leitenzym ist die Katalase, die Wasserstoffperoxid (H_2O_2) in Sauerstoff und Wasser spaltet. Peroxisomen kommen besonders zahlreich in Nieren- und Leberzellen vor.

H00
→ **Frage 1.142:** Lösung C

Auch dieses transmissionselektronenmikroskopische Bild ist aus vergangenen Physika bekannt; die Fragenkombination ist neu.

1 Allgemeine Zellbiologie, Zellteilung und Zelltod

Zu (C): Der Buchstabe C bezeichnet in der Abbildung zwei **Mitochondrien**, die als die so genannten „Kraftwerke der Zelle" unter anderem die Enzyme der Energie liefernden Atmungskette erhalten. Oxidasen und Katalase sind Leitenzyme der **Peroxisomen**, die in der Abbildung nicht markiert sind.
Zu (A): Hier sind zwei **Lysosomen** dargestellt, die durch ihre enzymatische Ausstattung mit verschiedensten hydrolytischen Enzymen der intrazellulären Verdauung dienen.
Zu (B): Das markierte **Diktyosom** als funktionelle Einheit des Golgi-Apparates wird als wichtiges Organell intrazellulärer Um- und Abbauprozesse in eine Aufnahmeseite (cis) und eine Abgabeseite (trans) unterteilt.
Siehe Lerntext I.6 „Diktyosomen und Golgi-Apparat".
Zu (D): Biochemische Veränderungen exportabler Proteine finden in dem mit D bezeichneten rauhen Endoplasmatischen Retikulum (**rER**), aber zu einem großen Teil auch im bereits erwähnten Golgi-Apparat statt.
Zu (E): Das hier markierte glatte Endoplasmatische Retikulum (**sER**) dient als intrazellulärer Ionenspeicher (insbesondere als Sarkoplasmatisches Retikulum in Muskelzellen), aber auch als Syntheseort von Steroidhormonen oder zur intrazellulären Entgiftung von Schadstoffen.

→ **Frage 1.143:** Lösung A

Das mit A gekennzeichnete **Diktyosom** ist ein funktioneller Bestandteil des Golgi-Apparats, der u. a. der enzymatischen Modifikation von Exportproteinen (aus dem rauhen ER) und ihrer Verpackung in Transportvesikel dient.

→ **Frage 1.144:** Lösung C

Buchstabe C weist auf ein **Mitochondrium**, das u. a. der Energieerzeugung in Form von ATP im Rahmen der Atmungskette dient.

→ **Frage 1.145:** Lösung B

Mit B ist das **glatte ER** markiert, dessen Funktionen u. a. die Synthese von Steroidhormonen und Membranlipiden umfassen.

→ **Frage 1.146:** Lösung E

Das **Desmosom** (Buchstabe E) ist ein direkter Zellkontakt, der über eine fleckförmige Verbindung der Membranen zweier benachbarter Zellen durch interzelluläre Glykoproteine vor allem der Stabilität der Zellen im Gewebeverband dient.

→ **Frage 1.147:** Lösung D

Der mit D bezeichnete **Nukleolus** ist Ort der Entstehung neuer Ribosomen.

→ **Frage 1.148:** Lösung E

Mit E ist ein **Endozytose**-Vorgang markiert, d. h. Aufnahme von festen (Phagozytose) oder gelösten Stoffen (Pinozytose) über Membranvesikel.

→ **Frage 1.149:** Lösung A

Primäre Lysosomen werden vom Golgi-Apparat abgeschnürt und enthalten hydrolytische Enzyme für intrazelluläre Verdauungsprozesse.

→ **Frage 1.150:** Lösung B

Zellsekrete werden im Golgi-Apparat in **Sekretvesikel** verpackt, danach zum Plasmalemma transportiert und geben ihren Inhalt durch Verschmelzung der Membranen nach außen ab.

→ **Frage 1.151:** Lösung A

Pinozytose ist die Aufnahme gelöster Substanzen durch das Einschließen in Membranvesikel.

→ **Frage 1.152:** Lösung D

In **Autolysosomen** wird zelleigenes Material, z. B. überalterte Mitochondrien, abgebaut.

F96
→ **Frage 1.153:** Lösung A

Zu (A): Die mit A markierte Struktur ist ein sog. **coated vesicle**, ein Endozytose-Vesikel, das von einem speziellen Proteinmantel aus Clathrin umgeben ist. Coated vesicles entstehen bei der rezeptorvermittelten Endozytose.
Zu (B) und (C): Der **Golgi-Apparat** ist polar aufgebaut. Man unterscheidet die konvexe Aufnahme- oder cis-Seite (C) von der konkaven Abgabe-(trans-)Seite (B).
Zu (D): Das mit D markierte Organell ist ein Lysosom, in dessen Inneren man ein Mitochondrium und eine Zisterne des rauhen Endoplasmatischen Retikulums erkennt. Es handelt sich also um den Abbau zelleigener Substanz in einem **Autophagolysosom**.
Zu (E): Die von außen aufgenommenen Partikel sind in einem Endozytosevesikel eingeschlossen, das dann mit zahlreichen Lysosomen unter Bildung eines **Endosoms** verschmilzt. Hier findet der enzymatische Abbau der aufgenommenen Stoffe statt.

H99 F99 H97 ■ ■
→ **Frage 1.154:** Lösung A

Zu (A): Die Synthese von cAMP wird durch das membranständige Enzym Adenylatzyklase katalysiert – eine Struktur, die auf einem mikroskopischen Bild nicht sichtbar ist.
Zu (B): Das glatte Endoplasmatische Retikulum, in der Zeichnung das untere X der linken Seite, ist Ort vielfältiger biochemischer Umbauprozesse. Unter anderem werden hier toxische Substanzen und Arzneimittel abgebaut. Neben einer Detoxifikation gibt es jedoch auch Stoffe, die hier erst zu schädlichen Substanzen umgebaut werden, sog. Giftung.
Zu (C): ATP als hauptamtlicher Energieträger der Zelle wird in den Mitochondrien synthetisiert – markiert mit dem oberen X am rechten Bildrand.
Zu (D): Ribosomale Untereinheiten werden im Nukleolus gebildet, dargestellt im Inneren des Zellkerns.
Zu (E): Alle genannten Substanzen sind sog. Exportproteine, d. h. sie werden in der Zelle synthetisiert und anschließend nach außen abgegeben. Die Synthese erfolgt im rauhen Endoplasmatischen Retikulum, markiert mit dem X rechts unten.

H00 ■
→ **Frage 1.155:** Lösung C

Eine aus vielen vorangegangenen Physikumsprüfungen bekannte Zeichnung, die immer wieder mit verschiedenen Fragekombinationen vom IMPP verwendet wird.
Zu (C): Die Rezeptor-vermittelte Endozytose ist in der Abbildung an der rechts oben liegenden Zellmembran dargestellt, jedoch nicht mit einem X markiert. Dieser Prozess der hochselektiven Stoffaufnahme in die Zelle geht mit der Bildung sog. **coated vesicles**, von einem Gitternetz aus dem Strukturprotein Clathrin umhüllter Endozytosebläschen einher und ist z.B. für die Aufnahme von LDL-Cholesterin in die Leberzelle von großer physiologischer Bedeutung.
Zu (A): **Autophagozytose** bezeichnet den lysosomalen Abbau zelleigenen Materials, der an der linken Seite mit dem oberen X gekennzeichnet ist. Man erkennt deutlich Reste eines Mitochondriums und einer Zisterne von rER innerhalb des Autophagolysosoms.
Zu (B): Mit dem Begriff „Detoxifikation von Fremdstoffen" ist die chemische Umsetzung von Arzneimitteln oder anderen Substanzen im glatten Endoplasmatischen Retikulum (X links unten) gemeint.
Zu (D): Auch die Synthese von Steroidhormonen gehört zu den Aufgaben des glatten ER, das auf der Zeichnung links unten markiert ist.

Zu (E): Untereinheiten der Ribosomen werden im **Nukleolus** gebildet, einer lokalen Chromatin-Verdichtung im Interphase-Zellkern, die mit dem mittleren X am rechten Bildrand bezeichnet ist.

1.15 Zellzyklus und Zellteilung (Mitose)

I.10 Zellzyklus

Verschiedene Phasen wechselnder Stoffwechselaktivität mit dazwischen liegenden Teilungen einer Zelle werden mit dem Begriff **Zellzyklus** beschrieben. Der mitotischen Zellteilung folgt die G_1-Phase (G vom englischen gap = Lücke), in der die Zelle eine rege Proteinbiosynthese zeigt. Die darauf folgende **S-Phase** (S von Synthese) dient der DNA-Replikation. Nach einer sehr kurzen G_2-Phase folgt dann die erneute Zellteilung, womit der Kreislauf geschlossen ist. Stellt eine Zelle ihre mitotische Aktivität ein, tritt sie in die sog. G_0-Phase ein.

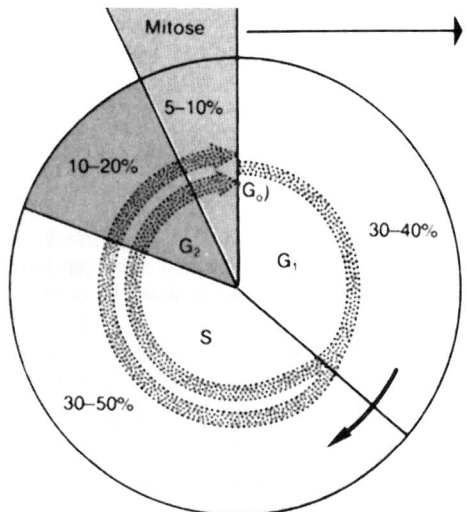

Abb. 1.3 Interphasedauer im Zellzyklus (aus: Vogel, G., Angermann, H.: Taschenatlas der Biologie, Band 1, 5. Aufl., Thieme, Stuttgart, 1990)

Klinischer Bezug
Maligne Tumoren sind in der Regel durch eine hohe Teilungsrate gekennzeichnet. Bei dem Einsatz der Chemotherapie macht man sich genau dieses Phänomen zunutze, da die Medikamente besonders solche Zellen beeinflussen, die sich in der Proliferation befinden. Zellen innerhalb der G_0-Phase, z. B. gesundes Nerven- oder Muskelgewebe, werden hiervon nicht geschädigt. Darüber hinaus wirken viele Chemo-

1 Allgemeine Zellbiologie, Zellteilung und Zelltod

therapeutika streng Zellzyklus-abhängig, d. h. sie schädigen oder blockieren bevorzugt Zellen in einer bestimmten Lebensphase.
Durch diese Tatsache erklärt sich aber auch das Nebenwirkungsprofil zahlreicher Chemotherapeutika. Die Beeinflussung physiologisch schnell wachsender Gewebe wie Haarfollikel oder Magen-Darm-Schleimhaut führt zu den bekannten Nebenwirkungen wie Haarausfall oder Übelkeit und Erbrechen.

F02
→ **Frage 1.156:** Lösung A

Zu **(A)**: Außerhalb der Zellteilung befinden sich Zellen im Stadium der **Interphase**. Sie zeigen einen mehr oder weniger intensiven Stoffwechsel, bauen Strukturproteine auf und nehmen an den jeweiligen organspezifischen Funktionen teil. Während dieser Zeit erfordert der hohe Stoffwechsel eine geregelte **Genexpression**, d. h. die Zellen synthetisieren spezifische Proteine auf der Basis der chromosomalen Gene. Für diese Genexpression muss der entsprechende Abschnitt der DNA im unspiralisierten Zustand vorliegen, damit eine problemlose Ablesung der Erbinformation gewährleistet ist. Die Kondensation (oder Spiralisierung) der Chromosomen in ihre Transportform ist für die mitotische oder meiotische Zellteilung eine wichtige Voraussetzung.
Zu **(B)**: Zellen, die ihre Teilungsfähigkeit einstellen, scheren aus dem regulären Zellzyklus aus und treten in die sog. G_0-Phase ein.
Zu **(C)** und **(D)**: In der S-Phase (S wie Synthese) wird zur Vorbereitung auf die Zellteilung die Gesamtmenge der Erbinformation verdoppelt. Nach beendeter DNA-Replikation besteht jedes Chromosom aus zwei identischen Schwesterchromatiden.
Zu **(E)**: Die sehr kurze G_2-Phase ist der Zellteilung unmittelbar vorgeschaltet. In ihr finden letzte Vorbereitungen auf den eigentlichen Teilungsprozess statt.
Siehe Lerntext I.10 „Zellzyklus".

■■
→ **Frage 1.157:** Lösung C

Zu **(C)**: Die DNA-Replikation findet in der S-Phase statt, die der G_1-Phase nachgeschaltet ist.
Zu **(A)**, **(B)**, **(D)** und **(E)**: Proteinbiosynthese und das damit verbundene Zellwachstum sind die Hauptmerkmale der G_1-Phase.

F02 H99 H97 ■■
→ **Frage 1.158:** Lösung C

Zu **(A)**, **(B)** und **(C)**: Ein haploider Chromosomensatz existiert nur in der meiotischen Keimzelltei-

lung. Mit G_1 (G für *gap*, engl. = Lücke) bezeichnet man den ersten Abschnitt der Interphase **nach der Zellteilung**, in dem vor allem die Genexpression mit **Proteinbiosynthese** und **Zellwachstum** abläuft.
Zu **(D)**: Die **Replikation der DNA**, deren Resultat die Bildung der zweiten Chromatide eines jeden Chromosoms ist, findet erst in der **Synthese-Phase** statt, die auf die G_1-Phase folgt.
Zu **(E)**: Stellt eine Zelle ihre mitotische Teilungsaktivität ein, spricht man von der G_0-Phase. Dieses Stadium findet man vor allem bei ausdifferenzierten Körperzellen, z. B. Neuronen oder Skelettmuskelzellen.
Siehe Lerntext I.10 „Zellzyklus".

F03 ■■
→ **Frage 1.159:** Lösung E

Zur Beantwortung dieser Frage ist die Kenntnis der einzelnen Phasen des Zellzyklus wichtig (siehe auch Lerntext I.10 „Zellzyklus"). In diesem Zyklus folgt die biosynthetisch aktive G_1-Phase der Zellteilung (Mitose oder Meiose), bevor in der ähnlich langen **S-Phase** die Verdopplung des genetischen Materials als Vorbereitung auf eine nächste Teilung stattfindet. Unmittelbar vor dieser **Zellteilung** durchläuft die Zelle die kurze G_2-Phase.
Die im Fragetext angegebene DNA-Menge „2 C" ist nicht üblich, meint aber wohl das Vorhandensein eines diploiden Chromosomensatzes mit jeweils einer Chromatide pro Chromosom, wie das in einer G_1-Phase auch typisch ist. Vor Eintritt in die Zellteilung ist das genetische Material in der S-Phase verdoppelt worden, somit beträgt der DNA-Gehalt „4 C". Bei Eintritt in die Metaphase der 1. meiotischen Teilung ist die sich teilende Zelle noch als Einzelzelle vorhanden, der Chromosomensatz ist noch nicht auf zwei Tochterzellen verteilt.
Deshalb ist „4 C" die gesuchte Antwort (E).

F04
→ **Frage 1.160:** Lösung D

Eine eigentlich recht einfache Frage, deren Lösung aber das sehr genaue Lesen des Fragentextes erfordert. Gefragt ist nach dem reinen DNA-Gehalt (= Menge), nicht nach irgendwelchen Ploidiegraden. Außerdem hat die gefragte Tochterzelle die zweite meiotische Teilung (Äquationsteilung) noch nicht abgeschlossen, sondern befindet sich noch in deren Metaphase.
Zur Lösung führt folgende Überlegung: Nach der G1-Phase folgt im **Zellzyklus** die S-Phase, in der die Zelle zur Vorbereitung auf eine Teilung ihren Chromosomensatz (und damit ihren DNA-Gehalt) verdoppelt – aus 2 C wird dann also 4 C.
Tritt diese Zelle nun in eine Meiose ein, so werden in der ersten meiotischen (Reduktions-) Teilung

die homologen Chromosomen voneinander getrennt. Bezogen auf den gesamten DNA-Gehalt wird daher aus 4 C wieder 2 C. Nun tritt die Zelle in die zweite meiotische Teilung ein, die sie aber zum gefragten Zeitpunkt (!) noch nicht abgeschlossen hat – damit bleibt es bei dem DNA-Gehalt 2 C. Nur (D) ist richtig.

→ **Frage 1.161:** Lösung C

Die DNA-Replikation findet in der S-Phase statt.

H04
→ **Frage 1.162:** Lösung D

Fragen zum Zellzyklus sind sehr häufig.
Zu (D): Innerhalb des Zellzyklus ist die S-Phase der Mitose vorgeschaltet, nur unterbrochen von der kurzen G_2-(Ruhe-)Phase. Da **Chromosomen** eine komplexe Struktur aus **DNA-Doppelhelix** und basischen Proteinen, den **Histonen** bilden, müssen natürlich neben der Verdopplung der Erbsubstanz auch genügend Histone zur Verfügung stehen, bevor sich die Zelle teilen kann. Die Histon-Synthese ist daher auch ein wichtiger Bestandteil der S-Phase.
Zu (A)–(C) und (E): Alle genannten Vorgänge finden in der **Prophase** von Mitose und 1. Teilungsphase der Meiose statt, sind somit der S-Phase nachgeschaltet.
Siehe Lerntext I.10 „Zellzyklus".

→ **Frage 1.163:** Lösung C

Zu (C): Die Chromosomen werden erst in der Prophase der Mitose/Meiose sichtbar.
Zu (A) und (B): Die G_2-Phase liegt als „Pause" mit reduziertem Stoffwechsel zwischen S-Phase und Mitose.
Zu (D): Etwaige DNA-Defekte, die in der vorausgegangenen S-Phase aufgetreten sind, werden durch hocheffektive Kontroll- und Reparaturenzyme erkannt und beseitigt. Dies ist die Grundlage der enorm niedrigen Frequenz von Spontanmutationen unseres Erbgutes.

F04
→ **Frage 1.164:** Lösung E

Der Begriff der **Zytokinese** bezeichnet die (symmetrische oder asymmetrische) Durchschnürung einer Zelle in der Endphase ihrer Teilung, aus der dann die beiden Tochterzellen hervorgehen.
Zu (E): Die **Telophase** ist das letzte Stadium der Zellteilung, bei der sich die neuen Kernhüllen bilden und sich die Chromosomen entspiralisieren. Überschneidungen mit der Zytokinese sind hier am wahrscheinlichsten.

Zu (A) und (B): **S-Phase** und G_2-**Phase** sind Stadien, die der Zellteilung vorgeschaltet sind. Überschneidungen mit der Zytokinese sind daher zu diesen Zeitpunkten nicht möglich.
Zu (C): In der **Prophase** als dem ersten Stadium der Zellteilung kommt es zur Kondensation der Chromosomen, Verdopplung der Zentriolen, Entstehung des frühen Spindelapparates und schließlich zur Auflösung der Kernhülle. Da die Zytokinese aber erst am Ende der Teilung erfolgt, ist die Überschneidung mit der Prophase nicht möglich.
Zu (D): In der **Metaphase** bilden sich bereits erste Ansammlungen von Mikrofilamenten auf Höhe der Äquatorialebene. Auf diese Weise wird die spätere Stelle der Zytokinese festgelegt – als eine echte Überschneidung im Sinne der Fragestellung kann das aber nicht bezeichnet werden.
Siehe auch Lerntexte I.10 „Zellzyklus" und I.11 „Mitose".

I.11 Mitose

Die mitotische Teilung dient der Entstehung von Tochterzellen mit gleich bleibender Chromosomenanzahl. Damit ein **diploider Chromosomensatz (2n)** der elterlichen Zelle auch in den Tochterzellen diploid bleibt, wird vor der Mitose die DNA repliziert. Aus einem Chromosom = einer Chromatide wird ein Chromosom mit zwei Chromatiden, die jeweils identische Kopien der Erbinformation darstellen.
Die Mitose selbst verläuft in vier Phasen, denen jeweils charakteristische funktionelle und morphologische Zellstadien zugeordnet werden können:

1. Prophase
In dieser ersten Phase der Mitose werden die Chromosomen sichtbar. Sie bestehen (seit der S-Phase) aus je zwei Chromatiden. Kernhülle und Nukleolen lösen sich auf. Die Zentriolen wandern zu zwei gegenüberliegenden Zellpolen und legen somit die spätere Teilungsebene fest. Der **Spindelapparat** wird aufgebaut.

2. Metaphase
Die Chromosomen werden maximal spiralisiert (Transportform) und lagern sich in der **Äquatorialebene** der Zelle zusammen. Die Spindelfasern setzen an jedem Chromosom im Verbindungsbereich der Chromatiden (sog. Zentromer) an und unterstützen die exakte räumliche Anordnung.

3. Anaphase
In dieser recht kurzen Phase werden die Chromosomen in ihre Chromatiden getrennt, die durch Verkürzung der Spindelfasern zu den Zellpolen gezogen werden.

4. Telophase
Am Ende der Mitose werden die Chromosomen (die jetzt aus jeweils einer Chromatide beste-

hen!) wieder entspiralisiert und von einer neu gebildeten Kernmembran eingeschlossen. Jetzt erfolgt auch die **Zytokinese**, die eigentliche Teilung der Zelle durch Einschnürung und Neubildung einer Zellmembran im Bereich der Äquatorialebene.
Anmerkung: Bei der **Endomitose** fehlen Ausbildung des Spindelapparats, Auflösung der Kernmembran und Zytokinese. Folge der Endomitose ist daher eine Zelle mit verdoppeltem (allg. vervielfachtem) Chromosomensatz.

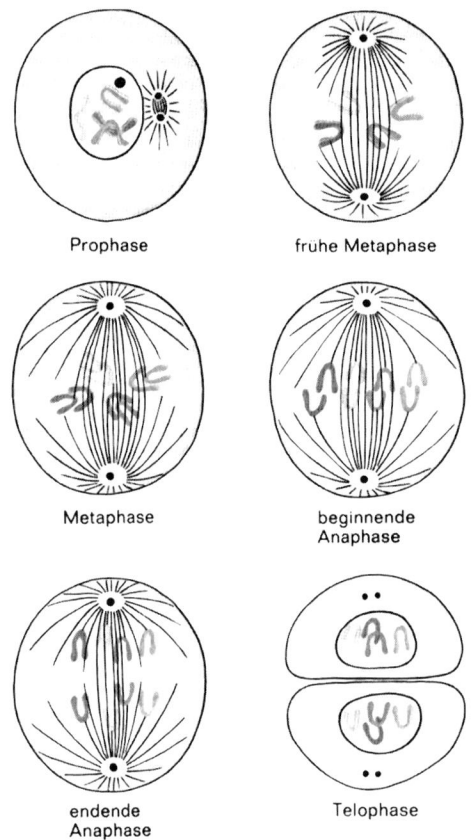

Abb. 1.4 Indirekte Kernteilung (Mitose) (aus: Vogel, G., Angermann, H.: Taschenatlas der Biologie, Band 1, 5. Aufl., Thieme, Stuttgart, 1990)

→ **Frage 1.165:** Lösung A

Zu (A): Bei der Teilung der Keimzellen (Meiose) wird der diploide Chromosomensatz auf einen haploiden Satz halbiert (vgl. Lerntext I.13 „Meiose und zeitlicher Ablauf der Keimzellreifung").
Zu (B): Der Verlust eines Chromosoms ist nicht ausgleichbar.
Zu (C): Die Differenzierung von Zellen erfolgt nicht durch die Mitose, sondern durch regulierte und zeitlich abgestimmte Expression ganz bestimmter Gene, sog. differenzielle Genexpression.
Zu (D): Die DNA-Synthese ist in der S-Phase vor der Mitose abgeschlossen.
Zu (E): Die Verteilung der Organellen auf beide Tochterzellen verläuft rein zufällig und ist in keiner Weise reguliert.

F97 F93 ■
→ **Frage 1.166:** Lösung B

Zu (B): Die DNA muss natürlich schon vor der Mitose repliziert (= verdoppelt) werden, da ja sonst beide Tochterzellen nur den halben Bestand an Erbinformationen erhalten würden.
Zu (A): In der sog. **Transportform** liegen die Chromosomen im Zustand maximaler Kondensation („aufgeknäuelt") vor.
Zu (C): Die Auflösung der Kernmembran während der Prophase ist eine wichtige Voraussetzung für den reibungslosen Ablauf der Mitose.
Zu (D): Die zwei genetisch identischen Schwesterchromatiden eines jeden Chromosoms werden in der Anaphase voneinander getrennt und zu gleichen Teilen auf die prospektiven Tochterzellen verteilt.

→ **Frage 1.167:** Lösung D

Zu (D): Die Proteinsynthese-Aktivität der Zelle ist in der Interphase, besonders der G_1-Phase, maximal.

→ **Frage 1.168:** Lösung A

Zu (A): Das Zentromer ist die Verknüpfungsstelle der beiden Schwesterchromatiden eines Chromosoms. An diesem Punkt setzt die Mitosespindel an und trennt in der Anaphase beide Chromatiden voneinander.

→ **Frage 1.169:** Lösung C

Zu (2), (3) und (4): Die Bildung von zwei Chromatiden als identische Kopien eines Chromosoms läuft durch DNA-Replikation in der S-Phase der Intermitose ab. Während der folgenden Stadien, G_2-Phase, Prophase und Metaphase, bleibt das Chromosom in dieser Form bestehen, bevor es in seine zwei Schwesterchromatiden getrennt wird.
Erschwert wird diese Frage durch Einfügen von Begriffen aus der Meiose. Bei dieser Zellteilung werden in einem ersten Schritt die homologen Chromosomen (mit je zwei Chromatiden) voneinander getrennt. Erst in der Anaphase des zweiten Teilungsschritts erfolgt die Auftrennung in die Schwesterchromatiden.

1.15 Zellzyklus und Zellteilung (Mitose)

F00 F95 ■ ■
→ **Frage 1.170:** Lösung C

Zu (C): Die DNA-Replikation findet in der **S-Phase** statt. dieser Abschnitt liegt im Zellzyklus zeitlich vor der Zellteilung, zu der bekanntlich die Prophase gehört.
Siehe Lerntext I.10 „Zellzyklus".
Zu (A): Die in der S-Phase verdoppelte Erbinformation erscheint in der Zellteilung in Form der zweischenkligen Chromosomen. Beide Schenkel, die sog. Chromatiden, enthalten also die identische genetische Information. Bei der Mitose wird diese Information durch exakte Trennung in der Mitte zu gleichen Teilen auf beide Tochterzellen verteilt.
Zu (B), (D) und (E): Die **Zentromere** sind die einzige Verbindungsstelle beider Chromatiden. Sie dienen als Anheftungspunkt der Spindelfasern, die die Chromatiden zu Beginn der Anaphase auseinander ziehen. Chromosomenfehlverteilungen sind häufig Folge defekter Zentromere. Kommt es zu keiner echten Trennung der Chromatiden, so gelangt in der zweiten Reifeteilung der Meiose das komplette Chromosom (aus zwei Chromatiden bestehend) in eine Tochterzelle, sog. **sekundäre Nondisjunction**. Auch bei mutationsbedingtem Verlust der Zentromere können die Chromatiden nicht ordnungsgemäß auf beide Tochterzellen verteilt werden.

→ **Frage 1.171:** Lösung D

Zu (D): Metaphasechromosomen sind maximal spiralisiert und können daher am besten lichtmikroskopisch untersucht werden.

F99
→ **Frage 1.172:** Lösung C

Zu (C): Die G$_1$-Phase des Zellzyklus ist der Mitose unmittelbar nachgeschaltet; die Zelle zeigt in dieser Phase die höchste Aktivität der Proteinbiosynthese. Chromosomen sind jedoch ausschließlich während der Mitose/Meiose sichtbar.
Siehe Lerntext I.10 „Zellzyklus".
Zu (A): In jeder Phase des Zellzyklus bestehen menschliche Chromosomen aus DNA und verschiedenen Proteinen. Diese dienen dem Strukturerhalt sowie dem Schutz vor enzymatischem Abbau durch Nukleasen.
Zu (B), (D) und (E): Bei jeder Zellteilung sind die Chromosomen maximal spiralisiert (D), sog. Transportform. Im Mikroskop sind die Chromosomen, die aus zwei Chromatiden bestehen (B), als X-förmige Strukturen erkennbar. Am Zentromer, dessen Lage ein wichtiges Kriterium zur Klassifikation der menschlichen Chromosomen in verschiedene Gruppen ist, sind beide Chromatiden aneinander geheftet (E).

→ **Frage 1.173:** Lösung A

Zu (4): In der Metaphase ordnen sich die Chromosomen in der Äquatorialebene an; eine Kernmembran ist zu diesem Zeitpunkt nicht mehr vorhanden, da sie sich in der Prophase aufgelöst hat.
Zu (2): Bei der humangenetischen Chromosomenanalyse wird ein sog. **Karyogramm** angefertigt. Hierzu werden die 46 Chromosomen nach verschiedenen Merkmalen in Gruppen zusammengefasst und jeweils zu Paaren homologer Chromosomen geordnet.

F01 F98 F93 ■
→ **Frage 1.174:** Lösung B

Zu (B): Colchizin, das Alkaloid der Herbstzeitlosen, wirkt über die Polymerisationshemmung von Mikrotubuli als sog. Spindelgift. Somit verhindert es das „Auseinanderziehen" der Chromosomen in der Anaphase der Zellteilung, die in der Metaphasenplatte arretiert bleiben und so lichtmikroskopisch einfach untersucht werden können.
Alle anderen Antworten sind falsch. Von klinischer Bedeutung ist ein „Verkleben" der Chromatiden, was zu einer Ungleichverteilung der Chromosomen in den Tochterzellen und somit zu einer Tri- bzw. Monosomie führen kann.

H05
→ **Frage 1.175:** Lösung D

Zu (D): Das Alkaloid **Vincristin** wird klinisch als Zytostatikum bei der Behandlung verschiedenster maligner Tumoren, z. B. bei Mammakarzinomen, Leukämien oder malignen Lymphome eingesetzt. Es wirkt als Mitosehemmer durch eine feste Bindung an Tubulin-Monomere, die dadurch nicht mehr zu einem vollständigen Mikrotubulus polymerisieren können. Damit wird die Ausbildung einer Mitosespindel unmöglich gemacht. Wie viele „Antibiotika", zu denen auch Zytostatika gehören, wirkt Vincristin v. a. auf Zellen, die sich in der aktiven Teilung – also in der M-Phase – befinden.
Zu (A), (B), (C) und (E): Alle hier genannten Abschnitte des Zellzyklus sind durch zelluläre Stoffwechselaktivität gekennzeichnet – es werden hier aber kaum Funktionen unter Beteiligung von Mikrotubuli benötigt, weshalb Vincristin und andere sog. Spindelgifte nicht wirksam sind.

F93
→ **Frage 1.176:** Lösung C

Zu (2) und (4): **Stammzellen** haben die Aufgabe, über einen langen Zeitraum (und manchmal heißt das lebenslang) eine Zellsorte „nachzuliefern", die einem erhöhten Verbrauch unterliegt. Dies sind im Körper die sog. **Wechselgewebe**, zu denen das Stratum germinativum der Haut, aber auch die

1 Allgemeine Zellbiologie, Zellteilung und Zelltod

Blut-Stammzellen oder Stammzellen der Darmschleimhaut gehören. Damit dieser Zellersatz stets gleich bleibend verläuft, zeigen die Stammzellen eine sog. **differenzielle Zellteilung**. Hierbei entsteht nur eine sich differenzierende Tochterzelle. Die zweite Zelle verbleibt als undifferenzierte Stammzelle zurück und kann sich erneut teilen.
Zu (1): Die G_0-Phase ist durch eine völlig eingeschränkte Teilungsaktivität charakterisiert.
Zu (3): Lebenslange Existenz undifferenzierter Stammzellen ist die Voraussetzung einer physiologischen Regeneration.

→ Frage 1.177: Lösung D

Zu (D): **Metaplasie** ist eine **fehlgeleitete Differenzierung** von Zellen. Es kommt dabei zum Auftreten von Zellen, die nicht in das betreffende Gewebe gehören. Die Metaplasie ist häufig auf äußere Einflüsse zurückzuführen. Beispiel: Plattenepithel-Metaplasie innerhalb des Flimmerepithels der Trachea und Bronchien bei starken Rauchern.
Zu (E): Ein **Blastem** ist ein Gewebe, das aus Stammzellen besteht.

H97 F95 ■
→ Frage 1.178: Lösung C

Zu (1), (2) und (3): **Differenzielle Zellteilung** kommt bei gering differenzierten Zellen vor, deren Aufgabe die „Nachlieferung" von gewebstypischen, ausdifferenzierten Zellen ist. Eine der beiden durch Mitose entstehenden Zellen entwickelt sich zur funktionsspezifischen, ausdifferenzierten Zelle. Die andere bleibt undifferenziert zurück, um sich erneut zu teilen.
Dieser Vorgang ist typisch für Gewebe, die einen hohen Zellumsatz zeigen. Dazu gehören u. a. die Zellen der Spermatogenese (1), das Stratum basale der Epidermis (2) und die Zellen der Blutbildung (3).
Zu (4): Leberzellen sind ausdifferenzierte und funktionell spezialisierte Zellen, die keine differenziellen Teilungen zeigen. Zwar gibt es auch (und gerade) in der Leber erstaunliche Regenerationsleistungen, die Teilung einer Leberzelle führt aber immer zu zwei gleichwertig differenzierten Zellen. Undifferenzierte Zellen kommen nicht vor.

H98 H96
→ Frage 1.179: Lösung A

Zu (1): Ein **Blastem** ist ein Gewebe aus **Stammzellen**. Das Stratum basale unserer Haut ist die unterste Schicht der Epidermis und dient der Regeneration der Haut. Es enthält – neben den pigmenthaltigen Melanozyten – die Stammzellen der Keratinozyten, die die darüber liegenden Schichten der Epidermis aufbauen.

Zu (2): Eine hohe Zahl mitotisch aktiver Zellen ist Voraussetzung für die ausreichende Nachlieferung von Zellen für ein Gewebe, das durch starke mechanische Beanspruchung einen hohen Zellverlust in den obersten Schichten zeigt.
Zu (3): **Differenzielle Zellteilung** bedeutet, dass sich nur eine der beiden in einer Zellteilung entstehenden Tochterzellen zur typischen Zelle des jeweiligen Gewebes differenziert. Die andere verbleibt als undifferenzierte Stammzelle im Gewebe und dient der weiteren Regeneration.
Zu (4): In der Haut ist nur die obere Schicht, das **Stratum corneum**, verhornt. Es besteht aus abgestorbenen Zellen, die im Laufe ihrer Differenzierung „Keratin-Granula" in sich angehäuft haben und auf diese Weise eine äußere, relativ dichte und mechanisch widerstandsfähige **Schutzschicht** bilden.
Zu (5): Das Stratum basale gehört zur Sorte der **Epithelgewebe** und ist **nicht durchblutet**.

→ Frage 1.180: Lösung C

Das Wachstum einer Zelle findet zum überwiegenden Anteil in der G_1-Phase der Interphase statt. Zu dieser Zeit ist die Proteinbiosynthese der Zelle maximal aktiviert und vergrößert den intrazellulären Proteingehalt.

F95 ■ ■
→ Frage 1.181: Lösung B

Zu (B): **Hyperplasie** ist die Volumenzunahme eines Gewebes durch Zunahme der Zellzahl. Dies ist der typische Vorgang beim normalen Wachstum eines Organs.

F95 ■ ■
→ Frage 1.182: Lösung C

Zu (C): **Hypertrophie** steht für Volumenzunahme durch Vergrößerung der einzelnen Zellen eines Gewebes oder Organs. Typisches Beispiel ist die Größenzunahme eines Skelettmuskels durch Training.
Zu (A): = Regeneration.
Zu (D): = Metaplasie.

H99 ■ ■
→ Frage 1.183: Lösung C

Nahezu identische Fragen zu den Stichworten Hypertrophie, Hyperplasie oder Metaplasie mit unterschiedlichen Antwortmöglichkeiten kamen in den Examina H94, H95 und H97 vor.
Zu (C): **Hypertrophie** steht für die Volumenzunahme eines Gewebes durch Größenwachstum der einzelnen Zellen; z. B. trainierter Skelettmuskel.
Zu (A): Die Entstehung vielkerniger, **polyploider** Zellen über Endomitosen (DNA-Replikation ohne nachfolgende Zellteilung) führt in manchen Organen zu einer zunehmenden Stoffwechselaktivität; z. B. Leberzellen.

1.15 Zellzyklus und Zellteilung (Mitose)

Zu (B): Die Volumenzunahme eines Gewebes durch Vervielfachung der Zellzahl wird als **Hyperplasie** bezeichnet; z. B. Organwachstum.
Zu (D): Beschrieben ist der Prozess der **Metaplasie**, die eine fehlgeleitete Zelldifferenzierung darstellt und häufig als Folge einer chronischen Exposition gegenüber verschiedensten exogenen Schadstoffen auftritt; z. B. Umwandlung des trachealen Flimmerepithels in Plattenepithel bei chronischem Nikotinabusus.
Zu (E): Bei Ausfall der zellulären Kontaktinhibition im Rahmen des **Tumorwachstums** kann es zur Verschleppung von Tumorzellen über den Blut- oder Lymphweg kommen, ein charakteristischer Vorgang bei der Metastasierung.

H95 ■
→ **Frage 1.184:** Lösung C

Zu (C): **Hyperplasie** ist die Volumenzunahme eines Gewebes durch Zunahme der Zellzahl.
Zu (A): **Endomitose** ist die Vermehrung der Erbinformation ohne nachfolgende Zellteilung, was zu einer erhöhten Stoffwechselaktivität der Zelle führen kann, z. B. polyploide Leberzelle.

I.12 Metaplasie

Die ursprüngliche Differenzierung einer Zellpopulation kann sich durch eine Vielzahl von äußeren Einflüssen ändern. Vor allem bei langfristiger Exposition gegenüber Schadstoffen führen chronische Entzündungsreaktionen zu einer veränderten Genexpression in Stammzellen, sodass Morphologie und Funktion der daraus entstehenden Zellen erheblich von der Ausgangssituation abweichen. Diesen Vorgang, der grundsätzlich reversibel ist, bezeichnet man als Metaplasie. Im Gegensatz dazu bezeichnet der Ausdruck Anaplasie die irreversible Umwandlung einer Gewebeart in eine andere.

Klinischer Bezug

Das Entstehen verschiedener Karzinome als maligne Tumoren von Epithelgewebe wird durch die Sequenz „Metaplasie – Dysplasie – Karzinom" beschrieben; derartige Metaplasien sind als Präkanzerosen zu bewerten. Die Entstehung eine Karzinoms, z. B. im distalen Ösophagus nach intestinaler Metaplasie des auskleidenden Plattenepithels (Barret-Ösophagus) durch eine chronische Reflux-Ösophagitis, hat große klinische Relevanz. Ein weiteres Beispiel metaplastischer Gewebsveränderungen als Ursache maligner Tumoren ist die Entwicklung eines Bronchialkarzinoms in den tiefen luftleitenden Wegen als Folge chronischer Nikotinexposition durch eine Metaplasie des Flimmerepithels.

H97 H94 ■
→ **Frage 1.185:** Lösung B

Zu (B): Bei Änderung des äußeren Milieus kann ein Gewebe die Gestalt seiner Zellen ändern; so kann sich z. B. bei chronischem Nikotinabusus das Flimmerepithel von Trachea und Bronchien in ein Plattenepithel umwandeln. Diesen Vorgang bezeichnet man als **Metaplasie**. Nicht selten liegt hier der Beginn einer malignen Entartung von Geweben.
Zu (A): Bei Ausfall der zellulären Kontaktinhibition kann es zur Verschleppung von Zellen über den Blut- oder Lymphweg kommen – ein charakteristischer Vorgang bei der **Metastasierung** maligner Tumoren.
Zu (C): Die Entstehung vielkerniger (polyploider) Zellen durch Endomitose (DNA-Replikation ohne nachfolgende Zellteilung) kann bei manchen Zellen, z. B. Leberzellen, zur Steigerung des Stoffwechsels beitragen.
Zu (D): Verkümmerung oder Abbau eines Gewebes werden als **Atrophie** bezeichnet, egal ob dieser Vorgang physiologisch auftritt (z. B. Altersinvolution des Thymus) oder auf pathologische Veränderungen beruht (z. B. Inaktivitätsatrophie eines Muskels).

F92 ■
→ **Frage 1.186:** Lösung D

Zu (D): **Endomitose** ist die Vermehrung der Erbinformation im intakten Zellkern ohne nachfolgende Zellteilung. Dieser Vorgang führt zur Vervielfachung der Chromosomenzahl innerhalb einer Zelle, sog. Polyploidie.
Zu (A): Humane Leberzellen sind vergleichsweise häufig polyploid.
Zu (B): **Crossing-over** führt zum genetischen Austausch zwischen homologen Chromosomen und hat mit Polyploidie nichts zu tun.
Zu (C): Eine Amitose ist die Durchschnürung des Zellkerns ohne vorangegangene DNA-Replikation und ohne Spindelapparat, manchmal gefolgt von der Durchschnürung des Zellleibs. Die Verteilung der Chromosomen auf die Tochterzellen ist völlig ungeregelt.
Zu (E): Polyploide Zellen als Folge einer Endomitose sind einkernig. Mehrkernige Zellen entstehen durch mitotische Kernteilung ohne nachfolgende Zellteilung (z. B. Osteoklasten) oder durch „Zusammenfließen" ursprünglich getrennter Zellen (z. B. Skelettmuskelzellen).

F99 ■
→ **Frage 1.187:** Lösung B

Zu (B): Eine Vermehrung der Erbinformation ohne nachfolgende Zellteilung, sog. **Endomitose**, führt zu

1 Allgemeine Zellbiologie, Zellteilung und Zelltod

polyploiden, einkernigen Zellen. Dieses Phänomen ist u. a. für humane Leberzellen bekannt und führt zu einer deutlichen Steigerung der Stoffwechselrate.
Zu (A): Polyploidie kommt auch in pflanzlichen Zellen vor, aber eben nicht nur dort.
Zu (C): Das mehrfache Vorkommen eines Chromosoms wird als **Polysomie** bezeichnet, z. B. Trisomie. Eine Polyploidie betrifft immer den gesamten Chromosomensatz.
Zu (D): Crossing-over führt zum Austausch gleicher Genloci homologer Chromosomen und hat mit Polyploidie nichts zu tun.
Zu (E): Eine Störung der Chromosomenverteilung in der Mitose führt zu Fehlverteilungen einzelner Chromosomen im Sinne von Mono- oder Polysomien.

H00 F90
→ **Frage 1.188:** Lösung D

Eine **Endomitose** ist die Verdopplung des Chromosomensatzes ohne nachfolgende Teilung der Zelle.
Zu (D): Endomitose führt zu einer polyploiden, einkernigen Zelle mit meist erhöhter Stoffwechselaktivität. Eine erhöhte Teilungsaktivität ist nicht die Folge, zumal Polyploidie meist bei ausdifferenzierten Zellen vorkommt, die sich in der G_0-Phase befinden und sich daher nicht mehr teilen.
Zu (A), (B), (C) und (E): Die Vervielfachung des Chromosomensatzes führt zur Volumenzunahme des Zellkerns. Bei erhöhter Stoffwechselaktivität nimmt die Transkriptionsrate deutlich zu und die Zelle gewinnt durch die verstärkte Proteinsynthese an Volumen.

→ **Frage 1.189:** Lösung C

Zu (C): Eine **Amitose** ist die Durchschnürung des Zellkerns ohne vorangegangene DNA-Replikation und ohne Spindelapparat. Eine Durchschnürung des Zellleibes kann auftreten, muss aber nicht. Fehlt die Zytokinese, kommt es zur Bildung einer zweikernigen Zelle, deren Kerne allerdings unterschiedlichen DNA-Gehalt aufweisen.

F92
→ **Frage 1.190:** Lösung B

Plasmodien sind mehrkernige Zellen, die durch mitotische Kernteilungen ohne nachfolgende Zellteilung oder auch durch Amitose entstehen können. Im menschlichen Körper sind mehrkernige Zellen beispielsweise **Skelettmuskelzellen**.

F92
→ **Frage 1.191:** Lösung E

Synzytien sind mehrkernige Strukturen, die durch Fusion vieler Zellen entstehen. Beispiel: Synzytiotrophoblast der menschlichen **Plazenta**.

(Bei den Zellen des Herzmuskels, die durch Gap junctions elektrisch miteinander gekoppelt sind, spricht man auch von einem funktionellen Synzytium).

1.16 Meiose (Reifeteilung)

1.16.1 Meiose (Reifeteilung)

I.13 Meiose und zeitlicher Ablauf der Keimzellreifung

Die Meiose als Zellteilung bei der Entstehung der Keimzellen hat zwei wichtige Funktionen:
– Sie dient der **Reduktion der Chromosomenzahl auf die Hälfte** (haploid = n), damit die reifen Keimzellen bei der nachfolgenden Befruchtung zu einer erneut diploiden Zygote verschmelzen können.
– Im Rahmen des Crossing-over mit Stückaustausch zwischen homologen Chromosomen und durch die zufällige Verteilung der mütterlichen und väterlichen Chromosomen auf beide Tochterzellen kommt es zur **Neukombination des Erbgutes.**

Der Ablauf der Meiose ist in zwei Schritte unterteilt:

Reduktionsteilung = 1. Reifeteilung
Die in einer vorangegangenen S-Phase replizierten Chromosomen werden zu Beginn der Prophase sichtbar. Sie bestehen, wie bei der Mitose, aus je zwei genetisch identischen Schwesterchromatiden, lagern sich jedoch als Paare homologer Chromosomen dicht zusammen und bilden die sog. Chromatiden-**Tetrade**. In dieser Situation kann es zur Überkreuzung zwischen zwei Chromatiden der homologen Chromosomen kommen (**Crossing-over**). Nach Strangbruch und Wiederverschmelzung werden auf diese Weise mütterliche und väterliche Allele vermischt.
In der Metaphase ordnen sich die homologen Chromosomen gepaart in der Äquatorialebene an und werden in der nun folgenden Anaphase der 1. Reifeteilung voneinander getrennt. Hierbei ist es für jedes Chromosomenpaar dem Zufall überlassen, welche Tochterzelle das väterliche und welche das mütterliche Chromosom erhält.
An Orten mit Crossing-over entstehen durch das Auseinanderziehen der homologen Chromosomen Figuren, die als **Chiasmata** bezeichnet werden. Nach Ende der 1. Reifeteilung ist der

Chromosomensatz der zwei entstandenen Zellen auf n = haploid reduziert.
Es folgt nur eine kurze Ruhepause (keine Interphase!) und die Zellen treten ein in die

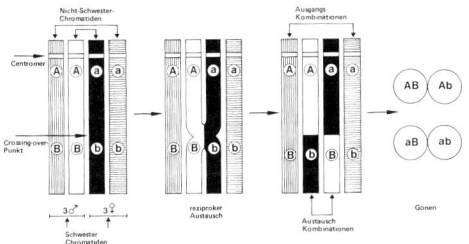

Abb. 1.5 Die genetischen Konsequenzen eines einfachen Crossing-over zwischen zwei Nicht-Schwester-Chromatiden
Ausgangssituation: Heterozygotie für die Genpaare Aa und Bb auf den beiden Homologen des Chromosoms Nr. 3. Das Crossing-over liegt zwischen den beiden Genpaaren. Die beiden Homologen des Pachytän-Bivalents sind aus zeichnerischen Gründen in aufgeklappter Form dargestellt. Vom Crossing-over sind nur zwei der vier Chromatiden betroffen.

Äquationsteilung = 2. Reifeteilung
Diese Teilung entspricht in ihrem Ablauf der Mitose. Die Chromosomen, bestehend aus zwei Chromatiden, ordnen sich in der Metaphase in der Äquatorialebene an und werden durch den Spindelapparat in der Anaphase in die zwei Schwesterchromatiden getrennt.

Eine Gesamtbetrachtung der Meiose ergibt also folgendes Schema:
1 Zelle 2n = 46 Chromosomen (à 2 Chromatiden)
⇨ Reduktionsteilung:
2 Zellen n = 23 Chromosomen (à 2 Chromatiden)
⇨ Äquationsteilung:
4 Zellen n = 23 Chromosomen (à 1 Chromatid)

Das Endergebnis der Meiose stellen somit 4 haploide Keimzellen dar. Den 4 funktionsfähigen Spermien beim Mann steht jedoch bei der Frau nur eine Eizelle gegenüber. Die übrigen drei Zellen geben bei der meiotischen Teilung nahezu ihr gesamtes Zytoplasma an die eine funktionsfähige Eizelle ab und werden zu drei funktionslosen **Polkörperchen**, die im weiteren Verlauf zugrunde gehen.
Der zeitliche Ablauf der Keimzellreifung ist sehr stark verlängert. Insbesondere bei der Frau liegen Jahrzehnte zwischen Beginn und Ende der meiotischen Teilungen. Aus den weiblichen Urkeimzellen differenzieren sich in der embryonalen Gonadenanlage die diploiden Oogonien als Stammzellen der **Oogenese**. Innerhalb der Embryonalzeit durchlaufen die Zellen eine Reihe von mitotischen Teilungen und vermehren sich auf diese Weise sehr stark. Im fünften Entwicklungsmonat liegt ihre maximale Anzahl bei etwa 7 Millionen. Bald darauf setzt eine massive Zelldegeneration ein. Die überlebenden Zellen differenzieren sich zu **primären Oozyten** (= Oozyten I. Ordnung) und treten in die Prophase der 1. Reifeteilung ein, in der sie arretiert werden. Bei Geburt liegt ihre Zahl bei 700 000–2 Millionen. Bis zum Eintritt in die Pubertät gehen weitere Zellen zugrunde, so dass mit Erreichen der Geschlechtsreife noch etwa 30 000–40 000 primäre Oozyten vorhanden sind, von denen dann unter dem Einfluss der Geschlechtshormone pro Zyklus etwa 40–50 die 1. Reifeteilung der Meiose fortsetzen und beenden. Zum Zeitpunkt der Ovulation besitzen die Zellen dann bereits einen haploiden Chromosomensatz und werden als **sekundäre Oozyten** (Oozyten II. Ordnung) bezeichnet. Periovulatorisch beginnen diese mit der 2. Reifeteilung, die sie jedoch erst nach erfolgter Befruchtung beenden.
Beim Mann beginnt die **Spermatogenese** erst während der Pubertät. Der geschlechtsreife Hoden enthält etwa 1 Milliarde diploider Spermatogonien, die sich bis ins höhere Alter kontinuierlich über die Zwischenstufen der Spermatozyten I. und II. Ordnung zu den haploiden Spermien (pro Tag etwa 200 Millionen) differenzieren.
(Siehe auch Abb. 1.6)

H01
→ Frage 1.192: Lösung D

Im Rahmen der Meiose entstehen aus einer diploiden Vorläuferzelle (2n) vier Keimzellen mit haploidem Chromosomensatz (n) bzw. eine reife Eizelle und drei funktionslose Polkörperchen im weiblichen Geschlecht. Im ersten Teilungsschritt der Meiose, der Reduktionsteilung, werden die homologen Chromosomen voneinander getrennt (2n → n). Die direkt anschließende Äquationsteilung trennt jedes einzelne Chromosom in seine beiden Schwesterchromatiden, sodass die gesamte Menge an DNA auf ein Viertel reduziert wird. Antwort (D) ist richtig.

F05 ■
→ Frage 1.193: Lösung C

Zu **(B)** und **(C)**: Reife Gameten (= Eizelle und Spermium) enthalten beim Menschen 23 Chromosomen, die aus jeweils einer Chromatide bestehen. Die doppelte Menge an DNA, also 46 Chromoso-

men aus jeweils einer Chromatide, enthalten diploide Zellen nur außerhalb der Zellteilung. In dieser **G1-Phase** zeigen die Zellen einen mehr oder weniger aktiven Stoffwechsel, bauen Strukturproteine auf und nehmen an den jeweiligen organspezifischen Funktionen teil.
Vor Eintritt der Zelle in eine Zellteilung wird in der **S**(ynthese)**-Phase** (B) die DNA-Gesamtmenge verdoppelt, die 46 Chromosomen bestehen dann aus jeweils zwei Chromatiden.
Zu **(A)** und **(E)**: **Prophase** und **Metaphase** sind Stadien der Zellteilung, in denen nach dem oben Gesagten eine insgesamt vierfache DNA-Menge gegenüber den reifen Gameten vorliegt.
Zu **(D)**: Die kurze **G2-Phase** folgt der S-Phase und ist der Zellteilung unmittelbar vorangestellt. Auch zu diesem Zeitpunkt bestehen alle Chromosomen im diploiden Satz aus jeweils zwei Chromatiden.

■■
→ Frage 1.194: Lösung A

Die letzte Replikation der DNA findet in der S-Phase der Intermitose vor Beginn der 1. meiotischen Teilung statt. Zwischen der 1. und 2. meiotischen Teilung liegt keine Interphase, eine weitere DNA-Synthese findet hier nicht statt.
Siehe Lerntext I.13 „Meiose und zeitlicher Ablauf der Keimzellreifung".

H01 ■■
→ Frage 1.195: Lösung A

Zu **(A)**: In der S-Phase wird jedes Chromosom identisch repliziert, um die notwendige Verdopplung der Erbsubstanz vor Eintritt in eine Zellteilung (Mitose oder Meiose) zu gewährleisten. Die S-Phase ist somit der Teilung einer Zelle grundsätzlich vorgeschaltet.
Zu **(B)** und **(E)**: Beide Antwortmöglichkeiten sind leicht als falsch erkennbar, da die S-Phase niemals innerhalb einer Zellteilung abläuft.
Zu **(C)** und **(D)**: Die zweite meiotische (Äquations-)Teilung ist der ersten (Reduktionsteilung) unmittelbar nachgeschaltet. Hierbei wird, ähnlich einer Mitose, jedes Chromosom in seine zwei Chromatiden aufgetrennt. Eine zwischengeschaltete S-Phase existiert nicht.

H05
→ Frage 1.196: Lösung B

Hier hat das IMPP einmal eine Frage zur Entspanung der Prüfungskandidaten eingebaut – kaum zu glauben, dass auch derartiges Basiswissen noch abgefragt wird ...

Zu **(B)**: Da die menschliche Zelle bekannterweise einen diploiden Chromosomensatz von n = 46 besitzt (44 Körperchromosomen und 2 Geschlechtschromosomen), kann der haploide Satz, wie er in einer reifen Eizelle oder einem Spermium vorkommt, nur aus 23 Chromosomen bestehen. Alle anderen angebotenen Lösungsmöglichkeiten sind falsch.

H02
→ Frage 1.197: Lösung D

Die genannte Chromosomenkonstellation entspricht einer **haploiden Zelle** (n = 23), somit sind (A)–(C) als **diploide Zellen** leicht als falsch zu erkennen. Da mit dem vorgegebenen Y-Chromosom der männliche Genotyp definiert ist, kann es sich bei der gesuchten Zelle nur um ein Spermium handeln (D).

F01 F98 H95 H91 ■
→ Frage 1.198: Lösung C

Zu **(C)**: Eine Trennung von genetischem Material findet in jeder Zellteilung nur in der Anaphase statt. Mit diesem Wissen sind die Antworten (A), (B) und (D) sofort als falsch erkennbar. Speziell bei der Keimzellbildung läuft die meiotische Zellteilung in zwei Schritten ab. In der ersten Teilung wird der Chromosomensatz durch Trennung der homologen Chromosomen voneinander auf die Hälfte reduziert. Die so entstandenen zwei Zellen sind haploid.
Zu **(E)**: Im zweiten Teilungsschritt der Meiose werden die einzelnen Chromosomen in jeweils zwei Chromatiden getrennt. Diese Teilung folgt also dem Prinzip der Mitose und führt zum Endprodukt der Keimzellreifung, vier haploiden Keimzellen.

1.16.2 Verlauf der 1. Reifeteilung

1.16.3 Verlauf der 2. Reifeteilung

→ Frage 1.199: Lösung A

Zu **(A)**: Die Replikation der DNA findet in der S-Phase der Intermitose vor Beginn der 1. meiotischen Teilung statt.
Zu **(C)** und **(D)**: Zwischen der 1. und 2. meiotischen Reifeteilung gibt es keine Interphase, daher auch keine G_1- oder S-Phase.

1.16 Meiose (Reifeteilung)

F00 ■ ■
→ Frage 1.200: Lösung E

Zu (D) und (E): Die Meiose läuft in zwei Schritten ab: in der ersten **(Reduktions-)Teilung** werden die homologen Chromosomen, bestehend aus jeweils zwei Chromatiden getrennt. Die zweite **(Äquations-)Teilung** gleicht der Mitose – hier wird jedes Chromosom in seine zwei Schwesterchromatiden getrennt.
Zu (A): Die Replikation der DNA findet lange vor dem Eintritt der Zelle in eine Teilung statt.
Zu (B) und (C): Da die homologen Chromosomen bereits in der 1. meiotischen Teilung voneinander getrennt werden, können sie sich in der 2. Teilung nicht mehr paaren. Auch ein Crossing-over, d. h. die Überkreuzung der Chromatiden zwischen zwei homologen Chromosomen, ist dann natürlich nicht mehr möglich.
Siehe Lerntext I.13 „Meiose und zeitlicher Ablauf der Keimzellreifung".

H95 ■ ■
→ Frage 1.201: Lösung D

Zu (D): Die primären Oozyten treten schon im 3. Embryonalmonat in die 1. meiotische Reifeteilung und verharren in der Prophase bis zum Eintritt in die Pubertät.
Zu (A): Im Gegensatz dazu beginnt beim Mann die Keimzellreifung erst in der Pubertät.
Zu (B): Die Reduktion der Chromosomenzahl beim Menschen läuft in der Meiose in zwei hintereinander geschalteten Schritten ab, die als 1. Reife-/Reduktionsteilung und 2. Reife-/Äquationsteilung bezeichnet werden.
Zu (C): Siehe Lerntext I.13 „Meiose und zeitlicher Ablauf der Keimzellreifung".
Zu (E): Bei der Reifung einer weiblichen Keimzelle entstehen drei (funktionslose) Polkörperchen, die ihr Zytoplasma an die reife Eizelle abgeben.

H91 ■ ■
→ Frage 1.202: Lösung C

Zu (C): Die Oogonien als Stammzellen der Oogenese teilen sich nur während der Embryonalzeit. Bereits zum Zeitpunkt der Geburt befinden sich alle primären Oozyten in der Prophase der 1. Reifeteilung. Sie verharren in diesem Stadium bis zum Eintritt in die Pubertät. Unter dem Einfluss der Geschlechtshormone setzen pro Zyklus einige Zellen die Meiose fort.
Zu (A), (D) und (E): Siehe Lerntext I.13 „Meiose und zeitlicher Ablauf der Keimzellreifung".
Zu (B): Differenzielle Zellteilung bedeutet das Entstehen nur einer neuartig differenzierten Tochterzelle, während die andere als undifferenzierte Stammzelle zurückbleibt.

H90
→ Frage 1.203: Lösung B

Zu (B): Bei der Entwicklung der Eizelle wird das Zytoplasma in nur einer reifen, großen Eizelle gesammelt. Die anderen Tochterzellen werden zu den funktionslosen „Polkörperchen", die bald darauf zugrunde gehen.
Zu (A): Bei der Reifung der Spermien entstehen vier gleich große Spermien mit haploidem Chromosomensatz.
Zu (C), (D) und (E): Siehe Lerntext I.13 „Meiose und zeitlicher Ablauf der Keimzellreifung".

F96 ■ ■
→ Frage 1.204: Lösung C

Zu (1) und (3): Nachdem die primären Oozyten etwa ab dem 3. Embryonalmonat in die Meiose eingetreten sind, werden sie in der Prophase (Diktyotän) der ersten Reifeteilung arretiert und verharren in dieser Ruhephase bis zur Pubertät. Im monatlichen Zyklus setzen jeweils etwa 40–50 primäre Oozyten die Meiose fort; bei der Ovulation hat die zweite Reifeteilung gerade begonnen. Die Meiose wird nur nach erfolgter Befruchtung beendet.
Zu (2): Zum Zeitpunkt der Geburt befinden sich die primären Oozyten im Diktyotän-Stadium (Prophase) der ersten Reifeteilung.
Zu (4): Selbstverständlich kommt es in der Prophase der ersten meiotischen Teilung auch zur Paarung der beiden X-Chromosomen.

F99 ■ ■
→ Frage 1.205: Lösung B

Zu (1): Die primären Oozyten treten bereits im dritten Embryonalmonat in die 1. meiotische Reifeteilung ein und verharren in der Prophase bis zum Eintritt in die Pubertät.
Zu (2): In jedem monatlichen Zyklus setzen etwa 40–50 primäre Oozyten die Meiose fort; zum Zeitpunkt der Ovulation hat die 2. Reifeteilung gerade begonnen.
Zu (3): Die 2. Reifeteilung wird nur **nach** erfolgter Befruchtung abgeschlossen.

H92
→ Frage 1.206: Lösung E

Zu (E): Die Meiose der Eizelle wird nur im Falle einer erfolgten Befruchtung abgeschlossen. Bei Eintritt in die Pubertät sind die primären Oozyten in der Prophase der ersten Reifeteilung arretiert.

1 Allgemeine Zellbiologie, Zellteilung und Zelltod

Zu (A) und (C): Die extrem lange Dauer der 1. Reifeteilung bei der Oogenese (Beginn im dritten Embryonalmonat, Ende im Extremfall im 40. Lebensjahr oder später) mag dazu beitragen, dass das Risiko eines Kindes mit chromosomalen Defekten mit dem Alter der Mutter ansteigt.

H96 F94 ■■
→ **Frage 1.207:** Lösung A

Zu (A): Bei der Entwicklung der weiblichen Eizelle beginnt die meiotische Teilung der primären Oozyten schon in der Embryonalperiode. Etwa im 4. Monat treten die Zellen in die Prophase der 1. Reifeteilung ein und verharren in diesem Stadium bis zur Pubertät der heranwachsenden Frau. Pro Zyklus treten einige Oozyten wieder in die Meiose ein und sind zum Zeitpunkt der Ovulation (Graafsche Follikel) in der Metaphase der 2. Reifeteilung.
Zu (B): Da – wie oben beschrieben – die Eizelle schon während der Embryonalentwicklung in die Meiose eintritt, muss ihre DNA natürlich „während der vorgeburtlichen Entwicklung synthetisiert" worden sein.
Zu (C), (D) und (E): Diese Aussagen sind richtig. Die Keimzellen sind perinatal im Stadium der **Oozyte I**, d. h. einer noch diploiden Zelle, die sich aus einer Oogonie differenziert hat und in der Prophase der 1. Reifeteilung arretiert ist. Bei der monatlichen Reifung von bis zu 50 Oozyten I pro weiblichem Zyklus beenden die Zellen die 1. Reifeteilung, besitzen daher bei der Ovulation einen haploiden Chromosomensatz und werden als **Oozyten II** bezeichnet. Diese beginnen periovulatorisch die 2. Reifeteilung, die sie nur nach erfolgter Befruchtung abschließen.

F98 ■■
→ **Frage 1.208:** Lösung E

Fragen zum Ablauf der Meiose kommen in jedem Physikum vor, hier lohnt sich das Lernen!
Zu (E): Die zweite meiotische Teilung (Äquationsteilung) beginnt zum Zeitpunkt der Ovulation und wird erst nach erfolgter Befruchtung abgeschlossen.
Zu (A): Die Meiose beginnt bereits während der Embryonalentwicklung; bis zur Geburt liegen alle primären Oozyten in der Prophase der ersten Reifeteilung (Reduktionsteilung) vor.
Zu (B): Von Geburt bis zur Pubertät befinden sich die primären Oozyten in einer Ruhephase. In dieser Zeit laufen keine weiteren Teilungsschritte ab.
Zu (C) und (D): Während der Follikelreifung beendet die primäre Oozyte die erste Reifeteilung und wird so, kurz vor der Ovulation, zur sekundären Oozyte. Zum Zeitpunkt der Ovulation tritt die Eizelle in die zweite Reifeteilung ein.

→ **Frage 1.209:** Lösung D

Zu (D): Das Geschlecht des Kindes wird durch das Spermium festgelegt.
Zu (A), (B), (C) und (E): Siehe Lerntext I.13 „Meiose und zeitlicher Ablauf der Keimzellreifung".

F02
→ **Frage 1.210:** Lösung A

Zu (A): Im Rahmen der **Oogenese** entstehen aus der diploiden Stammzelle (Oogonie) durch meiotische Zellteilung vier haploide Zellen. Drei davon geben fast ihr gesamtes Zytoplasma an die vierte Zelle ab, die schließlich zur fertigen, großen Eizelle heranreift. Die drei funktionslosen und sehr kleinen Zellen, die als **Polkörperchen** bezeichnet werden, gehen im weiteren Verlauf zugrunde.
Siehe Lerntext I.13 „Meiose und zeitlicher Ablauf der Keimzellreifung".
Zu (B): In der **Spermatogenese** entstehen vier gleichwertige, haploide Spermien aus einer diploiden Stammzelle.
Zu (C): Spindelfasern bestehen aus **Mikrotubuli**. Sie sind in der Tat polar gebaut, d. h. sie werden immer nur an einem Ende (+) durch Anlagerung neuer Tubulin-Monomere verlängert.
Zu (D): Viele Zellen (nicht alle) sind polarisiert. Das bedeutet, dass gegenüberliegende Seiten derselben Zelle unterschiedliche Funktionen haben. Ein gutes Beispiel für diese Polarisierung sind alle Epithelzellen, die an ihrer Basis der Basalmembran aufsitzen und an ihrem apikalen Ende die speziellen Eigenschaften und Funktionen des Epithels ausüben, z. B. Resorption, Reizwahrnehmung oder Sekretion.
Zu (E): **Zentriolen** sind die Ausgangspunkte der Bildung der Mitosespindel bei der Zellteilung. Ihre Ausrichtung legt die Teilungsebene der Zelle fest.

H92 ■
→ **Frage 1.211:** Lösung D

Aus den Urkeimzellen differenzieren sich die **Oogonien** bei der Frau und die **Spermatogonien** beim Mann. Diese Stammzellen sind diploid (D) und vermehren sich durch zahlreiche mitotische Teilungen. Nach weiteren Differenzierungsschritten entstehen die (immer noch diploiden) **Oozyten/Spermatozyten I. Ordnung**. Die Reduktion auf einen haploiden Chromosomensatz findet erst statt, wenn diese Zellen in die 1. meiotische Reifeteilung eintreten und zu **Oozyten/Spermatozyten II. Ordnung** werden.

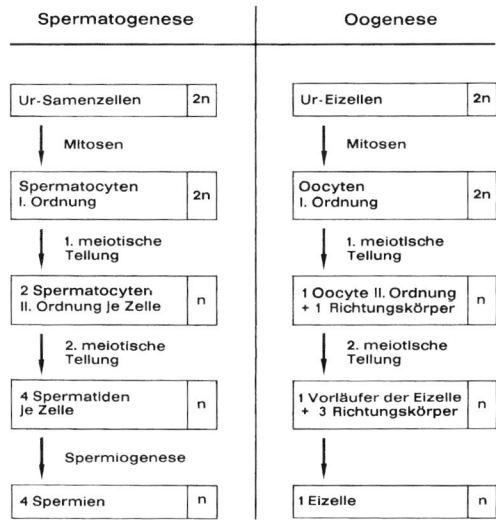

Abb. 1.6 Die Keimzellenbildung bei höheren Tieren (aus: Gottschalk, W.: Allgemeine Genetik, 4. Aufl., Thieme, Stuttgart, 1994)

F02
→ Frage 1.212: Lösung B

Zur Lösung dieser Frage muss man den **Zellzyklus** einer diploiden Zelle kennen. Hierbei folgt der Zellteilung die G_1-Phase, in der die Zelle eine rege Proteinbiosynthese betreibt. Die darauf folgende S-Phase dient der DNA-Replikation (Bildung eines identischen Chromatidenpaares pro Chromosom). Nach einer sehr kurzen G_2-Phase tritt die Zelle dann in die Zellteilung ein, womit der Zellzyklus geschlossen ist. Zellen, die ihre Teilungsaktivität einstellen, gehen in die sog. G_0-Phase über.
Siehe Lerntext I.10 „Zellzyklus".
Eine **Spermatozyte II. Ordnung** befindet sich in einer Zwischenstufe der Meiose. Hierbei werden aus der mitotisch entstandenen, diploiden (2n) Spermatozyte I. Ordnung durch den ersten Teilungsschritt, die sog. Reduktionsteilung, zwei Zellen mit halbiertem Chromosomensatz (1n). Alle Chromosomen bestehen jedoch noch aus jeweils zwei Schwesterchromatiden (2C), die dann im zweiten Schritt der Meiose (Äquationsteilung) voneinander getrennt werden. Das Endprodukt der Meiose sind schließlich vier gleichwertige Spermatiden mit haploidem Chromosomensatz und je einer Chromatide pro Chromosom (1n 1C), die sich abschließend zu den reifen Spermien differenzieren.
Die einzig richtige Lösung ist somit Antwort (B) = 1n 2C.

1.16.4 Funktion der Meiose

→ Frage 1.213: Lösung E

Zu (4): Bei der Entstehung der reifen Eizelle gehen drei Tochterzellen als Polkörperchen zugrunde – schon diese Tatsache macht klar, dass die Meiose nicht der Keimzellvermehrung dient.
Zu (2): Eine etwas irreführende Antwort, die vom IMPP als richtig gezählt wird. Geht man davon aus, dass jede diploide Zelle 22 Paare homologer Chromosomen und ein Paar Geschlechtschromosomen enthält, so kann man den haploiden Chromosomensatz einer Keimzelle auch als „einen vollständigen Satz an homologen Chromosomen" bezeichnen. Den zweiten „vollständigen Satz" enthält natürlich die zweite Tochterzelle, die im Rahmen der meiotischen Teilung entsteht.
Zu (3): Die Möglichkeiten der genetischen Rekombination führen zu einer großen genetischen Vielfalt der Keimzellen.
Zu (5): In der 1. Reifeteilung beim Mann werden X- und Y-Chromosomen (aus je 2 Chromatiden) voneinander getrennt. Ergebnis der Meiose sind also vier reife Spermien, zwei mit einem X- und zwei mit einem Y-Chromosom (je 1 Chromatid).

H94
→ Frage 1.214: Lösung A

Zu (A): Die Meiose führt eben nicht zur Trennung, sondern zur Durchmischung von mütterlichem und väterlichem Erbgut.
Zu (B), (C) und (D): Siehe Lerntext I.13 „Meiose und zeitlicher Ablauf der Keimzellreifung".
Zu (E): **Aneuploidie** ist die Abweichung von der normalen Chromosomenzahl. Dies kann als Trisomie oder Monosomie Folge einer Non-disjunction in der Meiose sein.

H98 H94 ■ ■
→ Frage 1.215: Lösung B

Zu (B): **Genetische Rekombination** bezeichnet die Vermischung von mütterlichem und väterlichem Erbgut und ist (neben der Halbierung der Chromosomenzahl) eine wichtige Funktion der Meiose. Im wesentlichen sind zwei Mechanismen an der Rekombination beteiligt:
1. **Zufällige Verteilung** der elterlichen homologen Chromosomen in der Äquatorialebene bei der ersten Reifeteilung.
2. **Crossing-over**: Überkreuzung und Stückaustausch zwischen homologen Chromosomen in der Prophase der ersten Reifeteilung.
Zu (A) und (E): Vor und nach der Meiose findet keine genetische Rekombination statt.

1 Allgemeine Zellbiologie, Zellteilung und Zelltod

Zu (C) und (D): Nach dem oben Gesagten erfordert die genetische Rekombination die Anwesenheit der gepaarten homologen Chromosomen – dies ist nur in der ersten Reifeteilung gegeben. In der zweiten Reifeteilung werden die Schwesterchromatiden der dann einzeln vorhandenen Chromosomen getrennt, genetische Rekombination ist also nicht mehr möglich.

H91
→ Frage 1.216: Lösung B

Siehe Lerntext I.13 „Meiose und zeitlicher Ablauf der Keimzellreifung".

H01
→ Frage 1.217: Lösung C

Zu (C): Genetische Rekombination ist die Grundlage unserer Artenvielfalt und kommt selbstverständlich auch bei Prokaryonten vor.
Zu (A) und (E): Crossing-over bezeichnet die Überkreuzung zweier Nichtschwester-Chromatiden zwischen homologen Chromosomen. Dieser Prozess findet in der Prophase der meiotischen Reduktionsteilung statt und führt durch Strangbruch mit nachfolgender Wiederverknüpfung zum Austausch homologer Allele zwischen beiden Chromatiden.
Siehe auch Lerntext I.13 „Meiose und zeitlicher Ablauf der Zellteilung".
Zu (B): Beim ungleichen Crossing-over werden verschieden lange Chromatiden-Abschnitte ausgetauscht. Das Resultat sind dann zwei homologe Chromosomen mit unterschiedlicher Anzahl an Genen, eine typische strukturelle Chromosomenaberration.

A B C D E F G H I   A B C D E F G H I
A B C D E F G H I → A B C D E F G *FGHI*
A B C D E F G H I   A B C D E H I
A B C D E F G H I   A B C D E F G H I

Zu (D): Je näher zwei Allele beieinander liegen, desto häufiger sind sie von einer Rekombination gemeinsam betroffen. Diese Tatsache hat man sich besonders bei der Genkartierung von bakteriellen Genomen zunutze gemacht.

H96
→ Frage 1.218: Lösung E

Der Begriff „Chiasma" kommt aus dem Griechischen und bedeutet soviel wie „Kreuzung".
Zu (E): Zwischen jeweils zwei homologen Chromosomen können sich an mehreren Stellen Verklebungen und Überkreuzungen ausbilden.
Zu (A)–(D): Die Prophase der ersten Reifeteilung ist prolongiert und wird in fünf Stadien eingeteilt. Im **Leptotän** werden die Chromosomen als dünne Fäden sichtbar. Sie verdicken sich im weiteren Verlauf und lagern sich im **Zygotän** zu den 22 Paaren homologer Chromosomen und zu einem Paar Geschlechtschromosomen zusammen. Jedes Chromosomenpaar bildet mit seinen vier Chromatiden eine sog. Tetrade. Im nun folgenden **Pachytän** kommt es zu Verklebungen der benachbarten Nichtschwester-Chromatiden. Diese Kreuzungsstellen werden zytologisch als Chiasmata bezeichnet, auf DNA-Ebene findet im Rahmen des Crossing-over ein Austausch genetischer Information zwischen den homologen Chromosomen statt. Im **Diplotän** weichen die Chromosomenpaare auseinander, wobei häufig die Chiasmata anfangs noch bestehen bleiben. In der **Diakinese** wird die Kernmembran aufgelöst und es beginnt der Aufbau des Spindelapparats, der den Übergang in die Metaphase einleitet.

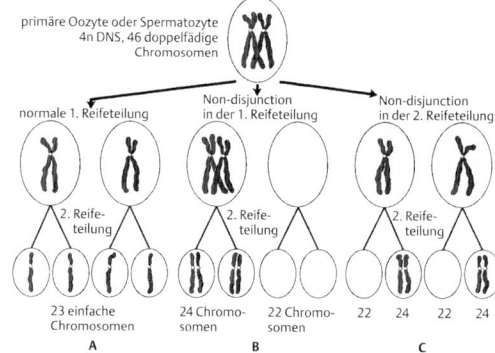

A Normale Reifeteilung. **B** Non-disjunction in der 1. Reifeteilung.
C Non-disjunction in der 2. Reifeteilung.

Abb. **1.7** Non-disjunction (aus: Sadler, T. W.: Medizinische Embryologie, 10. Aufl., Thieme, Stuttgart, 2003)

H93
→ Frage 1.219: Lösung D

Zu (C) und (D): In der Spermatogenese findet die Trennung von X- und Y-Chromosom in der 1. Reifeteilung statt, die sich hier wie homologe Chromosomen zusammenlagern. Eine Non-disjunction des Y-Chromosoms kann also nur in der 2. Reifeteilung auftreten, in der normalerweise beide Schwesterchromatiden des Y-Chromosoms voneinander getrennt werden.
Zu (A) und (B): Eine Non-disjunction des X-Chromosoms kann bei der Frau dagegen in beiden Reifeteilungen auftreten, da hier schon in der Reduktionsteilung zwei homologe Chromosomen (XX) vorliegen.
Zu (E): Chromosom Nr. 21 ist ein Autosom und verhält sich demzufolge wie die X-Chromosomen der Frau; d. h. Non-disjunction aller Autosomen ist grundsätzlich in beiden meiotischen Teilungen möglich.

H98 F96 F90 ■■
→ **Frage 1.220:** Lösung A

Zu (A): In der 1. meiotischen Teilung werden homologe Chromosomen voneinander getrennt. Die männlichen Geschlechtschromosomen X und Y sind zwar nicht homolog, verhalten sich in dieser Situation aber genauso, d. h. sie werden voneinander getrennt. Eine Non-disjunction zweier X-Chromosomen kann hier deshalb niemals vorkommen.

Zu (B): Die 2. Reifeteilung führt zur Trennung der Schwesterchromatiden, auch beim männlichen X-Chromosom. Eine Non-disjunction kann daher an dieser Stelle durchaus auftreten.

Zu (C), (D) und (E): Im weiblichen Geschlecht mit dem Genotyp XX kann eine Non-disjunction zweier X-Chromosomen natürlich bei jeder Teilung auftreten.

Merke: *Ein Chromosom kann sowohl aus zwei als auch nur aus einer Chromatide bestehen.*

H01 ■■
→ **Frage 1.221:** Lösung A

Zu (A): In der ersten meiotischen Teilung werden die homologen Autosomen voneinander getrennt. Bei den Geschlechtschromosomen werden im weiblichen Geschlecht die zwei X-Chromosomen separiert, beim Mann werden X und Y auf die Tochterzellen verteilt. Daher kann eine Non-disjunction von zwei X-Chromosomen in der ersten Teilung beim Mann nicht auftreten.

Zu (B): Die zweite meiotische (Äquations-)Teilung trennt jedes Chromosom in zwei Chromatiden. Hier ist es also auch beim Mann möglich, dass das eine X-Chromosom nicht korrekt aufgespalten wird, was somit zu einem Spermium mit dem Genotyp 22+XX und einem weiteren ohne Geschlechtschromosom (22+0) führen würde.

Zu (C) und (D): Bei der Frau kann es selbstverständlich bei beiden Teilungsschritten der Meiose zur Non-Disjunction zweier X-Chromosomen kommen.

Zu (E): Auch im Rahmen der 1. Furchungsteilung (Mitose!) der weiblichen Zygote, einer diploiden Zelle mit zwei X-Chromosomen, kann ein Fehler in der Auftrennung der X-Chromosomen in ihre Chromatiden auftreten.

F95 ■
→ **Frage 1.222:** Lösung A

Zu (A): Die Häufigkeit einer Non-disjunction ist bei beiden Geschlechtern gleich.

Zu (B), (C) und (D): Eine Non-disjunction kann prinzipiell in jeder Zellteilung auftreten – nur die Folgen sind unterschiedlich.

Zu (E): Kommt es bei den mitotischen Furchungsteilungen des wachsenden Keims zur Non-disjunction in einer Zelle, so haben deren „Nachkommen" im späteren Organismus die entsprechende Mono- oder Trisomie. Alle anderen Zellen zeigen dagegen den normalen diploiden Chromosomensatz – eine Situation, die man als **genetisches Mosaik** bezeichnet.

■
→ **Frage 1.223:** Lösung E

Zu (E): **Primäre Non-disjunction** bedeutet eine Non-disjunction **in der ersten Reifeteilung der Meiose**.

Zu (A): Eine Zufallsverteilung der Chromosomen findet immer statt und ist Grundlage der genetischen Vielfalt.

Zu (B): Auch die Paarung von X- und Y-Chromosom in der Meiose des Mannes ist ein normaler Vorgang.

Zu (C): Crossing-over findet nur zwischen homologen Chromosomen statt.

Zu (D): Die Fusion zweier akrozentrischer Chromosomen zu einem Translokationschromosom ist keine Non-disjunction.

H95 ■
→ **Frage 1.224:** Lösung B

Von **Non-disjunction** spricht man bei einer fehlerhaften Trennung von homologen Chromosomen oder von Chromatiden in Meiose oder Mitose. Die Folge ist eine **Chromosomenfehlverteilung** in den Tochterzellen, von denen eine ein Chromosom zu viel, die andere eines zu wenig enthält. Tritt eine Non-disjunction bei der Keimzellreifung auf, so führen die entstehenden Chromosomenanomalien sehr häufig zum Absterben der sich aus diesen Keimzellen entwickelnden Frucht.

Zu (B): In der 2. Reifeteilung werden die zwei Chromatiden eines jeden Chromosoms voneinander getrennt. Kommt es bei diesem Schritt beim Mann zu einer Non-disjunction des Y-Chromosoms, so entsteht ein Spermium mit zwei YY-Chromosomen. Nach Befruchtung einer Eizelle entsteht der Karyotyp XYY.

Zu (A): In der 1. Reifeteilung werden die homologen Chromosomen getrennt. Beim Mann werden die Chromosomen X und Y voneinander getrennt. Kommt es hier zu einer Non-disjunction, so erhält die eine Tochterzelle beide, die andere keines der Geschlechtschromosomen. Nach der Trennung der Chromatiden in der 2. Reifeteilung entstehen zwei Spermien des Karyotyps XY, die nach Befruchtung einer Eizelle zum Chromosomensatz XXY führen.

Zu (C): Ein XYY-Karyotyp setzt immer ein YY-Spermium voraus. Diese Chromosomenfehlverteilung kann nur in der 2. Reifeteilung entstehen. Siehe Kommentar zu (A) und (B).

Zu (D) und (E): Da ein Y-Chromosom nur beim Mann vorkommt, sind diese Antwortmöglichkeiten leicht als falsch zu erkennen.

F91
→ **Frage 1.225:** Lösung B

Zu (2): Der Karyotyp XYY kann nur durch die Verschmelzung eines Spermiums YY mit einer normalen Eizelle (X) entstehen. Die dafür notwendige YY-Non-disjunction kann nur in der 2. Reifeteilung beim Mann entstanden sein.
Zu (1): In der 1. meiotischen Teilung werden beim Mann X- und Y-Chromosom voneinander getrennt. Es kann hier also nur eine XY-Non-disjunction auftreten.
Zu (3) und (4): Non-disjunction eines Y-Chromosoms kann bei einer Frau aus verständlichen Gründen niemals auftreten.

F00 ■
→ **Frage 1.226:** Lösung E

Eine einfache Frage. Da nach Fehlverteilungen von „Chromosomen bzw. Chromatiden" gefragt ist, sind alle denkbaren Fehler möglich. In der 1. meiotischen Teilung wäre es eine Fehlverteilung von kompletten Chromosomen, in der zweiten Teilung wären die Chromatiden betroffen. Außerdem ist nicht speziell nach Geschlechtschromosomen gefragt, weswegen natürlich keine Geschlechtspräferenz vorliegt.

→ **Frage 1.227:** Lösung C

Zu (C): Kommt es bei den mitotischen Furchungsteilungen des wachsenden Keims zur Non-disjunction in einer Zelle, so haben deren „Nachkommen" im späteren Organismus die entsprechende Mono- oder Trisomie. Alle anderen Zellen zeigen dagegen den normalen diploiden Chromosomensatz – eine Situation, die man als **genetisches Mosaik** bezeichnet.
Zu (E): Die Entstehung eineiiger Zwillinge kommt durch eine vollständige Durchtrennung der Zygote zu Beginn der Furchungsteilungen zustande. Folge ist das Heranwachsen zweier unabhängiger, jedoch genetisch identischer Organismen.

1.17 Zelltod

I.14 Zelltod

Das Absterben von Zellen innerhalb des Körpers wird mit den zwei Vorgängen Nekrose und Apoptose beschrieben.

1. **Nekrose**: Deutliche Abweichungen äußerer Lebensbedingungen von der physiologischen Situation führen zum nekrotischen Zelltod. Hierbei sind thermische Einflüsse wie extreme Hitze, chemische Faktoren wie z.B. eine deutlich reduzierte Sauerstoffzufuhr oder toxische Substanzen verantwortlich für den pathologischen Zelluntergang. Auch eine Infektion mit sog. „lytischen" Viren oder die Aktivierung des körpereigenen Komplementsystems führen zur Nekrose der betroffenen Zellen, die somit eine Form des unspezifischen Zelluntergangs als Reaktion auf vielfältige Noxen darstellen.
Morphologisch zeigen nekrotische Zellen zunächst eine Anschwellung des Zellleibs und der Organellen, da die Plasmamembran ihre Funktion als selektive Barriere für osmotisch wirksame Stoffe nicht mehr ausüben kann. Es kommt zur Fragmentierung und Auflösung des Zellkerns (Karyorhexis). Durch die Zerstörung der Membranen werden schließlich lysosomale Enzyme in die Umgebung der Zelle abgegeben, was im benachbarten Gewebe ebenfalls zum nekrotischen Zelluntergang mit entzündlicher Begleitreaktion führt.
2. **Apoptose**: Im Gegensatz zur Nekrose handelt es sich bei der Apoptose um einen physiologisch programmierten und streng regulierten Zelluntergang. Nur durch apoptotischen Zelltod ist eine Regeneration von Organen/Organsystemen denkbar, ohne dass eine deutliche Vermehrung der Zellzahl auftritt (z. B. Immunsystem). Auch in der Embryonalentwicklung spielt die Apoptose eine wichtige Rolle. So entsteht bei der Skelettreifung der spätere Gelenkspalt zwischen den Anlagen zweier Knochen durch apoptotischen Zelluntergang. Die therapeutische Wirkung ionisierender Strahlung oder mancher Chemotherapeutika bei der Tumorbehandlung wird (z. T.) ebenfalls über die Induktion der Apoptose vermittelt.
Die Apoptose grenzt sich morphologisch durch einige spezielle Merkmale von der Nekrose deutlich ab. So zeigen die betroffenen Zellen eine Schrumpfung, eine Kondensation des Chromatins und eine nachfolgende Aufspaltung des genetischen Materials durch eine aktivierte Endonuklease. Die Zellmembran ist intakt, zeigt jedoch in späteren Phasen der Apoptose die Bildung zahlreicher Bläschen (sog. blebbing) und schließlich die Abschnürung membranumgrenzter Vesikel (apoptotic bodies), die Zellbestandteile und DNA-Fragmente enthalten. Durch einen sofortigen Abbau dieser Vesikel ohne lokale Entzündungsreaktion ist die Apoptose im histologischen Schnitt nur schwer nachweisbar.

Klinischer Bezug
Medizinisch relevant sind Zustände einer fehlgesteuerten Apoptose. Im Rahmen der Aktivierung so genannter Onkogene kann es durch den Verlust des determinierten Zelltodes zur ungehemmten Vermehrung der maligne transformierten Zellen kommen. Andererseits kann eine übermäßig starke Apoptose zum Verlust von Zellen und Gewebe führen. So löst die Infektion mit dem HI-Virus eine selektiv vermehrte Apoptose der humanen T-Helferzellen aus, was zum klinischen Bild des ausgeprägten Immundefektes führt.

H05
→ Frage 1.228: Lösung B

Fragen zur Apoptose sind noch immer sehr selten – ihr Schwierigkeitsgrad aber sehr hoch. Wer es nicht weiß, braucht sich bei dieser Frage wirklich nicht zu grämen!
Zu (B): Im Gegensatz zur (meistens durch äußere Einflüsse ausgelösten) Nekrose spielt die **Apoptose (= programmierter Zelltod)** eine wichtige Rolle beim physiologischen und geplanten Zelluntergang, wie z. B. bei Regeneration von Geweben oder in der Embryonalentwicklung. Beim Beginn der Apoptose setzen Mitochondrien **Cytochrom C** frei, dieses verbindet sich mit einem bestimmten Protein (Apaf-1) und der so entstandene Komplex führt zur Aktivierung der Caspasen. Diese proteolytischen Enzyme führen in Form einer Aktivierungskaskade zum programmierten Zelltod.
Alle anderen genannten Organellen haben mit der Apoptose-Induktion nichts zu tun.

H03
→ Frage 1.229: Lösung A

Zu (A): **Caspasen** sind in der Tat proteolytische Enzyme, die nach ihrer Aktivierung durch verschiedenste Stimuli eine Kaskade intrazellulärer Enzymaktivierungen initiieren. Am Ende dieser intrazellulären Signalkette steht der programmierte Zelltod, die sog. **Apoptose**, die insbesondere durch einen Abbau der zellulären DNA gekennzeichnet ist.
Zu (B): Bei der Verschmelzung von Lysosomen und Endozytosevesikeln werden **katabole Enzyme** im Rahmen der intrazellulären Verdauung aktiv, mit der Funktionsweise von Caspasen hat das nichts zu tun.
Zu (C): **Mannose-6-Phosphat** dient als Signal im Rahmen der Synthese proteolytischer Enzyme, die vom endoplasmatischen Retikulum über den Golgi-Apparat in **Lysosomen** inkorporiert werden.
Zu (D) und (E): Diese Antwortmöglichkeiten beschreiben Vorgänge bei der Synthese und Sekretion extrazellulär wirksamer Enzyme; Caspasen wirken intrazellulär.

1.18 Zellkommunikation und Signaltransduktion

I.15 Prinzipien der Zellkommunikation und Signaltransduktion

Nicht nur Nervenzellen sind in der Lage, miteinander zu kommunizieren und sich auf diese Weise gegenseitig zu beeinflussen. Mittlerweile kennt man vielfältige Mechanismen der zellulären Kommunikation und viele der daran beteiligten Moleküle. Prinzipiell unterscheidet man die **endokrine** Signalübertragung, die unter Verwendung der klassischen Hormone über weite Distanzen im gesamten Körper von großer Bedeutung ist. Darüber hinaus sind auch die gegenseitige Beeinflussung benachbarter Zellen (**parakrin**) und sogar die „Selbst-Stimulation/-Inhibition" (**autokrin**) bekannte Mechanismen, die z.B. im Magen-Darm-Trakt eine große Rolle spielen.
Die meisten der verwendeten Signalmoleküle („first messenger") übertragen ihren Reiz durch Bindung an **Rezeptormoleküle** auf der Plasmamembran der Zielzelle, da sie diese nicht durchdringen können. Als Reaktion darauf wird eine Kaskade intrazellulärer Botenstoffe („second messenger") in Gang gesetzt, die letztlich zum gewünschten Effekt führt. Lipophile Signalmoleküle, z. B. Steroidhormone, penetrieren die Zellmembran und wirken über intrazelluläre Rezeptoren.
Im Folgenden soll die Entstehung eines intrazellulären „second messenger" am Beispiel des zyklischen AMP (cAMP) erläutert werden, da dieses Molekül an der Signaltransduktion vieler Hormone beteiligt ist, z. B. Adrenalin und Noradrenalin, Calcitonin, Glukagon, TSH, FSH und Parathormon.
Die Bindung des „first messenger" an den membranständigen Rezeptor führt zunächst zur Aktivierung eines sog. **G-Proteins**, das an der Innenseite der Membran dem Rezeptor anliegt. Dieses G-Protein besteht aus zwei Untereinheiten, von denen eine zur Bindung des energiereichen Guanyl-Triphosphates GTP befähigt ist. Nach seiner Aktivierung löst sich diese Untereinheit des stimulierenden G-Proteins und diffundiert zu einem benachbarten membranständigen Enzym, der **Adenylatzyklase**. Dieses Enzym spaltet daraufhin ATP in Diphosphat und **cAMP**, den gewünschten „second messenger", der nun seinerseits über die Bindung an intrazelluläre Proteinkinasen seine stoffwechselmodulierende Wirkung entfaltet. Die aktivierende G-Protein-Untereinheit spaltet lang-

sam das gebundene GTP in GDP und Phosphat und inaktiviert sich auf diese Weise selbst.

Großer Vorteil dieses komplizierten Mechanismus ist der Aspekt der Signalverstärkung, da die Bindung eines Hormonmoleküls an seinen Rezeptor eine Vielzahl aktivierter G-Proteine erzeugt und die aktivierte Adenylatzyklase ebenfalls multiple Moleküle cAMP synthetisiert (siehe Abb. 1.8).

Die enorme Vielfalt der Signaltransduktion wird durch die Existenz inhibierender G-Proteine sowie zahlreicher weiterer Signalkaskaden, z. B. über Phosphatidyl-inositol-Bisphosphat (Abbauprodukt von Membranlipiden), Calcium-bindendes Calmodulin u.a. erklärt. Vergleichsweise neu ist das Wissen um die Rolle des extrem kurzlebigen Stickstoffmonoxids NO als Signalmolekül, z.B. bei der Induktion des programmierten Zelltodes. Auch beim Prozess der malignen Zellentartung kommt der Signaltransduktion eine entscheidende Rolle zu. Die Produkte mancher sog. **Onkogene** können als veränderte Membranrezeptoren durch eine ständige Tyrosinkinase-Aktivität massiv in Zellvermehrung und -wachstum eingreifen. Physiologische Membranrezeptoren mit Tyrosinkinase-Aktivität sind beispielsweise für Insulin und verschiedene Wachstumsfaktoren bekannt.

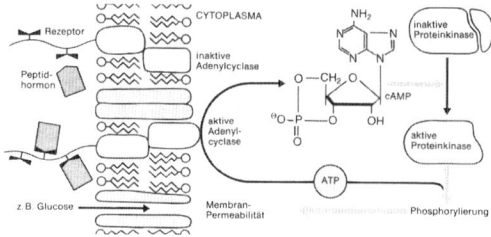

Abb. 1.**8** Enzymaktivierung durch ein Peptidhormon über cAMP (aus: Vogel, G., Angermann, H.: Taschenatlas der Biologie, Band 2, 5. Aufl., Thieme, Stuttgart, 1990)

1.19 Kommentare aus Examen Frühjahr 2006

F06
→ **Frage 1.232:** Lösung A

Zu (A): **Lektine** binden als membrangebundene Proteine an spezielle Kohlenhydrate der Glykokalix der äußeren Zellmembran. Sie kommen auf pflanzlichen und tierischen Zellen vor und haben durch ihre Bindungsspezifität zunehmende Bedeutung in der biowissenschaftlichen Grundlagenforschung.

Zu (B): Das spezifische Protein der Gap junctions ist das **Connexin**, ein Tunnel-bildendes Transmembranprotein.

Zu (C): Ein von Fettzellen sezerniertes Proteohormon trägt den Namen **Leptin**, wirkt Appetit-hemmend und ist von entscheidender Bedeutung für den Fettsäurestoffwechsel von Säugetieren.

Zu (D): Die Fusion eines sekretorischen Vesikels mit der „Zielmembran" ist ein komplex regulierter, noch nicht vollständig verstandener Prozess. Man nimmt an, dass bestimmte Erkennungssignale in Form integraler Membranproteine, sog. SNAREs, für die spezifische Anheftung und Fusion von Vesikel- und Zielmembran verantwortlich sind. Mit Lektinen hat das Ganze nichts zu tun.

Zu (E): Verschiedene Viren binden zum Eintritt in die Wirtszelle an spezifische Rezeptoren der Zellmembran, z. B. das Eppstein-Barr-Virus an den Komplementrezeptor von B-Lymphozyten. Auch hierbei spielen Lektine keine Rolle.

F06
→ **Frage 1.233:** Lösung A

Zu (A): Die **Glykokalix** besteht aus Oligosacchariden, die kovalent an Proteine und Lipide auf der Außenseite der Zellmembran gebunden sind. Sie determiniert die antigenen Eigenschaften einer Zelle, zu denen bei den Erythrozyten auch die verschiedenen Blutgruppenmerkmale gehören.

F90
→ **Frage 1.230:** Lösung E

Zu (E): Die Bindung einer mRNA an ein Ribosom ist der erste Schritt beim Beginn der Proteinbiosynthese.

Zu (A), (B), (C) und (D): Wenn ein extrazellulärer Botenstoff als „first messenger" an den passenden Rezeptor bindet, wird über die Aktivierung eines membrangebundenen Enzyms an der Membraninnenseite ein intrazellulärer „second messenger" gebildet. Diese Substanz kann nun ihrerseits über die Aktivierung/Inaktivierung von Enzymen zelluläre Stoffwechselprozesse oder die Genaktivierung beeinflussen (siehe Abb. 1.8).

Im speziellen Fall von Peptidhormonen (Insulin, Glukagon, Neuropeptide u. a.) ist das aktivierte membranständige Enzym die Adenylatzyklase, die die Umwandlung von Adenosintriphosphat (ATP) zu zyklischem Adenosinmonophosphat (cAMP) als second messenger katalysiert.

H91
→ **Frage 1.231:** Lösung C

Die amöboide Bewegung von Granulozyten und Makrophagen zu einem bakteriellen Entzündungsherd hin wird chemotaktisch durch Anteile des Komplementsystems und durch Zytokine gesteuert.

Zu (B): Intrazelluläre Membransysteme bilden bei eukaryonten Zellen einzelne Stoffwechselräume, sog. Kompartimente.
Zu (C): Die äußere Membran der Mitochondrien entspricht in ihrem prinzipiellen Aufbau dem Grundbauplan einer biologischen Membran.
Zu (D): Die mit einer Vielzahl an Poren durchsetzte Kernmembran grenzt den Zellkern gegen das umliegende Zytoplasma ab.
Zu (E): Die Glykolyse als zentraler Abbauweg von Glukose läuft im Zytoplasma ab.

F06 ■
→ Frage 1.234: Lösung D

Zu (D): Die **Zonula occludens** besteht aus einer gürtelförmigen Verschmelzung der Membranschichten zweier benachbarter Epithelzellen und liegt etwa im oberen Zelldrittel – also zwischen apikaler und basolateraler Membran. Dieser wichtige Zellkontakt verhindert einen unregulierten interzellulären Substanzdurchtritt.
Zu (A) und (B): **Zonula** und **Macula adhaerens** sind gürtel- bzw. fleckförmige Zellkontakte, die zwei Zellen in einem Areal eines geringgradig erweiterten Interzellularspaltes durch Glykoproteine verbinden, die ihrerseits im Zellinneren in sog. Haftplatten verankert sind.
Zu (C): Ein **Nexus** ist ein offener Zellkontakt, der durch korrespondierende Transmembranproteine zweier benachbarter Zellen einen interzellulären Stoffaustausch ermöglicht.
Zu (E): **Hemidesmosomen** ähneln morphologisch halben Desmosomen (Maculae adhaerentes), sind jedoch von anderer molekularer Struktur und fixieren Epithelzellen auf der darunterliegenden Basalmembran.
Siehe auch Lerntext I.3 „Zellkontakte".

F06
→ Frage 1.235: Lösung C

Zu (C): Ein **Nexus** (Gap junction) besteht aus Transmembranproteinen an gegenüberliegenden Stellen zweier benachbarter Zellen. Auf diese Weise entsteht eine Art Tunnel, durch den auch größere Moleküle direkt ausgetauscht werden können.
Zu den anderen Zellkontakten siehe auch Kommentar zu Frage 1.234.

F06
→ Frage 1.236: Lösung D

Zu (D): Ein **Polysom** besteht aus einer Vielzahl einzelner Ribosomen, die während der Proteinsynthese an einer mRNA zu einem größeren Komplex funktionell verbunden sind.
Zu (A): Das Zytoskelett mit seinen charakteristischen Strukturproteinen hat mit einem Polysom nichts zu tun. Das in der Frage genannte **Spektrin** ist ein spezielles Protein der Erythrozytenmembran.
Zu (B): Jedes Ribosom wird aus zwei Untereinheiten gebildet, die ihrerseits aus mehreren Proteinen und ribosomaler RNA (rRNA) bestehen.
Zu (C): **Histone** sind basische Proteine als wichtige Strukturelemente des Chromatingerüstes im Zellkern.
Zu (E): Jede Polypeptidkette wird an einem einzelnen Ribosom synthetisiert; ein Wechsel der entstehenden Aminosäurenkette oder gar eine Verbindung der Ribosomen untereinander findet nicht statt.

F06
→ Frage 1.237: Lösung A

Diese Abb. ist schon aus vorangegangenen Physika bekannt, gefragt sind hier zum einen das Erkennen der verschiedenen Zellorganellen und zum anderen ihre genauen Funktionen.
Zu (A): Das hier markierte **glatte endoplasmatische Retikulum** (sER) dient neben der Synthese von Membranlipiden und Steroiden auch dem Abbau zahlreicher Fremdsubstanzen, z. B. Arzneimittel oder mit der Nahrung aufgenommene Schadstoffe.
Zu (B): An den Ribosomen des **rauen endoplasmatischen Retikulums** (rER) findet die Synthese exportabler Proteine statt.
Zu (C): Hier ist ein **Sekundärlysosom** markiert – ein Organell, das dem intrazellulären Abbau von phagozytiertem Material oder überalterten Organellen dient.
Zu (D): Das mit dem Buchstaben D versehene **Mitochondrium** ist für die Energiegewinnung der Zelle im Rahmen der Atmungskette verantwortlich.
Zu (E): Ein **Peroxisom** enthält als Leitenzym die Katalase, die die Spaltung von Wasserstoffperoxid ermöglicht, das seinerseits bei verschiedenen oxidativen Abbauprozessen entsteht und zytotoxisch wirkt.

F06 ■
→ Frage 1.238: Lösung C

Zu (C): **Dynein** ist ein ATP-spaltendes Protein, das als wichtiger Bestandteil eukaryontischer Geißeln in Bindung an die 9 peripheren **Mikrotubuli**-Paare für deren Bewegung zuständig ist.
Zu (A) und (D): Die exakte Anordnung von **Aktin** und **Myosin** in Muskelzellen ermöglicht eine aktive Bewegung unter Verbrauch von ATP, das durch Myosin gespalten wird.
Zu (B) und (E): Jede Zellart enthält spezifische Intermediärfilamente in ihrem Zytoskelett. **Vimentin** findet man in Mesenchymzellen, **Zytokeratin** ist spezifisch für Epithelzellen.
Siehe Lerntext I.9 „Zytoskelett".

1 Allgemeine Zellbiologie, Zellteilung und Zelltod

F06
→ **Frage 1.239:** Lösung D

Zu **(D):** **Aktin-** oder **Mikrofilamente** gehören zum Zytoskelett und stabilisieren u. a. die **Mikrovilli** der lumenseitigen Membran von Darmepithelzellen. Über das zusätzliche Vorkommen von Myosinfilamenten entsteht dort ein kontraktiles System, das sog. „terminal web".

Zu **(A):** **Kinozilien** sind bewegliche Zellfortsätze an der Oberfläche verschiedener Epithelzellen und bestehen aus einer hochgeordneten Struktur von zwei zentralen Mikrotubuli, die von 9 Mikrotubuli-Paaren umgeben sind – die sog. „9+2-Struktur". Über die an den peripheren Mikrotubuli ansetzenden Dynein-Arme sind die Zilien durch ATP-Spaltung aktiv beweglich. Ein gutes Beispiel für ein Epithel, das sehr dicht mit Kinozilien besetzt ist, ist die Auskleidung der Atemwege, das sog. **Flimmerepithel**.

Zu **(B)** und **(C):** **Zentriolen** bestehen aus 9 Tripletts von Mikrotubuli, die in jeder Zelle vorkommen und bei der Zellteilung als Ausgangspunkt der Bildung von **Spindelfasern** dienen. Diese Spindelfasern bestehen ebenfalls aus Mikrotubuli und sind u. a. für die regelrechte Verteilung der Chromosomen auf beide Tochterzellen zuständig.

Zu **(E):** Der Zellkern ist von einer Kernmembran in Form einer Lipiddoppelschicht umgeben. An die innere Membranoberfläche ist die sog. **Kernlamina** angelagert. Sie gehört strukturell zum Kerngerüst und besteht aus den Intermediärfilamenten Lamin A und C.

F06
→ **Frage 1.240:** Lösung A

Zu **(A):** Der Zelluntergang durch eine **Nekrose**, die häufig durch äußere Einflüsse wie Sauerstoffmangel oder Einwirkung von Schadstoffen hervorgerufen wird, ist durch eine Zerstörung der Zellmembran, die Freisetzung lysosomaler Enzyme und eine dadurch ausgelöste Entzündungsreaktion gekennzeichnet.

Zu **(B)**–**(E):** Beschrieben sind hier charakteristische Merkmale des „programmierten Zelltods", der sog. **Apoptose**. Dieser physiologische Zelluntergang spielt eine große Rolle u. a. in der Embryonalentwicklung. Eingeleitet wird die Apoptose durch eine Gruppe proteolytischer Enzyme (Caspasen, Antwort (C)), die eine Kaskade intrazellulärer Enzymaktivierungen initiieren. Die betroffenen Zellen schrumpfen, wobei die Integrität der Zellmembran erhalten bleibt (B). Das Chromatin kondensiert und wird in späteren Phasen durch eine Endonuklease aufgespalten (E). Die Zellorganellen bleiben ebenfalls strukturell erhalten (D), werden dann aber innerhalb membranumgrenzter Vesikel („apoptotic bodies") abgespalten und phagozytotisch abgebaut. Siehe Lerntext I.14 „Zelltod".

F06
→ **Frage 1.241:** Lösung D

Eine Frage, die wohl eher der Histologie oder Anatomie zugehörig ist. Nun denn, in diesem Physikum gehört sie zur Biologie.

Zu **(D):** Die im Zytoplasma von neutrophilen Granulozyten enthaltenen Granula werden nach spezifischen Färbeeigenschaften in unspezifische, azurophile und spezifische Granula unterschieden. Die azurophilen Granula treten zuerst in Promyelozyten während der Granulopoese im Knochenmark auf und verringern sich in ihrer Anzahl mit jeder der folgenden Zellteilungen. Die spezifischen Granula sind kleiner, treten erstmals in der Entwicklungsstufe des Myelozyten auf und enthalten alkalische Phosphatase sowie verschiedene bakterizide Substanzen.

Zu **(A):** Nach der Phagozytose von Bakterien verschmelzen die Granula mit dem Endozytosevesikel und es kommt zur intrazellulären Verdauung des aufgenommenen Fremdkörpers.

Zu **(B)** und **(C):** Neutrophile Granulozyten spielen eine wichtige Rolle bei der unspezifischen Immunabwehr des Körpers. Die zunächst im Blut zirkulierenden Zellen können die Gefäße verlassen und im Gewebe ihre Abwehrfunktion ausüben. Diese physiologischen Vorgänge haben aber nichts mit den Granula zu tun.

Zu **(E):** Beim Untergang von neutrophilen Granulozyten entsteht zusammen mit abgestorbenem Gewebsdetritus Eiter.

2 Genetik

2.1 Organisation und Funktion eukaryontischer Gene

2.1.1 Aufbau und Replikation der DNA

II.1 Aufbau der Nukleinsäuren

Nukleinsäuren bestehen aus einer linearen Kette mit einer Vielzahl von Einzelbausteinen, den sog. Nukleotiden. Jedes dieser Nukleotide besteht aus
- einem **C_5-Zucker**: 2'-Desoxyribose (DNA) oder Ribose (RNA),
- einem **Phosphatrest** und
- einer **organischen Base**: Adenin, Guanin, Cytosin, Thymin oder Uracil (bei RNA).

Die Zucker- und Phosphatreste sind in alternierender Reihenfolge zu langen Strängen verknüpft, die Base ist an das C_1-Atom des Zuckers gebunden.

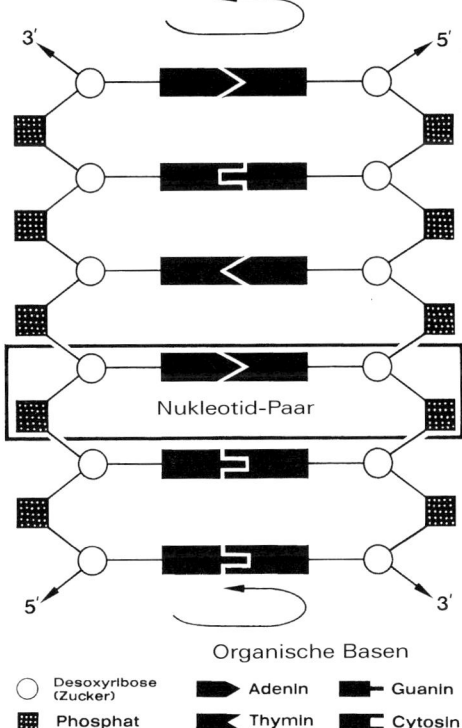

Abb. 2.1 Die Komplementärstruktur zweier DNA-Moleküle im Sinne des Watson-Crick-Modells (aus Gottschalk, W.: Allgemeine Genetik, 4. Aufl., Thieme, Stuttgart, 1994)

Die Struktur der DNA wurde mit dem **Doppel-Helix-Modell von Watson und Crick 1953** erstmals beschrieben. Dabei sind jeweils zwei DNA-Stränge spiralig umeinander gewunden, wobei die Basen in Form von Stufen einer Wendeltreppe innen angeordnet sind.

Der Zusammenhalt beider DNA-Stränge wird durch Wasserstoffbrückenbindungen gewährleistet, die zwischen den Basen ausgebildet werden. Hierbei kommt es zur spezifischen Paarung von Adenin und Thymin sowie Guanin und Cytosin. **Die hochspezifischen Paarungen A-T und G-C** bedingen die sog. **Komplementarität** der DNA-Stränge und sind Grundlage von DNA-Replikation und Transkription (DNA → RNA). Im Gegensatz zur doppelsträngigen DNA ist RNA immer einzelsträngig. Es kann jedoch zu partiell doppelsträngigen Abschnitten kommen, wobei auch hier die Paare G-C und A-U (Uracil statt Thymin) ausgebildet werden.

→ **Frage 2.1**: Lösung B

Zu (1) und (3): Die Basenpaarungen A-T und G-C werden über Wasserstoffbrückenbindungen vermittelt. Hierbei werden zwischen Adenin und Thymin jeweils zwei, zwischen Guanin und Cytosin je drei Bindungen ausgebildet.

Zu (2): Durch die spezifische Basenpaarung sind Adenin und Thymin sowie Guanin und Cytosin jeweils im Verhältnis 1:1 in der DNA vorhanden.
Beide Bindungspaare sind jedoch in unterschiedlicher Häufigkeit vertreten.

Zu (4): **Purin-Basen** sind Adenin und Guanin, **Pyrimidin-Basen** Thymin, Cytosin und Uracil (als Bestandteil der RNA).
Einer Purin-Base liegt immer eine Pyrimidin-Base gegenüber und umgekehrt. Ihre Reihenfolge in den DNA-Strängen ist jedoch nicht periodisch.

→ **Frage 2.2**: Lösung D

Zu (D): Jeweils drei Basen der DNA (und nach der Transkription der RNA) bilden die **Informationseinheit für eine Aminosäure**, das sog. **Triplett**. Die Reihenfolge des Basentripletts ist nicht zufällig. Da die Aminosäuresequenz eines Proteins nicht periodisch ist, zeigt auch die Basensequenz keinerlei Periodizität.

Anmerkung: Der Vergleich der Basensequenz mit den Buchstaben einer Schrift ist sehr eingängig; dennoch sollte man nie vergessen, dass die Basen – im Gegensatz zu den Buchstaben in einer Schrift – in einer linearen Abfolge ohne jegliche „Satzzei-

chen" hintereinander geschrieben sind ... nurgutdassdasinunsererschriftetwasbessergereegeltist ...
Zu (A): Uracil ist Baustein der RNA und kommt in DNA nicht vor.

H97

→ **Frage 2.3:** Lösung B

Zu (B): Die **tRNA** dient bei der Proteinsynthese als „Vermittler" zwischen codierendem Triplett der mRNA und der spezifisch dazugehörenden Aminosäure. Sie besitzt dazu an ihrem einen Ende das zum mRNA-Codon komplementäre Anticodon und hat an ihrem anderen Ende die entsprechende Aminosäure gebunden. Die tRNA ist primär einsträngig; es lagern sich jedoch einige komplementäre Abschnitte zusammen, sodass sich in der Struktur einzel- und doppelsträngige Abschnitte abwechseln. Diese räumliche Anordnung wird auch als „Kleeblattstruktur" bezeichnet (siehe Abb. 2.4).
Zu (A), (C) und (D): Eine **DNA** ist im intakten Zustand **immer doppelsträngig** (Ausnahme: das humanpathogene Parvovirus, Erreger des Erythema infectiosum, besitzt einzelsträngige DNA). Die Klassifizierung von Bakterien in gramnegativ und grampositiv bezieht sich auf den Aufbau der Zellwand und hat nichts mit der DNA zu tun.
Zu (E): **Plasmide** sind extrachromosomale Nukleinsäuren von Bakterien; es sind ringförmige, doppelsträngige DNA-Moleküle, die z. B. Gene für Antibiotikaresistenzen tragen.

■

→ **Frage 2.4:** Lösung E

Zu (E): Mitochondrien enthalten eine eigene, ringförmige DNA, auf der ein kleiner Anteil der mitochondrialen Proteine codiert ist.
Zu (A): DNA als Träger unserer Erbinformation ist natürlich in einer lebenden Zelle immer enthalten. Das IMPP spielt hier auf die Chromosomen als die maximal kondensierte Form der DNA an, die dann im Lichtmikroskop sichtbar werden.
Zu (B): Ribosomen bestehen aus Proteinen und ribosomaler RNA. DNA ist in ihnen nicht vorhanden.
Zu (C): Die grundlegende Erbinformation der Zelle ist immer in der DNA festgelegt. Beim Vorgang der Genexpression wird von dem entsprechenden DNA-Abschnitt lediglich eine Kopie aus mRNA hergestellt, die dann zur Proteinsynthese herangezogen wird.
Zu (D): Zentriolen sind paarige Zylinder aus Mikrotubuli, die eine wichtige Funktion bei der Bildung der Zellteilungsspindel haben; DNA kommt in ihnen nicht vor.

F90 ■

→ **Frage 2.5:** Lösung D

Zu (1): Die mitochondriale DNA ist ringförmig und codiert nur einen geringen Anteil der mitochondrialen Proteine. Deren Großteil ist in Genen der Kern-DNA festgelegt.
Zu (2): Hochrepetitive DNA enthält Gene, die in einer Vielzahl (bis zu 1 Million) identischer Kopien hintereinander liegen. Über die Bedeutung dieser Gene ist bislang nichts bekannt.
Zu (3): Eukaryontische Gene liegen auf der DNA in einzelnen Abschnitten vor (sog. **Exons**), die von nicht-informationshaltigen Sequenzen (sog. **Introns**) unterbrochen werden. Nach der Transkription werden die Introns aus dem primären Transkript herausgeschnitten, damit die genetische Information auf der reifen mRNA kontinuierlich ist.
Zu (4): In Ribosomen kommt rRNA vor, keine DNA.

H02

→ **Frage 2.6:** Lösung D

In einer doppelsträngigen DNA findet man die spezifischen Basenpaarungen immer zwischen den Basen Adenin und Thymin (AT) bzw. Guanin und Cytosin (GC). Das bedeutet, dass die **molaren Mengen von A und T bzw. G und C immer identisch** sind. Diese Tatsache versteckt sich in der bewusst kompliziert formulierten Antwort (D), da bei der gefragten Summenbildung A + G und C + T unter den genannten Voraussetzungen natürlich identische Zahlen zu erwarten sind.
Also: A = T und C = G, deshalb gilt: A + G = C + T.
Alle anderen Antworten sind falsch.

H04 ■

→ **Frage 2.7:** Lösung A

Eine einfache Frage, deren Lösung neben der Kenntnis der Grundrechenarten nur das Wissen voraussetzt, dass in einer doppelsträngigen DNA immer Adenin und Thymin sowie Guanin und Cytosin aufgrund ihrer komplementären Bindung in gleichen Mengen vorhanden sind.
Bei 38 % Cytosin sind daher auch 38 % Guanin zu erwarten, macht zusammen 76 %. Die restlichen 24 % müssen sich deshalb zu gleichen Teilen auf Adenin und Thymin verteilen – 12 % Thymin (A) ist die korrekte Antwort.

→ **Frage 2.8:** Lösung B

Aufgrund der komplementären Basenpaarungen kommt nur Lösung B in Frage. Man muss dabei bedenken, dass RNA Uracil anstatt Thymin besitzt und dass dieses Uracil mit Adenin gepaart ist: bei A 1,0 in der DNA muss U 1,0 in der RNA vorliegen.

II.2 DNA-Replikation

Vor Beginn einer Zellteilung muss der gesamte Chromosomensatz einer Zelle verdoppelt werden, damit die Tochterzellen einen identischen, der Ausgangszelle entsprechenden Informationsgehalt besitzen. Dieser Prozess wird als DNA-Replikation bezeichnet und findet in eukaryontischen Zellen während der S-Phase im Zellkern unter Beteiligung zahlreicher Enzyme statt.

Zunächst wird der DNA-Doppelstrang durch eine Helikase unter partieller Lösung der Wasserstoffbrückenbindungen zwischen den Nukleobasen parallel entwunden und so in seine Einzelstränge aufgetrennt. Jeder der beiden Einzelstränge dient im folgenden zugleich als Matrize, auf der der neue DNA-Strang gebildet wird. Als Grundprinzip gilt auch hier die spezielle Basenpaarung, die nur die Bindung über Wasserstoffbrücken zwischen Adenosin und Thymin sowie zwischen Guanin und Cytosin erlaubt.

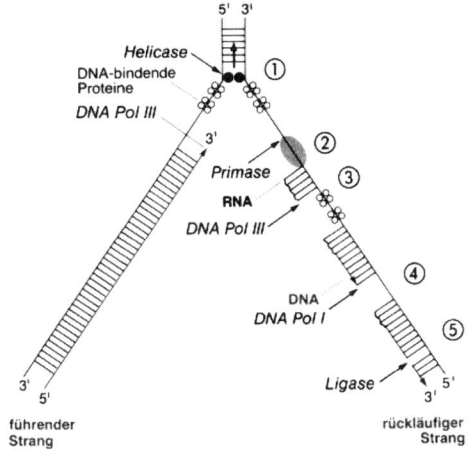

Abb. 2.2 Replikation doppelsträngiger DNA (aus: Schlegel, H. G.: Allgemeine Mikrobiologie, 7. Aufl., Thieme, Stuttgart, 1992). Die doppelsträngige DNA wird durch *Helicase* zunächst entwunden, und es entsteht die Replikationsgabel. 1 Die DNA-Einzelstränge werden durch DNA-bindende (SSB, single strand binding) Proteine stabilisiert. Der eine (führende) Strang wird von der *DNA-Polymerase III (DNA Pol III)* von 5′ nach 3′ repliziert (kontinuierliche Replikation). 2 Die Synthese des anderen Stranges muss rückläufig und daher diskontinuierlich erfolgen. Sie beginnt mit der Synthese eines kurzen RNA-Stranges, der als Startermolekül (RNA-primer) dient. Daran ist eine *Primase* beteiligt. 3 Durch DNA-Polymerase III wird an die RNA anschließend ein DNA-Strang synthetisiert. 4 Dann wird der RNA-primer durch eine *Exonuclease* entfernt, und die Lücke wird durch *DNA-Polymerase I (DNA Pol I)* aufgefüllt 5 und durch *DNA-Ligase* geschlossen.

Der eine Tochterstang ("leading Strang") wird von der DNA-Polymerase in 5′-3′-Richtung kontinuierlich synthetisiert. Das Enzym ist jedoch nicht in der Lage, in umgekehrter Richtung (3′-5′) zu arbeiten. Daher kann der andere („lagging") Strang nur diskontinuierlich in einzelnen Stückchen, den so genannten Okazaki-Fragmenten aufgebaut werden. Für jedes Fragment wird zunächst eine kurze Anfangssequenz aus RNA, der so genannte Primer durch das Enzym Primase synthetisiert, der im weiteren Verlauf wieder durch eine Exonuklease entfernt wird. Die entstandenen Lücken werden durch die DNA-Polymerase I mit DNA aufgefüllt, schließlich verbindet eine Ligase die einzelnen Fragmente zum fertigen Tochterstrang.

Beim ringförmigen Bakterienchromosom beginnt die DNA-Replikation an einer Stelle, die beiden entstehenden Replikationsgabeln „wandern" in beide Richtungen und treffen sich an der gegenüberliegenden Stelle. Im eukaryontischen Genom startet die DNA-Replikation an bis zu 1000 Stellen gleichzeitig, die auch als Replikons bezeichnet werden.

→ **Frage 2.9:** Lösung D

Zu (D): Die Replikation der DNA erfolgt in der S-Phase des Zellzyklus.
Zu (A), (B), (C) und (E): Die DNA-Replikation läuft unter Beteiligung vieler Enzyme im Zellkern ab.
Hierzu wird die Doppelhelix durch sukzessive Lösung der Wasserstoffbrückenbindungen zwischen den Basen aufgewunden. An die jeweils freiliegenden Einzelstränge werden die komplementären Basen gebunden, die danach zu einem durchgehenden neuen DNA-Strang verknüpft werden. Dieses Modell wird als **semikonservative Replikation** bezeichnet, da jeweils ein Einzelstrang der ursprünglichen DNA als Matrize für einen neu gebildeten Strang dient.

F01

→ **Frage 2.10:** Lösung C

Die Zeichnung zeigt die sog. Replikationsgabel, die während der Verdopplung einer doppelsträngigen DNA entsteht.
Zu (C), (B) und (D): Grundlegender Fehler der Zeichnung ist die identische Polarität beider DNA-Stränge. Korrekt wäre, dass die Stränge in entgegengesetzter Richtung verlaufen – der eine vom 5′- zum 3′-Ende, der andere vom 3′- zum 5′-Ende. Diese Polarität hängt mit der Tätigkeit des DNA-synthetisierenden Enzyms, der DNA-Polymerase, zusammen, die eine Nukleotidkette immer nur vom 5′- zum 3′-Ende aufbauen kann. Aus diesem

2 Genetik

Grund kann nur einer der beiden neu synthetisierten Tochterstränge kontinuierlich gebildet werden, in der Abbildung der untere (B). Dieser Tochterstrang ist Hinweis darauf, dass die Polarität des unteren elterlichen DNA-Stranges richtig gezeichnet ist (D); somit ist der obere Strang in falscher Richtung dargestellt.

Zu (A): Die sog. Okazaki-Fragmente sind kleine DNA-Abschnitte, die von der DNA-Polymerase in 5'-3'-Richtung gebildet und erst zu einem späteren Zeitpunkt durch eine Ligase miteinander verknüpft werden. Der auf diese Weise gebildete Tochterstrang wird auch als diskontinuierlich gebildeter Strang bezeichnet.

Zu (E): Die **DNA-Helikase** ist das Enzym, das bei der DNA-Replikation die Doppelhelix partiell entwindet, sodass jeder einzelne elterliche Strang als Vorlage für einen Tochterstrang dienen kann. In der Zeichnung ist dieses Enzym als schwarze Ellipse dargestellt.
Siehe Lerntext II.2 „DNA-Replikation".

H02
→ **Frage 2.11:** Lösung D

Doppelsträngige DNA wird durch die sog. **semikonservative Replikation** vermehrt. Das bedeutet, dass für jeden Verdopplungszyklus jeweils ein Elternstrang als Matrize für den entsprechend komplementären Strang dient (siehe Abb. 2.2).

Zu (D): Aufgrund des oben Gesagten enthält nach einem Replikationszyklus jede DNA den radioaktiven Marker (100 %), wenn auch natürlich nur in einem der beiden Stränge. Nach einer zweiten Verdopplung reduziert sich der Anteil auf 50 %, da die doppelsträngige Ausgangs-DNA für diesen Replikationszyklus die Radioaktivität nur noch in einem der beiden Stränge enthält.

Die Lösung erkennt man am besten durch eine kleine Skizze der zwei Replikationszyklen (der dicke Strich stellt den radioaktiv markierten, der dünne Strich den nicht-markierten Strang dar):

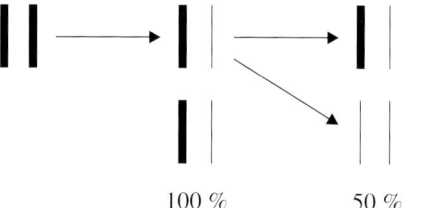

100 %   50 %

2.1.2 DNA-Reparatur

II.3 Exzisionsreparatur strahlungsinduzierter Thymin-Ddimere

UV-Strahlung induziert in der DNA die Bildung von Thymin-Dimeren, die bei einer nachfolgenden Transkription zu fehlerhafter Genexpression führen. Gesunde Zellen enthalten ein „Set" verschiedener Enzyme, die diesen Schaden beheben können.

1. A-C-C-T = T-A-G-C   Thymin-Dimer
   T-G-G-A-A-T-C-G
2. A-C   G-C   Die **Endonuklease**
   T-G-G-A-A-T-C-G   entfernt das T-Dimer „im Gesunden" (fehlt bei Xeroderma pigmentosa).
3. A-C C-T-T-A G-C   Die **DNA-Polymerase**
   T-G-G-A-A-T-C-G   füllt die Lücke auf, benutzt dabei den intakten Strang als **Matrize**.
4. A-C-C-T-T-A-G-C   Die **Ligase** verknüpft die
   T-G-G-A-A-T-C-G   freien Enden.

Klinischer Bezug
Die Verminderung oder gar das Fehlen der o. g. Reparaturmechanismen führt zu der seltenen, autosomal-rezessiv vererbten **Xeroderma pigmentosum**. Die persistierenden Thymindimere führen zu zahlreichen Punktmutationen, was sich klinisch in einer ausgeprägten Lichtempfindlichkeit der Haut mit Pigmentänderungen und epidermaler Atrophie sowie der extremen Neigung zur Bildung von Präkanzerosen und malignen Hauttumoren äußert. Eine kausale Therapie ist nicht möglich; vorhandene Tumoren müssen operativ entfernt werden, die Patienten müssen jegliche Exposition mit Sonnenlicht meiden.

F01 F97 H94 ■
→ **Frage 2.12:** Lösung A

Eine Frage, die schon drei Mal in identischer Form gestellt wurde. Thema ist die Reparatur UV-geschädigter DNA, in der zwei benachbarte Thymin-Basen durch Strahlung zu einem Dimer verbunden werden. Zur Wiederholung siehe Lerntext II.3 „Exzisionsreparatur strahlungsinduzierter Thymindimere".

Zu (A): Der fehlerhafte DNA-Abschnitt wird von einer Endonuklease entfernt und durch eine DNA-Polymerase neu synthetisiert.

Zu (B): Beim Entfernen des fehlerhaften Abschnitts wird ein Sicherheitsabstand von einigen Basenpaaren eingehalten.

Zu (C) und (E): Der betreffende Teil wird nur aus dem fehlerhaften DNA-Strang entfernt, der komplementäre Strang dient als Matrize für die Neusynthese der richtigen Sequenz.
Zu (D): Die Einstrahlung von „Licht", genauer gesagt von UV-Strahlung, ist Ursache der DNA-Schädigung, aber nicht Bedingung für deren Reparatur.

F96 ■
→ Frage 2.13: Lösung B

Zu (B): Die **reverse Transkriptase** ist ein typisches Enzym RNA-haltiger **Retroviren** (z. B. HIV). Sie bildet von der RNA-Matrize des Virus-Genoms einen komplementären DNA-Strang, der in das Genom der infizierten Zelle eingebaut wird.
Zu (A), (C), (D) und (E): Siehe Lerntext II.3 „Exzisionsreparatur strahlungsinduzierter Thymin-Dimere".

2.1.3 Genbegriff, Transkription und Prozessierung der RNA

→ Frage 2.14: Lösung B

Zu (B): Bei numerischen Chromosomenaberrationen, z. B. Trisomie 21, ist die Gesamtzahl der Chromosomen vermindert oder erhöht. Die Struktur der Gene selbst ist nicht verändert.
Zu (A) und (C): Ein Gen bezeichnet stets eine Funktionseinheit der DNA; dies kann die Information für ein Protein (C) sein oder auch der DNA-Abschnitt, der eine tRNA oder rRNA codiert.
Zu (D): Die Anzahl an Nukleotiden ist für verschiedene Gene sehr unterschiedlich. So reichen der Hefezelle 77 Nukleotidpaare zur Codierung der Alanin-tRNA; das Gen für Ovalbumin im Hühnerei enthält etwa 7 700 Basenpaare; die menschliche Zelle legt die Struktur des Muskelproteins Dystrophin dagegen in etwa 2 Millionen Nukleotidpaaren fest.

F86 ■
→ Frage 2.15: Lösung C

Zu (C): Viele Gene sind im haploiden Chromosomensatz mehrfach vorhanden, aber nicht alle.
Zu (A) und (B): Repetitive DNA enthält Gene in vielfacher Kopie (redundant) hintereinander. Man unterscheidet:
1. **hochrepetitive DNA** im Bereich des Zentromers mit bis zu 1 Millionen Kopien von Genen, deren Bedeutung bislang noch völlig unklar ist.
2. **mittelrepetitive DNA**, die Gene für die Synthese von rRNA oder von Proteinen in 100–1 000 Kopien enthalten, welche von der Zelle in großen Mengen benötigt werden, z. B. Histone.

Zu (D) und (E): Die Genome eukaryontischer Zellen enthalten z. T. große Mengen an DNA, die nach bisherigem Wissensstand keine Informationen enthalten. So sind etwa beim Menschen nur 3 % der gesamten DNA-Menge für die Produktion von Proteinen zuständig.
Man findet derartige „informationslose" DNA sowohl innerhalb der Strukturgene (sog. Introns) als auch in Form langer Sequenzen, die die einzelnen Gene flankieren.

F95
→ Frage 2.16: Lösung A

Zu (A): Repetitive DNA kommt bei Prokaryonten nicht vor.
Zu (B): Repetitive DNA enthält Gene in vielfacher Kopie, die häufig genetisch inaktiv und im Interphasekern hochgradig spiralisiert vorliegen. Diese stark kondensierten Genomabschnitte besitzen eine hohe elektronenoptische Dichte und sind auf entsprechenden Abbildungen als dunkle Chromatinareale **(Heterochromatin)** im Kern dargestellt.
Im Gegensatz dazu sind genetisch aktive, d. h. transkribierende Abschnitte des Genoms entspiralisiert und erscheinen im elektronenmikroskopischen Bild als helles **Euchromatin**.
Zu (C), (D) und (E): Siehe Kommentar zu Frage 2.15.

→ Frage 2.17: Lösung B

Zu (B): Der Informationsfluss läuft in Richtung DNA → RNA → Protein. Dieses sog. „Dogma der Molekularbiologie" wurde mit der Entdeckung der Retroviren (z. B. HIV) relativiert, die mittels des Enzyms reverse Transkriptase den Weg von der RNA zur DNA beschreiten können.
Zu (A): Beschrieben ist der Prozess der **Transformation** als Aufnahme freier DNA aus einer Lösung in eine Zelle; ein Vorgang, der manchen Bakterien möglich ist.
Zu (C): Das Ribosom besitzt zwei Bindungsstellen für tRNA:
1. **A**(minoacyl)-**Stelle**: Bindung der einzelnen tRNA mit ihrer aktiven Aminosäure.
2. **P**(eptidyl)-**Stelle**: Bindung der wachsenden Polypeptidkette.
Bei der Translation wird die Polypeptidkette auf die tRNA-gebundene Aminosäure der A-Stelle übertragen. Dadurch wird die P-Stelle des Ribosoms frei. In einem nächsten Schritt kommt es zur **Translokation** des Ribosoms um ein Triplett, wobei die um eine Aminosäure verlängerte Polypeptidkette nun an der P-Stelle gebunden wird. An der A-Stelle bindet eine neue Aminoacyl-tRNA, auf die erneut die Polypeptidkette übertragen wird, usw. Die Petidyl-tRNA wird also von der P- auf die A-

Stelle übertragen, nicht umgekehrt. Siehe Lerntext II.6 „Proteinbiosynthese".
Zu **(D)**: Die Proteinsynthese am Ribosom ist die **Translation**.
Zu **(E)**: Die Verdopplung der DNA nach dem semikonservativen Modell ist die **Replikation**.

H98 H97 F97 H96 ■ ■
→ **Frage 2.18:** Lösung D

Ein **Strukturgen** entspricht dem Abschnitt einer DNA, der die Informationen für die Synthese eines Proteins enthält. Die bei der Transkription entstehende RNA wird als **primäres Transkript** bezeichnet und enthält neben den „relevanten" Genabschnitten (**Exons**) Sequenzen, die für die Synthese des späteren Genprodukts keine Bedeutung haben (**Introns**). Bei der Entstehung der funktionsfähigen mRNA werden die Introns enzymatisch herausgeschnitten und die informationstragenden Exons aneinandergefügt – ein Prozess, der als **Splicing** bezeichnet wird. Die reife mRNA wird dann, nach enzymatischer Veränderung beider freier Enden, aus dem Zellkern ins Zytoplasma transportiert, wo schließlich die Übersetzung der Basensequenz in die Polypeptidkette (Translation) erfolgt.
Zu **(D)**: Die sechs ungepaarten DNA-Schleifen entsprechen den **Introns**, die in der reifen mRNA nicht mehr vorhanden sind. Diese Anteile sind – leicht erkennbar – länger als die sieben gepaarten Abschnitte, die den **Exons** entsprechen.
Zu **(A)**: Die Exons sind in der reifen mRNA vorhanden – sie sollen ja in eine definierte Aminosäuresequenz übersetzt werden. Die ungepaarten Abschnitte entsprechen den Introns, deren Basensequenzen beim Splicing des primären Transkriptes entfernt werden.
Zu **(B)**: Schon bei oberflächlicher Betrachtung erkennt man diese Antwort als falsch.
Zu **(C)**: Man erkennt sieben gepaarte Abschnitte zwischen DNA und mRNA, also sieben Exons; die Introns entsprechen den nicht gepaarten Abschnitten, hier sechs an der Zahl.
Zu **(E)**: Der poly-A-Schwanz eukaryontischer mRNA, der nicht von der DNA codiert wird, befindet sich am 3'-Ende. Am 5'-Ende wird eine „Kappe" aus 7-Methyl-Guanylat über eine Triphosphat-Brücke gebunden, um die mRNA vor dem Abbau durch Phosphatasen und Nukleasen zu schützen.

H00
→ **Frage 2.19:** Lösung A

Zu **(A)**: Die Zeichnungen 1 und 2 zeigen einen Ausschnitt eines partiell denaturierten DNA-Doppelstrangs zu zwei aufeinander folgenden Zeitpunkten. Im jeweils entspiralisierten Anteil wird eine RNA als komplementäre Nukleinsäure gebildet, wobei der hier unten liegende DNA-Einzelstrang, der auch als „codogener Strang" bezeichnet wird, als Matrize dient. Die wachsende RNA wird unidirektional vom 5' zum 3'-Ende synthetisiert. Der dargestellte Vorgang entspricht der **Transkription**.
Zu **(B)**: Bei der Proteinsynthese (=**Translation**) wird eine wachsende Aminosäurenkette an der einzelsträngigen mRNA synthetisiert.
Zu **(C)**: Im Rahmen der Reparatur einer DNA, z.B. bei der Exzision strahlungsbedingter Thymin-Dimere, wird der geschädigte Bereich auf einem DNA-Strang entfernt und durch die zum Gegenstrang passenden Basen ersetzt. Sind beide DNA-Stränge an derselben Stelle beschädigt, so ist dies kaum reparabel. Die in der Zeichnung dargestellte dritte Nukleinsäure (RNA) kommt bei einer DNA-Reparatur nicht vor.
Zu **(D)**: Bei der **DNA-Replikation** entstehen zwei DNA-Doppelstränge durch Synthese jeweils eines neuen Stranges auf der Basis eines „alten" Einzelstrangs. Bei dieser „semikonservativen" DNA-Replikation, die vor jeder Zellteilung stattfindet, werden also beide DNA-Stränge als Matrize benutzt, was in der Zeichnung eindeutig nicht der Fall ist.
Zu **(E)**: **DNA-Rekombination** bezeichnet die Neukombination von Genen, die in vivo im Rahmen der Meiose vorkommt oder gentechnologisch in vitro durchgeführt werden kann. In beiden Fällen ist die Bildung eines (neuen) DNA-Doppelstrangs aus zwei Einzelsträngen das Ergebnis der Rekombination.

→ **Frage 2.20:** Lösung E

Zu **(E)**: **Transkription** ist die Übertragung der Erbinformation von einem DNA-Abschnitt auf eine RNA. Handelt es sich um die Expression eines Strukturgens für ein Protein, so entsteht eine messenger-RNA, die danach in das Zytoplasma transportiert wird, wo am Ribosom die **Translation** als eigentliche Proteinbiosynthese abläuft.

II.4 Bildung der reifen mRNA

Das bei der Transkription eines eukaryontischen Strukturgens entstehende primäre Transkript enthält die komplementäre Basensequenz zur gesamten Länge des Gens auf der DNA. Somit sind auch die vielen Abschnitte nichtkodierender DNA innerhalb des Gens in der primären mRNA enthalten. Die Bildung der reifen mRNA aus dem primären Transkript ist ein zweistufiger Prozess:

1. **Splicing:** Es werden die nicht-informationshaltigen Basensequenzen (die **Introns**) aus der mRNA herausgeschnitten und somit nur die codierenden Abschnitte (die **Exons**) miteinander verknüpft.
2. **Processing:** Die mRNA wird an beiden Enden enzymatisch verändert. Das 5'-Ende wird

mit einer „Kappe" aus 7-Methyl-Guanylat versehen, das 3'-Ende erhält einen „Schwanz" aus 150–200 Adenin-Nukleotiden (sog. poly-A-Schwanz), die an der Translation nicht beteiligt sind.

Der Umfang dieses Reifungsprozesses wird durch die stark unterschiedliche Länge von primärem Transkript und reifer mRNA deutlich: Primärtranskripte bestehen im Mittel aus etwa 6 000, reife mRNA aus etwa 1 500 Basenpaaren.

Klinischer Bezug

Fehler bei der Exzision der Introns aus dem primären RNA-Transkript können zu klinisch bedeutsamen Erkrankungen führen. So liegen bei verschiedenen Formen der Thalassämien, einer Gruppe von Erbkrankheiten mit fehlerhafter Bildung des Globinanteils des Hämoglobins, häufig funktionslose, nicht korrekt in das benötigte Protein übersetzbare mRNA vor, obwohl das ursprüngliche Gen auf der DNA intakt ist.

F00 F98 H95 ■ ■
→ **Frage 2.21:** Lösung C

Zu (2) und (4): Bei der Bildung der reifen mRNA aus dem primären Transkript werden die nichtkodierenden Genabschnitte (Introns) enzymatisch entfernt – ein Prozess, den man als **Splicing** bezeichnet. Gemeinsam mit der **Modifizierung beider Enden**, Anhängen eines poly-A-Schwanzes am 3'-Ende und einer 7-Methyl-Guanylat-Kappe am 5'-Ende, entsteht in diesem sog. **Processing** die funktionsfähige mRNA, die dann der Translation der Proteinsynthese dient.

Zu (1): Der Begriff der „Ablesung des genetischen Codes" umfasst eigentlich den gesamten Biosyntheseweg vom Gen auf DNA-Ebene über die Kopie in Form der mRNA bis zum Protein. So gesehen gehört sicher auch das Processing der mRNA dazu. Das IMPP meint in diesem Zusammenhang aber wohl eher den Vorgang der Transkription, d. h. die Übersetzung der DNA-Sequenz in die Basenabfolge der primären mRNA.

Zu (3): Bei der Signaltransduktion eines äußeren Stimulus (z. B. Hormon) wird über die Rezeptorbindung an der Zellmembran ein intrazellulärer Bote, der sog. second messenger (z. B. cAMP) aktiviert. Dieser Vorgang hat nichts mit dem Processing einer mRNA zu tun.

Zu (5): Die Verknüpfung von Aminosäuren zu einem Protein wird als **Translation** bezeichnet und läuft erst nach dem Processing der mRNA am Ribosom ab.

F00 ■
→ **Frage 2.22:** Lösung D

Zu (D): Mit dem Begriff „**Spleißen**" (häufig auch mit dem englischen Terminus **Splicing** benannt) bezeichnet man das Herausschneiden der informationslosen **Introns** aus der primär transkribierten mRNA. Die für die spätere Aminosäurensequenz wichtigen **Exons** werden auf diese Weise miteinander verbunden und es entsteht die reife mRNA, die dann aus dem Zellkern ins Zytoplasma transportiert wird.

Zu (A): Dargestellt ist die **Transkription** als Übersetzung der DNA-Basenabfolge eines Gens in die primäre mRNA. In eukaryotischen Genen sind die informationsrelevanten Exons durch inhaltslose Abschnitte, die Introns, voneinander getrennt.

Zu (B) und (C): Die primär transkribierte mRNA wird in den nächsten Schritten an beiden Enden enzymatisch modifiziert. Das 5'-Ende erhält eine „Kappe" aus einem methylierten Guanin, das 3'-Ende wird mit einem Schwanz aus 150–200 Adenin-Nukleotiden versehen, dem sog. poly-A-Schwanz. Der Vorgang dieser biochemischen Modifikation, der die mRNA vor dem enzymatischen Abbau schützt, wird auch als **Processing** bezeichnet. Siehe Lerntext II.4 „Bildung der reifen mRNA".

Zu (E): Der letzte Schritt ist die Synthese einer Polypeptidkette auf der Informationsgrundlage der reifen mRNA. Dieser Prozess ist die **Translation** und findet an den **Ribosomen** statt.

F01
→ **Frage 2.23:** Lösung A

Dargestellt ist der komplette Syntheseweg vom Gen der eukaryotischen DNA (mit Introns und Exons) bis zur Synthese des entsprechenden Proteins. Die als korrekt angegebene Antwort (A) erscheint mir jedoch nicht richtig zu sein!
Der Begriff der heterogenen nukleären RNA (hnRNA) kennzeichnet ein Vorläufer-Molekül der reifen mRNA. Sie besitzt den 3'-poly-A-Schwanz und eine sekundäre Schleifenstruktur mit angelagerten Proteinen am 5'-Ende, die sie vor dem enzymatischen Abbau schützen sollen. Aus diesem Grund erscheint mir die Antwortmöglichkeit (C) als am ehesten richtig.

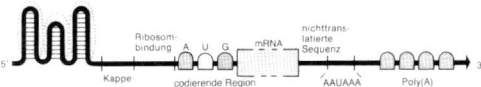

Abb. 2.3 Schema einer hnRNA (heterogene nukleäre RNA) (aus: Vogel, G., Angermann, H.: Taschenatlas der Biologie, Band 1, 5. Aufl., Thieme, Stuttgart, 1990)

Zu (A): Dargestellt ist die Entstehung des primären RNA-Transkriptes aus dem betreffenden DNA-Abschnitt. Exons und Introns sind noch komplett erhalten, die freien Enden sind noch nicht modifiziert.
Zu (B) und (C): Hier ist die chemische Modifikation der reifenden mRNA mit 3′-poly-A-Schwanz und 5′-methyl-Guanylat-Kappe gezeichnet.
Zu (D): In dem dargestellten Prozess des Splicings werden die inhaltslosen Introns aus der RNA entfernt, die codierten Exons werden aneinander gereiht.
Zu (E): In diesem Schritt wird die reife mRNA aus dem Zellkern ins Zytoplasma geschleust, wo dann die Synthese des entsprechenden Proteins beginnen kann.

H01 ■
→ **Frage 2.24:** Lösung C

Dargestellt ist der komplette Weg der Umsetzung der genetischen Information auf DNA-Ebene in das am Ribosom produzierte Protein.
Zu (C): **Poly-Adenylierung** bedeutet die enzymatische Anfügung von 150–200 Adenin-Nukleotiden an das 3′-Ende der reifenden mRNA. Dieser Schritt, der gemeinsam mit der 5′-„Kappe" aus methyliertem Guanin dem Schutz vor dem vorzeitigen enzymatischen Abbau dient, ist mit dem Buchstaben (C) gekennzeichnet.
Zu (A): Der erste Schritt ist die Synthese der primären, einzelsträngigen mRNA auf der Basis des codogenen Stranges der DNA.
Zu (B): Gemeinsam mit der 3′-Poly-Adenylierung bildet die Synthese der Methyl-Guanylat-Kappe am 5′-Ende der reifenden mRNA das so genannte **Processing**.
Zu (D): Die Entfernung der informationslosen Introns aus dem primären Transkript wird als **Splicing** bezeichnet.
Zu (E): Dargestellt ist die **Translation** als letzter Schritt der Genexpression. Es wird die spezifische Polypeptidkette auf Basis der reifen mRNA am Ribosom synthetisiert.

F98 ■
→ **Frage 2.25:** Lösung B

Zu (1) und (2): Ribosomale RNA ist ein wesentlicher Bestandteil von Ribosomen und kommt daher in dieser Form im Zytoplasma und in Mitochondrien (die ja eigene Ribosomen enthalten!) vor.
Zu (3): Der Nukleolus ist als sog. Kernkörperchen der Ort der rRNA-Synthese im Zellkern.
Zu (4) und (5): Endosomen und Golgi-Vesikel sind Organellen, die keine eigenen Ribosomen und daher auch keine rRNA enthalten.

→ **Frage 2.26:** Lösung E

Zu (A)–(D): Transfer-RNA (tRNA) ist der Vermittler zwischen dem Basentriplett der mRNA und der entsprechenden Aminosäure. Dazu hat die tRNA eine charakteristische Struktur. Sie ist primär einzelsträngig, besitzt jedoch einige partiell doppelsträngige Bereiche, was zu ihrer Kleeblatt-ähnlichen Form führt.
Am 3′-OH-Ende des Moleküls ist die Bindungsstelle für die Aminosäure. Die Esterbindung wird durch Vermittlung der Aminoacyl-tRNA-Synthetase zwischen Carboxylgruppe der Aminosäure und Hydroxylgruppe der Ribose geknüpft. Eine andere, schlaufenartige Region enthält das sog. Anticodon; dies ist ein Basentriplett, das zu dem Codon der mRNA komplementär ist. Auf diese Weise wird die genaue Zuordnung von Codon (mRNA) über Anticodon (tRNA) zur Aminosäure erreicht.

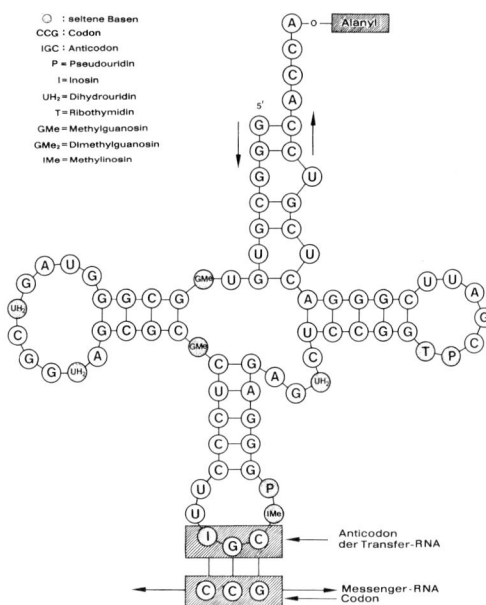

Abb. 2.4 Die Struktur der alaninspezifischen tRNA aus *Escherichia coli* mit der gesamten Nucleotidsequenz (aus: Gottschalk, W.: Allgemeine Genetik, 4. Aufl., Thieme, Stuttgart, 1994)

Zu (E): Die Aufnahme von Aminosäuren aus dem Extrazellulärraum erfolgt über spezifische Membranproteine, sog. Carrier.

F95
→ **Frage 2.27:** Lösung B

Mitochondrien sind in tierischen Zellen die einzigen Organellen, in denen außerhalb des Kerns genetisches Material vorliegt. Auf der mitochondrialen DNA sind Gene für einige mitochondriale Proteine, aber auch für einige rRNA- und tRNA-Moleküle enthalten.

2.1.4 Regulation der Genexpression

II.5 Regulation der Genexpression auf DNA- und RNA-Ebene

Ein Strukturgen wird durch definierte Basensequenzen begrenzt. Am Anfang findet man die sog. **Promotor-Region**, eine Erkennungssequenz für die DNA-abhängige RNA-Polymerase, die an dieser Stelle mit der Transkription beginnt. Auf der reifen mRNA sind Anfang und Ende der Gene mit bestimmten Basen-Tripletts markiert, die die Translation steuern. Jeder Translationsvorgang beginnt mit dem **Start-Codon AUG** (merke: **AU**f **G**eht's) und endet mit einem der drei **Stop-Codons UAA**, **UAG** oder **UGA**.

H98
→ **Frage 2.28:** Lösung E

Die Regulation der Genexpression ist in vielerlei Hinsicht noch ungeklärt. Die wenigen bekannten Mechanismen entstammen zum größten Teil der umfangreichen Grundlagenforschung am gramnegativen Darmbakterium *Escherichia coli*. Das zugrunde liegende Prinzip, das auch für eukaryontische Zellen gilt, ist eine rationelle Steuerung von Transkription und/oder Translation, die sich an der jeweiligen Situation der Zelle orientiert.

Zu (1): Hormone mit direkter Wirkung auf die Genexpression sind besonders unsere Geschlechtshormone. Es sind weitgehend lipophile Moleküle, die durch die Zellmembran direkt in die Zielzelle aufgenommen werden. Dort binden sie an einen zytoplasmatischen, hoch spezifischen **Hormonrezeptor** und werden in den Kern transportiert. Der Hormon-Rezeptor-Komplex lagert sich an die DNA an und ermöglicht oder verhindert durch Veränderung der räumlichen DNA-Struktur die Ablesung bestimmter Gene.

Zu (3): **Effektormoleküle** ist ein sehr allgemeiner Ausdruck für die Substanzen, die am Ende einer Signalkette stehen, um deren betreffenden Effekt auszulösen. Selbstverständlich kann man auch ein Enzym, das zur phänotypischen Ausprägung eines Gens führt, als Effektormolekül bezeichnen.

Zu (2) und (4): Diese beiden Antworten zielen auf die Genregulation auf Transkriptionsebene im Rahmen des sog. **Operon-Modells** (Jacob und Monod 1961). Es beschreibt ein „Set" von Strukturgenen, das unter der Kontrolle eines **Regulator**gens und einer Kontrollregion aus **Promotor-** und **Operator**gen steht.

Modell:
Regulatorgen ----- Promotor ----- Operator ----- Strukturgene a b c d -----

Beispiel: Durch das Regulatorgen wird ein Repressormolekül produziert, das an die Operator-Region bindet und die Transkription der Strukturgene blockiert. Die Bindung eines Induktormoleküls an den Repressor inaktiviert diesen, er löst sich vom Operator und ermöglicht die Bindung der RNA-Polymerase an den Promotor. Dieses Enzym beginnt dann mit der Transkription der Strukturgene.

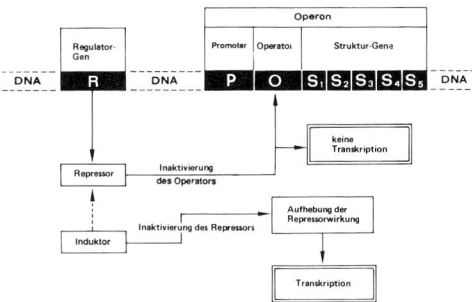

Abb. 2.5 Die Regulation der Genaktivität nach dem Jacob-Monod-Modell
(aus: Gottschalk, W., Allgemeine Genetik, 4. Auflage, Thieme, Stuttgart 1994)

Zyklisches Adenosinmonophosphat (cAMP) dient bei Bakterien der Stimulation der Transkription. Es bindet an einen Faktor namens CAP (catabolite gene activator protein), kann mit ihm gemeinsam an den Promotor verschiedener Operons binden und dort die Bindung der RNA-Polymerase entscheidend stimulieren.

H99
→ **Frage 2.29:** Lösung D

Eine eigentlich nicht schwierige Frage, die aber durch die vorgegebenen, mehr als fragwürdigen Antwortmöglichkeiten des IMPP sehr verkompliziert wird.

Zu (D): Der Begriff des **Operon** bezeichnet ein „Set" **von Strukturgenen**, das unter der Kontrolle eines **Regulator-Gens** (Hemmung oder Aktivierung) steht. Die Bindung des am Regulator-Gen synthetisierten Proteins an die zugehörige **Operator**-Region ermöglicht oder unterdrückt die Bindung der RNA-Polymerase an den **Promotor** der betreffenden Strukturgene. Dieses sog. Operon-Modell wurde von Jacob und Monod 1961 für die Genexpression bei E. coli entwickelt und in der Folge auf andere Prokaryonten übertragen. Bei Eukaryonten ist eine identische Regulation auf Transkriptionsebene (noch) nicht nachgewiesen.

Zu (A): Bei Eukaryonten wird die Kontrolle der Transkription vor allem durch Transkriptions-Faktoren

reguliert. Dies sind Proteine, die an bestimmten Stellen der DNA eine **Promotor**-Region binden und zur Initiation der Transkription benachbarter Gene führen.
Zu (B): Die Genstruktur bei Eukaryonten besteht, anders als bei Prokaryonten, aus einem Mosaik von codierenden Sequenzen (**Exons**) unterbrochen von Basensequenzen, die nicht in eine Aminosäurenabfolge umgesetzt werden, sog. **Introns**. In der primär transkribierten RNA sind noch beide Anteile vertreten; im Rahmen des sog. „Splicing" werden jedoch die Introns entfernt, sodass die reife mRNA nur noch die Exons enthält, welche die Information für das zu synthetisierende Protein codieren.
Zu (C): Diese Antwortmöglichkeit scheint einem Hollywood-Film entsprungen zu sein. In der naturwissenschaftlichen Literatur sucht man den Begriff vergebens. Die Beendigung der Genexpression bei Eukaryonten ist noch nicht vollständig geklärt. Wichtig sind vermutlich bestimmte Signalsequenzen auf der mRNA sowie der sog. PolyA-Schwanz an deren 3'OH-Ende. Terminations-Faktoren (vielleicht mit dem Begriff „Terminator" gemeint?) sind bislang nur für Prokaryonten bekannt.
Zu (E): Histone sind basische Proteine, die im eukaryontischen Zellkern wichtige Chromosomen-Bestandteile darstellen.

2.1.5 Differenzielle Genaktivität als Grundlage von Entwicklung und Differenzierung

F94
→ **Frage 2.30:** Lösung C

Zu (1) und (2): Die aus der Zygote mitotisch hervorgehenden Blastomeren sind noch pluripotent. Jede Zelle kann zu einem kompletten Organismus heranwachsen.
Zu (3): Erst mit Beginn der Entwicklung der drei Keimblätter, etwa ab dem 8. Entwicklungstag, beginnt die Differenzierung der embryonalen Zellen und damit die Einschränkung der prospektiven Potenz. Siehe Lerntext I.4 „Embryonale Induktion".
Zu (4): Die Induktion der Neuralplatte Anfang der dritten Woche stellt den Beginn der Entwicklung des Nervensystems dar. Zu diesem Zeitpunkt haben schon zahlreiche Differenzierungsschritte stattgefunden. Das spätere Nervengewebe entwickelt sich aus dem Ektoderm.

2.1.6 Translation und genetischer Code

II.6 Proteinbiosynthese

Der Weg vom Gen zum Protein läuft in zwei hintereinander geschalteten Prozessen ab:
1. Transkription
Ein aktivierter Abschnitt der DNA, der die Information zur Herstellung eines Proteins enthält (= **Strukturgen**), wird im Zellkern in eine messenger-**RNA** umgeschrieben. Dabei wird die Basenfolge eines DNA-Stranges als Grundlage benutzt, auf der sich die komplementären Basen der mRNA anlagern; diese werden dann zum primären Genprodukt miteinander verknüpft.
Da die Gene eukaryotischer Zellen von vielen informationslosen DNA-Abschnitten, den sog. Introns, unterbrochen sind, muss das primäre Genprodukt zunächst weiter modifiziert werden. Im Prozess des sog. **Splicings** werden die Introns herausgeschnitten und danach die informationstragenden Abschnitte, die Exons, miteinander verknüpft. Nach einer weiteren chemischen Veränderung beider Enden entsteht die definitive mRNA.
2. Translation
Die Umsetzung der Basenabfolge der mRNA in die Aminosäurenabfolge des Proteins geschieht an den Ribosomen. Diese lagern sich mit ihren zwei Untereinheiten an der mRNA zusammen und treten nun in Verbindung mit einer weiteren Sorte RNA, der transfer-**RNA**. Jede dieser kleeblattförmigen tRNA besitzt auf der einen Seite eine Abfolge von drei Basen (Triplett), auf der anderen Seite eine spezielle Aminosäure, die sog. aktivierte Aminosäure. Die Bindung beider RNA erfolgt am Ribosom nur dann, wenn das Triplett der tRNA zu den drei Basen der mRNA an der Bindungsstelle des Ribosoms komplementär ist. An einer benachbarten Bindungsstelle des Ribosoms wird eine zweite passende tRNA mit ihrer Aminosäure gebunden. Die Aminosäure der ersten tRNA wird auf die der zweiten tRNA übertragen; somit ist die erste tRNA frei, diffundiert vom Ribosom ab und kann erneut mit ihrer spezifischen Aminosäure beladen werden. Das Ribosom rückt drei Basen auf der mRNA weiter, es lagert sich eine dritte tRNA mit dem passenden Triplett an usw ...
Auf diese Weise entsteht eine **Polypeptidkette mit definierter Aminosäuren-Abfolge**, die letztlich **im Gen der DNA codiert** ist. Ist die letzte Aminosäure gebunden, wird das fertige Protein vom Ribosom freigesetzt, welches dann in seine Untereinheiten dissoziiert und erneut eine mRNA zur Synthese eines weiteren Proteins binden kann.

2.1 Organisation und Funktion eukaryontischer Gene

mRNA = messenger-RNA
AA-tRNA = Aminoacyl-Transfer-RNA
AS = Aminosäure
A = Aminosäurestelle
P = Peptidort

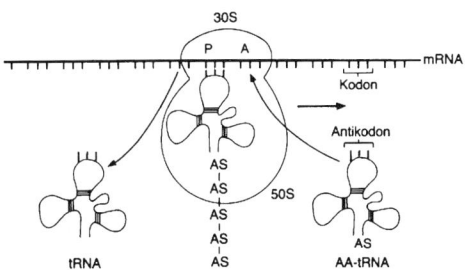

Abb. 2.6 Schema der Translation (aus: Kayser, F. H., Bienz, K. A., Eckert, J.: Medizinische Mikrobiologie, 8. Aufl., Thieme, Stuttgart, 1998)

Klinischer Bezug
Zahlreiche Antibiotika greifen in die bakterielle Biosynthese ein und wirken auf diese Weise zumeist bakteriostatisch. Sehr häufig eingesetzt werden
- Tetrazykline (aus verschiedenen Streptomyces-Arten): Blockade der Bindung zwischen Aminosäure-beladener tRNA und dem bakteriellen Ribosom, und
- Erythromycin (aus der Gruppe der Makrolide, ebenfalls aus Streptomyceten): Die Bindung der wachsenden Polypeptidkette und die Translokation an der 50S-Untereinheit der prokaryontischen Ribosomen werden verhindert.

→ **Frage 2.31:** Lösung A

Der **Zellzyklus** ist eine Beschreibung verschiedener Stoffwechselzustände einer Zelle. Er wird grob unterteilt in **Mitose und Interphase**. Innerhalb der Interphase werden mit der G_1-, S- und G_2-Phase drei weitere Abschnitte unterschieden (G steht für engl. gap = Lücke, S steht für Synthese). Treten Zellen aus dem Zellzyklus aus und stellen ihre Teilungsaktivität ein, so spricht man von der G_0-Phase. Siehe Lerntext I.10 „Zellzyklus".
Zu (1): Die G_1-**Phase** ist die eigentliche **Wachstumsphase der Zelle**, in der die Proteinsynthese auf Hochtouren läuft.
Zu (2): Die **S-Phase** ist der Abschnitt der **DNA-Verdopplung**, was eine wichtige Voraussetzung für die Teilung der Zelle darstellt.
Zu (3): In der G_2-**Phase** bereitet sich die Zelle auf die nachfolgende Mitose vor; u. a. wandern die Zentriolen an die Zellpole und die Bildung der Mitosespindel beginnt.

Zu (4): Während der Mitose ist die Proteinbiosynthese stark reduziert.

→ **Frage 2.32:** Lösung B

Zu (B): Die Proteinbiosynthese besteht aus zwei Teilschritten: Transkription (DNA → mRNA) und Translation (mRNA → Protein).
Zu (E): Die Basen einer Nukleinsäure, DNA oder RNA, sind unmittelbar aneinander gereiht. Es existieren keine „Leerzeichen" zwischen den einzelnen Tripletts, wie es der Begriff „Gliederung" in der Frage suggeriert. Die Trennung in einzelne Informationseinheiten als sog. Codons ist nur durch die Zuordnung einer aktivierten Aminosäure zu einem Triplett der tRNA bedingt und daher rein funktioneller Natur.

→ **Frage 2.33:** Lösung A

Zu (1): Die Translation als direkte Synthese einer Polypeptidkette in Abhängigkeit der Basenabfolge einer mRNA findet am Ribosom statt.
Zu (2): Mitochondrien enthalten eine eigene DNA und zeigen in ihrem Inneren eine (geringgradige) Proteinbiosynthese – eine direkte Beteiligung an der Translation im Sinne der Fragestellung kann man ihnen jedoch nicht zuschreiben.
Zu (3): Die Nukleolen sind Bereiche im Interphase-Zellkern, an denen vor allem eine starke Bildung ribosomaler RNA (Transkription) stattfindet.
Zu (4): Eine Fußangel des IMPP! Die Membranen des rER sind zwar mit Ribosomen besetzt, an denen die Synthese zellulärer Exportproteine stattfindet – die Membranen selbst sind aber nicht „unmittelbar" an der Translation beteiligt.
Zu (5): Diktyosomen sind Orte der Modifikation und „Verpackung" von Proteinen, mit deren Synthese haben sie nichts zu tun.

→ **Frage 2.34:** Lösung B

Zu (B): Die DNA ist Ort der Transkription. Die Translation als eigentliche Proteinbiosynthese findet an den Ribosomen statt.
Zu (D): Als aktivierte Aminosäuren bezeichnet man die Aminosäuren, die an „ihre" passende tRNA gebunden sind und somit für die Translation zur Verfügung stehen.
Zu (A), (C) und (E): Siehe Lerntext II.6 „Proteinbiosynthese".

→ **Frage 2.35:** Lösung E

Die gleiche Abbildung wurde bereits in den Physikumsprüfungen Herbst 2000 und Frühjahr 2001 verwendet. Die Fragestellung ist allerdings neu.

Zu (E): Der dargestellte Vorgang entspricht in der Tat der **Proteinbiosynthese**. Man erkennt ein an einer mRNA angeheftetes Ribosom. Am Ribosom befindet sich der Anfang eines wachsenden Proteins, das bislang aus zwei Aminosäuren (Met-Gly) besteht. Dieses Dipeptid ist an den sog. Peptidort des Ribosoms gebunden. Rechts daneben bindet bereits die dritte Aminosäure (Ser) über ihre spezifische tRNA an die Aminosäurestelle.
Siehe Lerntext II.6 „Proteinbiosynthese".
Zu (A): Die **Replikation** der DNA findet im Zytoplasma statt. Hierbei wird die DNA der Mutterzelle partiell entwunden; jeder der beiden einzelnen Nukleinsäurestränge dient dann als Matrize für den jeweils komplementären, neu zu bildenden Strang.
Zu (B): Bei der Reparatur von DNA-Schäden werden über das Zusammenspiel verschiedener Enzyme die schadhaften Stellen entfernt; der komplementäre Strang dient dann – ähnlich der DNA-Replikation – als Matrize für den Ersatz der entfernten Anteile.
Zu (C) und (D): Alle Typen der RNA (rRNA, mRNA und tRNA) werden durch den Vorgang der **Transkription** als Umschreiben des jeweiligen Gens von der DNA synthetisiert. Ribosomen spielen bei der RNA-Synthese keine Rolle.

H98 ■■
→ **Frage 2.36:** Lösung B

Zu (B): Freie Ribosomen sind im Zytoplasma der Zelle lokalisiert. An ihnen findet die Translation von Proteinen statt, die innerhalb der Zelle benötigt werden; dazu gehören intrazytoplasmatische Enzyme, Proteine des Zytoskeletts, Kernproteine oder ribosomale Proteine.
Zu (A): Eukaryontische Ribosomen sind mit 80S (von Svedberg als Einheit der Sedimentationsgeschwindigkeit) größer als prokaryontische Ribosomen mit 70S.
Zu (C) und (E): Die Transkription (DNA ⇒ RNA) mitochondrialer Gene mit nachfolgender Translation findet in den Mitochondrien statt. Die mtDNA codiert allerdings nur für einen kleinen Teil der mitochondrialen Proteine, ca. 10 %. Der überwiegende Anteil ist auf der Kern-DNA determiniert und wird im Kern transkribiert. Die Proteinsynthese erfolgt an zytoplasmatischen Ribosomen; die fertigen Proteine werden dann ins Mitochondrium transportiert.
Zu (D): An Ribosomen des rauhen Endoplasmatischen Retikulums werden sog. Exportproteine synthetisiert. Dies sind Eiweiße, die von der Zelle in die Umgebung abgegeben (Kollagen, extrazelluläre Enzyme, Transmitter, Peptidhormone etc.) oder in die Zellmembran integriert werden (Rezeptoren, Carrier- oder Tunnelproteine etc.). Kernproteine werden an freien Ribosomen gebildet.

→ **Frage 2.37:** Lösung B

Zu (B): Den Beginn der Translation initiieren verschiedene Faktoren, die zusammen den **Initiatorkomplex** bilden. Dazu gehören:
– die **mRNA** mit dem sog. Start-Codon AUG
– die aktivierte Aminosäure **N-Formyl-Methionin**, gebunden an die passende tRNA
– die **kleine Ribosomen-Untereinheit**.
Zur Bildung dieses Initiatorkomplexes sind Energie in Form von Guanosin-Triphosphat (**GTP**), Mg^{2+}-Ionen und **drei Proteinfaktoren** nötig.
Zu (A): Jede Aminosäure besitzt mit einer Carboxyl (-COOH)- und einer Amino(-NH_2)-Gruppe zwei funktionelle Gruppen, über die unter Bildung von Wasser die **Peptidbindung** geknüpft wird. Daher findet man an den Enden einer Polypeptidkette ebenfalls eine Carboxyl- und eine Aminogruppe. Bei Beginn der Proteinbiosynthese wird stets die zweite Aminosäure an die Carboxylgruppe des N-Formyl-Methionin geknüpft. Somit findet man am Beginn eines Proteins immer eine freie Aminogruppe, die auch als **N-Terminus** (von –NH_2) bezeichnet wird.
Zu (C), (D) und (E): Siehe Lerntext II.6 „Proteinbiosynthese".

Merke: *Start-Triplett AUG:* **AU**f **G**eht`s!

■■
→ **Frage 2.38:** Lösung A

Zu (A): Die Proteinbiosynthese findet in tierischen Zellen an drei Stellen statt: am rauhen ER, im Zytoplasma und in den Mitochondrien.
Zu (B), (C) und (D): Siehe Lerntext II.6 „Proteinbiosynthese".
Zu (E): Rifampicin behindert die Transkription durch Hemmung der RNA-Polymerase, die die Bildung der mRNA katalysiert. Die Translation wird durch Substanzen wie Tetrazykline, Aminoglykoside und Erythromycin blockiert.
Siehe Lerntext III.8 „Wirkprinzipien von Antibiotika".

F01 ■
→ **Frage 2.39:** Lösung C

Zu (C): Im Zellkern findet der Prozess der Transkription statt, also das Umschreiben der gewünschten DNA-Information in die mRNA. Eine Synthese von Proteinen, auch von Kernproteinen, ist nicht bekannt. Diese werden von zytoplasmatischen Ribosomen synthetisiert und dann durch Poren der Kernmembran in den Zellkern eingeschleust.
Zu (A): Auch wenn Mitochondrien zur eigenständigen Proteinbiosynthese befähigt sind, so werden doch die meisten ihrer Eiweiße an zytoplasmatischen Ribosomen gebildet und danach in das Organell hineintransportiert, wie es in der Antwort beschrieben wird.

Zu (B): Lysosomen sind Membran-umgrenzte Organellen der intra- und extrazellulären Verdauung. Die entsprechenden abbauenden Enzyme werden in der Tat an Ribosomen aufgebaut, die auf der Membran des endoplasmatischen Retikulums (raues ER) lokalisiert sind. Die wachsende Polypeptidkette wird dabei direkt in das Lumen des ER synthetisiert, sodass dann durch Abspaltung eines Membranvesikels ein Lysosom mit seiner entsprechenden Enzymausstattung gebildet werden kann.

Zu (D): Auf identische Art und Weise werden am rauen ER auch reine Exportproteine, die von der Zelle in die äußere Membran eingebaut oder in den Extrazellulärraum abgegeben werden, synthetisiert. Beispielhaft sind Membranrezeptoren oder Kollagen zu nennen.

Zu (E): Glykosylierung, Phosphorylierung, Sulfatierung und viele andere chemische Modifikationen von Proteinen sind in der Tat Aufgabe des Golgi-Apparates.

F98 H97 ■
→ **Frage 2.40:** Lösung C

Der genetische Code wird in der gewählten Darstellung von innen nach außen gelesen. Das bedeutet, die Proteinsequenz Prolin-Threonin wird durch die Basentripletts Cxx-Axx codiert. Bereits mit diesem Wissen ist die Antwortmöglichkeit (C) als falsch identifiziert.

Die Spezifität der Paarung zwischen mRNA-Codon und tRNA-Anticodon nimmt von der ersten bis zur dritten Base kontinuierlich ab. So müssen z. B. für Prolin die beiden ersten Basen CC sein. Die dritte Stelle kann beliebig mit U, C, A oder G besetzt werden. Diese Beobachtung wird mit dem schönen Namen „Wobble-Theorie" beschrieben. Für die meisten Aminosäuren sind mehrere Basentripletts bekannt, weswegen man den genetischen Code auch als „degeneriert" bezeichnet.

→ **Frage 2.41:** Lösung C

Zu (1), (2) und (3): Siehe Lerntext II.6 „Proteinbiosynthese".
Zu (4): Ribosomale RNA ist struktureller Bestandteil der Ribosomen; die Bindung von Aminosäuren findet am Ribosom über die Vermittlung der tRNA statt.

H00 ■
→ **Frage 2.42:** Lösung A

Zu (A) und (B): Das dargestellte Schema zeigt mit der mRNA (B), dem Ribosom und zwei Aminoacyl-tRNA alle wichtigen Komponenten der Proteinbiosynthese. Mit A ist ein Basen-Triplett CGG der mRNA markiert, das als **Codon** bezeichnet wird. Nicht ganz korrekt, jedoch didaktisch anschaulich ist die jeweils getrennte Zeichnung der einzelnen Tripletts; in der Realität sind alle Basen direkt hintereinander angeordnet. Die Gruppierung in die funktionellen Tripletts wird alleine durch ein so genanntes Start-Codon definiert (AUG bei Prokaryonten).

H00 ■
→ **Frage 2.43:** Lösung E

Zu (E) und (C): Die mit E markierte Struktur entspricht in der Tat einer **aminoacylierten tRNA**, d.h. einer transfer-RNA, die mit der zu ihrem **Anticodon** (C) passenden Aminosäure, hier Serin, beladen ist. Genau an dieser Stelle wird die Spezifität der Umsetzung einer Basenabfolge als genetischem Code zu einer definierten Aminosäurenkette (= Protein) deutlich. Zum Codon der mRNA (A) passt das Anticodon (C) der tRNA, die mit einer dazugehörigen Aminosäure beladen ist.

Zu (D): Im Rahmen der Bildung einer reifen mRNA aus dem primären Transkript werden u.a. die Enden chemisch verändert, um das Molekül vor dem Abbau durch intrazelluläre Nukleasen zu schützen. Mit D markiert ist die so genannte „Kappe" aus **Methyl-Guanylat**, die über eine Triphosphatbrücke an das 5'-Ende der mRNA gebunden wird. Am gegenüberliegenden 3'-Ende findet man einen „Schwanz" aus 150–200 Adenin-Nukleotiden.
Siehe Lerntext II.4 „Bildung der reifen mRNA".

F01
→ **Frage 2.44:** Lösung C

Die Zeichnung ist in identischer Form aus dem Herbst-Physikum 2000 bekannt, hier allerdings mit einer neuen Frage kombiniert.

Zu (C): Ribonukleinsäure enthält statt Thymin immer Uracil; Thymin gibt es nur in der DNA. Daher ist die Antwortmöglichkeit (C) leicht als die gesuchte falsche zu erkennen. Im 1., 3. und 4. Triplett der oben dargestellten mRNA müsste somit jeweils ein U anstelle eines T stehen.

Zu (A): Ein Ribosom besteht immer aus zwei (ungleich großen) Untereinheiten, die sich erst im Zusammenhang mit einer mRNA zum funktionsfähigen Dimer verbinden.

Zu (B): Eine reife mRNA besitzt an ihren freien Enden chemische Modifikationen, die nicht in der Matrizensequenz der entsprechenden DNA codiert sind. Am 3'-Ende findet man den sog. poly-A-Schwanz aus bis zu 200 Adenin-Nukleotiden, das 5'-Ende besitzt eine „Kappe" aus 7-Methyl-Guanylat, gebunden über eine Triphosphat-Brücke. Diese endständigen Modifikationen dienen vermutlich dem Schutz vor enzymatischem Abbau.

Zu (D): Die tRNA dient als Vermittler zwischen einer Aminosäure und dem entsprechenden Basentriplett (= Codon) der mRNA. Die dabei notwendige Spezifität wird durch die exakte Basenpaarung

über ein Triplett der tRNA (= Anticodon) erreicht. Hierbei bindet immer G an C und A an U (nicht an T, siehe Kommentar zu (C)). Beide dargestellten Basenpaarungen sind daher – mit Einschränkung durch die falsche Base T – korrekt.
Zu (E): Da das mRNA-Triplett AUG (nicht ATG, wie in der Zeichnung!) als sog. Start-Codon fungiert und die dazu passende Aminosäure Methionin ist, beginnt eine wachsende Polypeptidkette immer mit einem (Formyl-)Methionin. Diese Aussage ist zumindest für prokaryontische Zellen korrekt. Bei Eukaryonten ist die Regulation von Beginn und Ende der Proteinbiosynthese noch nicht vollständig bekannt.

2.1.7 Kartierung von Genen/Genfamilien

H90 ■
→ **Frage 2.45:** Lösung D

Zu (D): Die Hämoglobin-Ketten sind bei beiden Geschlechtern identisch.
Zu (A): Das komplette Hämoglobin-Molekül besteht aus vier Peptidketten (= Globine) mit je einem Fe-haltigen Häm als prosthetischer Gruppe.
Zu (B): Das fetale Hämoglobin HbF besteht aus 2 α- und 2 γ-Ketten ($α_2 γ_2$) und hat eine höhere O_2-Affinität als das mütterliche HbA, damit der intraplazentare Sauerstoffaustausch vom HbA auf das HbF ablaufen kann.
Zu (E): Sichelzellanämie: Punktmutation in der β-Kette, die zum Austausch einer Aminosäure führt. Das Sichelzell-Hämoglobin HbS bewirkt eine verstärkte Tendenz zur Aggregation von Erythrozyten bei erniedrigtem Sauerstoffpartialdruck sowie eine Verformung der Erythrozyten.
Thalassämien: defekte Globin-Synthese, Krankheit des Mittelmeerraums mit unterschiedlich starker Ausprägung von klinisch unauffällig bis letal.

■
→ **Frage 2.46:** Lösung D

Zu (D): Der rote Blutfarbstoff (Hämoglobin) und der rote Muskelfarbstoff (Myoglobin) gehen strukturell auf ein einziges „Ur-Gen" zurück. Durch Genduplikation und nachfolgende Mutationen sind die heute bekannten, in ihrer Aminosäuresequenz ähnlichen Polypeptidketten (α, β, γ, δ, ε, ζ, Myoglobin) entstanden.
Zu (B): Hämoglobin A besteht aus **2 α- und 2 β-Ketten** und ist die Hauptform beim Erwachsenen.
Hämoglobin F besteht aus **2 α- und 2 γ-Ketten** und ist das fetale Hämoglobin, das sich durch eine höhere Sauerstoffaffinität gegenüber dem Hämoglobin A der Mutter auszeichnet.

F99 F92 ■
→ **Frage 2.47:** Lösung C

Zu (C): Die Hämoglobingene sind natürlich in allen Körperzellen vorhanden – exprimiert (d. h. im Phänotyp der Zelle ausgeprägt) werden sie jedoch nur in den Vorstufen der Erythrozyten, in denen der Zellkern noch vorhanden ist. Die genauen Regulationsmechanismen dieser differenziellen Genexpression sind noch weitgehend unbekannt.
Zu (A), (B) und (E): Die verschiedenen Gene der einzelnen Hämoglobin-Ketten gehen auf ein gemeinsames „Ur-Gen" zurück. Durch Genduplikation und nachfolgende Mutationen sind im Laufe der Evolution die heute bekannten 6 Hämoglobingene und das Myoglobingen entstanden.
Zu (D): Bereits in der Embryonalzeit werden verschiedene Ketten des Hämoglobins zu unterschiedlichen Zeiten synthetisiert. In den ersten zwei Monaten dominieren α-, γ-, ε- und ζ-Ketten, danach werden ε- und ζ-Ketten nicht mehr gebildet und es überwiegt das fetale Hämoglobin **HbF** ($α_2 γ_2$). Perinatal sinkt die Synthese der γ-Ketten, die durch β-(und δ-)Ketten des adulten Hämoglobins (HbA) ersetzt werden (98 % **HbA$_1$** $α_2 β_2$, 2 % **HbA$_2$** $α_2 δ_2$).

■
→ **Frage 2.48:** Lösung C

Zu (C): Die α- und β-Ketten des Hämoglobins sind Produkte duplizierter und unabhängig voneinander mutierter Gene.
Zu (A): Multiple Allelie entsteht durch Mutation in Genen, die auf zwei homologen Chromosomen an identischer Stelle lokalisiert sind. Duplizierte Gene liegen auf einem Chromosom.
Zu (B): Die Trisomie 21 ist Folge einer Non-disjunction des Chromosoms Nr. 21 in der Meiose.
Zu (D): Das Turner-Syndrom X0 ist eine numerische Chromosomenaberration. Das X-Chromosom ist strukturell nicht verändert.

F99 F96 ■
→ **Frage 2.49:** Lösung D

Grundwissen zu Art und Folge von Mutationen ist hier in den Kontext der möglichen Veränderungen des Hämoglobins verpackt. Der beschriebene Austausch einer einzigen Aminosäure kann nur durch eine **Punktmutation**, d. h. durch die Veränderung einer einzigen Base, zustande kommen.
Zu (D): In der β-Kette des Hämoglobins von Patienten mit Sichelzellanämie hat eine solche Punktmutation zum Austausch von Glutamat gegen Valin geführt.
Zu (A) und (E): Ausfall eines Enzyms oder Austausch von Genmaterial im Rahmen eines Crossing-over führt stets zu komplexen Veränderungen der Proteinbiosynthese – ein singulärer Aminosäurenaustausch ist sicher nicht die Folge.

2.1 Organisation und Funktion eukaryontischer Gene

Zu (B): Eine **Deletion** von drei oder [n] × drei Basen führt zum Verlust einer oder [n] Aminosäuren, da immer ein Triplett aus drei Nucleobasen für eine Aminosäure codiert.

Zu (C): Bei der Veränderung eines Stop-Codons ist allenfalls eine verlängerte Polypeptidkette denkbar; zu einem Aminosäuren-Austausch innerhalb des Proteins kommt es sicher nicht.

F89
→ **Frage 2.50:** Lösung A

Isoenzyme katalysieren identische biochemische Reaktionen, haben aber unterschiedliche Aminosäuresequenzen und daher verschiedene Strukturen und biochemisches Verhalten (z. B. in der Elektrophorese).

Sie entstehen im Wesentlichen durch **Genduplikation**: Bei ungleichem Crossing-over zwischen zwei homologen Chromosomen entsteht ein Chromosom mit dem verdoppelten Gen, das andere ist defizient für diese Erbinformation. Keimzellen mit dem defizienten Chromosom sind häufig nicht befruchtungsfähig, sodass sich das duplizierte Gen in Verbindung mit dem intakten Gen des anderen Elternteils etablieren kann.

Beide duplizierten Gene können im weiteren Verlauf unabhängig voneinander mutieren und so zu verschiedenen Peptidketten eines Proteins führen. Ein Beispiel für Isoenzyme sind die fünf verschiedenen Formen der Lactat-Dehydrogenase (LDH) beim Menschen.

Alloenzyme sind verschiedene funktionsgleiche Enzyme innerhalb einer Art (Enzympolymorphismus), die durch unterschiedliche Allele eines Gens codiert werden. Beispiele dafür sind die verschiedenen Formen der Glukose-6-Phosphat-Dehydrogenase.

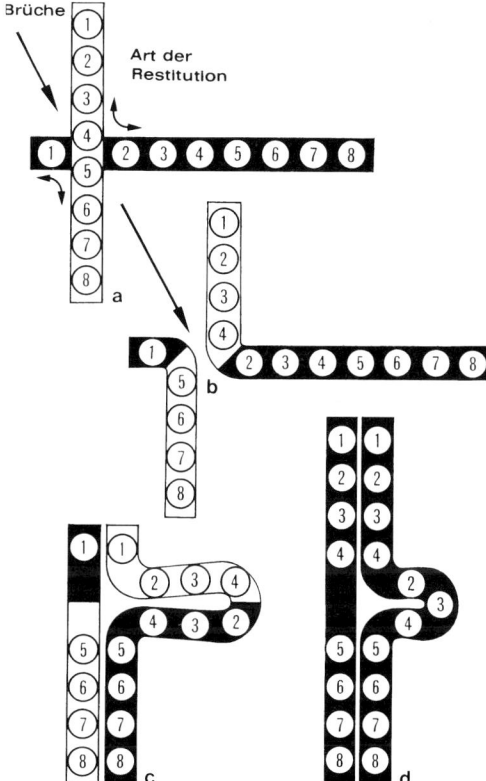

Abb. 2.7 Die Entstehung einer Duplikation und ihre Folgen in der Meiosis (aus: Gottschalk, W.: Allgemeine Genetik, 4. Aufl., Thieme, Stuttgart, 1994)

a Ausgangssituation. Es sind zwei homologe Chromosomen mit den Segmenten 1–8 vorhanden. An der Berührungsstelle kommen zwei Brüche zustande; die Restitution erfolgt in der durch die Pfeile angegebenen Weise.

b Durch die Restitution entsteht ein defizientes und ein dupliziertes Chromosom. Die Duplikation umfasst die Segmente 2, 3, 4.

c Im Pachytän paaren die beiden strukturell nicht mehr voll übereinstimmenden Homologen mit einer charakteristischen Schleifenbildung. Links das defiziente, rechts das duplizierte Homologe.

d Pachytän eines duplikations-heterozygoten Organismus. Links das normale, rechts das duplizierte Homologe.

2.1.8 Anzahl und Größe von Genen

Zu diesem Kapitel wurden bisher keine Prüfungsfragen gestellt.

II.7 Repetitive DNA und Genomgröße

Die DNA eukaryotischer Zellen enthält zahlreiche Gene in vielfacher Ausfertigung. Man unterscheidet **hochrepetitive Sequenzen**, die in 1 Million Kopien und mehr vorkommen, von **mittelrepetitiven Sequenzen**, deren Häufigkeit zwischen 100 und 1000 Kopien pro Genom variiert. Die Bedeutung der hochrepetitiven Sequenzen ist noch ungeklärt, allem Anschein nach gehen aus ihnen keine Genprodukte hervor. In mittelrepetitiven Sequenzen sind Gene für verschiedene RNA und Proteine (z. B. Histone) enthalten – Genprodukte, die von der Zelle im in großer Menge benötigt werden.

Darüber hinaus sind die Strukturgene eukaryontischer DNA von sog. **Introns** unterbrochen, Sequenzen ohne relevante genetische Information, die bei der Entstehung der reifen RNA aus dem primären Transkript entfernt werden. Die informationstragenden **Exons** werden unmit-

telbar miteinander verknüpft, so dass eine fertige RNA viel kürzer ist als das erste Ergebnis der reinen Transkription.
Prokaryontische Genome enthalten keine Introns und keine repetitive DNA.
Beide Gesichtspunkte bedingen die enormen Größenunterschiede von prokaryontischen und eukaryontischen Genomen. Das Bakterium E. coli besitzt ein zirkuläres DNA-Molekül mit 4000 kb (1 kb = 1 kilobase = 1000 Basenpaare) bei 1,4 µm Länge im entspiralisierten Zustand. Eine menschliche Zelle enthält etwa 2900000 kb und ist entspiralisiert knapp 1 m lang. ■

2.2 Chromosomen des Menschen

H97 F89
→ **Frage 2.51:** Lösung B

Zu (B): Menschliche Chromosomen bilden in jeder Phase des Zellzyklus eine Einheit aus DNA und Proteinen. Diese dienen dem Strukturerhalt und dem Schutz vor enzymatischem Abbau der Nukleinsäure.
Zu (A): Neben den Histonen (basische Proteine) sind auch sog. Nicht-Histon-Proteine (sauer) der DNA angelagert.
Zu (C): Eukaryontische Gene enthalten neben den „informationsrelevanten" Abschnitten (**Exons**) auch Sequenzen, deren Basenabfolge nicht in Protein umgesetzt wird (**Introns**) und deren Funktion bislang noch nicht geklärt ist.
Zu (D): In der **Metaphase** ordnen sich die Chromosomen im Zustand maximaler Spiralisation in einer Ebene an, um in der nachfolgenden **Anaphase** durch die angreifenden Spindelfasern getrennt zu werden.
Zu (E): Bei Anfärbung menschlicher Metaphase-Chromosomen nach Giemsa erkennt man lichtmikroskopisch ein für jedes Chromosom charakteristisches Bandenmuster, das die Anordnung der Chromosomen im Karyogramm nach Größe, Lage des Zentromers und Bandierung erlaubt.

H02 ■
→ **Frage 2.52:** Lösung B

Zu (B): Die Granulozyten des peripheren Blutes sind weitgehend ausdifferenzierte Zellen, die sich in der Zellkultur nur schwer vermehren lassen. Die Erstellung eines Karyogramms ist somit aus Granulozyten kaum möglich.
Zu (A), (C), (D) und (E): Alle genannten Zelltypen sind in vitro recht gut kultivierbar, da es sich noch um „Vorläuferzellen" mit einer hohen Teilungsrate handelt, sodass die für eine Chromosomenanalyse gewünschte Zellzahl weitgehend unproblematisch erreicht wird. Wie bereits in früheren Kommentaren erwähnt, ist die Erstellung eines Karyogramms aus Knochenmarkszellen jedoch eher akademischer Natur, da die Gewinnung dieser Zellen im Rahmen einer Knochenmarkspunktion für den Patienten einen häufig unangenehmen und nicht völlig risikolosen Eingriff darstellt.

H01
→ **Frage 2.53:** Lösung C

Zu (C): Der Zellzyklus beschreibt die verschiedenen Abschnitte der **Interphase** im Wechsel mit der mitotischen Zellteilung. Da die G1-Phase ein Teil der Interphase ist, sind die Chromosomen im Lichtmikroskop nicht sichtbar. Die Metaphase, in der sich die Chromosomen in der so genannten Äquatorialplatte anordnen, ist ein Teil der Zellteilung. Siehe auch Lerntext I.10 „Zellzyklus".
Zu (A): Menschliche Chromosomen bestehen in der Tat aus der eigentlichen Erbinformation in Form der doppelsträngigen DNA und aus basischen Proteinen, den **Histonen**, um die die Nukleinsäure partiell herumgewickelt ist.
Zu (B): Vor Eintritt in die Zellteilung wird die gesamte Erbinformation der Zelle verdoppelt; dies geschieht in der S-Phase (S für Synthese) des Zellzyklus.
Zu (D) und (E): In der Metaphase zeigen die Chromosomen eine starke Spiralisierung und Kondensation; es bildet sich hier bereits die Transportform der Chromosomen für die nachfolgende Anaphase, die Wanderung der Chromosomen zu den Zellpolen. Jedes Chromosom besteht zu diesem Zeitpunkt aus zwei identischen DNA-Strängen, die am Zentromer miteinander verbunden sind, den Chromatiden.

F97
→ **Frage 2.54:** Lösung E

Eine schwierige Frage! Nur gut ein Drittel aller Prüfungskandidaten kreuzten die gesuchte falsche Antwort (E) an. Die Lösung versteckt sich – wie so oft beim IMPP – in der Fragestellung.
Zu (E): Für eine „routinemäßige Untersuchung", egal wovon, ist die Elektronenmikroskopie viel zu aufwendig und zu teuer. Natürlich kann man menschliche Chromosomen elektronenmikroskopisch wunderbar studieren – aber aus den o. g. Gründen geschieht dies ausschließlich zu Forschungs- oder Lehrzwecken.
Zu (A): **Phythämagglutinine** (= Lektine) stimulieren die Lymphozytentransformation, ein Vorgang, bei dem sich unreife Lymphozyten zu reifen Zellformen differenzieren. Diese reifen Lymphozyten werden dann zur Isolierung der Chromosomen für die Erstellung des Karyotyps verwendet.

2.2 Chromosomen des Menschen

Zu (B): **Colchizin** als sog. **Spindelgift** arretiert sich teilende Zellen in der Metaphase. Zu diesem Zeitpunkt sind die Chromosomen maximal kondensiert und können im Mikroskop leicht identifiziert werden.
Zu (C): Befinden sich Zellen oder isolierte Zellkerne in einem hypotonen Medium, so fließt – dem osmotischen Gefälle folgend – Wasser ein. Der erhöhte Innendruck führt zum Platzen der vorher abgeschlossenen Kompartimente. Die verdrillten Chromosomen werden frei und entspiralisieren sich ein wenig durch zusätzliche Wasserbindung.
Zu (D): Für die Analyse von Chromosomen unter dem Lichtmikroskop ist eine Anfärbung, z. B. nach Giemsa, nötig.

H04
→ Frage 2.55: Lösung A

Zu (A): **Colchicin** als Gift der Herbstzeitlosen (*Colchicum autumnale*) verhindert die Polymerisation von Mikrotubuli, was für die Bildung einer Mitosespindel unabdingbar ist. Diese Giftwirkung macht man sich diagnostisch zunutze, um Chromosomen in der Metaphase der Zellteilung zu „arretieren" und sie so licht- oder elektronenmikroskopisch untersuchen zu können.
Zu (B) und (C): Beschrieben sind zwei mögliche Wirkmechanismen von **Antibiotika** auf die bakterielle DNA-Synthese und Zellteilung. So hemmen Sulfonamide und Trimethoprim die Synthese von Tetrahydrofolat, das zur Synthese von DNA benötigt wird. Gyrase-Hemmer verhindern die platzsparende Verdrillung der DNA-Doppelhelix.
Zu (D): In der Regel ist es genau umgekehrt. Gerade solche Zellen, die sich in Teilung befinden, reagieren am stärksten auf bakterizide oder tumorizide Chemotherapeutika. Ruhende Gewebe sind von den meisten dieser Medikamente nicht betroffen.

→ Frage 2.56: Lösung C

Zu (C): **Chiasmata** sind Überkreuzungsstellen homologer Chromosomen während der Prophase der **Meiose** und dienen der Neukombination der genetischen Information.
Zu (D) und (E): G-Banden entstehen nach **Giemsa**, Q-Banden nach Anfärbung mit Fluoreszenzfarbstoffen, z. B. **Quinacrin**. Die Muster stimmen bei homologen Chromosomen überein und sind charakteristisch für jedes einzelne Chromosomenpaar.

F94
→ Frage 2.57: Lösung B

Zu (B): Punktmutationen spielen sich auf molekularer Ebene ab und betreffen einzelne Basen eines Gens. Diese Mutationen sind daher nur durch relativ aufwendige biochemische und molekularbiologische Methoden feststellbar. Ihre lichtmikroskopische Analyse im Rahmen des Karyogramms ist nicht möglich.
Zu (C): Down-Syndrom (Trisomie 21) und Katzenschrei-Syndrom (Monosomie des kurzen Arms am Chromosom Nr. 5) lassen sich im Karyogramm erkennen.
Zu (D): Bei numerischen Chromosomenaberrationen der Geschlechtschromosomen kommt es zu komplexen Entwicklungsstörungen, z. B. Turner- (X0) oder Klinefelter-Syndrom (XXY).

F04
→ Frage 2.58: Lösung B

Zu (B): Als **Kinetochor** bezeichnet man einen Protein-DNA-Komplex im Bereich des Zentromers, der als Ansatzstelle für die Mikrotubuli der Zellteilungsspindel fungiert.
Zu (A): Die Baueinheit aus Histonen und einem DNA-Abschnitt wird als **Nucleosom** bezeichnet.
Zu (C): Hier sind die **Telomere** beschrieben: 5000–12000 Basenpaare lange DNA-Sequenzen an den Enden der Chromosomen, die deren strukturelle Integrität sichern und eine End-zu-End-Anlagerung verhindern. Den Telomeren wird eine wichtige Rolle beim Altern zugesprochen, da sie bei jeder Zellteilung ein kleines Stück kürzer werden. Dies liegt daran, dass die für die Replikation notwendige DNA-Polymerase für die Verdopplung der Erbinformation immer eine endständige Anfangssequenz benötigt, die aber selber nicht kopiert wird.
Zu (D): **Proteasomen** sind große Aggregate verschiedener proteolytischer Enzyme, die den nichtlysosomalen Proteinabbau intrazellulär katalysieren. Sie sind u. a. an der Regulation des Zellzyklus bei pflanzlichen und tierischen Zellen beteiligt.
Bei (E): **Aktin**- und Tubulin-Polymere sind vermutlich auch am strukturellen Aufbau des Kern- und Chromosomengerüstes beteiligt. Das hat allerdings nichts mit dem Kinetochor zu tun.

F02
→ Frage 2.59: Lösung D

Zu (D): **Telomere** sind am Ende der Chromosomenarme lokalisiert und verhindern den Abbau oder das Verschmelzen von Chromosomenenden. Außerdem haben sie eine erhöhte Bindungsaffinität zu bestimmten Stellen der Kernmembran. Die Telomer-DNA hat beim Menschen einen Anteil von 0,03 % der gesamten DNA-Menge, enthält keine bekannten Gene und besteht aus Hunderten bis Tausenden von Kopien der Sequenz TTAGGG.
Zu (A): Beschrieben ist das **Nucleosom** als monomere Baueinheit des Chromatins.

2 Genetik

Zu (B): Verschiedene intrazytoplastische Eiweiße sind zu sog. Multiproteinkomplexen aggregiert, z. B. im Rahmen der kaskadenartigen Aktivierung intrazellulärer Signalketten, sog. second messenger, oder bei der Initialisierung der Apoptose. Mit den Telomeren hat das allerdings nichts zu tun.

Zu (C): Der programmierte Zelltod ist unter dem Namen **Apoptose** bekannt.

Zu (E): Die Zentromere als Verbindungsstellen der beiden Chromatiden eines Chromosoms bestehen aus zwei Untereinheiten, den sog. Kinetomeren. Die Strukturen stellen auch den Ort der Abheftung von Mikrotubuli der Mitosespindel dar, sodass beide Chromatiden bei der Zellteilung in die entsprechenden Tochterzellen transportiert werden können.

2.3 Formale Genetik

2.3.1 Begriffe und Symbole

→ **Frage 2.60:** Lösung D

Zu (D): **Expressivität** ist das Maß der Merkmalsausprägung, das bei pathogenen Merkmalen von leichten, klinisch kaum auffälligen Veränderungen bis zu schwersten Behinderungen reichen kann.
Zu (A): Gemeint ist hier die **Mutationsrate**.
Zu (B): Die **Genfrequenz** ist das beschriebene Maß.
Zu (C): Die Häufigkeit der Merkmalsausprägung ist die **Penetranz**.

■
→ **Frage 2.61:** Lösung D

Zu (D): Ein Merkmal wird als dominant bezeichnet, wenn es in einfacher Ausführung, d. h. nur auf einem der beiden homologen Chromosomen, zur Ausprägung im Phänotyp kommen kann. Dennoch zeigen nicht alle Träger des dominanten Gens das entsprechende Merkmal im Phänotyp – man spricht von unvollständiger Penetranz. Die Merkmalsausprägung wird in diesen Fällen von anderen Genen und/oder durch äußere Faktoren unterdrückt.

H03
→ **Frage 2.62:** Lösung A

Zu (A): Die Verringerung des Manifestationsalters und der zunehmende Schweregrad der Symptomatik im Verlauf der Generationen einer betroffenen Familie wird in der Tat als **Antizipation** bezeichnet. Bei einigen neurodegenerativen Erkrankungen ist für dieses Phänomen eine Verlängerung spezieller Trinukleotidsequenzen auf DNA-Ebene nachgewiesen, was jedoch bei der als Beispiel genannten Muskeldystrophie nicht bekannt ist.

Zu (B): **Imprinting** bedeutet, dass bestimmte Gene in Abhängigkeit von ihrer mütterlichen oder väterlichen Herkunft unterschiedlich aktiv sein können. Die entsprechende Prägung passiert in der Embryonalzeit und beruht molekulargenetisch wohl auf einer spezifischen Methylierung der entsprechenden DNA-Sequenzen.

Zu (C): Beim Mann kommen auch rezessive Allele des X-Chromosoms wie dominante Gene zum Ausdruck, da ein homologes X-Chromosom nicht vorliegt. Diese Tatsache wird als **Pseudodominanz** bezeichnet.

Zu (D): **Unvollständige Penetranz** bezeichnet das Phänomen, dass sich ein eigentlich dominantes Gen im Phänotyp nicht immer vollständig ausprägt.

Zu (E): Die **Expressivität** bezeichnet allein den Schweregrad einer Erkrankung, der ebenfalls sehr unterschiedlich sein kann.

F04
→ **Frage 2.63:** Lösung D

Der Begriff der **Triplett-Wiederholung** beschreibt das Vorkommen aufeinander folgender, identischer Nukleotidtripletts, die im menschlichen Genom an unterschiedlichen Stellen vorkommen. Die Anzahl dieser Triplettwiederholungen ist an den verschiedenen Stellen unterschiedlich, in jeder Lokalisation aber weitgehend konstant und auf einen gewissen Wert begrenzt.

Zu (D): Mit der **Triplett-Expansion** oder auch **dynamischen Mutation** ist gemeint, dass die o. g. Triplettwiederholungen durch bislang unbekannte Mechanismen über einen kritischen Schwellenwert von Generation zu Generation weiter erhöht werden, was dann zu Krankheiten führen kann. Genau dieser Mechanismus kann die Zunahme von Ausprägungsgrad und Manifestationsalter einer klinischen Symptomatik, die sog. **Antizipation**, erklären.

Zu (A): Wenn zwei Allele ihre Merkmale zu gleichen Teilen im Phänotyp ausprägen, spricht man von der **Co-Dominanz** der Allele, z. B. die Merkmale A und B im AB0-Blutgruppensystem.

Zu (B): Eine neu aufgetretene Mutation hat mit der Triplett-Expansion nichts zu tun.

Zu (C): **Imprinting** bedeutet, dass bestimmte Gene in Abhängigkeit von ihrer mütterlichen oder väterlichen Herkunft unterschiedlich aktiv sein können. Die entsprechende Prägung findet in der Embryonalzeit statt und ist molekular wohl auf spezifische Methylierungen bestimmter DNA-Abschnitte zurückzuführen.

Zu (E): Ein Zusammenwirken verschiedener Gene bei der Ausprägung eines Merkmals wird mit dem Begriff der **Polygenie** beschrieben.

H05

→ Frage 2.64: Lösung D

Zu (D): **Imprinting** bedeutet, dass bestimmte Gene in Abhängigkeit von ihrer mütterlichen oder väterlichen Herkunft unterschiedliche Aktivität zeigen können. Vermutlich wird diese Eigenschaft in der Embryonalzeit geprägt und beruht molekulargenetisch auf Unterschieden in der Methylierung entsprechender DNA-Sequenzen.
Zu (A): Im Sinne eines gesunden Kindes ist zu hoffen, dass die von den Eltern weitergegebene genetische Information nicht besonders „modifiziert" wird.
Zu (B): Eine Reihe von Erbkrankheiten werden aufgrund ihrer speziellen genetischen Charakteristika mit zahlreichen Wiederholungen (repeats) von Basen-Tripletts innerhalb eines speziellen Gens als **Trinukleotiderkrankungen** bezeichnet. Die klinischen Symptome sind bei den betroffenen Patienten aber sehr unterschiedlich, da diese Wiederholungen sehr instabil sind.
Zu (C): Mit dieser Beschreibung ist das Phänomen der unvollständigen Penetranz gemeint.
Zu (E): Ein Vater kann immer nur X-chromosomale Gene an seine Tochter vererben. Würde das Y-Chromosom vererbt, wäre das Kind ein Sohn.

→ Frage 2.65: Lösung C

Zu (C): Die sensible Phase ist die Wachstumsperiode, in der durch den **Letalfaktor** bestimmte Genprodukte fehlen, die für die weitere Entwicklung notwendig wären. Ein Letalfaktor führt daher immer zum Tod des Individuums vor Erreichen der Geschlechtsreife. Strukturell betrachtet sind Letalfaktoren meist Defektmutationen, die zu substanziellen Fehlern in der Ausprägung des Bauplans eines Organismus führen können. Es können sowohl Genmutationen als auch Chromosomen-Mutationen (z. B. Stückverluste) zur Entstehung von Letalfaktoren führen. In Zeiten der modernen Medizin können derartige Defekte jedoch – zumindest in den Industriestaaten – gelegentlich durch medikamentöse Therapie überwunden werden.

→ Frage 2.66: Lösung B

Zu (1) und (2): Die Beeinflussung verschiedener phänotypischer Merkmale durch ein Gen bezeichnet man als **Pleiotropie** oder **Polyphänie**. So setzt sich das klinische Bild eines Patienten mit Marfan-Syndrom, das auf ein verändertes, dominantes Gen zurückzuführen ist, aus verstärktem Längenwachstum aller Skelettelemente, mangelhafter Entwicklung von Muskulatur und Fettgewebe, Augenanomalien und Veränderung bestimmter Blutgefäße zusammen.
Zu (5): Wenn Mutationen verschiedener Gene für das gleiche Krankheitsbild zuständig sind, spricht man von **Heterogenie**. Als Beispiel sei hier die Taubstummheit genannt, die autosomal-rezessiv, autosomal-dominant oder X-chromosomal-rezessiv vererbt werden kann.

H01 ■

→ Frage 2.67: Lösung B

Zu (B): **Kodominanz** bezeichnet die gleichwertige Ausprägung zweier Gene nebeneinander. So sind die Blutgruppenallele M und N ebenso kodominant wie die Allele A und B. Die Kombination beider Allele führt zum Genotyp MN bzw. AB. Kein Gen setzt sich gegenüber dem anderen durch.
Zu (A) und (C): Die Blutgruppenmerkmale A und B verhalten sich gegenüber dem Merkmal 0 **dominant**; d. h. bei heterozygoter Anlage von A0 bzw. B0 lautet der Phänotyp A bzw. B. 0 verhält sich gegenüber A und B **rezessiv**.
Zu (D): Der Begriff der **Hemizygotie** bezeichnet vor allem das einmalige Vorkommen der X-chromosomalen Gene beim Mann. Allerdings wird auch bei der Frau durch die Inaktivierung eines X-Chromosoms (Lyon-Hypothese) von funktioneller Hemizygotie gesprochen.
Zu (E): **Heterozygotie** beschreibt das Vorhandensein eines Allels auf nur einem von zwei homologen Chromosomen.

2.3.2 Mendel'sche Gesetze

■

→ Frage 2.68: Lösung C

Zu (C): Das **Vorhandensein eines diploiden Chromosomensatzes** ist die erste Bedingung für die Gültigkeit der Mendel'schen Gesetze. Jedes Merkmal wird durch zwei Allele bestimmt, die an gleicher Stelle auf den jeweils homologen Chromosomen liegen. Ausgenommen sind die Merkmale, die auf den Geschlechtschromosomen zu finden sind.
Die zweite Bedingung sind **haploide Keimzellen**; d. h. in einer Meiose werden die homologen Chromosomen bei der Bildung der Keimzellen voneinander getrennt. Nur so kann bei der Bildung einer Zygote aus den zwei haploiden Keimzellen wieder der neu kombinierte, diploide Chromosomensatz werden.

II.8 Mendel'sche Gesetze

Gregor Johann Mendel (1822–1884), Biologe und seit 1843 Augustiner-Mönch, stellte 1865 nach umfangreichen Pflanzenstudien die ersten Gesetze zur genetischen Rekombination auf:

1. Mendel'sches Gesetz = Uniformitätsgesetz

Kreuzt man zwei Organismen miteinander, die sich in einem homozygoten Merkmal unterscheiden, so sind alle Nachkommen der F_1-Generation gleich.
Bei dominant-rezessivem Erbgang setzt sich das dominante Allel durch, bei intermediärem Erbgang liegt das hybride Merkmal zwischen den Ausprägungen der elterlichen Merkmale.

Beispiel:
AA (rote Blüte) x aa (weiße Blüte) → Aa (rote Blüte, wenn A dominant)
AA (rote Blüte) x aa (weiße Blüte) → Aa (rosa Blüte, wenn intermediär)
Bei dieser Regel ist es ohne Bedeutung, ob das dominante Gen von der Mutter oder dem Vater stammt (sog. Reziprozitätsgesetz).

2. Mendel'sches Gesetz = Spaltungsgesetz

Kreuzt man zwei der o. g. F_1-Organismen, die sich in einem heterozygoten Merkmal gleichen, so findet man in der F_2-Generation eine Aufspaltung der Genotypen dieses Merkmals im Verhältnis 1:2:1.

Tabelle 2.1 Beispiel: F1-Generation mit Merkmal Aa → Keimzellen A und a:

F_1-Eltern	A	a
A	AA	Aa
a	aA	aa

Die Verteilung des Phänotyps hängt auch hier vom Erbgang ab: Beim dominant-rezessiven Erbgang sind drei Organismen gleich (AA, Aa und aA), bei intermediärem Erbgang resultieren drei verschiedene Phänotypen im Verhältnis 1 (AA) : 2 (Aa) :1 (aa).

3. Mendel'sches Gesetz = Gesetz von der freien Kombination

Dieses Gesetz gilt nur bei der Vererbung von mindestens zwei Genpaaren, die auf unterschiedlichen Chromosomensätzen lokalisiert sein müssen und nicht gekoppelt sein dürfen. Unter diesen Umständen kommt es zu neuen Kombinationen des Erbguts, da die einzelnen Merkmale unabhängig voneinander und nach den ersten beiden Mendel'schen Gesetzen vererbt werden.

Beispiel:
Elterngeneration: AABB x aabb
→ Keimzellen: AB   ab
F_1-Generation: nur Kombination AaBb möglich (1. Mendel'sches Gesetz)

Tabelle 2.2 Beispiel

F_1-Keimzellen	AB	Ab	aB	ab
AB	AA BB	AA Bb	Aa BB	Aa Bb
Ab	AA Bb	AA bb	Aa Bb	Aa bb
aB	Aa BB	Aa Bb	aa BB	aa Bb
ab	Aa Bb	Aa bb	aa Bb	aa bb

→ Bei dominant-rezessivem Erbgang verteilen sich die Merkmale in folgendem Verhältnis:
9 (A und B) : 3 (A und b) : 3 (a und B) : 1 (a und b). Entscheidend ist, dass neben der Merkmalskombination der Eltern (A und B/a und b) in der F_2-Generation zwei neue Kombinationen (A und b, a und B) auftreten.

→ **Frage 2.69:** Lösung B

Zu (B): Beschrieben ist die Aussage des 1. Mendel'schen Gesetzes.
Siehe Lerntext II.8 „Mendel'sche Gesetze".

F02 H99 H92 ∎
→ **Frage 2.70:** Lösung B

Zu (B), (D) und (E): Das 3. Mendel'sche Gesetz, auch Unabhängigkeitsgesetz oder Gesetz von der freien Kombination genannt, beschreibt **die Vererbung von mindestens zwei Genpaaren**, die **auf verschiedenen Chromosomen** liegen müssen und **nicht in Form einer Kopplungsgruppe miteinander verbunden** sein dürfen.
Siehe Lerntext II.8 „Mendel'sche Gesetze".
Zu (A): Die genetische Information der betreffenden Allele hat natürlich nichts mit der Gültigkeit oder Ungültigkeit der Mendel'schen Gesetze zu tun.
Zu (C): Der Begriff der multiplen Allelie beschreibt das Vorkommen von mehr als zwei Allelen des gleichen Gens in einer Population, z. B. die Blutgruppenallele AB0. Auch hier besteht also kein direkter Zusammenhang mit den Mendel'schen Regeln.

F04
→ **Frage 2.71:** Lösung D

Zu (D): Das 3. Mendel'sche Gesetz, auch als Unabhängigkeitsgesetz oder Gesetz von der freien Kombination bezeichnet, gilt nur für die **Vererbung von mindestens zwei Genpaaren**, die **auf unterschiedlichen Chromosomen** liegen und **nicht in einer Kopplungsgruppe** verbunden sein dürfen.
Siehe Lerntext II.8 „Mendel'sche Gesetze".

Zu (A) und (B): Gene, die auf einem Chromosom liegen, werden nicht nach dem 3. Mendel'schen Gesetz vererbt. Häufig werden sie sogar in Form einer Kopplungsgruppe gemeinsam weitergegeben.
Zu (C): **Multiple Allelie** bedeutet, dass in einer Population mehrere Allele (Ausprägungen) desselben Gens vorkommen, z. B. die Blutgruppenallele des AB0-Systems. Dieser Begriff hat nichts mit den Mendel'schen Gesetzen zu tun.
Zu (E): Für die Gene der Geschlechtschromosomen sind die Mendel'schen Gesetze nicht gültig.

→ **Frage 2.72:** Lösung D

Zu (D): Für die Gültigkeit des 3. Mendel'schen Gesetzes müssen die betrachteten Gene auf zwei getrennten Chromosomen liegen. Sind sie auf demselben Chromosom lokalisiert, werden sie häufig als sog. **Kopplungsgruppe** vererbt, das 3. Mendel'sche Gesetz gilt in diesem Fall nicht.
Zu (A): Für Gene auf den Geschlechtschromosomen gelten die Mendel'schen Gesetze nicht.
Zu (B): Sollte ein Letalfaktor vorhanden sein, so kommt der Organismus nicht zur Vermehrung und somit ist jede Überlegung zu den Mendel'schen Gesetzen sinnlos.
Zu (C) und (E): Beide Faktoren stören die Gültigkeit der Mendel'schen Gesetze nicht.

2.3.3 Autosomal-dominanter/kodominanter Erbgang, multiple Allelie

H05 H01 ■
→ **Frage 2.73:** Lösung D

Eine ganz ähnliche Frage wurde im Physikum F05 bereits gestellt.
Zu (D): Ein dominantes Merkmal kann zur Ausprägung im Phänotyp kommen, auch wenn es (heterozygot) nur auf einem der beiden homologen Chromosomen vorliegt. Zeigen allerdings nicht alle Genträger das entsprechende Merkmal im Phänotyp, liegen andere Einflüsse genetischer oder äußerer Faktoren vor, die in die Merkmalsausprägung eingreifen. Man spricht in diesen Fällen von einer **unvollständigen Penetranz**.
Zu (A): **Multiple Allelie** bedeutet, dass in einer Population mehrere Allele desselben Gens vorkommen, z. B. die verschiedenen Blutgruppenmerkmale des AB0-Systems.
Zu (B): Der Begriff der **genetischen Heterogenität** beschreibt das Phänomen, dass verschiedenste genetische Veränderungen, z. B. in den Zellen gleicher Tumoren, gefunden werden, d. h. verschiedene genetische Defekte führen zu einem gleichen klinischen Bild. Mit dem Kontext der Frage hat dies nichts zu tun.

Zu (C): Die **Expressivität** ist der Grad der Merkmalsausprägung, die bei pathogenen Allelen von leichten, klinisch kaum auffälligen Veränderungen bis zu schwersten Defekten führen kann.
Zu (E): Eine **Neumutation** ist natürlich nicht auszuschließen – gefragt war aber nach der wahrscheinlichsten Ursache.

F05 ■
→ **Frage 2.74:** Lösung B

Und noch eine bekannte Frage – wieder nur mit veränderter Reihenfolge der Antwortmöglichkeiten.
Zu (B): Ein dominantes Merkmal kann zur Ausprägung im Phänotyp kommen, auch wenn es (heterozygot) nur auf einem der beiden homologen Chromosomen vorliegt. Zeigen allerdings nicht alle Genträger das entsprechende Merkmal im Phänotyp, liegen andere Einflüsse genetischer oder äußerer Faktoren vor, die in die Merkmalsausprägung eingreifen. Man spricht in diesen Fällen von einer **unvollständigen Penetranz**.
Zu (C) und (E): Häufigkeiten werden oft mit dem Begriff der Frequenz beschrieben. Feststehende Begriffe in der formalen Genetik sind aber nur die Genfrequenz und die Mutationsfrequenz. Eine „Merkmalsfrequenz", wie sie in den beiden Antworten beschrieben wird, ist in diesem Zusammenhang nicht definiert.
Zu (D): Die Expressivität ist der Grad der Merkmalsausprägung, die bei pathogenen Allelen von leichten, klinisch kaum auffälligen Veränderungen bis zu schwersten Defekten führen kann.

→ **Frage 2.75:** Lösung C

Zu (1) und (2): Ein autosomal-dominant vererbtes Merkmal führt, 100 % Penetranz vorausgesetzt, schon bei heterozygoter Anlage zum entsprechenden Merkmal. Da die Autosomen (= Körperchromosomen) in doppelter Ausfertigung als homologe Chromosomen vorliegen, wird das betreffende Merkmal statistisch auf die Hälfte der Kinder ohne Bevorzugung eines Geschlechts vererbt. Bei homozygoter Anlage, was bei dominanten Allelen aber sehr selten ist, erfolgt die Übertragung natürlich auf alle Kinder.
Zu (4): Jede Allelkombination von Spermium und Eizelle hat für jedes Kind gleiche Wahrscheinlichkeitswerte; eine Abhängigkeit des Erkrankungsrisikos von der Zahl der vorangegangenen erkrankten Kinder besteht nicht.
Zu (3): Wenn das kranke Allel dominant vererbt wird, sind die Eltern in heterozygoter Anlage (Aa) bereits Merkmalsträger. Die Kinder der F_1-Generation spalten sich genotypisch nach dem 2. Mendel'schen Gesetz 1 (AA) : 2 (Aa) : 1 (aa) auf. Somit ergibt sich phänotypisch ein Verhältnis 3:1 – allerdings 3 Kranke und 1 Gesunder.

2 Genetik

F03

→ **Frage 2.76:** Lösung B

Die Abbildung eines großen, verzweigen Stammbaumes darf hier nicht verwirren – die Beantwortung dieser Frage ist nicht schwierig.
Zu (B): Es sind beide Geschlechter von der Erkrankung betroffen, die in allen Generationen immer wieder auftritt – obwohl durch neu hinzugekommene Familienmitglieder immer wieder neues Erbgut in den Stammbaum eingeführt wird. Dies ist das klassische Bild einer autosomal-dominanten Erbkrankheit, bei der ein defektes Allel für die Ausprägung klinischer Symptome ausreicht. Auch werden aus der Verbindung zweier klinisch gesunder Personen, die das krankmachende Allel nicht besitzen, immer nur gesunde Kinder hervorgehen, was ebenfalls mit dem abgebildeten Stammbaum übereinstimmt.
Zu (A): Bei autosomal-rezessivem Erbgang tritt eine Erkrankung nur im homozygoten Zustand auf. Angesichts der vielen neuen Allele, die im abgebildeten Stammbaum hinzugekommen sind, dürfte eine solche Krankheit nicht in jeder Generation in der abgebildeten Häufigkeit wieder auftreten.
Zu (C): Bei der Vererbung mitochondrialer Krankheiten wird das kranke Allel der Mitochondrien-DNA immer von der Mutter an alle Kinder weitergegeben, da die Mitochondrien des väterlichen Spermiums nicht in die Bildung der Zygote eingehen.
Zu (E): Bei der X-chromosomal-rezessiven Vererbung erkranken nur homozygote Frauen, jedoch alle Männer, da ihnen das zweite X-Chromosom zum Ausgleich des defekten Allels fehlt. Eine klinisch kranke und damit homozygote Frau (linker Teil des Stammbaumes) kann keinen gesunden Sohn zur Welt bringen.

■

→ **Frage 2.77:** Lösung B

Zu (B): Siehe Kommentar zu Frage 2.75.
Zu (A): Bei autosomal determinierten Krankheiten ist die Vererbung unabhängig vom Geschlecht.
Zu (C): Autosomal dominante Allele, die zur Entstehung von Erbkrankheiten führen, liegen nur in den seltensten Fällen homozygot vor, da diese Personen aus der Verbindung zweier heterozygot (oder schon homozygot) Kranker hervorgegangen sein müssten. Bei Homozygotie ist die Erkrankung meist besonders schwer ausgeprägt.
Zu (D) und (E): Die genannte Konstellation vorausgesetzt, erhalten Kinder mit einer Wahrscheinlichkeit von 50 % das gesunde oder das kranke Allel vom heterozygoten Elternteil und sind dann aufgrund der Dominanz selber Merkmalsträger.

H04 ■

→ **Frage 2.78:** Lösung B

Zu (A) und (B): Autosomal-dominante Allele sind alleine krankheitsauslösend. Das bedeutet, dass ein krankes Elternteil, das für das betreffende Gen heterozygot ist, dann ein gesundes Kind haben kann, wenn das gesunde Allel weitervererbt wird. Dies ist sogar dann möglich, wenn beide Eltern heterozygot krank sind.
Zu (C) und (D): Auch eine herabgesetzte Penetranz, d. h. fehlende Merkmalsausprägung trotz genetischer Anlage, oder eine Neumutation im betreffenden Allel sind mögliche Gründe für ein gesundes Kind bei autosomal-dominant krankem Elternteil. Beide Antwortfragen enthalten aber das kleine Wörtchen „nur" und sind daher nicht zutreffend.

H96

→ **Frage 2.79:** Lösung D

Bei autosomal-dominanter Vererbung reicht die Anwesenheit eines kranken Allels aus, um die betreffende Krankheit zum Ausbruch kommen zu lassen.
Zu (D): Zu dieser Lösung kommt man, wenn man den Ausdruck „im Regelfall" so interpretiert, dass beide Eltern heterozygot für das krankmachende Allel sind. Bei den 4 möglichen Chromosomen-Konstellationen ergibt sich nur eine Paarung beider gesunder Allele der Eltern. Drei von vier Kindern (75 %) sind erkrankt.

Tabelle 2.3 Chromosomenkonstellationen

	X gesund	x krank
X gesund	XX (gesund)	Xx (krank)
x krank	xX (krank)	xx (krank)

Zu (A) und (C): Für diese beiden Antwortmöglichkeiten gibt es keine Chromosomen-Konstellation bei autosomal-dominantem Erbgang.
Zu (B): Ein 50 %iges Erkrankungsrisiko ergibt sich nur, wenn ein Elternteil homozygot gesund, der andere heterozygot krank ist. Der kranke Elternteil gibt mit einer Wahrscheinlichkeit von 1:1 sein krankes Allel an die Nachkommen weiter.
Zu (E): Sobald ein Elternteil homozygot erkrankt ist, werden alle Nachkommen mit einer Wahrscheinlichkeit von 100 % ein krankes Allel erben und daher auch selber erkranken.

H95 ■

→ **Frage 2.80:** Lösung A

Zu (A): Bei **autosomal-dominantem Erbgang** reicht ein mutiertes Allel vom Vater oder der Mutter aus, um zur Erkrankung zu führen.

Im Umkehrschluss bedeutet das für eine gesunde Person, in diesem Fall die Tochter, dass sie kein mutiertes Allel besitzt. Bei der Verbindung mit einem gesunden Partner tritt daher auch bei den Kindern kein mutiertes Allel auf. Das Risiko der Kinder, an der gleichen Krankheit wie Vater und Großmutter zu erkranken, entspricht daher der Neumutationsrate und kann von den angebotenen Lösungsmöglichkeiten am ehesten mit (A) = 0 beziffert werden. Alle anderen Antworten (B)–(E) sind falsch.

F95
→ **Frage 2.81:** Lösung B

Beim jungen Mann III 1 ist aufgrund des Alters noch nicht bekannt, ob er das gesunde oder das kranke Allel seiner Mutter (II 1) geerbt hat. Bei autosomal-dominantem Erbgang beträgt sein Erkrankungsrisiko demnach 50 %. Aus seiner Verbindung mit einer gesunden Frau (III 2) gehen demnach Kinder hervor, die erneut mit einer Wahrscheinlichkeit von 50 % erkrankt sind. Das gefragte Gesamtrisiko beträgt somit 50 % von 50 %, also 25 % (½ × ½ = ¼).

F99 ■■
→ **Frage 2.82:** Lösung B

Zu (B): Die Häufigkeit der verschiedenen Blutgruppen in Mitteleuropa ist tatsächlich sehr unterschiedlich. Die häufigsten sind A (43 %) und 0 (40 %), seltener sind B (12 %) und AB (5 %).
Zu (A): Multiple Allelie entsteht durch Mutationen in Genen, die auf homologen Chromosomen an identischer Stelle lokalisiert sind. So können in einer Population mehr als zwei Allele des gleichen Gens vorkommen. Ein Beispiel sind die Blutgruppenmerkmale A, B und 0.
Zu (C), (D) und (E): Die Merkmale A und B sind tatsächlich kodominant. Nur so ist die Blutgruppe AB erklärlich. Beide Merkmale sind jedoch gegenüber 0 dominant.

Phänotyp: A Genotyp: AA oder A0
B   BB oder B0
AB   AB
0   00

F90 ■
→ **Frage 2.83:** Lösung B

Zu (B): Von den drei Merkmalen A, B und 0 sind nur A und B gegenseitig kodominant. Gegenüber dem dritten Merkmal 0 sind sie beide dominant.
Zu (A): Die Blutgruppenmerkmale des AB0-Systems sind in der Glykokalix der Erythrozyten lokalisiert. Das gleiche trifft im übrigen auf den Rhesus-Faktor zu.

Zu (C): Kommen in einer Population zwei oder mehr Varianten eines Gens vor, so bezeichnet man das als Polymorphismus. Das AB0-Blutgruppensystem ist ein Paradebeispiel dafür.
Zu (D): Mit jeder Blutgruppe ist das Vorhandensein von Antikörpern im Serum verbunden:
Blutgruppe A   anti-B im Serum
Blutgruppe B   anti-A im Serum
Blutgruppe 0   anti-A und anti-B im Serum
Blutgruppe AB keine Antikörper
Bei Missachtung dieser Tatsache kann es bei Bluttransfusionen zu erheblichen Zwischenfällen kommen.
Zu (E): Die AB0-Blutgruppen können bei Vaterschaftsprozessen zur Klärung herangezogen werden. So könnte ein Mann der Blutgruppe 0 (Genotyp 00) niemals leiblicher Vater eines Kindes der Blutgruppe AB sein.

H91 ■■
→ **Frage 2.84:** Lösung B

Zu (B): Die Mutter mit Blutgruppe AB kann entweder A oder B an das Kind weitergegeben haben. Da auch das Kind Blutgruppe AB hat, muss dann das jeweils andere Allel A oder B vom Vater stammen. Daher kann der Vater alle denkbaren Blutgruppen außer 0 (Genotyp 00) haben, denn bei einem Vater 00 (mit Mutter AB) hätte das Kind entweder A0 oder B0.

F96 ■■
→ **Frage 2.85:** Lösung C

Fragen dieser Art sind beim IMPP sehr beliebt. Jeder Prüfungskandidat sollte im Hinterkopf haben, dass die Blutgruppenmerkmale **A und B kodominant** vererbt werden und **gegenüber 0 dominant** sind. Zeichnet man sich die gegebenen Chromosomenkonstellationen noch auf, so sind die Aufgaben in der Regel leicht lösbar.
Zu (C): Ein Kind mit Blutgruppe 0 muss von beiden Eltern das Allel 0 geerbt haben (Genotyp 00). Wenn die Mutter Blutgruppe B, der Vater Blutgruppe A hat, liegt die Lösung wahrscheinlich in heterozygoten Genotypen der Eltern (B0 und A0).

Tabelle 2.4 Beispiel AB0-Blutgruppenkonstellationen

Eltern	A	0
B	AB	B0
0	A0	00

Zu (A), (B), (D) und (E): Alle Antworten sind möglich – es war aber nach der *wahrscheinlichsten* Erklärung gefragt.

2 Genetik

F99 ■■
→ **Frage 2.86:** Lösung A

Die **phänotypische Blutgruppe 0** setzt den **Genotyp 00** voraus. Lediglich in Antwortmöglichkeit (A) ist bei der Mutter mit Blutgruppe AB eine Vererbung des Allels 0 nicht möglich. Alle anderen Konstellationen sind denkbar, da bei der phänotypischen Blutgruppe A oder B mit dem Genotyp A0 oder B0 eine Vererbung von 0 an das Kind möglich ist.

F03 H96 ■■
→ **Frage 2.87:** Lösung D

Fragen zu den Blutgruppen-Systemen AB0 und MN sind sehr häufig. Wenn man weiß, dass A und B untereinander kodominant und gegenüber 0 dominant sowie M und N ebenfalls gegenseitig kodominant sind, kann man die Frage leicht beantworten.
Zu (D): Das in der Frage beschriebene Kind ist in beiden Blutgruppenmerkmalen nach dem oben Gesagten homozygot, also 00 und MM. Es muss also von beiden Elternteilen jeweils die Merkmale **0** und **M** geerbt haben (d. h. die Mutter muss den Genotyp A0 / **M**N haben). Nur bei (D) ist das nicht möglich, da die phänotypische Blutgruppe N im Genotyp ebenfalls homozygot NN sein muss. Dieser Mann kann also nicht der Vater eines Kindes mit der Blutgruppe M sein.
Zu (A): Genotypen Mutter: A0 / MN – Vater: 00 / MM – Kind: 00 / MM
Zu (B): Genotypen Mutter: A0 / MN – Vater: 00 / MN – Kind: 00 / MM
Zu (C): Genotypen Mutter: A0 / MN – Vater: A0 / MM – Kind: 00 / MM
Zu (E): Genotypen Mutter: A0 / MN – Vater: B0 / MN – Kind: 00 / MM

F01 F98 F95 ■
→ **Frage 2.88:** Lösung C

Und wieder eine Wiederholungsfrage, diesmal zu dem beliebten Thema der formalen Erbgänge am Beispiel der kodominanten Vererbung der MN-Blutgruppenmerkmale.
Zu (C): Fragen dieser Art kann man am besten lösen, wenn man sich die Verteilung der vorhandenen Allele aufzeichnet. Wichtig ist natürlich zu wissen, dass beim Phänotyp M im kodominanten Erbgang der Genotyp MM vorliegen muss. Für die Mutter ist der Genotyp MN bereits vorgegeben.

Tabelle 2.5 Verteilung der MN-Blutgruppenallele

Eltern	Vater M	Vater M
Mutter M	MM	MM
Mutter N	MN	MN

Diese einfache Tabelle ergibt somit eine statistische Verteilung von 50 % MM (Phänotyp M) und 50 % MN der Kinder und damit Lösung (C) als einzig richtige Antwortmöglichkeit.

F95 ■
→ **Frage 2.89:** Lösung B

Zu (B): Beim „Kreuzen" zweier Individuen mit homozygot unterschiedlicher Anlage in einem Gen haben die F_1-Nachkommen nach dem 1. Mendel'schen Gesetz alle den einheitlich heterozygoten Genotyp:

Tabelle 2.6 F_1-Nachkommen

Keimzellen Eltern	M	M
N	MN	MN
N	MN	MN

H02 ■
→ **Frage 2.90:** Lösung A

Die Blutgruppenmerkmale M und N mit immer wieder ähnlichen Eltern/Kind-Konstellationen sind beim IMPP seit einigen Jahren sehr beliebt. Vorgegeben sind die **kodominante Vererbung** und der **Phänotyp** N des Kindes. Beim vorliegenden Erbgang ist der **Genotyp** des Kindes deshalb mit NN definiert, was bedeutet, dass es von jedem Elternteil ein Merkmal N bekommen haben muss.
Man braucht also nur eine Gen-Kombination bei den Eltern zu suchen, bei denen dieses Merkmal N nicht auftaucht – diese Antwort muss die gesuchte, falsche Kombination sein.
Zu (A): Der Vater hat den Blutgruppen-Phänotyp M, also den Genotyp MM – somit kann er seinem Kind kein Merkmal N vererbt haben, (A) ist falsch.
Zu (B)–(E): In allen Antwortmöglichkeiten haben beide Eltern jeweils mindestens einmal das Merkmal N, was sie an ihre Kinder vererben können. Aus diesem Grund sind diese Kombinationen möglich.

H94
→ **Frage 2.91:** Lösung E

Zu (A): Mutter AB/MN Vater AA/MN Kind AA/MM
Zu (B): Mutter AB/MN Vater A0/MN Kind B0/MN
Zu (C): Mutter AB/MN Vater A0/MN Kind B0/NN
Zu (D): Mutter AB/MN Vater AA/MN Kind AB/MN

→ **Frage 2.92:** Lösung D

Zu (1) und (3): Ein Gen in unterschiedlicher Ausprägung auf zwei homologen Chromosomen besteht aus zwei Allelen.
Zu (2): Sind die Allele unterschiedlich, ist der Organismus heterozygot; sind sie identisch, ist er homozygot.

Zu (4): Wenn innerhalb einer Art mehrere Allele vorkommen, so ist das im Sinne von Darwin als Evolutionsvorteil zu sehen, denn über eine große Zahl möglicher Neukombinationen von Allelen können Organismen entstehen, die sich neu aufgetretenen Selektionsdrücken optimal anpassen können.

F05 ■
→ Frage 2.93: Lösung C

Auch diese Frage wurde mit einem nur ganz leicht abgewandelten Text bereits verwendet.
Zu (C): **Multiple Allelie** liegt dann vor, wenn mehr als zwei Allele des gleichen Gens in einer Population nebeneinander vorkommen, z. B. die Blutgruppengene des AB0-Systems.
Zu (A): Zwei in einer Kopplungsgruppe benachbarte Gene werden häufig gemeinsam an die Nachkommen vererbt. Mit multipler Allelie hat das aber nichts zu tun.
Zu (B): Wenn ein Gen die Ausprägung mehrerer phänotypischer Merkmale beeinflusst, spricht man von **Pleiotropie** oder **Polyphänie**.
Zu (D): Die **Polygenie** bezeichnet das Zusammenwirken mehrerer Gene bei der Ausprägung eines einzelnen Merkmals.
Zu (E): Das Vorkommen einzelner oder mehrerer Mutationen in einem Gen hat mit dem Begriff der multiplen Allelie nichts zu tun.

→ Frage 2.94: Lösung E

Zu (E): **Multifaktorielle Vererbung** liegt dann vor, wenn **mehrere Gene unterschiedlicher Lokalisation** die Ausprägung eines Merkmals steuern. Körpergröße und Haarfarbe sowie vermutlich auch die Prädisposition für eine Vielzahl von Krankheiten werden auf diese Weise vererbt.

2.3.4 Autosomal-rezessiver Erbgang

→ Frage 2.95: Lösung C

Bei autosomal-rezessiver Vererbung müssen die krankheitsauslösenden Gene homozygot vorliegen, um die Erkrankung zum Ausbruch zu bringen. In heterozygotem Zustand wird das kranke vom gesunden Allel überdeckt – die betreffende Person ist klinisch gesund, kann aber mit einer 50-%igen Wahrscheinlichkeit das kranke Allel an seine Nachkommen weitergeben.
Zu (C): **Heterogenie** bedeutet, dass ein Merkmal/eine Krankheit durch mehrere Gene verursacht werden kann. Ein Beispiel hierfür ist der genannte Albinismus.

Die in der Frage erläuterte Situation ist dadurch zu erklären, dass beide Eltern zwar homozygot für ein Albinismus-Gen sind, die verursachenden Gene bei Mutter und Vater aber unterschiedlich sind. Die Kinder erhalten somit von beiden kranken Genen je ein Allel, das aber durch das gesunde andere Allel des anderen Elternteils kompensiert wird.
Beispiel:
Albinismus durch Allele A′A′ beim Vater, durch B′B′ bei der Mutter
→ Keimzellen der Eltern: Vater A′B/MutterAB′
→ gesundes Kind: AA′B′B (gesundes A der Mutter, gesundes B des Vaters)
Zu (A): Eine interessante Idee, aber Pigmentgentragende Viren sind eher rar …
Zu (E): Das ist möglich, aber in diesem Zusammenhang nicht wahrscheinlich.

H05
→ Frage 2.96: Lösung C

Diese Frage klingt deutlich komplizierter als sie in Wahrheit ist. Ohne großes Rechnen führt folgende Überlegung zur einzig möglichen Antwort:
Zu (C): Eine autosomal-rezessive Erkrankung kommt nur zur Ausprägung, wenn beim Kind beide Allele in mutierter Form (d. h. homozygot) vorliegen. Dies setzt natürlich voraus, dass auch beide Elternteile das krankmachende Gen besitzen. Somit kann also nur bei einer Frequenz von 0,01 = 1:100 (C) für jedes Elternteil eine Wahrscheinlichkeit von 1:10000 aus dem Produkt von 0,01 x 0,01 entstehen.
Anders gesagt: Nur wenn für jeden Menschen die Wahrscheinlichkeit von 1:100 für den Besitz eines kranken Gens besteht, kann aus dem Produkt dieser Wahrscheinlichkeit bei Vater und Mutter die Wahrscheinlichkeit von 1:10000 für ein Neugeborenes vorliegen.
Alle anderen Antworten sind falsch.

H00 ■ ■
→ Frage 2.97: Lösung D

Die Phenylketonurie mit ihrem autosomal-rezessiven Erbgang (A) ist ein beliebtes Thema.
Da die Frau II/1 an PKU erkrankt ist, muss sie bei rezessivem Erbgang homozygot für das mutierte Allel sein (C). Somit hat sie von beiden Elternteilen je ein krankes Chromosom geerbt; da die Eltern selbst aber klinisch unauffällig („gesund") sind, sind sie zwangsläufig heterozygot für das PKU-Gen (B).
Mit dieser Überlegung kommt man zur Anwendung des 2. Mendel'schen Gesetzes (Spaltungsgesetz), wonach sich bei den Nachkommen zweier in einem heterozygoten Merkmal gleicher Organismen die Nachkommen genotypisch im Verhältnis 1:2:1 aufspalten.

2 Genetik

Tabelle 2.7 Verteilung der PKU-Genotypen

Eltern	P	p
P	PP	Pp
p	Pp	pp

Mit P = gesundes und p = krankes Allel für PKU erkennt man auf einen Blick die erwähnte 1:2:1-Verteilung der Genotypen. Beim rezessiven Erbgang kommt die Krankheit jedoch nur in homozygoter Anlage (pp) zum Ausbruch. Klinisch ist somit eine Aufteilung von 3 (gesund) : 1 (krank) zu erwarten.
Zu (D): Der Mann II/2 ist klinisch gesund und hat damit nach dem oben gesagten eine Wahrscheinlichkeit von 2/3 (ca. 67%), heterozygot für das PKU-Gen zu sein.
Zu (E): Unter der Voraussetzung, dass die Frau II/3 homozygot gesund ist, kann ihre Tochter aus der Verbindung mit dem Mann II/2 mit einer Wahrscheinlichkeit von 50% das kranke Allel vom Vater erben. Da dieser aber selbst nur mit einer Wahrscheinlichkeit von 2/3 betroffen ist, hat die Tochter das halbe Risiko, also 1/3.

H02
→ Frage 2.98: Lösung D

Eine sehr schwierige Frage, die man am besten mit Hilfe einer Zeichnung lösen kann. Der Argumentationsweg zur richtigen Lösung ist folgender:
Gegeben sind zunächst ein **autosomal-rezessiver Erbgang** und zwei kranke Geschwister, die also homozygot für das defekte Allel sein müssen. Damit ist auch klar, dass die Eltern von Helga und die Eltern von Hans beide heterozygote Merkmalsträger sein müssen – sie sind phänotypisch gesund, haben aber beide ein krankes (= homozygotes) Kind.

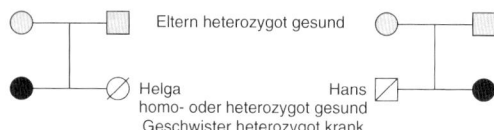

Eltern heterozygot gesund
Helga   Hans
homo- oder heterozygot gesund
Geschwister heterozygot krank

Bei heterozygoten Eltern spaltet sich die 1. Filialgeneration (Helga und Hans) im Verhältnis 1 (homozygot gesund) : 2 (heterozygot gesund) : 1 (homozygot krank) auf, d. h. bei gesundem Phänotyp haben *Helga und Hans* jeweils ein *Risiko von 2/3*, das kranke Allel zu tragen.
Gefragt ist aber letztlich nach dem Kind der beiden und seinem Risiko, (homozygot) krank zu sein. Da das nur möglich ist, wenn Helga und Hans beide heterozygote Merkmalsträger sind und sich dann die Kindesgeneration wieder im selben Verhältnis 1:2:1 aufspaltet, hat das Kind bei den entsprechenden Eltern ein Risiko von 1/4, krank zu sein.
Damit errechnet sich das Gesamtrisiko des Kindes: 2/3 x 2/3 x 1/4 = 4/36 = 1/9. Lösung (D) ist richtig.

F01 ■
→ Frage 2.99: Lösung A

Durch die Formulierung und die absoluten Zahlen wirkt diese Frage schwierig, obwohl sie bei genauerem Hinsehen eine einfache Anwendung der 2. Mendelschen Regel, des sog. Spaltungsgesetzes, darstellt. Siehe Lerntext II.8 „Mendel'sche Gesetze".
Zu (A): Bei der Kalkulation einer Filialgeneration zweier in einem Merkmal heterozygoter Eltern, z.B. Aa, entsteht immer eine genotypische Aufspaltung im Verhältnis 1:2:1, wie die Tabelle verdeutlicht:

Tabelle 2.8 Verteilung der Genotypen

Eltern	A	a
A	AA	Aa
a	Aa	aa

Einen autosomal-rezessiven Erbgang vorausgesetzt, erkranken nur die Personen, die in dem betreffenden Merkmal homozygot sind (aa), also statistisch 25 %. Wenn man nun von 1600 Familien ausgeht, wie im Fragentext vorgegeben, sind 400 Familien mit einem ersten homozygot erkrankten Kind zu erwarten. Da die erwähnten 25 % Wahrscheinlichkeit aber für jedes Kind gelten, ist bei einem weiteren Viertel dieser 400 Familien, nämlich bei 100, auch das zweite Kind von der Erkrankung betroffen. Alle anderen Zahlen sind falsch.

F05
→ Frage 2.100: Lösung C

Zu (C): Bei einer rezessiv vererbten Erkrankung muss das Kind beide defekte Allele der heterozygoten Eltern erhalten – nach dem 2. Mendel'schen Gesetz ist die Wahrscheinlichkeit dafür 1:4.
Multipliziert man dieses Risiko mit den im Fragentext vorgegebenen Wahrscheinlichkeiten in der Elterngeneration, so ergibt sich (1:20)x(1:50)x(1:4) = 1:4000 als das kumulative Risiko des betreffenden Kindes.
Alle anderen Angaben sind falsch.

F00 ■
→ Frage 2.101: Lösung D

Bei autosomal-rezessiver Vererbung sind nur homozygote Merkmalsträger erkrankt. Gesunde Personen können jedoch als heterozygote Überträger des kranken Merkmals fungieren. Mit diesem Wissen ist die Beantwortung der Frage sehr einfach:
Der Bruder der betreffenden Frau ist erkrankt – er muss also homozygot für das defekte Merkmal sein. Die Eltern sind gesund, haben aber beide als heterozygote Träger das fehlerhafte Gen an ihren Sohn vererbt. Schreibt man sich die entsprechenden Erbanlagen der Eltern (graue Felder) mit A =

gesundes Merkmal und a = defektes Merkmal auf, so ergeben sich für die Tochter (weiße Felder) die folgenden Möglichkeiten:

Tabelle 2.9 Mögliche Genotypen

	A	a
A	AA	Aa
a	Aa	(aa)

Da die Frau gesund ist, fällt die homozygote Kombination aa bereits aus; es bleiben also drei mögliche Genotypen, von denen zwei heterozygot sind. Das gefragte Risiko liegt somit bei $2/3$.

F93 H91 ■
→ **Frage 2.102:** Lösung C

Der erkrankte Halbbruder der Frau ist homozygot für das krankheitsauslösende Allel, somit ist der phänotypisch gesunde Vater in jedem Fall heterozygot. Bei einer autosomal vererbten Krankheit ist daher das Risiko der gesunden Frau, selbst heterozygote Trägerin zu sein, bei **50 %**. Voraussetzung ist allerdings eine homozygot gesunde Mutter, was aber durch die Information „sehr seltene Krankheit" als sicher angenommen werden kann.

H93
→ **Frage 2.103:** Lösung D

Bei autosomal-rezessiv vererbten Erkrankungen sind die gesunden Eltern eines kranken Kindes (II 1) mit 100%iger Sicherheit heterozygot für das krankheitsauslösende Allel.
Nach dem 2. Mendel'schen Gesetz teilt sich bei dieser Situation die F1-Generation im Verhältnis: 1 (AA = gesund) : 2 (Aa = gesund) : 1 (aa = krank). Der gesunde Mann II 2 hat daher ein Risiko von $2/3$ ≈ 67 %, heterozygoter Träger des krankheitsauslösenden Gens zu sein.

H04
→ **Frage 2.104:** Lösung C

Eine recht schwierige Frage, die aber durch folgende Überlegung – am besten unter Erstellung einer kurzen Skizze – zu lösen ist:
Bei einer autosomal-rezessiven Erkrankung sind nur solche Personen klinisch krank, die das betreffende Allel in homozygoter Anlage tragen – das sind im vorgegebenen Stammbaum die Personen II2 und III5. Damit hat der Vater III3 der gefragten Person sicher ein krankes Allel, das er mit der Wahrscheinlichkeit von 1/2 an sein Kind vererben wird.
Die Mutter III4 hat einen homozygot kranken Bruder (III5). Die phänotypisch gesunden Eltern der beiden müssen deshalb beide heterozygote Merkmalsträger des krankheitsauslösenden Gens sein.

Nach dem 2. Mendel'schen Gesetz verteilen sich die Kinder zweier Heterozygoter im Verhältnis 1 (homozygot gesund) : 2 (heterozygot gesund) : 1 (homozygot krank). Die Person III4 ist phänotypisch gesund – d. h. sie trägt mit einem Risiko von $2/3$ ein krankmachendes Allel.
Gefragt ist nun nach dem Risiko des am Ende des Stammbaumes stehenden Kindes. Vom Vater (III3) bekommt es mit der Wahrscheinlichkeit von $1/2$ das kranke Allel. Die Mutter hat zu $2/3$ ein krankes Allel, das sie dann mit der Wahrscheinlichkeit von $1/2$ an ihr Kind weitergeben wird. Dessen Risiko, homozygot krank zu sein, beträgt daher $1/2 \times 2/3 \times 1/2 = 2/12$ oder $1/6$ – (C) ist richtig.

H05 ■
→ **Frage 2.105:** Lösung A

Zu (A): Eine autosomal-rezessive Erkrankung kommt nur dann klinisch zum Ausbruch, wenn die betreffende Person – in dieser Frage sind das alle bisherigen Kinder – das defekte Allel in homozygoter Anlage (z. B. A'A') besitzt. Somit müssen beide Elternteile, die klinisch gesund sind, als Konduktoren eine heterozygote Anlage (z. B. A'A) des krankmachenden Gens besitzen.
Die 1. Filialgeneration bei heterozygoter Anlage zeigt nach dem 2. Mendel'schen Gesetz eine genotypische Verteilung von 1 (homozygot: AA) zu 2 (heterozygot: A'A) zu 1 (homozygot: A'A'). Da bei einem rezessiven Erbgang nur die Kinder mit homozygot defektem Gen (A'A') erkranken, beträgt die Wahrscheinlichkeit einer klinisch relevanten Krankheitsausprägung für jedes Kind also 25 %.
In der angegeben Konstellation ist es egal, welches Kind betrachtet wird – das Risiko ist nach dem oben Gesagten für alle gleich. Dass allerdings alle Kinder im gezeigten Stammbaum erkrankt sind, ist sehr untypisch und in der Realität eher unwahrscheinlich.
Siehe Lerntext II.8 „Mendel'sche Gesetze".

F03 ■ ■
→ **Frage 2.106:** Lösung A

Bei **autosomal-rezessivem Erbgang** kommt das klinische Bild einer **Erkrankung nur bei homozygoter Anlage** zur Ausprägung. Das bedeutet, dass beide kranke Eltern ausschließlich das defekte Allel besitzen. Ein Kind aus einer solchen Verbindung wird daher natürlich auch mit 100 %iger Sicherheit für das krankmachende Gen homozygot sein und entsprechend auch erkranken, (A) ist richtig.

H98 F98 ■
→ **Frage 2.107:** Lösung D

Die Kombination von zwei verschiedenen Erbgängen macht die Beantwortung der Frage nicht leicht. Zur Lösung (D) führt folgende Überlegung: Die **erfragte Person** ist weiblich und gesund. Ihr Vater leidet an der autosomal-rezessiven Erkrankung, ist also homozygot a/a. Somit muss die gesuchte Frau den **Genotyp A/a** haben, das gesunde Allel stammt von der Mutter. Durch diese Überlegung entfallen die Antwortmöglichkeiten (A) und (C).

Die Mutter leidet an der X-chromosomal-rezessiven Erkrankung, hat also den Genotyp x/x. An ihre Tochter – die erfragte Person – hat sie auf jeden Fall eines der X-Chromosomen vererbt. Da die Tochter aber gesund ist, muss ihr anderes X-Chromosom (vom Vater) intakt sein, daher lautet der **Genotyp X/x**.

2.3.5 X-chromosomaler Erbgang

H02 F90 ■
→ **Frage 2.108:** Lösung A

Zu **(A)**: Die wichtigste Information im Fragentext ist die Vererbung der gesuchten Krankheit über den Vater. Wenn alle Töchter erkranken, alle Söhne aber gesund sind, spricht dies zunächst für eine **X-chromosomal** definierte Erkrankung. Ein Sohn erbt vom Vater immer das Y-Chromosom, kann daher nicht betroffen sein; jede Tochter erhält das kranke X-Chromosom. Wenn dieses eine X-Chromosom für die Krankheitsausprägung ausreicht (*alle Töchter eines kranken Vaters sind ebenfalls erkrankt!*), muss das betreffende Merkmal außerdem **dominant** sein, da ansonsten das zweite, gesunde X-Chromosom der Mutter den Defekt kompensieren würde. Von der Mutter werden X-Chromosomen auf alle Kinder, unabhängig vom Geschlecht vererbt. Da die Mutter von ihren zwei X-Chromosomen jedes einzelne statistisch an 50 % ihrer Kinder vererbt, tritt die Krankheit auch bei 50 % der Nachkommen auf. Somit liegt eindeutig ein X-chromosomal dominanter Erbgang vor.

Zu **(B)**: Bei X-chromosomal rezessivem Erbgang würde das betreffende Gen vom Vater zwar an alle Töchter vererbt – die Erkrankung würde aber klinisch aufgrund der Kompensation durch ein gesundes X der Mutter nicht auftreten.

Zu **(C)–(E)**: Bei diesen Erbgängen wäre die geschlechtsabhängige Vererbung der Erkrankung, wie sie für den väterlichen Erbgang beschrieben ist, nicht erklärlich.

→ **Frage 2.109:** Lösung E

Der kranke Vater hat das X-chromosomale, krankheitsverursachende Allel (X′Y), das dominant vererbt wird. Bei einer gesunden Mutter (XX) sind daher alle Söhne gesund (XY) und alle Töchter krank (X′X). Antwort (E) ist die einzig richtige.

F03 ■
→ **Frage 2.110:** Lösung C

Bei einer X-chromosomal-dominanten Erkrankung kann bei der im Fragentext beschriebenen, gesunden Mutter das Vorhandensein des defekten Allels ausgeschlossen werden.
Zu **(C)**, **(D)** und **(E)**: Da jede Tochter mit 100 %iger Sicherheit das defekte X-Chromosom vom Vater erben wird (sonst wäre sie nicht Tochter), werden alle Töchter erkranken – (C) ist richtig.
Zu **(A)** und **(B)**: Ein Vater vererbt an einen Sohn immer sein (gesundes) Y-Chromosom. Da die Mutter zwei gesunde X-Chromosomen hat, werden alle Söhne aus dieser Verbindung gesund sein.

■ ■
→ **Frage 2.111:** Lösung C

Bei X-chromosomal-dominanter Vererbung reicht ein krankes X′, um die Erkrankung auszulösen. Männer mit dem kranken X′ sind daher immer krank, genau wie heterozygote Frauen X′X (homozygote Frauen X′X′ natürlich auch).
Zu **(C)**: Ein gesunder Mann kann nach dem oben Gesagten kein „krankes" X′ haben und es daher auch nicht übertragen.
Zu **(A)**: Wenn das krankheitsauslösende Allel X′ bei männlichen Feten als Letalfaktor wirkt, ist die Rate an Fehlgeburten natürlich bei erkrankten Frauen erhöht. Gesunde Frauen haben ja zwei „gesunde" X-Chromosomen und daher kein Risiko für einen kranken männlichen Feten.
Zu **(B)** und **(E)**: Wenn männliche Feten aufgrund des X-chromosomalen Letalfaktors bereits in utero absterben, tritt die Krankheit natürlich nur bei Frauen auf, was das Geschlechterverhältnis der lebenden Kinder in Richtung weiblich verschiebt.
Zu **(D)**: Eine (heterozygot) erkrankte Frau trägt den Genotyp X′X. Statistisch erhalten daher 50 % ihrer Töchter das gesunde, 50 % das kranke X-Chromosom.

H91 ■
→ **Frage 2.112:** Lösung C

Die genannten zwei Brüder leiden an der X-chromosomal vererbten Krankheit. Sie müssen das „kranke" X von der Mutter geerbt haben, da sie vom Vater ja das Y haben, daher ist die Mutter zwangsläufig heterozygote Trägerin des kranken Allels. Sie selber ist gesund, da das zweite „gesunde" X den Defekt kompensiert, kann aber das kranke Allel an ihre Nachkommen weitergeben; sie ist also sog. **Konduktorin**.

Ihre Tochter ist phänotypisch gesund, hat aber mit einer Wahrscheinlichkeit von 50 % das krankheitsverursachende X' in heterozygoter Anlage. Für die Übertragung auf ihre Tochter ist das Risiko erneut 50 %. Insgesamt hat also die Nichte eine Wahrscheinlichkeit von 50 % von 50 % =25 %, heterozygote Konduktorin des kranken Allels ihrer Großmutter zu sein.

H92
→ Frage 2.113: Lösung C

Der Vater der phänotypisch gesunden Frau ist gesund. Bei X-chromosomal vererbter Erkrankung bedeutet dies, dass er auch genotypisch gesund ist (XY). Der Bruder der Frau ist erkrankt, d. h. er hat von seiner Mutter das krankheitsauslösende X' erhalten. Somit besteht für die Frau selbst ein Risiko von **50 %**, das kranke X-Chromosom der Mutter geerbt zu haben.

F90 ■■
→ Frage 2.114: Lösung D

Beide genannten Brüder tragen das krankheitsauslösende Allel auf ihrem X-Chromosom. Bei homozygot gesunden Frauen ist der Sohn des einen somit auf jeden Fall gesund. Die Tochter des anderen Bruders ist auf jeden Fall Konduktorin. Diese gibt das defekte X-Chromosom mit 50-%iger Wahrscheinlichkeit an alle ihre Kinder weiter. Sind es **Mädchen**, so werden diese phänotypisch gesund sein, da sie ein zweites X zum Kompensieren des Defekts besitzen (0 % Erkrankungsrisiko). Bei **Jungen** führt das in 50 % vorhandene defekte X-Chromosom immer zur Erkrankung, da ein zweites X fehlt (**50 %** Erkrankungsrisiko).

Klinischer Bezug
Die Hämophilie A ist die X-chromosomal-rezessiv vererbte Bluterkrankheit, bei der der Gerinnungsfaktor VIII aufgrund des Gendefekts vermindert ist oder ganz fehlt. Die Patienten leiden besonders an chronischen Einblutungen in die Gelenke, die durch rezidivierende Mikrotraumen entstehen. Die Erkrankung wurde berühmt durch ihr Vorkommen in der russischen Zarenfamilie.

F02 ■
→ Frage 2.115: Lösung A

Diese scheinbar schwierige Aufgabe ist bei genauerem Hinsehen ganz einfach zu lösen. Da es sich um einen X-chromosomal-rezessiven Erbgang handelt, kann das defekte Allel immer nur von der Mutter auf einen Sohn vererbt werden (denn als Sohn bekommt er vom Vater ja das Y-Chromosom). Da aber über die Mutter II.2 des in der Frage erwähnten Sohnes III keine Angaben gemacht werden, ist über das Vorhandensein eines defekten Allels nichts ausgesagt. Sie ist auf keinen Fall homozygot für das defekte Gen (sonst wäre sie phänotypisch krank). Das Risiko, dass sie als Überträgerin des mutierten Allels fungiert und es somit auf ihren Sohn übertragen könnte, ist also nicht statistisch erhöht; Antwort (A) ist die einzig richtige Lösung.

H88 ■■
→ Frage 2.116: Lösung E

Der Vater der Person III 1 ist gesund, d. h. er hat von seiner Mutter das intakte X-Chromosom geerbt (seine erkrankten Brüder haben das defekte X erhalten). Für III 1 und deren Kinder besteht somit kein gegenüber der Normalbevölkerung erhöhtes Risiko, eine homozygot gesunde Mutter vorausgesetzt.

Klinischer Bezug
Die infantile Form der progressiven Muskeldystrophie vom Typ Duchenne führt zum Zerfall der Skelettmuskulatur durch eine erbliche Stoffwechselstörung. Man unterscheidet den meist recht gutartig verlaufenden „Schultergürteltyp" des Jugendlichen von der „Beckengürtelform" des Kleinkindes, die meist im 2. Lebensjahr beginnt und rasch vom Becken-Bein-Bereich nach kranial fortschreitet.

→ Frage 2.117: Lösung E

Zu (1): Im Falle eines X-chromosomal-rezessiven Erbganges hätte der männliche Proband das krankheitsauslösende X-Chromosom von seiner heterozygoten, phänotypisch gesunden Mutter geerbt, die somit als Konduktorin auftreten würde.
Zu (2) und (4): Eine erstmalig auftretende Erbkrankheit kann durch die Neukombination von Genen im Sinne einer multifaktoriellen Pathogenese (d. h. mehrere Gene gemeinsam wirken krankheitsauslösend), wie auch durch eine Neumutation erklärt werden.
Zu (3): Bei einem autosomal rezessiven Leiden wäre der Proband homozygot für das krankheitsauslösende Allel. Seine Eltern, die beide phänotypisch gesund sind, trügen dann je ein defektes Allel.

H05
→ Frage 2.118: Lösung E

Zu (E): Die Verdauung definierter DNA-Abschnitte mit einem zu untersuchenden Gen mittels hochspezifischer, Nukleinsäure-spaltender Enzyme (Restriktionsenzyme) führt zu einem Gemisch von

DNA-Fragmenten definierter Längen. Trennt man diese Fragmente z. B. mittels Elektrophorese auf, erhält man ein charakteristisches Muster, das bei Mutation des betreffenden Gens eine atypische Bande enthält. Dieses Phänomen wird als Restriktionsfragment-Längenpolymorphismus (RFLP) bezeichnet.

Im gezeigten Stammbaum einer X-chromosomal-rezessiv vererbten Erkrankung sind alle Männer klinisch krank, d. h. sie alle besitzen ein krankes X-Chromosom von der Mutter (und ein gesundes Y vom Vater). Da die Mutter selbst aber gesund ist, muss sie bzgl. des defekten Gens heterozygot sein. Die in der Frage genannte Tochter ist ebenfalls klinisch gesund, hat also vom Vater ein gesundes X-Chromosom. Die Frage, ob sie von der Mutter das kranke oder das gesunde X geerbt hat, lässt sich anhand der angegebenen Elektrophoresebanden klären. Es ist problemlos erkennbar, dass alle kranken (männlichen) Familienmitglieder nur eine Bande bei 6 kb (Kilobasen = 1000 Nukleotide) besitzen – d. h. das defekte Allel auf dem X-Chromosom ist 6 kb lang. Der gesunde Vater des Mädchens, der auf jeden Fall ein gesundes X-Chromosom besitzt – sonst wäre er nicht gesund! – zeigt nur eine Bande bei 3,5 kb. Die betroffene Tochter besitzt jedoch das gleiche Bandenmuster mit 6 und 3,5 kb wie ihre klinisch gesunde Mutter, die nach dem oben Gesagten heterozygot für das krankmachende Gen ist. Somit beträgt die Wahrscheinlichkeit einer ebenfalls heterozygoten Anlage für sie 100 %.

H01
→ **Frage 2.119:** Lösung A

Zu (A): Bei der Frau wird eines der beiden X-Chromosomen genetisch inaktiviert (**Lyon-Hypothese**), sodass auch ein rezessiv vererbtes Allel zur Ausprägung im Phänotyp kommen kann. Es ist jedoch in der Tat dem Zufall überlassen, welches der beiden X-Chromosomen inaktiviert wird. Der geschilderte Fall ist durch diese Tatsache somit erklärbar.
Zu (B): Was das IMPP mit „genetischem Background" meint, wird wohl ein Geheimnis bleiben.
Zu (C): Die **Penetranz** bezeichnet die unterschiedliche Häufigkeit einer Merkmalsausprägung.
Zu (D): Die unterschiedliche **Expressivität** eines Merkmals bedeutet eine graduelle Abstufung der Merkmalsausprägung von klinisch unauffällig bis zu schwersten Beeinträchtigungen. Bei unterschiedlicher Merkmalsausprägung zwischen genetisch identischen Organismen (eineiigen Zwillingen) ist mit diesem Phänomen jedoch nicht zu rechnen.
Zu (E): Auf eine X-chromosomal determinierte Erkrankung sollten somatische Mutationen keinen Einfluss haben.

F96
→ **Frage 2.120:** Lösung A

Farbuntüchtigkeiten im Rot-Grün-Bereich werden X-chromosomal-rezessiv vererbt. Mit diesem Wissen und der Information, dass Vater und Mutter normalsichtig sind, lassen sich die betreffenden Allele bei den Eltern lokalisieren. Der normalsichtige Vater hat ein gesundes X-Chromosom. Die Mutter hat ein gesundes und ein defektes Allel auf ihren zwei X-Chromosomen. Da das gesunde das kranke Allel kompensiert, ist sie selber normalsichtig, kann aber die Erkrankung an ihre Kinder weitergeben (**Konduktorin**).
Zu (A): Alle Gene für farbtüchtiges Sehen liegen auf dem X-Chromosom.
Zu (B): Siehe einleitender Text.
Zu (C): Die Tochter hat ein gesundes X-Chromosom vom Vater erhalten und ist daher normalsichtig. Da sie mit 50 %iger Wahrscheinlichkeit das kranke oder das gesunde X von der Mutter geerbt hat, liegt ihr Risiko, selber Überträgerin des defekten Allels zu sein, ebenfalls bei 50 %.
Zu (D): Jeder Sohn hat eine Chance von 50 %, das gesunde oder das defekte X-Chromosom von der Mutter zu erhalten. Da er nur ein X-Chromosom besitzt, hängt von diesem auch die Erkrankungswahrscheinlichkeit (eben 50 %) ab.
Zu (E): Jede Tochter erhält vom Vater ein gesundes X-Chromosom und ist damit zu 100 % normalsichtig. Zur Frage des Überträgerstatus siehe Kommentar zu (C).

H90
→ **Frage 2.121:** Lösung A

Deuteranopie (Grünblindheit), Protanopie (Rotblindheit) und die kombinierte Rot-Grün-Blindheit werden alle X-chromosomal-rezessiv vererbt.
Zu (A): Die in der Einleitung der Frage genannte Frau ist homozygot (XX) für das Protanopie-Allel. Ihre **Söhne** erhalten von ihr in jedem Fall ein defektes X-Chromosom und sind **protanop**, da kein intaktes X zur Kompensation zur Verfügung steht. Die Töchter erhalten vom Vater ein X-Chromosom, das das Allel für Deuteranopie trägt. Somit gleichen sich die beiden defekten Allele (eines für Rotblindheit von der Mutter und eines für Grünblindheit vom Vater) gegenseitig aus. Die **Töchter** haben daher ein **normales Farbsehvermögen**.
Zu (B): Das Deuteranopie-Allel auf dem väterlichen X wird durch das mütterliche X kompensiert.
Zu (C): Da die Söhne ein defektes X-Chromosom der homozygoten Mutter erben, sind alle protanop.
Zu (E): Die Töchter erhalten alle ein Deuteranopie-Allel vom Vater sowie ein Protanopie-Allel von der Mutter. Da es sich aber um verschiedene Genorte auf den X-Chromosomen handelt, gleichen sich

die jeweils intakten Allele der zwei X-Chromosomen aus, sodass alle Töchter ein normales Farbsehvermögen zeigen.

F91
→ **Frage 2.122:** Lösung B

Zu (B): Die Söhne des genannten Paares erhalten zu 50 % das intakte, zu 50 % das defekte X-Chromosom der Mutter (und ein gesundes Y vom Vater). Somit ist die eine Hälfte gesund, die andere Hälfte krank, da kein gesundes X zur Kompensation zu Verfügung steht.
Die Töchter erhalten alle das defekte X vom Vater. Da sie aber auch zu je 50 % das defekte und das intakte Allel der Mutter erben, sind 50 % homozygot krank und 50 % heterozygot gesund (aber Konduktorinnen).

H03 ■
→ **Frage 2.123:** Lösung B

Die Protanopie wird rezessiv durch ein geschädigtes Gen auf dem X-Chromosom vererbt. Daher kommt die Erkrankung in heterozygoter Anlage nur bei Männern zum Ausdruck. Mit diesem Wissen, das durch den Fragentext vermittelt wird, ist die Frage leicht zu lösen:
Die Eltern des betreffenden Mannes sind „normalsichtig". Daher muss der Vater ein gesundes X-Chromosom besitzen (sonst wäre er auch rotblind). Der betroffene Mann kann sein mutiertes X also nur von der Mutter haben, die somit klinisch gesunde, heterozygote Merkmalsträgerin ist (Genotyp *X*$_{krank}$ X$_{gesund}$). Mit dieser Überlegung fallen die Antwortmöglichkeiten der väterlichen Großeltern ((C) bis (E)) schon einmal weg.
Für die Entscheidung zwischen Antwort (A) und (B) muss man sich daran erinnern, dass die Protanopie bei einer Frau nur dann klinisch in Erscheinung tritt, wenn sie homozygot, d. h. auf beiden X-Chromosomen vorliegt. Eher wahrscheinlich (und genau das war gefragt) ist, dass der Vater der Mutter (B) als heterozygoter Merkmalsträger auch klinisch betroffen gewesen ist.
Der Stammbaum sieht wie folgt aus (X = gesund, *X* = krank):

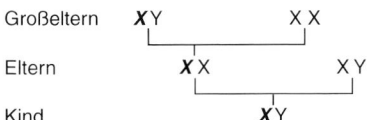

H93 ■
→ **Frage 2.124:** Lösung A

Der Vater von II,1, ist protanop, d. h. der Defekt liegt auf seinem X-Chromosom. Seine Tochter wird somit das „kranke" Allel **mit 100 %iger Sicherheit** erhalten. Da sie selber farbtüchtig ist, ist ihr zweites X-Chromosom von der Mutter I2 intakt. Sie ist jedoch in jedem Fall heterozygote Konduktorin, wie ihre Mutter auch.

F94 ■
→ **Frage 2.125:** Lösung C

Protanopie wird X-chromosomal-rezessiv vererbt. Der erkrankte Sohn II2 aus 1. Ehe hat ein defektes Allel mit dem mütterlichen X-Chromosom erhalten. Da seine Mutter I2 jedoch farbtüchtig ist, liegt bei ihr der Status einer heterozygoten Konduktorin vor. Somit hat die Tochter II2 eine **50 %ige Wahrscheinlichkeit**, das defekte X der Mutter zu erben, das dann mit dem in jedem Fall defekten X des kranken Vaters zur homozygoten Ausprägung der Protanopie führen würde.

F00 ■
→ **Frage 2.126:** Lösung E

Im Unterschied zur vorhergehenden Frage ist hier mit der Rotblindheit nach einem X-chromosomal-rezessiven Erbgang gefragt. Daher sind alle Männer (XY) mit dem defekten Gen krank. Gleiches gilt für homozygote Frauen, heterozygote Frauen fungieren als Überträger. Man kommt am besten zur Lösung, indem man sich die entsprechenden Genotypen zum abgebildeten Stammbaum notiert:

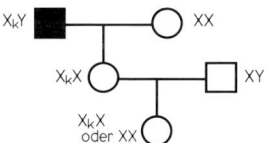

Die Frau I2 des erkrankten Mannes (X$_k$Y) ist homozygot gesund (XX); somit ist ihre Tochter II1 heterozygot für das defekte Gen (X$_k$X), da sie ja auf jeden Fall das kranke X$_k$ vom Vater geerbt hat. Ihr Mann ist gesund, daher muss sein X-Chromosom das intakte Allel beinhalten (XY). Die gefragte Enkelin III1 bekommt somit ein gesundes X von ihrem Vater; von der Mutter kann sie das gesunde X oder das defekte X$_k$ erhalten.
Achtung: Gefragt ist die Wahrscheinlichkeit für Person III1, krank (protanop) und damit homozygot zu sein. Die Wahrscheinlichkeit ist natürlich = 0, da eine homozygote Anlage bei gesundem Vater nicht möglich ist.

2.3.6 Imprinting

Zu diesem Kapitel wurden bisher keine Fragen gestellt.

2 Genetik

2.3.7 Mitochondriale Vererbung

F02

→ Frage 2.127: Lösung A

Zu (A): Bei der Bildung der Zygote bringt das Spermium lediglich seinen Zellkern in die Eizelle ein. Alle anderen Organellen des im weiteren Verlaufe entstehenden Keimes stammen somit aus der mütterlichen Eizelle. Da die Mitochondrien eine eigene DNA besitzen, kann eine hier lokalisierte Mutation nur von der Mutter vererbt werden, allerdings auf Töchter und Söhne gleichermaßen.
Zu (B) und (C): Bei autosomal determinierten Erkrankungen ist die Vererbung unabhängig von Vater- oder Mutterseite.
Zu (D): Bei X-chromosomaler Vererbung wird ein Vater das defekte Gen immer an seine Tochter weitergeben, da er nur ein X-Chromosom besitzt.
Zu (E): **Hemizygotie** kennzeichnet die einfache Anlage der geschlechtschromosomalen Gene beim Mann, da er über ein X- und ein Y-Chromosom verfügt, auf denen unterschiedliche Merkmale lokalisiert sind. Im Vergleich zu den Körperchromosomen liegt hier also keine Homologie vor. Diese Tatsache hat aber nichts mit der Fragestellung zu tun.

F90

→ Frage 2.128: Lösung E

Zu (E): Defekte der mitochondrialen DNA können nur von der Mutter weitergegeben werden, da bei der Bildung der Zygote lediglich der Kern des Spermiums in die Eizelle aufgenommen wird. Sämtliche Mitochondrien der Zygote stammen also aus der Eizelle. Dabei ist das Geschlecht des Kindes für die Krankheitsausprägung unerheblich.
Zu (A) und (B): Da mitochondriale DNA lediglich in einer Kopie vorliegt, sind die Begriffe dominant und rezessiv in diesem Zusammenhang sinnlos.

2.4 Gonosomen, Geschlechtsbestimmung und -differenzierung

2.4.1 X, Y-Chromosom und pseudoautosomale Region

→ Frage 2.129: Lösung D

Das X-Chromosom enthält, ähnlich den Autosomen, eine Vielzahl von Genen, denen aber im männlichen Karyotyp XY die homologen Allele fehlen. Daher kommen X-chromosomal-rezessiv determinierte Krankheiten (Rot-Grün-Blindheit, Hämophilie u. a.) beim Mann immer zur Ausprägung während sie bei einer heterozygoten Frau durch das intakte X kompensiert werden können. Auf dem X-Chromosom kommen darüber hinaus auch wenige dominant vererbte Allele vor.
Auf dem kleineren Y-Chromosom sind bislang nur 4 Gene identifiziert, die im Rahmen der männlichen Differenzierung des Embryos und in der Spermatogenese steuernd eingreifen.

2.4.2 X-Inaktivierung

> **II.9 Barr-Körperchen**
>
> Nach der sog. **Lyon-Hypothese** können die Genprodukte nur eines X-Chromosoms in der weiblichen Zelle einen ausreichenden Stoffwechsel gewährleisten. Daher kommt es bereits Ende der zweiten/Anfang der dritten Woche der Embryonalentwicklung zur starken Kondensation und damit zur genetischen Inaktivierung des zweiten X-Chromosoms. Bereits lichtmikroskopisch kann man das sog. **Barr-Körperchen** oder **Sex-Chromatin** als dunklen, der Kernmembran anliegenden Fleck identifizieren.
> Die maximale Anzahl an Barr-Körperchen in einer Zelle entspricht der **Anzahl ihrer X-Chromosomen – 1**.
>
> **Klinischer Bezug**
>
> Das lichtmikroskopisch sichtbare Barr-Körperchen wird zur zellkernmorphologischen Geschlechtsbestimmung verwendet. Bei mindestens 50 ausgewerteten Körperzellen aus verschiedenen Schleimhäuten (Mund, Nase, Vagina), Haarwurzelzellen oder Amnionzellen weisen Barr-Körperchen in 60–70 % den weiblichen Genotyp nach.

H90 ■

→ Frage 2.130: Lösung B

Zu (B): Kommt es im Rahmen einer Chromosomen-Fehlverteilung zur Non-disjunction eines X-Chromosoms, so kann daraus ein männlicher Organismus mit dem Genotyp **XXY** (Klinefelter-Syndrom) resultieren. In diesem Fall liegt auch ein X-Chromosom als Barr-Körperchen vor.
Zu (A) und (C): Siehe Lerntext II.9 „Barr-Körperchen".
Zu (D): Der Begriff der „kompensierten Gendosis" bezeichnet die Tatsache, dass durch die genetische Inaktivierung des einen X-Chromosoms bei der

Frau in beiden Geschlechtern die gleiche „Dosis" X-chromosomaler Genprodukte vorhanden ist.
Zu (E): Im weiblichen Organismus stammt ein X-Chromosom von der Mutter und eines vom Vater. Welches der beiden in Form des Barr-Körperchens inaktiviert wird ist dem Zufall überlassen.

→ Frage 2.131: Lösung E

Zu (E): Die Festlegung des Geschlechtes eines Embryos wird allein durch das Y-Chromosom gewährleistet. Ist es vorhanden, entwickelt sich das Kind zum Jungen, fehlt es, zum Mädchen.
Zu (A): Hemizygotie bezeichnet das einfache Vorliegen der X- und Y-chromosomalen Gene beim Mann. Der Nachweis eines Barr-Körperchens spricht jedoch für ein weibliches Geschlecht und somit in der Regel für ein Fehlen der Y-chromosomalen Gene (Ausnahme: Klinefelter-Syndrom XXY).

H89
→ Frage 2.132: Lösung C

Die maximale Anzahl der Barr-Körperchen beträgt: Anzahl der X-Chromosomen – 1.
Zu (C): Der seltene Karyotyp **XXX** ist durch das Vorhandensein von **zwei Barr-Körperchen** gekennzeichnet, da den Zellen nach der Lyon-Hypothese ein aktives X-Chromosom ausreicht.
Zu (A), (B), (D) und (E): Alle Karyotypen enthalten zwei X-Chromosomen und damit maximal ein Barr-Körperchen.

F91 ■
→ Frage 2.133: Lösung A

Zu (A) und (B): Die Bildung des Barr-Körperchens erfolgt erst zum Zeitpunkt der beendeten Implantation Ende der zweiten/Anfang der dritten Embryonalwoche. Die erste Furchung der Zygote findet schon etwa 30 Stunden nach der Befruchtung statt.
Zu (C): Bei Anwendung einer Kernfärbung tritt das inaktive X-Chromosom als Barr-Körperchen in Form eines schwarzen Flecks an der Kernmembran hervor.
Zu (D): Im weiblichen Organismus stammt ein X-Chromosom von der Mutter und eines vom Vater. Welches der beiden in Form eines Barr-Körperchens inaktiviert wird, ist dem Zufall überlassen.
Zu (E): Beschrieben ist der Gedanke, der zum Begriff der „kompensierten Gendosis" führt. Durch die Inaktivierung eines X-Chromosoms bei der Frau kommt es zur gleichen „Dosis" X-chromosomaler Genprodukte bei beiden Geschlechtern.

2.5 Mutationen

2.5.1 Genmutationen

II.10 Mutationen

Mutationen sind vererbbare Veränderungen der DNA. Sie können ohne äußere Einflüsse und erkennbare Ursachen auftreten. Diese sog. **Spontanmutationen** treten in verschiedenen Genen unterschiedlich auf (bei Menschen mit einer mittleren Häufigkeit von 10^{-4} bis 10^{-6}). Mutationen können jedoch auch **induziert** werden. Verschiedene Einflüsse physikalischer (vor allem ionisierende Strahlung) oder chemischer (Zytostatika, Pflanzenschutzmittel, Benzol usw.) Natur sind für ihre mutagenen Eigenschaften bekannt und erhöhen die Wahrscheinlichkeit einer möglichen Genom-Veränderung um ein Vielfaches.
Je nach Art der Abweichung vom Normalzustand unterscheidet man:

1. Genom-Mutationen
Die Gesamtzahl der Gene wird verändert. Es kann sich bei der Veränderung um ein einzelnes Chromosom handeln (Trisomie/Monosomie), es kann jedoch auch das gesamte Genom vervielfacht werden (tetraploider Chromosomensatz, Polyploidie).
Viele Mutationen dieser Art führen zum frühen Absterben des Keimes im Mutterleib.

2. Chromosomenmutationen
Hier ist die Struktur eines Chromosoms und damit die Reihenfolge und Anordnung der Gene verändert. Beispiele hierfür sind der Verlust eines Chromosomenteils (Deletion) oder ein umgedrehter Chromosomenabschnitt (Inversion).

3. Genmutation
Veränderungen auf molekularer Ebene können ein Gen in unterschiedlicher Weise (zer)stören. Kurze DNA-Abschnitte, im Extremfall ein einziges Nukleotid (**Punktmutation**), sind verändert, fehlen völlig oder sind zusätzlich vorhanden.
Neben der Neukombination der Gene bei der Meiose sind Mutationen **die Grundlage einer genetischen Vielfalt der Organismen**. Jede Mutation ist zunächst **ungerichtet**, d. h. sie tritt zufällig und „planlos" an einer beliebigen Stelle des Genoms auf. Entsteht durch sie kein unmittelbarer Nachteil (z. B. Letalfaktor), so kann sich die Mutation von Organismen verbesserter Anpassung im Rahmen der **Selektion** durchsetzen und verbleibt im Gen-Pool der Population. Nachteilige Mutationen werden auf diese Weise durch den Selektionsnachteil ihres Trägers wieder beseitigt.

Frage 2.134: Lösung B

Zu (1) und (3): Siehe Lerntext II.10 „Mutationen".
Zu (2): Genom- und Chromosomen-Mutationen sind im Lichtmikroskop erkennbar. Genmutationen spielen sich auf DNA-Ebene ab und sind mikroskopisch (auch elektronenmikroskopisch!) nicht erkennbar.

Frage 2.135: Lösung D

Zu (D): Spontanmutationen treten mit einer mittleren Wahrscheinlichkeit von 10^{-4} bis 10^{-6} auf.
Zu (A) und (C): Mutationen sind ungerichtet und daher in ihren Auswirkungen nicht vorhersehbar.
Zu (E): Mutationen treten in Keimzellen und in somatischen Zellen auf. Vererbt werden natürlich nur Mutationen in Keimzellen, die den Mendel'schen Regeln folgen, sofern sie auf den Autosomen lokalisiert sind.

2.5.2 Folge von Genmutationen

H96

Frage 2.136: Lösung C

Jede Aminosäure eines Proteins wird durch eine Einheit von drei Basenpaaren, das sog. **Triplett**, codiert. Fällt eine dieser drei Basen aus, so verschiebt sich das Leseraster stromabwärts **(frame-shift)**, was zu tief greifenden Änderungen und Störungen bei der Synthese des Genproduktes führt.
Man möge sich diesen Effekt an folgendem Satz verdeutlichen:
ACH WIE GUT MIR DAS BAD TUT. Bei der Deletion der neunten Base wird daraus:
ACH WIE GUM IRD ASB ADT UT.
Zu (C): Der Austausch einer einzigen Aminosäure kann auftreten, wenn eine Base mit einer anderen vertauscht wird. Dies kann je nach Lokalisation und Funktion der betroffenen Aminosäure im Protein sehr unterschiedliche Auswirkungen haben und bleibt im besten Fall ohne Folgen. Auf jeden Fall aber kommt es zu keiner Verschiebung des Leserasters.
Zu (A): Da die Introns beim Splicing der primären mRNA entfernt werden, hat eine Deletion an dieser Stelle keine Auswirkung auf die nachfolgende Proteinbiosynthese.
Zu (B): Eine Leserasterverschiebung führt zum Einbau falscher Aminosäuren vom Ort der Deletion an stromabwärts. Dies hat natürlich große Konsequenzen für die Struktur des Proteins.
Zu (D): Die drei Basen-Tripletts UAA, UAG und UGA (auf der mRNA) haben keine Entsprechung in komplementären tRNA-Tripletts. Man nennt diese Tripletts auch **Stop-Codons**, da sie in Ermangelung eines Bindungspartners zum Abbruch der Proteinsynthese führen. Entsteht durch eine Deletion ein derartiges Codon, so kommt es zum verfrühten Synthese-Stop und damit zu einer verkürzten Polypeptidkette.
Zu (E): Liegt die Deletion am Beginn eines Gens, so kann die Mutation dazu führen, dass die Proteinsynthese gar nicht startet und daher das Genprodukt nicht gebildet wird.

H99

Frage 2.137: Lösung A

Eine auf den ersten Blick sehr schwierige Frage. Durch logisches Überlegen und durch genaue Beachtung der Wortwahl des IMPP kommt man aber trotzdem zur richtigen Lösung.
Zu (A): Ein **Promotor** ist eine Signalsequenz, die als Erkennungsmerkmal für die Anheftung der **DNA-abhängigen RNA-Polymerase** fungiert. Dieses Enzym bildet das erste RNA-Transkript der Kern-DNA. Daher ist hier die erste mögliche Stufe einer Promotor-Mutation. Alle weiteren Stufen der abgebildeten „Kaskade" sind nur weitere mögliche Manifestationsorte – gefragt war jedoch nach dem ersten!
Zu (B): Der Begriff der heterogenen nukleären RNA (hnRNA) hat außerhalb des Mainzer Fragenkataloges eine nicht so große Bedeutung. Die hnRNA (siehe Abb. 2.2) ist der Vorläufer der reifen mRNA und wird durch den bereits gebildeten Poly-A-Schwanz am 3'-OH-Ende (fehlt in der Abbildung) sowie durch die Bildung einer schleifenhaltigen Sekundärstruktur mit angelagerten Proteinen vor dem enzymatischen Abbau geschützt.
Zu (C): Dargestellt ist die Translation als Umsetzung der Basensequenz der reifen mRNA in das entsprechende Protein.
Zu (D): Viele Proteine werden von der Zelle in einer noch unreifen Form synthetisiert und erst danach enzymatisch verändert („prozessiert"). Ein bekanntes Beispiel ist das von Bindegewebszellen gebildete und in den Extrazellulärraum sezernierte Prokollagen, welches erst sekundär durch Protolyse zum reifen Kollagen-Monomer umgebaut wird.
Zu (E): Dieser letzte Schritt ist typisch für viele Enzyme, die in inaktivierter Form als Zymogene (Proenzyme) gebildet und von der Drüse abgegeben werden. Erst durch eine enzymatische Modifikation, z. B. Phosphorylierung, entstehen die katalytisch aktiven Enzyme.

F00

Frage 2.138: Lösung C

Zu (C): Ein Stop-Codon auf der mRNA markiert den Endpunkt der **Translation** eines Proteins. Die Ent-

stehung eines vorzeitigen Stop-Codons manifestiert sich daher zuerst bei der Übersetzung der mRNA-Basensequenz ins primär synthetisierte Protein.
Zu (A): Die Synthese der heterogenen nukleären (hn)RNA anhand der primären DNA-Basensequenz wird als **Transkription** bezeichnet. Stop-Codons spielen in diesem Prozess keine Rolle.
Zu (B): Auch bei der Bildung der reifen mRNA aus ihrem Vorläufer hnRNA sind Stop-Codons nicht beteiligt.
Zu (D) und (E): Bei weiteren Umbauprozessen eines Proteins ist ein Stop-Codon nicht mehr notwendig.

F00
→ **Frage 2.139:** Lösung E

Gefragt ist nach den vielfältigen Auswirkungen von **Genmutationen.**
Zu (1): Liegt die Mutation in einem Bereich des Gens, der für den Beginn der Transkription wichtig ist, so wird unter Umständen die Genexpression verhindert. Aus dem ursprünglichen Gen ist ein funktionsloses Pseudogen geworden.
Zu (2): Der genetische Code ist degeneriert – d. h. mehrere Basentripletts codieren für dieselbe Aminosäure. Daher kann auch eine geringgradig veränderte DNA-Sequenz als sog. **stille Mutation** ohne Auswirkungen auf das entsprechende Protein und seine Wirkung sein. Darüber hinaus hat selbst eine veränderte Aminosäure, wenn sie an einer für die Funktion unwichtigen Stelle eines Proteins liegt, nicht unbedingt eine störende Wirkung.
Zu (3): Auch diese Variante einer geänderten – meistens abgeschwächten – Proteinfunktion durch eine modifizierte Aminosäurensequenz ist natürlich möglich.
Zu (4): Bei der mutationsbedingten Entstehung eines Terminationscodons kommt es zum vorzeitigen Abbruch der Genexpression und damit zum Verlust des gesamten Proteins.
Zu (5): Wird der Dreier-Rhythmus der Basentripletts durch Ausfall (Deletion) oder Einfügen (Insertion) einer Base gestört, so verschiebt sich das gesamte Leseraster. Damit wird die „stromabwärts" liegende Aminosäureabfolge komplett verändert. Diese sog. **Frame-shift- Mutationen** gehören zu denjenigen mit den schwersten Folgen für die Genexpression.

F89
→ **Frage 2.140:** Lösung C

Zu (2): Lysosomale Speicherkrankheiten sind in der Tat Folge von Enzymdefekten, die zur Anhäufung von Stoffwechselprodukten in den Lysosomen führen.
Ein Beispiel dafür ist die große Gruppe der **Mukopolysaccharidosen** (lysosomaler Abbau saurer Mukopolysaccharide ist behindert → Veränderungen an Skelett, Haut, inneren Organen, Nervensystem und Endokard).
Zu (4): Da der Abbau zelleigenen Materials auch zu den Aufgaben von Lysosomen gehört, kann diese Funktion ebenfalls eingeschränkt sein.
Zu (1): Auch ein funktionsloses Protein wird in diesem Fall völlig normal synthestisiert.
Zu (3): Die Bildung der primären Lysosomen am Golgi-Apparat wird nicht beeinflusst.

H00
→ **Frage 2.141:** Lösung B

Zu (B): Die Mutation eines membranständigen Chlorid-Kanals ist Ursache der autosomal-rezessiv vererbten **Mukoviszidose**. Die Sekretzusammensetzung verschiedenster exokriner Drüsen, vor allem des Pankreas und der Bronchialschleimhaut ist hochgradig gestört. Das abnorm zähflüssige Sekret führt zur Verstopfung der Drüsenausführungsgänge und langfristig zum Funktionsverlust der betroffenen Drüsen.
Zu (A), (C), (D) und (E): Alle genannten Erbkrankheiten beruhen auf mutationsbedingten Defekten verschiedener Funktionsproteine, die aber alle mit der Zellmembran nichts zu tun haben.
Die **Hämophilie A** ist definiert als Defekt des Gerinnungsfaktors VIII mit herabgesetzter oder vollständig aufgehobener Aktivität und konsekutiv erhöhter Blutungsneigung. Bei der **Muskeldystrophie Typ Duchenne** sind muskuläre Enzymdefekte die Ursache eines progressiven, chronischen Muskelschwunds. Patienten mit **Phenylketonurie** leiden unbehandelt an geistiger und körperlicher Retardierung sowie verschiedenen neurologischen Symptomen aufgrund der mangelnden Umsetzung von Phenylalanin zu Tyrosin (Defekt der Phenylalanin-4-Hydroxylase). Eine Phenylalanin-arme Diät führt zu einer weitgehend normalen Entwicklung. Bei der **Sichelzellanämie** liegt aufgrund einer Punktmutation in der β-Kette des Hämoglobins eine abnorme Aggregationstendenz der atypisch geformten Erythrozyten unter Sauerstoffmangel vor.

F05 F02 H99 ■
→ **Frage 2.142:** Lösung D

Zu (D): Die Mutation des Chlorid-Ionenkanals ist Ursache der autosomal-rezessiv vererbten **Mukoviszidose** (= zystische Fibrose). Es kommt dadurch zur Veränderung der Zusammensetzung von Sekreten diverser exokriner Drüsen, v. a. der Bronchialschleimhaut und des Pankreas. Der sezernierte Schleim ist sehr zähflüssig, führt zur Obstruktion der Drüsenausführungsgänge und schließlich zur exokrinen Insuffizienz. Die Diagnose wird über die Messung des Chloridgehaltes im Schweiß gestellt.

Zu (A): Einen Defekt des bindegewebigen Strukturproteins Kollagen findet man als erworbene Erkrankung im Rahmen von Vitamin-C-Hypovitaminosen (**Skorbut**) oder auch angeboren beim überaus seltenen **Ehlers-Danlos-Syndrom**.
Zu (B): Viele der typischen **Alterungsvorgänge** von Haut und inneren Organen sind auf eine verminderte Elastinbildung oder auch auf strukturelle Defekte dieses Bindegewebsproteins zurückzuführen. Eine angeborene Form als X-chromosomal-rezessiv vererbte Vernetzungsstörung des Elastins kommt bei einer Unterart (Typ V) des bereits genannten **Ehlers-Danlos-Syndroms** vor.
Zu (C): Fibronektin ist ein ubiquitär im Bindegewebe vorkommendes Strukturprotein, das durch Bindungsstellen für Kollagene, Fibrin oder Zellmembranen vielfältige Aufgaben bei der Zell-Zell- und Zell-Matrix-Interaktion erfüllt. Die Zellen diverser **Tumoren**, z. B. des Zervixkarzinoms, stellen die Synthese von Fibronektin ein, was zu einer deutlich erhöhten Zellmobilität im Rahmen des invasiven Tumorwachstums führt.
Zu (E): Die Na^+/K^+-ATPase ist als eine energieabhängige Ionenpumpe wichtiger Bestandteile biologischer Membranen und kann über die Aufrechterhaltung eines Konzentrationsgradienten von Na^+- und K^+-Ionen ein Transmembranpotenzial zwischen zwei Kompartimenten aufrechterhalten. Eine spezielle Erkrankung durch einen Defekt dieses Proteins ist mir nicht bekannt.

F05 H00 ■
→ **Frage 2.143:** Lösung B

Zu (B): Das **Klinefelter-Syndrom** mit männlicher Keimdrüsenunterfunktion (= primärer Hypogonadismus) ist bedingt durch eine gonosomale Trisomie mit dem Karyotyp 47,XXY.
Zu (A): Typisches Beispiel einer gonosomalen Monosomie ist das **Ullrich-Turner-Syndrom** mit dem Karyotyp 45,X0. Die Betroffenen sind phänotypisch weiblich bei Hypoplasie der inneren und äußeren Geschlechtsmerkmale und leiden an Kleinwuchs und Unterentwicklung.
Zu (C): Die Trisomie des Körperchromosoms 21 ist als **Down-Syndrom** allgemein bekannt.
Zu (D): Der Verlust des kurzen Arms am Körperchromosom Nr. 5 durch eine Deletion ist Ursache des seltenen **Katzenschrei-Syndroms**. Hier liegt also eine strukturelle, keine numerische Chromosomenaberration vor.
Zu (E): Die **Robertson´sche Translokation** beschreibt einen Stückaustausch zwischen zwei nicht-homologen Chromosomen mit endständigem Zentromer. Die beiden langen Chromosomenschenkel vereinigen sich dabei zum neuen Translokationschromosom.

2.5.3 Spontane und induzierte Genmutationen

→ **Frage 2.144:** Lösung E

Siehe Lerntext II.10 „Mutationen".
Zu (4): Zur jährlichen Strahlenbelastung des Menschen tragen neben der kosmischen Strahlung vor allem die Belastung durch radioaktives Radon in Betonwänden und die medizinisch genutzte Strahlung bei.

→ **Frage 2.145:** Lösung C

Zu (C): Die Häufigkeit vorangegangener Geburten beeinflusst die Mutationsrate nicht.
Zu (A): Mit steigendem Alter der Mutter wächst das Risiko einer numerischen Chromosomen-Aberration (Genom-Mutation) beim Kind, z. B. Trisomie.
Zu (B): Steigendes Alter des Vaters führt zu wachsendem Risiko für Genmutationen beim Kind.
Zu (D) und (E): Siehe Lerntext II.10 „Mutationen".

F96
→ **Frage 2.146:** Lösung C

Zu (C): Für mutagen wirkende Substanzen gibt es keine Schwellenwerte, unterhalb derer eine Exposition unbedenklich wäre.
Zu (A): Vermutlich ist mit „kurzwelligem Sonnenlicht" UV-Strahlung gemeint, die tatsächlich an exponierten Hautarealen mutagen wirkt. Tiefer liegende Gewebe werden aufgrund der schlechten Durchdringungsfähigkeit des UV-Lichts (im Vergleich zu Röntgen- oder γ-Strahlung) nicht geschädigt.
Zu (B): Die Genese bösartiger Tumoren wird nach heutiger Sicht mit der Aktivierung sog. **Onkogene** erklärt, die in der gesunden Zelle supprimiert sind und nach ihrer Aktivierung ein ungehemmtes Wachstum des betreffenden Gewebes induzieren. Die Aktivierung dieser Gene wird in engem Zusammenhang mit dem Einfluss mutagener Agentien gesehen. Das verstärkte Auftreten verschiedener Arten von Hautkrebs (Basaliom, Melanom) korreliert mit der Häufigkeit der Strahlenexposition.
Zu (D) und (E): Eine gesunde Zelle verfügt über diverse Schutzmechanismen, die der Schadensbegrenzung bei spontan auftretenden oder induzierten DNA-Schäden dienen. Am bekanntesten ist in diesem Zusammenhang die Exzision von Thymindimeren, die durch UV-Strahlung entstehen können. Ein Enzymsystem entfernt den fehlerhaften Bezirk, füllt die Lücke korrekt wieder auf und verbindet die DNA-Abschnitte miteinander.
Bei der autosomal-rezessiv erblichen **Xeroderma pigmentosum** ist das o. g. Enzysytem defekt. Die betroffenen Patienten leiden unter massiver Licht-

empfindlichkeit der Haut und einer stark erhöhten Inzidenz benigner und maligner Hauttumoren.

F94
→ Frage 2.147: Lösung B

Zu (B): Die schädliche Wirkung von UV-Strahlen beruht auf der Tatsache, dass sie bereits in der Haut absorbiert werden. Deshalb können sie verschiedene Formen strahlungsbedingter Hautveränderungen hervorrufen – von der simplen Rötung bis hin zu malignen Tumoren. Die Keimdrüsen werden durch UV-Strahlung nicht erreicht.
Zu (C) und (D): Röntgen- und γ-Strahlen sind viel kurzwelliger und energiereicher als UV-Licht und können daher Mutationen in den Keimdrüsen auslösen.

→ Frage 2.148: Lösung C

Zu (2): Für die schädigende Wirkung von Strahlung oder mutagenen Chemikalien gibt es **keinen Grenzwert**. Schon kleinste Dosen können Mutationen auslösen.
Zu (4): Es ist genau umgekehrt. Eine einmalige Bestrahlung in hoher Dosis ist eine starke Belastung für den gesamten Organismus. Wird die Bestrahlung auf mehrere Einzeldosen verteilt, kann die Gesamtdosis bei guter Verträglichkeit sehr viel höher ausfallen. Diesen Effekt macht man sich klinisch in der sog. **fraktionierten Bestrahlung** von Tumorpatienten zunutze.

2.5.4 Strukturelle Chromosomenmutationen

■■
→ Frage 2.149: Lösung B

Zu (B): Monosomie ist eine Genom-Mutation, da sie den gesamten Gen-Bestand betrifft. Hier ist von zwei homologen Chromosomen nur eines vertreten; Beispiel *Turner-Syndrom* (X0).
Zu (A): Bei einer **Deletion** kommt es zum Verlust eines Chromosomenteilstücks und damit zum Verlust der genetischen Information.
Beispiel: A B C D E F G H I J K → A B C F G H I J K
Zu (C): Bei einer **Inversion** ist ein Abschnitt des Chromosoms um 180° gedreht. Die Information ist daher nicht verloren, aber der veränderte Kontext kann fatale Folgen haben.
Beispiel: A B C D E F G H I J K → A B C E D F G H I J K
Zu (D): Die **zentrische Fusion** (= Robertson'sche Translokation) beschreibt die Verschmelzung zweier akrozentrischer Chromosomen, bei denen vorher die kurzen Arme verloren gegangen sind. Durch diese Fusion sinkt die Zahl der gesamten Chromosomen um 1.

Zu (E): Bei der **Translokation** wird ein Chromosomenabschnitt auf ein anderes Chromosom übertragen. Es kann ein Austausch zwischen zwei Chromosomen sein (reziproke Translokation), es kann aber auch nur ein Fragment auf ein anderes Chromosom übertragen werden (nichtreziproke Translokation).

F03 ■■
→ Frage 2.150: Lösung B

Zu (B): Das Katzenschrei-Syndrom (Cri-du-chat-Syndrom) beruht auf einer **strukturellen Chromosomenaberration**, bei der dem Chromosom Nr. 5 der kurze Arm durch eine Deletion fehlt.
Zu (A): Ein durch eine **Genmutation** bedingtes Fehlen der Phenylalanin-4-Hydroxylase (Umsetzung von Phenylalanin zu Tyrosin) führt über die intrazelluläre Ansammlung von Phenylalanin zu schweren geistigen und körperlichen Entwicklungsstörungen sowie zahlreichen neurologischen Symptomen. Die Entwicklung der genannten klinischen Symptome kann durch eine strikte Phenylalaninarme Diät weitgehend verhindert werden.
Zu (C), (D) und (E): Alle genannten Krankheitsbilder sind **numerische Chromosomenaberrationen**, d. h. der Chromosomensatz weicht in seiner absoluten Anzahl von den normalen 46 Chromosomen (44 Autosomen + 2 Gonosomen) ab:
- Down-Syndrom = Trisomie 21
- Ullrich-Turner-Syndrom = X0
- Klinefelter-Syndrom = XXY

Siehe auch Lerntext II.10 „Mutationen".

H99
→ Frage 2.151: Lösung B

Zu (B): Eine **Inversion** ist die Umkehrung eines Chromosomenabschnittes innerhalb eines einzelnen Chromosoms. Die kleinen Pfeile in der Zeichnung links kennzeichnen die Bruchstellen und begrenzen somit das „perizentrische" Fragment, das in dem rechts abgebildeten Chromosom bereits um 180° gedreht und wieder eingefügt wird.

H99
→ Frage 2.152: Lösung E

Zu (E): Bei der Robertson'schen **Translokation** kommt es zu einem Stückaustausch zwischen zwei nicht homologen Chromosomen mit endständigem Zentromer. Hierbei vereinigen sich die langen Chromosomenschenkel zu einem neuen Translokationschromosom.
Zu (A): Dargestellt ist eine **Insertion**, bei der das Fragment des „schwarzen" Chromosoms in das „weiße" Chromosom eingefügt wird.
Zu (C): Das im linken Chromosom durch Pfeile begrenzte Fragment ist rechts nicht mehr vorhanden

– es hat eine **Deletion** und damit ein Verlust an Erbinformation stattgefunden.
Zu (D): Dargestellt ist ein ungleicher Segmentaustausch zwischen zwei homologen Chromosomen; somit liegt definitionsgemäß keine Robertson'sche Translokation vor.

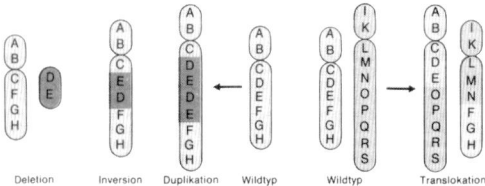

Abb. 2.**8** Chromosomenmutationen (aus: Vogel, G., Angermann, H.: Taschenatlas der Biologie, Band 3, Genetik und Evolution, Systematik, 4. Aufl., Thieme, Stuttgart, 1990)

F02
→ **Frage 2.153: Lösung D**

Zu (D): Dieser ungleiche Segment-Austausch zwischen nicht-homologen Chromosomen wird als **reziproke Translokation** bezeichnet.
Zu (A): Dargestellt ist eine **Insertion**, bei der das kurze Stück des schwarzen Chromosoms in das weiße Chromosom eingesetzt wird.
Zu (B): Die Umkehrung eines Chromosomenabschnittes innerhalb eines Chromosoms wird als **Inversion** bezeichnet.
Zu (C): Dargestellt ist der Verlust eines Chromosomenabschnitts, der als **Deletion** bezeichnet wird.
Zu (E): Bei diesem Vorgang, der sog. **Robertson'schen Translokation**, kommt es zu einem Stückaustausch zwischen zwei nicht homologen Chromosomen mit endständigem Zentromer. Die jeweils langen Chromosomenschenkel verschmelzen hierbei zum neuen **Translokationschromosom**.

H93
→ **Frage 2.154: Lösung D**

Bei der zentrischen Fusion zweier nicht-homologer Chromosomen kommt es in der nächsten Meiose zur Paarung mit den zwei entsprechenden Einzelchromosomen. Das Translokationschromosom wird in die eine, die beiden Einzelchromosomen in die andere Tochterzelle übertragen. Dadurch ist der Inhalt an genetischer Information bei beiden Tochterzellen etwa gleich (balancierte Translokation).
Zu (D): Die zentrische Fusion zwischen zwei homologen Chromosomen hat zur Folge, dass bei der nächsten Meiose eine Fehlverteilung auftritt. Eine Tochterzelle enthält das Translokationschromosom, die andere erhält kein Chromosom. Bei derartigen Veränderungen können auf diese Art und Weise Mono- oder Trisomien entstehen.
Zu (A), (B), (C) und (E): Das kleine „t" steht für Translokationschromosom. Alle hier aufgeführten Beispiele sind Fusionen nichthomologer Chromosomen → balancierte Translokation.

H94
→ **Frage 2.155: Lösung A**

Zu (A): Bei der Robertson'schen Translokation verschmelzen zwei akrozentrische Chromosomen nach Verlust ihrer kurzen Arme miteinander. Die Chromosomenzahl wird dadurch um 1 (also auf 45) reduziert.
Zu (B): Hier handelt es sich um die Translokation eines Chromosomenabschnitts zwischen dem kurzen Arm (p) des Chromosoms Nr. 6 und dem langen Arm (q) des Chromosoms Nr. 11. Die Gesamtzahl der Chromosomen wird nicht verändert.
Zu (C): Die Duplikation (von Genen) entsteht durch ungleiches Crossing-over zwischen homologen Chromosomen während der Meiose. Dadurch kommt es zum Stückaustausch und zu einer Verdopplung von Genen auf dem einen Chromosom.
Zu (D) und (E): Inversion und Deletionen betreffen immer nur ein Chromosom.

2.5.5 Numerische Chromosomenmutationen

II.11 Numerische Chromosomenaberrationen

Numerische Chromosomenaberrationen gehören zu den Genom-Mutationen, bei denen die Gesamtzahl der Gene verändert ist. Man bezeichnet derartige Zellen, die vom normalen Chromosomensatz abweichen, als aneuploid. Je nach vorliegendem Defekt unterscheidet man die Trisomie mit einem zusätzlichen Chromosom ($2n + 1$) von der Monosomie ($2n - 1$), bei der ein homologes Körperchromosom bzw. ein Geschlechtschromosom fehlt. Ist nicht nur ein einzelnes Chromosom, sondern das gesamte Genom betroffen, spricht man von einer Triploidie oder Tetraploidie. Eine Triploidie kann z. B. durch die Vereinigung eines haploiden mit einem (fehlerhaft) diploiden Gameten entstehen. Triploide oder tetraploide Embryonen werden nicht ausgetragen, es kommt zum Spontanabort. Es gibt somit nur wenige dieser, zumeist durch Non-disjunction entstandene Mutationen, die zu einem lebensfähigen Organismus führen,.
Von den insgesamt 23 Chromosomen des haploiden Genoms sind 3 verschiedene Trisomien bekannt, die übrigen sind daher vermutlich letal und führen zum Tod des Embryos.

Die bekannteste Trisomie betrifft das Chromosom 21 (Trisomie 21 = Down-Syndrom). Die betroffenen Menschen zeigen eine deutlich verzögerte geistige und körperliche Entwicklung, charakteristische Dysmorphiezeichen (offener Mund, breite Kopfform, Ohrmuscheldysplasie u. a.) und in etwa der Hälfte der Fälle angeborene Herzfehler. Als weitere Trisomien der Körperchromosomen sind die Trisomie 13 (Pätau-Syndrom) und die Trisomie 18 (Edwards-Syndrom) bekannt. Monosomien der Körperchromosomen sind im Allgemeinen letal.

Dagegen sind Aneuploidien der Geschlechtschromosomen beim Menschen relativ häufig und führen neben der veränderten Ausprägung der sekundären Geschlechtsmerkmale in der Regel zu schwerwiegenden Störungen der Sexualfunktionen. Am bekanntesten ist das Klinefelter-Syndrom (XXY), die Betroffenen sind männlichen Geschlechts, zeigen aber durch das überzählige X-Chromosom zahlreiche weibliche Körpermerkmale (Brustentwicklung, reduzierter Bartwuchs u. a.). Aufgrund des Fehlens funktionsfähiger Spermien sind diese Männer steril. Dagegen gibt es eine Reihe weiterer Chromosomen-Fehlverteilungen, z. B. XXXY, XXXYY oder XYY. Frauen mit XXX-Konfiguration sind klinisch unauffällig, bei mehr als drei X-Chromosomen treten jedoch deutliche Anomalien, z B. geistige Unterentwicklung, auf.

Bei den Monosomien der Geschlechtschromosomen ist vor allem der Genotyp X0, das Ullrich-Turner-Syndrom, von Bedeutung. Patientinnen mit dieser Anomalie besitzen keine funktionsfähigen Ovarien, auch die Ausbildung der sekundären Geschlechtsmerkmale ist massiv gestört. Außerdem sind die Betroffenen durch einen deutlichen Kleinwuchs (maximal 1,30 bis 1,50 m Körpergröße) gekennzeichnet.

■ ■

→ **Frage 2.156:** Lösung E

Zu (1), (2) und (3): Eine Störung der regulären Chromosomenverteilung auf beide Tochterzellen kann prinzipiell in jeder Zellteilung auftreten. Man bezeichnet diesen Vorgang auch als meiotische oder mitotische **Non-disjunction**.

Zu (4) und (5): Kommt es zu einer zentrischen Fusion zweier homologer (akrozentrischer) Chromosomen, so entsteht daraus ein sog. Isochromosom, das auf beiden Armen die gleichen Gene trägt, die allerdings spiegelbildlich angeordnet sind.
Beispiel: (mit ~ = Zentromer)
A B C D E F G ~ H I + I H ~ G F E D C B A →
A B C D E F G~ G F E D C B A

In einer nächsten Meiose fehlt hier ein homologes Chromosom, es kommt zur Fehlverteilung.

H96 H88 ■ ■

→ **Frage 2.157:** Lösung E

Zu (E): Selbstverständlich können Chromosomen-Fehlverteilungen als Folge einer **Non-disjunction** in beiden meiotischen Teilungen auftreten. In der ersten (Reduktions-) Teilung werden in diesem Fall die homologen Chromosomen nicht voneinander getrennt. Ein Non-disjunction in der zweiten (Äquations-)Teilung entsteht, wenn die Schwesterchromatiden eines Chromosoms nicht auseinanderweichen. Natürlich kann dieser Fehler in den meiotischen Teilungen der Keimzellen beider Geschlechter auftreten. Daher ist Antwort (E) richtig, alle anderen sind falsch.

Im übrigen kann eine Chromosomen-Fehlverteilung auch bei der Mitose auftreten, was allerdings ohne Folgen für die Nachkommen bleibt.

■

→ **Frage 2.158:** Lösung E

Zu (E): Bei **Monosomie** liegt ein **Verlust eines Chromosoms und der darauf codierten genetischen Information** vor. Bei der zentrischen Fusion verbinden sich die langen Arme zweier akrozentrischer Chromosomen unter Verlust ihrer (vom Genbestand her vernachlässigbaren) kurzen Arme. Die Chromosomenanzahl sinkt um 1, es sind jedoch keine (wesentlich) wichtigen Gene verloren gegangen und man spricht nicht von einer Monosomie.

Zu (A), (B) und (D): Bei jeder Non-disjunction, egal ob mitotisch oder meiotisch, kommt es zur ungleichen Verteilung der Chromosomen auf die Tochterzellen.

→ **Frage 2.159:** Lösung A

Zu (A): Die Mendel'schen Regeln gelten nur unter der Voraussetzung einer ordnungsgemäßen Chromosomenverteilung.

Zu (B) und (E): Kinder mit Trisomie 21 (Down-Syndrom) und Trisomie 14 leiden an multiplen Fehlbildungen an Herz, Gesichtsform, Händen und Füßen und sind geistig retardiert.

Zu (C): Die meisten Kinder mit Monosomien sterben bereits im Mutterleib.

Zu (D): Patienten mit einer Fehlverteilung der Gonosomen leiden oft an einer mangelhaften Geschlechtsdifferenzierung, z. B. Turner-Syndrom (X0), Klinefelter-Syndrom (XXY).

Siehe Lerntext II.11 „Numerische Chromosomenaberrationen".

2 Genetik

H00 ■

→ **Frage 2.160:** Lösung B

Zur Lösung dieser Frage muss man wissen, durch welchen Typ von Mutation die genannten Erkrankungen hervorgerufen werden.

Zu (B): Die klassische **Phenylketonurie** beruht auf einer **Genmutation**, die zur verminderten Enzymaktivität der Phenylalanin-4-Hydroxylase führt. Die intrazelluläre Anhäufung von Phenylalanin, das nicht zu Tyrosin umgebaut werden kann, hat die klinischen Symptome mit geistiger und körperlicher Retardierung und vielfältigen neurologischen Symptomen zur Folge. Eine Genmutation als umschriebene Veränderung der Basensequenz ist dem betreffenden Chromosom morphologisch nicht anzusehen.

Zu (A), (C), (D) und (E): Die mikroskopische Betrachtung von speziell gefärbten Metaphase-Chromosomen dient der Erstellung eines **Karyogramms**, in dem die zueinander gehörenden homologen Chromosomen nach Anzahl, Größe und Bandenmuster analysiert werden. Alle genannten Erkrankungen beruhen auf so genannten **numerischen Chromosomenaberrationen**, die im Karyogramm gut erkannt werden können. Die entsprechenden Karyotypen lauten 47/XXY (Klinefelter), 47/XXX (Triple-X) und 45/X0 (Turner) bei den gonosomalen Fehlverteilungen. Die Trisomie 21 mit einem dreifachen Chromosom 21 ist wohl hinlänglich bekannt.

F98 H97 F93 ■ ■

→ **Frage 2.161:** Lösung D

Numerische Chromosomenaberrationen entstehen am häufigsten durch mangelnde Trennung von Chromosomen, sog. Non-disjunction, während der Zellteilung. Hierbei entstehen zwei Tochterzellen, von denen eine ein überzähliges Chromosom erhält (Trisomie), die andere eines zu wenig hat (Monosomie).

Typische Beispiele für derartige Mutationen sind das (2) Down-Syndrom **(Trisomie 21)**, (4) Klinefelter-Syndrom **(XXY)** und das (5) Ullrich-Turner-Syndrom **(X0)**.

Zu (1): Das Cri-du-chat-Syndrom (Katzenschrei-Syndrom) beruht auf einer **strukturellen Chromosomenaberration**. Bei den Betroffenen fehlt einem Chromosom 5 der kurze Arm, der durch Deletion verloren gegangen ist.

Zu (3): Die Sichelzellanämie entsteht durch eine **Punktmutation** im Gen für die β-Kette des Hämoglobins. Der dadurch bewirkte Austausch von Glutamat gegen Valin führt zu erheblich geänderten Eigenschaften der Polypeptidkette, was bei den Patienten schwere Krankheitsbilder zur Folge haben kann.

F02 ■

→ **Frage 2.162:** Lösung B

Aneuploidie beschreibt eine Abweichung der Chromosomenanzahl vom Normalen. Diese Abweichung kann die Autosomen betreffen, wie im Fall des bekannten Down-Syndroms (A), das durch eine Trisomie des Chromosoms 21 entsteht. Bei fehlerhafter Anzahl der Gonosomen entstehen klinische Bilder wie das Klinefelter-Syndrom 47/XXY (C), Triple-X-Syndrom 47/XXX (D) oder das Ullrich-Turner-Syndrom 45/X0 (E).

Zu (B): Das Cri-du-chat-Syndrom (Katzenschrei-Syndrom) beruht auf einer **strukturellen Chromosomenaberration**, bei der den betroffenen Patienten auf Chromosom 5 der kurze Arm fehlt, der durch Deletion verloren gegangen ist.

H00 ■

→ **Frage 2.163:** Lösung B

Fragen zu den verschiedensten Formen von Chromosomenmutationen sind häufig.

Zu (B): Das **Klinefelter-Syndrom** mit männlicher Keimdrüsen-Unterfunktion (primärer Hypogonadismus) ist bedingt durch eine gonosomale Trisomie mit dem Karyotyp 47,XXY.

Zu (A): Die gonosomale Monosomie mit dem Karyotyp 45,X0 ist als **Ullrich-Turner-Syndrom** bekannt und klinisch durch die Hypoplasie der inneren und äußeren Genitale, Kleinwuchs und Unterentwicklung oder Fehlen der sekundären Geschlechtsmerkmale bei weiblichem Phänotyp gekennzeichnet.

Zu (C): Die Trisomie des Körperchromosoms 21 ist als **Down-Syndrom** bekannt.

Zu (D): Der Verlust des kurzen Arms am Körperchromosom Nr. 5 durch Deletion ist Ursache des seltenen **Cri-du-chat-Syndroms** (Katzenschrei-Syndrom). Hier liegt eine strukturelle, keine numerische Chromosomenaberration vor.

Zu (E): Die **Robertson'sche Translokation** beschreibt einen Stückaustausch zwischen zwei nicht homologen Chromosomen mit endständigem Zentromer. Die beiden langen Chromosomen-Schenkel vereinigen sich hierbei zu einem neuen Translokationschromosom. Klinisch bedeutsam ist dieser Vorgang, wenn es zu einer Translokation mit Beteiligung des Chromosoms Nr. 21 kommt. In diesem Fall kann es zu einer „funktionellen Trisomie 21" mit den entsprechenden Symptomen des Down-Syndroms in der Nachfolgegeneration kommen, da zusätzlich zu den zwei Chromosomen 21 die entsprechende Erbinformation als Teil eines Translokationschromosoms ein drittes Mal in der Tochterzelle vorliegt.

F92
→ **Frage 2.164:** Lösung D

Zu (D): Das Turner-Syndrom hat den Karyotyp 45,X0.
Zu (A), (B), (C) und (E): Abgebildet ist der Karyotyp eines Patienten mit Klinefelter-Syndrom, Karyotyp 47,XXY. Die abgebildeten Chromosomen sind Metaphase-Chromosomen.

F02
→ **Frage 2.165:** Lösung B

Zu (B): Bei dem abgebildeten Chromosomensatz ist lediglich ein X-Chromosom zu erkennen, das Y-Chromosom fehlt. Das männliche Geschlecht wird ausschließlich vom Y-Chromosom definiert. Fehlt dieses, so entwickelt sich der betroffene Embryo zum weiblichen Geschlecht.
Zu (A): Ein **Karyogramm**, wie es auf der Abbildung dargestellt ist, wird durch eine spezielle Anfärbung von **Metaphasechromosomen** unter dem Mikroskop hergestellt. Nur in der Metaphase zeigen die Chromosomen die maximal aufspiralisierte Transportform und können nach Anfärbung über ihr charakteristisches Bandenmuster identifiziert werden.
Zu (C), (D) und (E): Eine gesunde Zelle enthält zwei Geschlechtschromosomen bzw. Gonosomen, XX bei der Frau, XY beim Mann. Das abgebildete Karyogramm zeigt den Genotyp 45/X0, bei dem lediglich ein Geschlechtschromosom vorhanden ist. Somit liegt eine **numerische Aberration** (C) der **Gonosomen** (D) vor, deren klinisches Korrelat als **Ullrich-Turner-Syndrom** (E) bezeichnet wird. Die betreffenden Menschen sind bei weiblichem Phänotyp durch eine Hypoplasie der äußeren und inneren Genitalien, durch Kleinwuchs und Unterentwicklung der sekundären Geschlechtsmerkmale gekennzeichnet.

2.6 Klonierung und Nachweis von Genen bzw. Genmutationen

II.12 Klonierung

Der Begriff der **Klonierung** bezeichnet die Gesamtheit der Verfahren, mit denen eukaryontische Gene mittels sog. Vektoren in Prokaryonten übertragen, vermehrt und exprimiert werden. Hierbei sind insbesondere zwei Verfahren von entscheidender Bedeutung:
Die Anwendung von **Restriktionsenzymen**, die eine Doppelstrang-DNA an definierter Stelle auftrennen, ermöglicht die Erzeugung beliebiger DNA-Fragmente aus unterschiedlichen Organismen, die dann mit Hilfe einer Ligase miteinander verknüpft werden können. So wurde z. B. Ende der 70er Jahre des 20. Jahrhunderts das menschliche Gen für Insulin in ein bakterielles Plasmid (= Vektor) integriert und in das Darmbakterium E. coli eingeschleust. Seitdem kann „humanes" Insulin durch große Bakterienkulturen in industriellem Maßstab zu geringem Preis produziert werden.
Das zweite wichtige Verfahren, die **Polymerase-Kettenreaktion (PCR)** dient der in vitro-Vermehrung von DNA. Dadurch können innerhalb weniger Stunden kleinste Mengen Erbinformation (z. B. aus Speichel- oder Spermaproben) beliebig vermehrt werden. Der entsprechende DNA-Abschnitt wird in seine zwei Einzelstränge aufgeschmolzen, die dann als Matrize für die Synthese identischer Kopien verwendet werden. Hierbei werden mit Hilfe eines „Startmoleküls" (Primer), der einzelnen Nukleotide und des synthetisierenden Enzyms, der DNA-Polymerase, aus wenigen Ausgangsmolekülen Millionen identischer DNA-Moleküle produziert.

Klinischer Bezug
Praktische Anwendungen dieser Methode bestehen u. a. bei der Überführung von Straftätern („genetischer Fingerabdruck") und beim Vaterschaftstest, da mit Hilfe der durch PCR erzeugten DNA-Sonden kleinste Unterschiede im Genom unterschiedlicher Individuen detektiert werden können. Auch die Untersuchung embryonaler DNA im Hinblick auf die Existenz eines genetischen Defektes ist (bei bekannter Sequenz des entsprechenden Gens) mit dieser Methodik möglich.

H97
→ **Frage 2.166:** Lösung C

Zu (C): Restriktionsenzyme kommen ausschließlich in Bakterien vor.
Zu (A) und (B): Genau genommen heißen Restriktionsenzyme **Restriktionsendonukleasen** – d. h. sie zerschneiden eine Nukleinsäure innerhalb ihrer Basensequenz. Da sie Bakterien als Abwehrstrategie gegen andere Mikroorganismen dienen, sind sie gegen deren DNA gerichtet (Zerstörung der „Original"-Erbinformation).
Zu (D): Die DNA wird nur an ganz bestimmten Stellen zerschnitten; diese **Erkennungssequenzen** haben eine charakteristische Basenabfolge in Form einer „versetzten Punktspiegelung":
z. B.   AACT AGTT sog. **Palindrom**-Sequenz
          TTGA TCAA
Der Schnitt verläuft in dieser Sequenz versetzt, sodass beide Enden einen kurzen Abschnitt einzelsträngiger DNA besitzen, der für die Einfügung ei-

nes anderen DNA-Fragments (s. u.) große Bedeutung hat.
z. B.   AA   CTAGTT
         TTGATC   AA

Zu (E): Schneidet man zwei DNA-Stränge unterschiedlicher Herkunft mit demselben Restriktionsenzym, so besitzen die Spaltprodukte gleiche Schnittränder und lassen sich daher problemlos zusammenfügen. Auf diese Weise wird beispielsweise das menschliche Insulin-Gen in bakterielle Plasmid-DNA integriert, um so bakteriell synthetisiertes „Human-Insulin" in wirtschaftlich nutzbarer Menge zu gewinnen.

H95
→ **Frage 2.167:** Lösung C

Zu (C): Restriktionsenzyme kommen ausschließlich in Bakterien vor.
Zu (A): Restriktionsenzyme zerschneiden doppelsträngige DNA an kurzen Basensequenzen, die für jedes Enzym spezifisch sind.
Zu (B), (D) und (E): In diesen drei Antworten sind typische Anwendungen der Restriktionsendonukleasen in Forschung und Industrie genannt. Schneidet man zwei DNA-Stränge unterschiedlicher Herkunft mit demselben Restriktionsenzym, so erhält man identische Schnittränder, über die sich beide DNAs zusammenfügen lassen (D).
Kennt man die Basenabfolge einer DNA, so kann man nach der Behandlung mit einem Restriktionsenzym definierte Schnittfragmente elektrophoretisch auftrennen und identifizieren. Kommt es zu einer Mutation im Bereich einer Erkennungssequenz, so bleibt „der enzymatische Schnitt" aus, und es entstehen größere Fragmente, die in der Elektrophorese zu einem anderen Bandenmuster führen. Je nachdem, ob die betreffende Stelle in einem Strukturgen oder in nichtcodierenden DNA-Abschnitten liegt, können mit dieser Technik Veränderungen in der DNA-Basensequenz als Grundlage genetischer Polymorphismen (B) oder genetisch determinierter Krankheiten (E) direkt nachgewiesen werden.

H03
→ **Frage 2.168:** Lösung B

Zu (B): **Restriktionsendonukleasen** zerschneiden eine DNA innerhalb ihrer Basensequenz und erkennen hierbei hochspezifisch bestimmte Erkennungssequenzen (**Palindrome**), die in Form einer versetzten Punktspiegelung auf dem DNA-Doppelstrang angeordnet sind. Diese Enzyme kommen ausschließlich in Bakterien vor und dienen ihnen als Abwehrstrategie zur Zerstörung artfremder Nukleinsäuren. In der Gentechnologie sind Restriktionsendonukleasen unentbehrlich geworden, da man mit ihrer Hilfe in die Lage versetzt wird, zwei DNA-Stränge, die mit demselben Enzym geschnitten wurden, miteinander zu verbinden.
Siehe Lerntext II.12 „Klonierung".
Zu (A): Spezifische Protein-Domänen spielen v. a. bei der Erkennung zwischen Rezeptor und Ligand eine große Rolle. Schon kleinste Veränderungen der Proteinkonfiguration können einen dramatischen Rückgang der Bindungsstabilität oder sogar ihren kompletten Verlust zur Folge haben.
Zu (C) und (D): Replikationsgabeln oder Komplexe aus DNA und daran hybridisierter RNA werden von verschiedenen Enzymen im Rahmen der DNA-Replikation und der Genexpression erkannt.

H01
→ **Frage 2.169:** Lösung A

Zu (A): Eine Richtungsumkehr bei der Ablesung der genetischen Information auf der DNA ist nicht möglich.
Zu (B): Die Entdeckung der reversen Transkriptase, eines Enzyms, das die Information einer RNA in DNA umschreibt (RNA-abhängige DNA-Polymerase), bedeutete das Ende des so genannten „Dogma der Molekularbiologie", nach dem der Informationsfluss stets von der DNA über die RNA zum Protein gehen musste.
Zu (C): cDNA (c für complementary) bezeichnet einen DNA-Strang, der mittels der reversen Transkriptase als komplementäre Abschrift einer mRNA hergestellt wurde. Im Unterschied zum ursprünglichen Gen enthält er nur noch die informationstragenden Exons, da die „wertlosen" Introns beim splicing der mRNA bereits entfernt wurden. Verwendung finden solche cDNA als Gensonden, da sie in der Lage sind, mit der in einer Zelle vorhandenen mRNA eines gesuchten Gens zu hybridisieren. Auf diese Weise ist die Darstellung der Expressionshäufigkeit oder eine therapeutisch nutzbare Translationsblockade des betreffenden Gens direkt möglich.
Zu (D) und (E): Retroviren (HIV und andere) enthalten eine einzelsträngige RNA als Erbinformation. Über die reverse Transkriptase wird diese Information in eine DNA umgeschrieben, die dann in das Erbgut der Wirtszelle inkorporiert werden kann.

F04
→ **Frage 2.170:** Lösung A

Zu (A): Die **Polymerasekettenreaktion** (**PCR**) dient der In-vitro-Vermehrung von DNA, z. B. für die Synthese von Nukleotidsonden für molekularbiologische Fragestellungen oder in der forensischen Medizin aus Speichel- oder Spermaproben. Für die PCR ist die Aufschmelzung der doppelsträngigen DNA in ihre beiden Einzelstränge wichtigste Vor-

aussetzung. Ein Strang wird als Matrize verwendet, auf dessen Basis der entsprechende Komplementärstrang mit Hilfe kurzer DNA-Startmoleküle (sog. primer) synthetisiert wird.
Siehe Lerntext II.12 „Klonierung".
Zu (B): Die **RNA-Polymerase** synthetisiert eine RNA als Abschrift eines DNA-Abschnittes im Rahmen der Transkription. Bei der PCR wird hingegen eine DNA-abhängige DNA-Polymerase benötigt.
Zu (C): Ribosomen sind die intrazellulären Orte der Proteinbiosynthese und haben nichts mit dem In-vitro-Verfahren der PCR zu tun.
Zu (D): Aufgabe von **Topoisomerasen** ist das Verdrillen der bakteriellen ringförmigen DNA zu definierten „Schleifen", den sog. **supercoils**.
Zu (E): Auch **Restriktionsendonukleasen** sind bakterielle Enzyme, die einen zellfremden DNA-Strang an genau definierten Stellen zerschneiden. Ursprünglich als Abwehrmechanismus von Bakterien entwickelt, werden diese Enzyme heute bei der **Klonierung** von Genen, d. h. für die Einschleusung beliebiger DNA-Abschnitte in ein anderes Genom, verwendet.

H03
→ Frage 2.171: Lösung E

Eine Frage, die an Spezialwissen kaum mehr zu überbieten ist!
Zu (E): Im Rahmen der PCR, die der starken Vermehrung auch kleinster DNA-Mengen dient, wird das Reaktionsgemisch auf 72 °C erhitzt. Bei diesem Temperaturbereich arbeiten nur spezielle, hitzestabile Polymerasen (**TAQ-Polymerasen**), die dann über die zugegebenen Triphosphate die vorgegebenen „primer", d. h. kurze DNA-Sequenzen zum Start der Reaktion, entsprechend dem komplementären Einzelstrang verlängern.
Alle anderen Antworten haben mit Hitzestabilität der Reaktion nichts zu tun.

F04
→ Frage 2.172: Lösung D

Auch bei dieser Frage steht der informierte Leser vor dem Problem, einen Sinn für zukünftige Mediziner/innen zu sehen. Die Kenntnis um industrielle Produktionsmethoden verschiedener Medikamentengruppen ist wohl kaum praxisrelevant.
Mittels rekombinanter DNA-Technologie werden heutzutage sechs Substanzklassen industriell hergestellt: Hormone, Enzyme, Gerinnungsmodulatoren, **Zytokine**, Impfstoffe und Antikörper.
Zu (D): **Interferon-γ** wird in vivo von aktivierten T-Helferzellen sezerniert, industriell in gentechnologisch veränderten E.coli-Kulturen produziert und ist zugelassen zur Therapie der chronischen Granulomatose.

Zu (A), (B), (C) und (E): Alle anderen genannten Substanzen sind antibiotisch wirksam und werden zwar biotechnologisch, jedoch ohne den Einsatz gezielt genetisch veränderter Mikroorganismen hergestellt. Penicillin wurde früher in großen Mengen aus Kulturen des Pilzes *Penicillum notatum* produziert; heute ist auch die chemische Synthese des Grundgerüstes aller Penicilline möglich. Tetrazykline und Makrolid-Antibiotika werden von grampositiven Bakterien der Gattung Streptomyces aus der Klasse der Actinomyceten synthetisiert. Auch bei den Makroliden oder beim Tuberkulostatikum Ethambutol ist jedoch ein chemisches Syntheseverfahren verfügbar.

2.7 Entwicklungsgenetik

Zu diesem Kapitel wurden bisher keine Prüfungsfragen gestellt.

II.13 Transgene Tiere

In der Entwicklungsgenetik dienen **transgene Tiere** der Untersuchung genetisch bedingter Erkrankungen des Menschen. Diese Tiere tragen dazu in ihren Körperzellen ein entsprechendes Stück der humanen Erbinformation, das beim Tier zu einem ähnlichen Krankheitsbild wie beim Menschen führt. Sowohl das Einbringen dieser pathogenen Erbinformation als auch die gezielte Ausschaltung bestimmter Gene (sog. „knockout-Tiere") ermöglichen umfangreiche Studien der entsprechenden Erkrankungen.
Die Erzeugung transgener Tierstämme basiert auf der artifiziellen Injektion des gewünschten Gens (in vielfacher Kopie) in befruchtete Eizellen des Tieres. Diese Eizellen werden danach in ein Muttertier überführt, das die genetisch veränderten Nachkommen austrägt, die nun ihrerseits das entsprechende Gen über ihre Keimzellen an die weiteren Nachkommen vererben.
Mittlerweile existieren transgene Tiermodelle zahlreicher Krankheiten wie z. B. der Alzheimer-Krankheit oder Diabetes. Neben der Wirksamkeits- und Verträglichkeitsprüfung neuer Medikamente kann auch die Möglichkeit der sog. **Gentherapie** in Form einer gezielten genetischen Manipulation in diesen Tieren untersucht werden. Ein aktueller Ansatz der letztgenannten Option ist der Versuch, das defekte Gen der Mukoviszidose, einer erblichen und lebensbedrohenden Erkrankung der sekretorischen Drüsen, gegen die gesunde Variante auszutauschen. Die klinische Anwendung dieser Methode am Menschen liegt allerdings noch in weiter Ferne.

2.8 Populationsgenetik

2.8.1 Hardy-Weinberg-Gesetz

→ **Frage 2.173:** Lösung D

Diese Frage zielt auf das **Hardy-Weinberg-Gesetz**, mit dem man die Verteilung eines Genotyps in der Nachkommen-Generation berechnen kann, sofern die Häufigkeit zweier Allele eines Gens in der Elterngeneration bekannt ist.
- Die Häufigkeit der einzelnen Allele wird in Bruchteilen von 1 ausgedrückt.
- p = Häufigkeit des dominanten Allels, q = Häufigkeit des rezessiven Allels.
- Es gilt: $p + q = 1$.

Betrachtet man nun nicht die einzelnen Allele, sondern den kompletten Genotyp, so gilt:
- $(p + q)^2 = p^2 + 2pq + q^2 = 1$,
- p^2 ist die Häufigkeit der dominant Homozygoten, $2pq$ die Häufigkeit der Heterozygoten, q^2 die Häufigkeit der rezessiv Homozygoten.

Gegeben ist $q^2 = 1 : 10\,000$, gesucht wird $2pq$,
- wenn $q^2 = 1 : 10\,000$, dann $q = 1 : 100 = 0,01$;
- da $p + q = 1$ (s. o.), gilt $p = 1 - q = 0,99$.

Somit ist das gesuchte **2pq als Frequenz der Heterozygoten**:
$2pq = 2 \times 0,99 \times 0,01 = 0,0198 \cong 0,02 = \mathbf{1 : 50}$.

Anmerkung: Eine schwierige Frage! Aber keine Sorge, das Hardy-Weinberg-Gesetz und seine Anwendung werden extrem selten gefragt.

2.8.2 Wirkung von Selektion und Zufall

II.14 Mutation und Selektion als Grundlage der Evolution

Jegliche vererbbare Veränderung der Gensequenz einer DNA wir als Mutation bezeichnet, die zunächst immer ungerichtet auftritt, d. h. keinem bestimmten Ziel folgt. Mutationen gelten als das „schöpferische Prinzip" der Evolution, die Entscheidung über ihre positiven oder negativen Auswirkungen fällt durch den Prozess der Selektion, die somit als das „eliminierende Prinzip" aufgefasst werden kann. Eine Mutation ist für Ihren Träger nur dann hilfreich, wenn sie ihm gegenüber seinen Artgenossen einen Selektionsvorteil bringt, der in einer verbesserten oder häufigeren Weitergabe der eigenen Gene an die nachfolgende Generation resultiert. Die über eine Vielzahl an Generationen entstehende, neue Lebensform benötigt schließlich die Isolation von der Ausgangspopulation, um ihr phylogenetisches Eigenleben entwickeln zu können.
Eine für den Träger nachteilige Mutation wird sich in der Evolution nicht durchsetzen, da der betreffende Organismus in der Weitergabe seiner Gene gegenüber seinen Artgenossen benachteiligt ist.

H93
→ **Frage 2.174:** Lösung E

Zu (2): Eine hohe Zahl an Nachkommen bedingt eine große genetische Variabilität, die bei entsprechendem Selektionsdruck nur als Vorteil der Evolution gesehen werden kann.
Zu (3): Siehe Lerntext II.14 „Mutation und Selektion als Grundlage der Evolution".

H00
→ **Frage 2.175:** Lösung B

Zu (B): Es gibt keine gerichteten Mutationen!
Zu (A), (C) und (E): Das Zusammenspiel zufälliger und ungerichteter Veränderungen des Erbguts (**Mutationen**) mit nachfolgender natürlicher Auslese = **Selektion** (C) ist der Motor der **Evolution**. Hierbei kann es sich um größere Veränderungen der Chromosomenstruktur (A) oder auch um Veränderungen in einer einzigen Base als sog. Punktmutation (E) handeln.
Zu (D): Eine Vermehrung des genetischen Materials ist prinzipiell positiv für den Evolutionsprozess, da entsprechend mehr „Substrat" für Veränderungen zur Verfügung steht. Darüber hinaus kann eine entsprechend größere Informationsmenge Sicherheit vor einer letal wirkenden Veränderung des Erbguts bieten.

H94 ■
→ **Frage 2.176:** Lösung C

Zu (1) und (2): Mutation und Selektion (= natürliche Auslese) sind die Grundlagen der Evolution. Siehe Lerntext II.14 „Mutation und Selektion als Grundlage der Evolution".
Zu (4): Die Entwicklung von Antibiotikaresistenzen durch Spontanmutation ist möglich; häufiger ist allerdings die Übertragung Resistenz-Gen tragender Plasmide.
Zu (3): Mutation und Selektion betreffen alle Organismen, auch die sich asexuell fortpflanzenden.

→ **Frage 2.177:** Lösung E

In der Evolution des Menschen ist die Gesamtzahl der Chromosomen reduziert worden (E). Grund dafür ist die Verschmelzung akrozentrischer zu metazentrischen Chromosomen (A) im Rahmen der sog. Robertson'schen Translokation (C). Dabei

F91
→ **Frage 2.178:** Lösung E

Zu (1): Ein Pseudogen trägt die genetische Information für ein strukturell intaktes Protein, kann aber nicht transkribiert werden. Ursache kann die Veränderung der entsprechenden Promotor-Region (Erkennungsstelle für die RNA-Polymerase) oder des Start-Codons sein. Ein solches Gen ist natürlich funktionell wertlos.

Zu (2): Die Funktion eines Proteins ist durch seine Aminosäuresequenz – und damit durch seine Genstruktur – festgelegt. Dennoch können Mutationen zu funktionell gleichartigen Proteinen mit unterschiedlicher Basen- und Aminosäuresequenz führen. Beispiel Enzympolymorphismus: die Enzyme Lactat-Dehydrogenase (LDH) und Creatinkinase (CK) existieren im Körper in unterschiedlichen Isoenzymen.

Zu (3): Selbstverständlich können Mutationen auch zu Proteinen abgewandelter Funktion führen. Beispiel Sichelzellhämoglobin, das eine funktionell minderwertige Hämoglobin-Form darstellt, die durch eine Punktmutation entstanden ist. Das Gen hat sich in der Evolution erhalten, da es unter bestimmten Bedingungen einen Selektionsvorteil bietet. Es verleiht seinem Träger in heterozygoter Anlage eine relative Immunität gegen Malaria.

2.9 Kommentare aus Examen Frühjahr 2006

F06
→ **Frage 2.179:** Lösung C

Zu (C): Die Bildung sog. **Thymin-Dimere** ist in der Tat eine typische Folge von UV-Strahlung. Gesunde Zellen können diese strukturelle Änderung der Basenabfolge der DNA jedoch durch eine Abfolge enzymatischer Reaktionen mit Exzision des betreffenden Abschnitts, Einfügen der korrekten Nukleobasen und schließlich durch die Verknüpfung mit den vorbestehenden Enden des ursprünglichen DNA-Stranges wieder reparieren. Siehe auch Lerntext II.3 „Exzisionsreparatur strahlungsinduzierter Thymin-Dimere".

Zu (A): Ein Verlust der Aminogruppe durch enzymatische, hydrolytische Deaminierung ist bekannt für die Umsetzung von Cytosin zu Uracil und von Adenin zu Hypoxanthin. Auf jeden Fall hat dieser Vorgang nichts mit Einwirkung von UV-Licht zu tun.

Zu (B) und (E): Beschrieben sind strukturelle Chromosomenaberrationen, die mit dem Einfluss von UV-Strahlung nichts zu tun haben. Bei der **Inversion** wird ein DNA-Abschnitt innerhalb eines Chromosoms umgekehrt, die **Translokation** beschreibt einen Stückaustausch zwischen zwei nicht-homologen Chromosomen. Bei der häufig vom IMPP erfragten Robertson'schen Translokation verschmelzen zwei Chromosomen mit endständigem Zentromer. Hierbei gehen die kurzen Arme der Chromosomen verloren, die langen Arme verbinden sich zum neuen Translokationschromosom und die Chromosomenzahl wird dadurch um eins reduziert.

Zu (D): Die enzymatische Methylierung von Nukleobasen (nicht nur von Guanin) ist ein physiologischer Vorgang, also keine Mutation, und kommt in vielen Lebewesen vor. Mögliche Funktionen dieser chemischen DNA-Modifikation sind die Unterscheidung der zelleigenen DNA von möglicherweise in die Zelle eingedrungener Fremd-DNA oder auch die Unterscheidung eines vor der Zellteilung neu synthetisierten DNA-Stranges von der elterlichen DNA.

F06
→ **Frage 2.180:** Lösung D

Die Verschiebung des Leserasters innerhalb eines Gens gehört zu den schlimmsten Mutationen, da nicht nur das mutierte **Triplett** eine falsche Aminosäure kodiert, sondern alle nachfolgenden Tripletts ebenfalls fehlerhaft sind.

Zu (D): Wird eine Base gegen eine andere Base ausgetauscht, also eine typische Punktmutation, so ist in den meisten Fällen eine falsche Aminosäure im Protein die Folge. Dies kann von völliger Unwichtigkeit sein oder bis zur Wirkungslosigkeit des betreffenden Genprodukts führen, je nachdem, wo die falsche Aminosäure im Protein lokalisiert ist.

Zu (A), (B), (C) und (E): Alle Veränderungen der Basensequenz, die einen Verlust oder ein Zuviel von ein oder zwei Basen zur Folge haben, verschieben das Leseraster, das ja bekanntlich aus drei Basen besteht.

F06
→ **Frage 2.181:** Lösung E

Zu (E): Die Begriffe **Pleiotropie** oder auch **Polyphänie** beschreiben die Auswirkung eines Gens – oder eben auch eines Gendefektes – auf verschiedene Organe oder Organsysteme. Ein klinisches Beispiel ist das Marfan-Syndrom; die betroffenen Patienten zeigen u. a. eine Unterentwicklung von Muskulatur und Fettgewebe, ein verstärktes Längenwachstum des Skelettsystems oder auch Missbildungen der Augen.

Zu (A): Eine **multiple Allelie** liegt vor, wenn in einer Population mehr als zwei Allele des gleichen Gens vorhanden sind, z. B. im menschlichen AB0-Blutgruppensystem.

Zu (B): Eine genetische Heterogenität, auch als **Heterogenie** bezeichnet, beschreibt das Phänomen, dass mehrere Gendefekte ein und dieselbe Erkrankung auslösen können, z. B. die angeborene Taubstummheit.

Zu (C): Ist ein pathologisches Merkmal bei betroffenen Patienten unterschiedlich stark ausgeprägt, so spricht man von einer variablen **Expressivität**.

Zu (D): Wenn innerhalb einer Erblinie ein autosomal-dominantes Merkmal nicht bei jedem Familienmitglied auftritt, bezeichnet man dies als unvollständige **Penetranz**.

F06 ■
→ **Frage 2.182:** Lösung C

Zu (C): X-chromosomal dominant bedeutet, dass die Anwesenheit eines X-Chromosoms ausreicht, um die Erkrankung zum Vorschein kommen zu lassen. Da die Söhne betroffener Väter zwangsläufig von diesen das Y-Chromosom erben (sonst wären es keine Söhne), sind sie bei einer gesunden Mutter immer gesund. Antwort (C) ist die einzig richtige Möglichkeit.

Zu (A), (B) und (D): Eine kranke Mutter kann den genetischen Defekt entweder auf einem oder auf beiden X-Chromosomen tragen. Daher sind die genannten Antworten aufgrund des „nur" im Text leicht als falsch zu erkennen.

Zu (E): Die Tochter eines kranken Vaters bekommt immer dessen X-Chromosom – und damit ist sie immer selbst Trägerin des krankmachenden Gens.

F06
→ **Frage 2.183:** Lösung C

Zu (A) und (C): Beide abgebildeten Stammbäume sind prinzipiell möglich. Ein klinisch betroffener Mann der Filialgeneration (ausgefülltes Quadrat in der unteren Zeile) hat das kranke X-Chromosom von der Mutter geerbt, denn vom Vater hat er ja sein Y-Chromosom. Da die Mutter in beiden Beispielen klinisch gesund ist, ist sie für das defekte X-Chromosom heterozygot. Da im Stammbaum (C) aber der Bruder der Mutter ebenfalls erkrankt ist, muss dieser auch ein defektes X besitzen. Somit tritt das defekte Allel in Antwort (C) vermehrt in einer Familie auf. Dies ist aus meiner Sicht der einzige Grund, die Antwort (C) gegenüber (A) als richtig(er) zu werten.

Zu (B), (D) und (E): Diese Stammbäume sind unmöglich. Ein an einer X-chromosomal rezessiven Krankheit leidendes Mädchen (ausgefüllter Kreis) ist immer homozygot für das defekte Allel. Da es aber als Mädchen eines seiner X-Chromosomen vom Vater haben muss, kann der nicht klinisch gesund sein (leeres Quadrat), wie es in den abgebildeten Erbfolgen der Fall ist.

F06 ■
→ **Frage 2.184:** Lösung E

Zu (E): Eine rezessiv vererbte Erkrankung kommt nur dann klinisch zum Ausbruch, wenn die betreffende Person das defekte Allel in homozygoter Anlage besitzt. Liegt das defekte Gen auf dem X-Chromosom, so kann die Ausprägung des Merkmals bei heterozygoten Frauen aber davon abhängen, welches der beiden X-Chromsomen im Sinne der **Lyon-Hypothese** zum sog. **Barr-Körperchen** inaktiviert ist. Da diese Inaktivierung zufällig abläuft, kommt es in dem gezeigten Beispiel zu einem irregulären Muster von gesundem Gewebe und solchen Arealen, in denen durch die Inaktivierung des gesunden X-Chromosoms das kranke Allel nicht kompensiert werden kann und daher zum entsprechenden klinischen Korrelat führt. Siehe Lerntext II.9 „Barr-Körperchen".

Zu (A): Somatische Mutationen treten in Körperzellen auf – dies wäre in der äußeren Haut also prinzipiell denkbar. Es ist aber sehr unwahrscheinlich, dass in einem Individuum zur selben Zeit die gleiche Mutation (das gleiche klinische Bild) in unterschiedlichen Hautarealen auftritt.

Zu (B): Kommt es während der ersten Zellteilungen des Embryos zu einer Fehlverteilung von Chromosomen und können diese Zellen auch überleben, entwickelt sich ein **genetisches Mosaik**, d. h. es kommen Zellen mit unterschiedlichem Chromosomensatz in einem Individuum vor. Beim 46 XX/45 X0-Mosaik zeigen die betroffenen Patientinnen ein klinisches Bild, das durch einen Östrogenmangel hervorgerufen wird und dem Ullrich-Turner-Syndrom (45 X0) ähnelt.

Zu (C): Im Gegensatz zur „klassischen", durch einen Gendefekt ausgelösten Erbkrankheit zeigt sich bei vielen Krankheitsbildern der Einfluss mehrerer genetischer Faktoren, die zu Veränderungen des Phänotyps führen können. Ein typisches Beispiel ist hierzu die polygen bedingte Hyperlipidämie, bei der neben ernährungsbedingten Faktoren zahlreiche genetische Einflüsse den Lipidstoffwechsel modulieren und im Einzelfall in einer pathologischen Situation münden.

Zu (D): Eine unvollständige Penetranz bezeichnet das variable Auftreten autosomal-dominanter Merkmale bei verschiedenen Individuen einer Erblinie.

3 Grundlagen der Mikrobiologie und Ökologie

3.1 Morphologische Grundformen der Bakterien

F99 H95 ■
→ Frage 3.1: Lösung D

Zu (1): Runde Bakterien heißen Kokken; liegen sie in langen Ketten aneinander gereiht, werden sie als Streptokokken bezeichnet.
Zu (2): Liegen Kokken in Haufen zusammen, sind es Staphylokokken.
Zu (3): Nach der Gram-Färbung blauviolett erscheinende Keime sind grampositiv. Dies trifft auf Strepto- wie auf Staphylokokken gleichermaßen zu.
Zu (4): Bakterien aus einem Rachenabstrich wachsen unter sauerstoffhaltiger Atmosphäre. Sie sind daher Aerobier oder tolerieren als fakultative Aerobier den Sauerstoff zumindest. Im Gegensatz dazu sterben obligate Anaerobier (z. B. Clostridien) unter O_2 in kurzer Zeit ab.

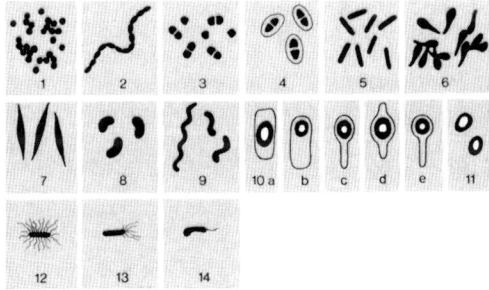

1 Kokken in Haufen von Bakterien (Staphylokokken)
2 Kokken in gewundenen Ketten (Streptokokken)
3 Diplokokken (Neisserien)
4 Diplokokken mit Kapsel (Pneumokokken)
5 Gerade Stäbchen (z. B. *Enterobacteriaceae*)
6 Keulenförmige Stäbchen (Korynebakterien)
7 Stäbchen mit zugespitzten Enden (Fusobakterien)
8 Einfach gekrümmte Stäbchen (Vibrionen)
9 Spiralig gekrümmte Stäbchen (Spirillen, Spirochäten)
10 Sporen bildende Zellen (*Bacillus*, *Clostridium*)
    a) Sporenbildung zentral, ohne Auftreibung der Mutterzelle
    b) Sporenbildung terminal, ohne Auftreibung
    c), e) Sporenbildung terminal, mit Auftreibung
    d) Sporenbildung zentral, mit Auftreibung
11 Freie Sporen
12 Peritriche Begeißelung
13 Lophotriche Begeißelung
14 Monotriche Begeißelung

Abb. 3.1 Morphologie von Bakterien (aus: Kayser, F. H., Bienz, K. A., Eckert, J.: Medizinische Mikrobiologie, 8. Aufl., Thieme, Stuttgart, 1998)

F97 F96 F92 ■■
→ Frage 3.2: Lösung C

Zu (C): Der Typ der Nukleinsäure (DNA oder RNA) dient nur bei Viren als Klassifikationsmerkmal. Bakterien besitzen ausschließlich DNA als Träger der Erbinformation.
Zu (A): Die Fähigkeit zur Ausbildung umweltresistenter Dauerformen (= Sporen) ist ein wichtiges taxonomisches Merkmal von Bakterien. Besonders die widerstandsfähigen Sporen mancher Anaerobier (v. a. Clostridien) sind von großer medizinischer Bedeutung.
Zu (B): Die wichtigsten Typen der bakteriellen Begeißelung sind: **polare** (eine Geißel am Zellende), **lophotriche** (Geißelschopf) und **peritriche** (viele Geißeln über die gesamte Oberfläche verteilt) Begeißelung.
Zu (D): Je nach ihrem Stoffwechselverhalten gegenüber Sauerstoff werden unterschieden: **obligate Aerobier**, die O_2 zum Leben benötigen; **obligate Anaerobier**, bei denen O_2 toxisch wirkt; **fakultative Aerobier/Anaerobier**, die trotz entsprechender Präferenz aber auch ein anderes Milieu akzeptieren.

H02 ■
→ Frage 3.3: Lösung D

Zu (D): Die Bildung von Sporen als weitgehend resistente Dauerformen ist nur bei einigen Bakteriengattungen bekannt; medizinisch interessant sind in diesem Zusammenhang die **Clostridien** (Erreger von Wundstarrkrampf, Botulismus, Gasbrand u. a.) und die Gattung **Bacillus** (B. anthracis als Erreger des Milzbrands). Kokken gehören nicht zu den Sporenbildnern.
Siehe Lerntext III.5 „Bakterielle Sporen".
Zu (A)–(C): Kokken sind in der Tat kugelförmige Bakterien, die in Paaren (**Diplokokken**), Reihen (**Streptokokken**) oder Haufen (**Staphylokokken**) auftreten können. Sie sind die klassischen Entzündungs- und Eitererreger. Multiresistente Staphylokokken (MRSA) sind die momentan klinisch bedeutsamsten Problemkeime, da sie kaum noch durch die gängigen Antibiotika bekämpft werden können.
Zu (E): Einige Stämme von Pneumokokken sind als Erreger der klassischen Lungenentzündung zur Bildung von Schleimkapseln befähigt, die sie vor Phagozytose schützen und daher die hohe Virulenz der Keime bedingen. Bakterienstämme, die ihre Fähigkeit zur Kapselbildung verloren haben, sind nicht pathogen.

3 Grundlagen der Mikrobiologie und Ökologie

H93
→ **Frage 3.4:** Lösung E

Zu (E): **Treponema pallidum** gehört zur Gruppe der **Spirochäten**. Es ist ein spiralig gekrümmter Keim mit etwa 10–20 Windungen und besitzt als Erreger der **Syphilis oder Lues** große klinische Relevanz. Treponemen lassen sich auf künstlichen Nährmedien nicht kultivieren. Der Nachweis muss somit direkt im (Dunkelfeld-)Mikroskop geführt werden und wird durch die Analyse von Antikörpern im Serum des Patienten gestützt.
Zu (D): **Vibrio cholerae** ist ein kommaförmig gekrümmter Keim und vor allem in den sog. Entwicklungsländern als Erreger der **Cholera** sehr gefürchtet.

F04 ■■
→ **Frage 3.5:** Lösung B

Fragen zur äußeren Form der verschiedenen Bakteriengattungen sind in unterschiedlichen Kombinationen sehr häufig.
Zu (B): Bakterien mit rundlicher Morphologie werden als Kokken bezeichnet. Liegen sie in Ketten angeordnet und besitzen weder Kapsel noch Geißel, spricht man von **Streptokokken**, die z. B. als Erreger der eitrigen Mandelentzündung große medizinische Bedeutung besitzen.
Zu (A): In Haufen liegende Kokken sind **Staphylokokken**, z. B. der Eitererreger *Staph. aureus*.
Zu (C): **Pneumokokken** sind meist in Paaren zusammengelagerte Kokken, die jedoch als pathogene Form durch die Fähigkeit zur Kapselbildung charakterisiert sind. Pneumokokken sind Erreger der klassischen Pneumonie.
Zu (D): **Spirillen** sind spiralig gekrümmte, unbewegliche Stäbchenbakterien.
Zu (E): *Vibrio cholerae* ist ein kommaförmiges Stäbchen und als Auslöser der Cholera v. a. bei mangelnden hygienischen Verhältnissen ein gefürchtetes Bakterium.

H03 H99 ■■
→ **Frage 3.6:** Lösung A

Zu (A): Staphylokokken, z. B. der eiterbildende **Staphylococcus aureus**, sind grampositive kugelige Bakterien, die in Haufen liegen und zu keiner aktiven Bewegung befähigt sind. In der Klinik sind besonders in den letzten Jahren vermehrt Stämme aufgetreten, die gegen die meisten der gängigen Antibiotika resistent sind. Diese Keime, auch als multiresistente Staphylococcus aureus (**MRSA**) bezeichnet, stellen ein erhebliches Problem in der Krankenhaushygiene dar.
Zu (B): **Streptokokken** sind ebenfalls grampositive kugelige Bakterien, die aber in langen Reihen aneinander liegen.

Zu (C): **Enterobakterien** sind zumeist gramnegative Stäbchen, ihr bekanntester Vertreter ist Escherichia coli.
Zu (D): **Vibrionen** sind kommaförmig gebogene, begeißelte und gramnegative Stäbchenbakterien. Die größte medizinische Bedeutung hat Vibrio cholerae, der Erreger der gleichnamigen Erkrankung.
Zu (E): **Treponemen** sind spiralig gekrümmte, durch Drehung um ihre Längsachse aktiv bewegliche Stäbchenbakterien. Treponema pallidum ist der Erreger der Lues.

H04 ■
→ **Frage 3.7:** Lösung D

Fragen dieses Typs werden vom IMPP zunehmend häufiger gestellt – kleine Fallbeispiele, mit denen der Bezug zur klinischen Medizin hergestellt wird. Neu ist die Kombination mit einer Abbildung in der Farbbeilage.
Zu (D): Die Abbildung zeigt dunkle, in Paaren zusammenliegende kugelförmige Bakterien; rein deskriptiv kann man also schon von dem Bild her auf grampositive **Diplokokken** schließen. Die Angaben im Text – Verdacht auf Pneumonie, älterer Patient – bestätigen die Diagnose einer klassischen Lungenentzündung durch *Streptococcus pneumoniae*.
Zu (A): Viren sind aufgrund ihrer geringen Größe im Lichtmikroskop nicht zu sehen. Die Möglichkeiten der Labordiagnostik bei Verdacht auf eine Virusinfektion sind mit der Isolierung und Anzüchtung des Erregers in Zellkultur oder Wirtstier, dem direkten Virusnachweis mittels Elektronenmikroskopie oder Molekularbiologie und schließlich der serologischen Diagnostik im infizierten Patienten relativ Zeit- und kostenintensiv.
Zu (B): E. coli gehört zu den gramnegativen Stäbchen und findet sich darüber hinaus als Darmbakterium vergleichsweise selten im Sputum.
Zu (C): Chlamydien sind obligat intrazelluläre Zellparasiten; *Chl. pneumoniae* ist allerdings ebenfalls Erreger einer (milden) Pneumonie.
Zu (E): Mykoplasmen sind zellwandlose Bakterien und als solche niemals grampositiv.

H05 ■■
→ **Frage 3.8:** Lösung D

Zu (D): Die klinische Fallbeschreibung unter Nennung der Diagnose einer Tonsillitis lässt bereits einen Infekt mit dem dafür charakteristischen Keim *Streptococcus pyogenes* vermuten. Die Abbildung mit violetten, grampositiven Kugelbakterien, die in langen Ketten zusammengelagert sind, erhärtet die Diagnose.
Zu (A): Enterobakterien sind zumeist gramnegative Stäbchenbakterien, deren bekanntester Vertreter *Escherichia coli* ist.

3.1 Morphologische Grundformen der Bakterien

Zu (B): *Treponema pallidum*, der Erreger der Lues, ist ein spiralig gekrümmtes, durch Rotation um seine Längsachse bewegliches Stäbchenbakterium.
Zu (C): Die Gattung der Bacillen besteht aus grampositiven, Sporen-bildenden Stäbchenbakterien, deren bekanntester Vertreter *Bacillus anthracis* als Erreger des Milzbrands v. a. in der Veterinärmedizin große Bedeutung besitzt.
Zu (E): *Diplokokken* sind grampositive, zu Paaren angeordnete Kugelbakterien, die als Erreger der klassischen Lungenentzündung auch unter dem Namen Pneumokokken bekannt sind.

F02 ■
→ **Frage 3.9: Lösung E**

Zu (E): **Pneumokokken** sind in der Tat meist in Paaren zusammengelagerte, kugelförmige Bakterien und als Auslöser der klassischen Pneumonie von großer klinischer Bedeutung.
Zu (A): **Treponema pallidum** gehört zur Gruppe der Spirochäten. Es ist ein spiralig gekrümmtes Bakterium und der Erreger der Syphilis oder Lues.
Zu (B): **Vibrio cholerae** ist ein kommaförmig gekrümmter Keim und als Erreger der Cholera vor allem bei mangelnden hygienischen Verhältnissen und schlechter Abwehrlage sehr gefürchtet.
Zu (C): **Clostridien** sind grampositive, obligat anaerobe Stäbchenbakterien. Sie sind zur Bildung hoch resistenter Sporen befähigt und sind u. a. Auslöser des Wundstarrkrampfes und des Wundbrandes.
Zu (D): **Staphylokokken** sind grampositive, kugelige Bakterien, die in Haufen zusammenliegen. Sie sind wichtige Erreger von Lokalinfekten, die mit Eiterbildung einhergehen.

F05
→ **Frage 3.10: Lösung E**

Zu (E): Unter den als Antwortmöglichkeiten vorgegebenen Keimen ist *Clostridium perfringens* das einzige grampositive Stäbchenbakterium. Davon abgesehen ist die geschilderte Anamnese typisch für diesen Keim. Clostridien sind anaerobe Keime, deren langlebige Sporen sich überall im Erdreich und der sonstigen Umwelt befinden. Für die Pathogenese des lebensgefährlichen Krankheitsbildes, das auch als Gasbrand bekannt ist, ist besonders ein lokal anaerobes Milieu von Bedeutung, wie es typischerweise bei schlechter Durchblutung in nekrotischem Gewebe bei ausgedehnten Weichteilverletzungen vorkommt.
Zu (A): *Escherichia coli* ist ein gramnegatives Stäbchen der natürlichen Darmflora.
Zu (B): *Mycoplasmen* sind zellwandlose, formvariable Bakterien, die aufgrund dessen niemals grampositiv sein können.

Zu (C): *Staphylococcus aureus* ist als klassischer Eitererreger von weltweit medizinischem Interesse. Staphylokokken sind grampositive, in Haufen zusammenliegende Kugelbakterien.
Zu (D): *Pneumokokken* sind meist in Paaren zusammengelagerte und kugelförmige Bakterien, die als Auslöser der klassischen Pneumonie große medizinische Bedeutung besitzen.

H00
→ **Frage 3.11: Lösung A**

Zu (A): *E. coli* ist mit Abstand der häufigste Erreger einer akuten Zystitis. Aber auch ohne dieses klinische Wissen ist der Keim als einziges Stäbchenbakterium der nachfolgenden Aufzählung leicht als die wahrscheinlichste Ursache zu identifizieren.
Zu (B) bis (E): Alle anderen genannten Keime sind ebenfalls potenzielle Auslöser einer Zystitis – wenn auch erheblich weniger häufig als E. coli. Ihre Form als amorph-zellwandfreie (B), kugelige (C und D) oder spiralig gekrümmte Bakterien (E) widerspricht jedoch der im Fragentext geforderten Stäbchenform.

F05 ■
→ **Frage 3.12: Lösung A**

Zu (A): Neisserien sind in der Tat gramnegative, häufig paarig zusammengelagerte Kokken. Klinische Bedeutung haben
- *Neisseria meningitidis* als Erreger von Meningitis und Sepsis bei Kindern und jüngeren Erwachsenen sowie
- *Neisseria gonorrhoeae* als Erreger der Gonorrhö („Tripper"), einer eitrigen Infektion des Urogenitalepithels.

Zu (B): Pneumokokken sind grampositive Diplokokken.
Zu (C), (D) und (E): Alle genannten Bakterien, *Haemophilus influenzae*, *Escherichia coli* und die Shigellen sind gramnegative Stäbchen. Die beiden letztgenannten sind häufige Erreger gastrointestinaler Infekte. Haemophilus löst Infekte des oberen Respirationstraktes aus v. a. bei Kindern und abwehrgeschwächten Individuen.
Achtung: Etwa ¾ der bakteriellen Meningitiden bei Kindern unter 5 Jahren werden durch *Haemophilus influenzae* ausgelöst!

F03
→ **Frage 3.13: Lösung C**

Zu (C): Die Gram-Färbung dient einer grundlegenden Einteilung zellwandhaltiger Bakterien in zwei Gruppen: **grampositive Erreger** sind durch einen Aufbau ihrer Zellwand aus etwa 40 Schichten des heteromeren Polysaccharids Murein charakterisiert. Nach festem Einbau von Kristallviolett-Jod-Komplexen erscheinen sie nach der Gram-Färbung **blau-violett**. **Gram-negative Erreger** können diesen Farbstoff in ihrer dünnen, lediglich einschichtigen Murein-Zellwand nicht halten und werden daher durch eine Gegenfärbung mit Carbolfuchsin **rot** gefärbt.

Zu (A): Ein **aerober Keim** verwendet den normal-atmosphärischen Sauerstoff als terminalen Elektronenakzeptor im Rahmen seiner Energie-erzeugenden Atmungskette.

Zu (B): Die **heterotrophe Ernährung** ist durch die Abhängigkeit eines Lebewesens von der Aufnahme präformierter Nahrungsbestandteile (hier: Glukose und Pepton als organische Stickstoffquelle) zur Deckung des eigenen Energiebedarfes definiert. Im Gegensatz dazu ermöglicht die Photosynthese der grünen Pflanzen eine autotrophe Lebensweise, bei der die Sonnenenergie zur Synthese von Biomasse verwendet wird.

Zu (D): Die Verteilung vieler Geißeln über den gesamten Zellkörper bezeichnet man als **peritriche Begeißelung**. Im Gegensatz dazu stehen die einfache Geißel („polar") oder der endständige Zopf mehrerer Geißeln („lophotrich").

Zu (E): Alle gängigen Bakterien besitzen eine Zellwand. Ausnahmen sind lediglich Mycoplasmen und die sog. „L-Formen" als artifizielle Bakterienform nach medikamentöser Zellwandzerstörung und Kultivierung in isotonem Medium.

F02 ■
→ **Frage 3.14:** Lösung A

Zu (A): *Escherichia coli* sind gramnegative, begeißelte Stäbchen, die zur physiologischen Darmflora gehören. Es gibt allerdings auch Stämme, die zu erheblichen gastrointestinalen Erkrankungen führen können.

Zu (B): *Mycoplasma pneumoniae* ist als zellwandloses, Form-variables Bakterium ein Erreger atypischer Pneumonien bei abwehrgeschwächten Patienten.

Zu (C): *Staphylococcus aureus* ist als klassischer Eiterbildner eines der Bakterien mit weltweit enormer klinischer Bedeutung. Es ist rund, grampositiv und aufgrund des Fehlens einer Geißel nicht zur aktiven Bewegung fähig.

Zu (D): Auch **Streptokokken** sind runde, grampositive und nicht-begeißelte Bakterien. *Str. pyogenes* ist, wie der Name schon sagt, ein wichtiger Eitererreger.

Zu (E): *Treponema pallidum* ist ein spiralig gekrümmtes Stäbchenbakterium (Spirochäte), das sich durch schraubenartige Drehungen um seine Längsachse bewegen kann. Es besitzt keine Geißeln.

H02 H00 ■
→ **Frage 3.15:** Lösung A

Zu (A): *Mycobacterium tuberculosis* ist der Erreger der Tuberkulose. Der stäbchenförmige Keim ist aufgrund seiner speziellen Zellwandzusammensetzung säurefest und kann daher auch im Magensaft von TBC-Patienten nachgewiesen werden.

Zu (B) und (C): Staphylo- und Streptokokken sind kugelförmige Bakterien, keine Stäbchenbakterien; darüber hinaus sind sie nicht säurefest.

Zu (D) und (E): Spiralig gewundene Treponemen und die kommaförmigen Vibrionen gehören ebenfalls nicht zu den klassischen Stäbchenbakterien – außerdem sind sie empfindlich gegenüber Säuren.

3.2 Aufbau und Morphologie der Bakterienzelle (Procyte)

3.2.1 Unterschiede zur Euzyte

III.1 Prokaryonten-Zelle

Im Gegensatz zu den Eukaryonten (Pflanzen, Tiere) bezeichnet man Bakterien und Cyanobakterien („Blaualgen") als Prokaryonten. Die prokaryontische Zelle unterscheidet sich neben ihrer absoluten Größe von der Zelle eines Eukaryonten in vielerlei Hinsicht:

1. **Kein membranumgrenzter Zellkern:**
   Die DNA liegt frei im Zytoplasma, sie ist nicht mit Histonen assoziiert.

2. **Prokaryontische DNA ist ringförmig:**
   Sie ist wesentlich kleiner als ein eukaryontisches Chromosom, ihre Gene enthalten keine Introns. Neben dem einen bakteriellen Chromosom existieren recht häufig ein bis mehrere extrachromosomale DNA-Ringe, die sog. Plasmide.

3. **Wenig intrazelluläre Membransysteme:**
   Die intrazelluläre Kompartimentierung ist bei Prokaryonten kaum ausgeprägt. Membranumgrenzte Organellen, wie Mitochondrien, ER, Lysosomen oder Golgi-Apparat, fehlen. Bestimmte Gruppen, wie Nitrit produzierende oder photosynthetisch aktive Bakterien, haben allerdings intrazellulär große Stapel aus eingestülpter Zellmembran.

4. **Kleine Ribosomen:**
   Die prokaryontischen Ribosomen sind mit 70S kleiner als die 80S-Ribosomen der eukaryontischen Zelle. Transkription und Translation laufen örtlich und zeitlich zusammen, der genetische Code ist jedoch identisch mit dem der Eukaryonten.

3.2 Aufbau und Morphologie der Bakterienzelle (Procyte)

5. **Vermehrung durch Zweiteilung:**
   Neben der rein asexuellen Vermehrung gibt es sog. parasexuelle Vorgänge bei Bakterien, die einem Genaustausch dienen. (Siehe auch Lerntext III.9 „Parasexuelle Vorgänge bei Bakterien".)
6. **Existenz einer spezifisch strukturierten Zellwand:**
   Mit Ausnahme der Mykoplasmen besitzen prokaryontische Zellen eine Zellwand aus einem Polysaccharid-Protein-Netz, den sog. Murein-Sacculus. Manche Arten sind darüber hinaus in der Lage zur Synthese von Schleimkapseln.
7. **Aufbau von Geißeln und Zilien:**
   Die Prokaryonten-Geißel ist völlig anders und viel einfacher strukturiert als die der eukaryontischen Zelle. Aber auch bei Prokaryonten dienen die Geißeln der Beweglichkeit.

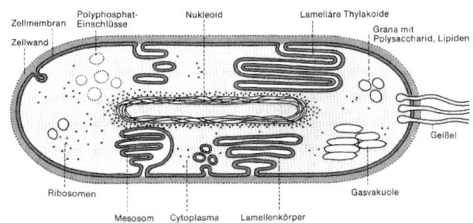

Abb. 3.2 Idealisierter Bauplan einer Protozyte (aus: Vogel, G., Angermann, H.: Taschenatlas der Biologie, Band 1, 5. Aufl., Thieme, Stuttgart, 1990)

Trotz des gegenüber der Eukaryonten-Zelle erheblich vereinfachten Bauplans besitzt die prokaryontische Zelle eine erstaunliche Stoffwechselvielfalt. Hier sind in einer Zelle sämtliche physiologischen Funktionen zusammengefasst, die bei einem Eukaryonten von einzelnen, hochspezialisierten Organellen übernommen werden.

H94 ■
→ Frage 3.16: Lösung D

Zu (D): Selbstverständlich enthalten auch Prokaryonten eine artspezifische Erbinformation. Sie ist allerdings sehr viel kleiner als die einer eukaryontischen Zelle und besteht aus einem ringförmigen Chromosom.
Zu (A), (B) und (C): Siehe Lerntext III.1 „Prokaryonten-Zelle".
Zu (E): Die durchschnittliche Prozyte ist etwa 1 μm breit und 5 μm lang und ist damit immer noch kleiner als ein menschlicher Erythrozyt mit 7 μm. Eine menschliche Leberzelle misst im Durchschnitt zwischen 40 und 60 μm.

F96 F95 ■
→ Frage 3.17: Lösung E

Alle Antworten sind richtig. Bakterien sind Prokaryonten. Im Gegensatz zu den eukaryontischen Zellen der Tiere besitzen sie keine membranumgrenzten Organellen (3). Ihre Ribosomen sind mit 70S (Sedimentations-Einheit Svedberg) kleiner als die 80S-Ribosomen der Eukaryonten (1). Bakterien (jedenfalls die meisten) besitzen ein feste Zellwand aus Murein (2).

Merke: *Pflanzenzellen sind ebenfalls Eukaryonten, besitzen aber auch eine Zellwand (aus Cellulose).*

H02
→ Frage 3.18: Lösung A

Zu (A): Eine Zellwand aus dem heteropolymeren Polysaccharid Murein, der sog. **Murein-Sacculus**, ist ein spezifisches Merkmal der prokaryonten Bakterienzelle. Bei Pflanzenzellen besteht die Zellwand aus der homopolymeren Cellulose. Tierische Zellen besitzen keine Zellwand.
Siehe Lerntext III.2 „Bakterielle Zellwand".
Zu (B) und (E): Das **endoplasmatische Retikulum** und **Lysosomen** sind von einer Membran umgrenzte Organellen, wie sie nur bei eukaryonten Zellen vorkommen. Einer prokaryonten Bakterienzelle fehlen derartige intrazytoplasmatische Membransysteme.
Zu (C): Im Kern der Eukaryontenzelle ist die doppelsträngige DNA mit basischen Proteinen, den **Histonen**, vergesellschaftet. Der Nukleinsäurestrang windet sich mit Abschnitten von etwa 200 Basenpaaren um je einen Histon-Komplex aus 8 einzelnen Proteinen, dazwischen liegen etwa 150 Basenpaare freier DNA. Die im elektronenmikroskopischen Bild sichtbare Figur erinnert an eine Perlenkette, wobei jede „Perle" einem sog. **Nukleosom** entspricht. Prokaryonten haben keinen Kern. Die kleine, ringförmige DNA liegt frei im Zytoplasma, Histone sind nicht vorhanden.
Zu (D): **Kinetosomen** sind Aggregate von Mikrotubuli, die an der Basis einer eukaryontischen Geißel sitzen und für deren Befestigung am Zytoskelett verantwortlich sind.

H05 ■
→ Frage 3.19: Lösung D

Zu (D): **Protozoen** (Geißeltierchen, Amöben und sonstige) gehören als tierische Einzeller zu den Eukaryonten. Mitochondrien kommen als membranumgrenzte Organellen nur bei eukaryontischen Zellen vor, Bakterien als Vertreter der Prokaryonten besitzen keine Mitochondrien.

Zu (A), (B), (C) und (E): Alle hier genannten Strukturen sind typische Bestandteile prokaryontischer Zellen. Zellwand und Kapsel haben bei Bakterien erhebliche Bedeutung für die Klassifikation (z. B. grampositiv oder -negativ) und für die Pathogenität der Erreger. Über einen Sexpilus, eine fingerförmige Ausstülpung bestimmter Bakterienzellen, kann genetisches Material direkt zwischen benachbarten Prokaryonten ausgetauscht werden. Auch das Vorliegen eines freiliegenden, ringförmigen Chromosoms ohne weitere Proteine oder Membranumgrenzung ist typisch für Prokaryonten und kommt bei eukaryontischen Zellen nicht vor.
Siehe Lerntext III.1 „Prokaryonten-Zelle".

F96 ■

→ **Frage 3.20: Lösung B**

An der Basis der Evolution höherer, vielzelliger Organismen standen primitive Einzeller, deren gegenwärtige Vertreter als Bakterien und Cyanobakterien die Gruppe der **Prokaryonten** bilden. Sie zeigen eine einfache zelluläre Struktur ohne membranumgrenzte Organellen, besitzen aber oftmals erstaunliche Stoffwechselvariabilität. Demgegenüber steht die Gruppe der **Eukaryonten**, die von einzelligen Organismen (Amöben, Pantoffeltierchen etc.) über Pilze und Pflanzen bis zu höheren Tieren und dem Menschen eine große Vielfalt an Lebensformen entwickelt haben.
Zu (B): Freie Ribosomen kommen in prokaryontischen und eukaryontischen Zellen gleichermaßen vor. Sie dienen der Synthese intrazellulärer Proteine. Die Ribosomen unterscheiden sich jedoch in Struktur und Größe, sodass man nach ihrer Sedimentationsgeschwindigkeit in der Ultrazentrifugation die leichten prokaryontischen 70S- (S für Svedberg) von den schweren 80S-Ribosomen der Eukaryonten trennt.
Zu (A): Zellform und -größe sind bei eukaryontischen Zellen extrem weit gestreut. Beim Menschen reicht ihre Größe von 3–5 µm (Spermienkopf) bis zur 100–120 µm großen Eizelle. Zellfortsätze von Nervenzellen können über 1 m lang sein. Der Durchschnittswert beträgt 40–60 µm, was einer menschlichen Leberzelle entspricht. Die durchschnittliche Bakterienzelle misst dagegen etwa 1 µm im Durchmesser. Die Variabilität in Zellform und -größe ist bei Prokaryonten sehr viel geringer ausgeprägt.
Zu (C), (D) und (E): Diese drei Antwortmöglichkeiten beziehen sich auf typische Organellen der eukaryontischen Zelle – Mitochondrium, Endoplasmatisches Retikulum und Diktyosom. Prokaryonten besitzen diese Organellen nicht.

Anmerkung: Das Vorhandensein eigener DNA in den Mitochondrien (und Chloroplasten) eukaryontischer Zellen ist die Basis der sog. **Endosymbionten-Theorie**. Sie besagt, dass sich die betreffenden Organellen aus einer prokaryontischen Zelle entwickelt haben, die irgendwann in der Frühzeit der Evolution von einer größeren Zelle aufgenommen wurde. Die inkorporierte Zelle stellte ihre Stoffwechselleistung (Energiegewinnung) in den Dienst der „Mutterzelle" und wurde über den Umweg des Endosymbionten zum Organell.

H03 ■■

→ **Frage 3.21: Lösung D**

Zu (D): Prokaryonten sind durch eine enorme Stoffwechselvariabilität charakterisiert, besitzen aber keinerlei intrazelluläre Membransysteme. Daher gibt es bei Bakterien und Cyanobakterien auch kein endoplasmatisches Retikulum, das der eukaryontischen Zelle als Stoffwechsel- und Transportorgan dient.
Zu (A): Die meisten Prokaryonten sind durch den Besitz einer mehr oder weniger dicken **Zellwand**, den **Mureinsacculus**, gekennzeichnet. Sie dient dem Bakterium zur äußeren Formerhaltung, zur Anheftung an Gewebeoberflächen, kann im mikrobiologischen Labor nach dem Verhalten in der Gram-Färbung einer ersten Charakterisierung dienen und hat z. T. erhebliche medizinische Bedeutung bei der Frage nach der Pathogenität eines Keimes.
Zu (B): Als **Pili** oder Fimbrien bezeichnet man Ausstülpungen der bakteriellen Zellmembran. Sie haben keine Bewegungsfunktion, dienen dem Keim aber der Anheftung an ein Gewebe oder ermöglichen den Austausch genetischer Information bei der Konjugation („Sex-Pili").
Zu (C): Jedes Bakterium ist von einer **Zellmembran** umgeben. Diese ist nach dem Grundprinzip der biologischen „Einheitsmembran" aus einer Lipiddoppelschicht mit ein- oder angelagerten Membranproteinen aufgebaut.
Zu (E): **Ribosomen** als Orte der Proteinbiosynthese besitzen keine Membranen und kommen natürlich auch in Prokaryonten vor. Sie sind allerdings im Vergleich zu eukaryontischen Ribosomen kleiner.
Siehe Lerntext III.1 „Prokaryonten-Zelle".

F03 ■■

→ **Frage 3.22: Lösung A**

Bakterien als typische Vertreter der Prokaryonten sind zwar durch eine enorme Stoffwechselvariabilität charakterisiert, besitzen aber keinerlei intrazelluläre Membransysteme.
Zu (A): **Ribosomen** als Orte der Proteinbiosynthese besitzen keine Membranen und kommen natürlich

auch in Prokaryonten vor. Sie sind allerdings im Vergleich zu eukaryontischen Ribosomen kleiner.
Zu (B)–(E): Alle hier genannten Organellen sind von einer Membran umgrenzt und kommen daher in Prokaryonten nicht vor.
Siehe Lerntext III.1 „Prokaryonten-Zelle".

H00
→ Frage 3.23: Lösung D

Zu (D): Die Enzyme der Energie erzeugenden Atmungskette sind bei Prokaryonten in der **Zytoplasmamembran** lokalisiert, da es keine intrazellulären, membranumgrenzten Organellen gibt. In der eukaryontischen Zelle übernehmen die Mitochondrien diese Funktion.
Zu (A): Pili sind Ausstülpungen der Zellmembran, die manchen Bakterienarten die interzelluläre Genübertragung über einen direkten Zytoplasmakontakt ermöglichen.
Zu (B) und (C): Wie bereits erwähnt, besitzen Prokaryonten keine membranumgrenzten Organellen, somit auch keine Mitochondrien und keinen Zellkern.
Zu (E): Die bakterielle **Zellwand** besteht aus einem mehr oder weniger dicken Netzwerk von Polysacchariden (**Murein**) und dient der Zelle vor allem als mechanische Grenzfläche; ein Zusammenhang mit der Atmungskette besteht nicht.

3.2.2 Zellwand

III.2 Bakterielle Zellwand

Die bakterielle Zellwand besteht aus langen Ketten von heteropolymeren Polysacchariden. Die Bausteine sind zwei mit Aminoessigsäure verbundene C6-Zucker, das **N-Acetylglucosamin** und die **N-Acetylmuraminsäure**, die alternierend zu langen Ketten verbunden sind. Die Verbindung dieser Polysaccharidketten wird durch Querverbindungen über kurze **Peptidbrücken** hergestellt.
Dieser sog. **Murein-Sacculus** sorgt für die äußere Form der Zelle und schützt sie vor dem Anschwellen und Platzen durch osmotisch bedingten Wassereinstrom.

Klinischer Bezug

Die Zellwand ist Angriffspunkt zahlreicher Antibiotika. So verhindern **Penicilline** und **Cephalosporine** die Quervernetzung der Zuckerketten, **Lysozym** spaltet die Polysaccharidkette. Durch den Verlust der funktionsfähigen Zellwand kommt es zur osmotisch bedingten Lyse der Zelle.

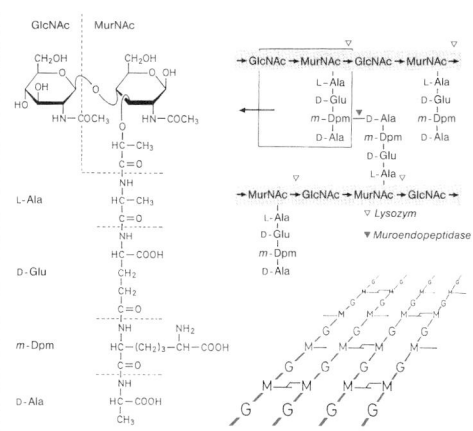

Abb. 3.3 Struktur des Mureins von *Escherichia coli* (aus: Schlegel, H. G.: Allgemeine Mikrobiologie, 7. Aufl., Thieme, Stuttgart, 1992)
Die aus einer alternierenden Folge von *N*-Acetylglucosamin (GlNAc) und *N*-Acetylmuraminsäure (MurNAc) bestehenden heteropolymeren Ketten sind untereinander peptidisch verknüpft. Auf der linken Bildseite ist das rechts oben eingerandete Muropeptid vergrößert wiedergegeben. Die Pfeile (∇∇) deuten auf die durch *Lysozym (Muramidase)* und durch eine spezifische *Muroendopeptidase* spaltbaren Bindungen. Das Bild rechts unten vermittelt einen perspektivischen Eindruck von den aus GlNAc (G) und MurNAc (M) bestehenden quervernetzten Holmen.

→ Frage 3.24: Lösung E

Zu (A): Die Zellmembran ist die unmittelbare Abgrenzung der Zelle. Die Zellwand liegt dieser Membran außen auf.
Zu (B) und (C): Das Kapsid umgibt die virale Erbinformation (DNA oder RNA), die Proteinhülle bestimmt die äußere Form des Virus. Viren besitzen keine Zellmembran und sind keine Lebewesen!
Zu (D): Manche Bakterien (z. B. Pneumokokken) sind in der Lage, eine aus Schleimstoffen bestehende Kapsel zu bilden, die einen Schutz vor Phagozytose darstellt.

H90 ■
→ Frage 3.25: Lösung E

Zu (E): Siehe Lerntext III.2 „Bakterielle Zellwand".
Zu (B): Der **Murein-Sacculus** ist bei grampositiven Bakterien etwa 40 Schichten dick. Bei gramnegativen Keimen ist er allerdings nur einschichtig – somit kann man diese Antwort auch als bedingt richtig ansehen.
Zu (C): Eine Zellwand aus Zellulose ist typisch für **Pflanzenzellen**.

3 Grundlagen der Mikrobiologie und Ökologie

Zu (D): Bei Bakterien befinden sich die Enzyme der Atmungskette in der Zellmembran, Mitochondrien sind nicht vorhanden.

→ **Frage 3.26:** Lösung D

Siehe Lerntext III.2 „Bakterielle Zellwand".

→ **Frage 3.27:** Lösung E

Zu den sog. parasexuellen Vorgängen bei Bakterien gehört die Konjugation. Hierbei wird genetische Information zwischen zwei Bakterien über eine direkte Zytoplasmabrücke (sog. Sexpilus) ausgetauscht.
Siehe Lerntext III.9 „Parasexuelle Vorgänge bei Bakterien".

→ **Frage 3.28:** Lösung A

Manche Bakterien (z. B. Pneumokokken) sind in der Lage, eine aus Schleimstoffen bestehende Kapsel zu bilden, die einen Schutz vor Phagozytose darstellt.
Zu (B): Mesosomen sind Einfaltungen der Zellmembran, die in einigen Bakterien vorkommen. Ihre genaue Funktion ist nicht geklärt. Diskutiert werden Anheftungsstellen für die bakterielle DNA und ein Besatz mit ATP-generierenden, lichtempfindlichen Proteinen bei photosynthetisch aktiven Bakterien.

III.3 Gram-Färbung

Die Gram-Färbung ist eine Routine-Färbung im mikrobiologischen Labor. Sie dient einer grundlegenden Klassifikation von Bakterien in grampositiv und gramnegativ.
Der Färbung liegt der Einbau von **Kristallviolett-Jod-Komplexen** in den Murein-Sacculus zugrunde. Nach Inkubation mit dem violetten Farbstoff und einer Jod-Lösung erfolgt die Differenzierung mit einem **Aceton-Ethanol-Gemisch**. Abschließend wird mit verdünntem **Carbolfuchsin** gegengefärbt.

Der Murein-Sacculus **grampositiver Bakterien** besteht aus etwa 40 Schichten, die den Farbstoff derart fest in ihr Polysaccharidgerüst einlagern, dass man mit dem Aceton-Ethanol-Gemisch keine Entfärbung erreichen kann. Die Bakterien sind im lichtmikroskopischen Bild **dunkelblau-violett**. Grampositive Bakterien sind beispielsweise Streptokokken und Staphylokokken.

Gramnegative Bakterien besitzen nur einen einschichtigen Murein-Sacculus. Die schwach angelagerten Kristall-Jod-Komplexe werden bei der Differenzierung vollständig entfernt. Nach Gegenfärbung mit Carbolfuchsin erscheinen die Keime im Lichtmikroskop **rot**. Gramnegative Bakterien sind u. a. die große Gruppe der Darmbakterien.

F02 ■■
→ **Frage 3.29:** Lösung B

Zu (B): In der bakteriellen Zellwand (= **Murein**-Sacculus) sind lange **Polysaccharid**-Ketten aus N-Acetyl-Glucosamin und N-Acetyl-Muraminsäure über kurze Peptidbrücken miteinander verknüpft. Grundbausteine sind also lange Zuckerverbindungen, der Protein-Anteil dient nur der Quervernetzung (Angriffspunkt von Penicillin!).
Siehe Lerntext III.2 „Bakterielle Zellwand".
Zu (A): Die Bakterienzelle wird von einer konventionellen Zellmembran begrenzt und wird zusätzlich durch die Zellwand umschlossen. Diese Zellwand, die bei tierischen Zellen fehlt, gibt dem Bakterium in der Tat die äußere Form vor, sorgt für ihre Stabilität und schützt vor vielen äußeren Einflüssen.
Zu (C): Mit der klassischen **Gram-Färbung** werden Bakterien nach dem Aufbau ihrer Zellwand in grampositive und gramnegative Spezies eingeteilt. Grundlage dieser Färbung ist die feste Einlagerung von Kristallviolett-Jod-Komplexen in den etwa 40 Schichten dicken Murein-Sacculus grampositiver Keime. Bei gramnegativen Bakterien ist die Zellwand nur einschichtig. Der Farbstoff wird nicht fest gebunden und im Rahmen des mehrstufigen Färbeprozesses werden die Keime erst durch eine Gegenfärbung mit Carbolfuchsin rot eingefärbt.
Siehe Lerntext III.3 „Gram-Färbung".
Zu (D): Gramnegative Bakterien besitzen an der Außenseite ihrer Zellwand noch eine äußere Membran, die aus **Lipopolysacchariden** besteht. Viele dieser Substanzen sind als **Endotoxine** äußerst pathogen.
Zu (E): Sog. **Fimbrien** oder **Pili** dienen der Anheftung des Bakteriums an Gewebsoberflächen oder dem Austausch genetischer Information im Rahmen der Konjugation.

H98 H96 ■■
→ **Frage 3.30:** Lösung B

Zu (B): Die Zellwand gramnegativer Bakterien besteht aus einer einschichtigen Murein-Hülle, die zusätzlich von einer äußeren Membran bedeckt ist.
Zu (C): Die Gram-Färbung ist eine Routineuntersuchung im mikrobiologischen Labor. Sie dient einer

grundlegenden Klassifikation von Bakterien in grampositiv und gramnegativ (Taxonomie = Einordnung in ein bestimmtes System).
Zu (A), (D) und (E): Siehe Lerntext III.3 „Gram-Färbung".

H03 F97 ■■
→ **Frage 3.31:** Lösung D

Zu (D): Die Gram-Färbung dient einer grundlegenden Einteilung zellwandhaltiger Bakterien in zwei Gruppen: **grampositive Bakterien** sind durch einen Aufbau ihrer Zellwand aus etwa 40 Schichten des heteromeren Polysaccharids Murein charakterisiert. Nach festem Einbau von Kristallviolett-Jod-Komplexen erscheinen sie nach der Gram-Färbung **blau-violett. Gramnegative Bakterien** können diesen Farbstoff in ihrer dünnen, lediglich einschichtigen Murein-Zellwand nicht halten und werden daher durch eine Gegenfärbung mit Carbolfuchsin **rot** gefärbt.
Zu (A): Als bakterielles **Nukleoid** bezeichnet man das **Kernäquivalent**, also die genetische Information eines Keimes (ausschließlich von Plasmiden). Mit der Färbung der Zellwand hat das natürlich nichts zu tun.
Zu (B): Wie oben beschrieben, lagern sich die Farbstoffe der Gram-Färbung in die Zellwand ein – das **Zytoplasma** spielt hier keine Rolle.
Zu (C): Die Dichte der Ribosomen ist ebenfalls für die Gram-Färbung ohne Bedeutung. Bei eukaryontischen Zellen kann man mittels basischer Farbstoffe die **Ribosomen** aufgrund ihrer deutlichen negativen Ladung mit basischen Farbstoffen anfärben.
Zu (E): Das Vorhandensein von **Schleimkapseln** (z. B. bei **Pneumokokken**) hat einen Einfluss auf die Pathogenität des Erregers.
Siehe Lerntext III.3 „Gram-Färbung".

F04 ■■
→ **Frage 3.32:** Lösung C

Zu (C): Grampositive Bakterien besitzen eine dicke, mehrschichtige Zellwand aus bis zu 40 Lagen Murein, in die der violette Farbstoff aus **Kristallviolett-Iod-Komplexen** fest eingelagert wird. Bei gramnegativen Bakterien ist die Zellwand nur 1–2 Schichten dick, sodass der Farbstoff durch die nachfolgende Behandlung mit einem **Aceton-Ethanol-Gemisch** wieder ausgewaschen wird. Diese Bakterien werden abschließend mit rötlich-braunem **Carbolfuchsin** gegengefärbt.
Siehe auch Lerntext III.3 „Gram-Färbung".
Zu (A), (D) und (E): Der Gehalt an Ribosomen, Vorhandensein von Mesosomen oder gar der Elektrolyt-Gehalt sind in grampositiven und gramnegativen Bakterien per se nicht unterschiedlich und haben mit der Gram-Färbung nichts zu tun.

Zu (B): Wäre die bakterielle Zellwand undurchlässig für den violetten Farbstoff, wäre die Gram-Färbung überhaupt nicht möglich – diese Antwortmöglichkeit ist daher sinnlos.

H05
→ **Frage 3.33:** Lösung E

Zu (E): **Teichonsäuren** sind in der Tat eine Art „Markenzeichen" grampositiver Zellwände. Es sind große Polymere aus Ribitol- und Glycerol-Phosphaten, die zumeist fest an den Mureinsacculus gebunden sind und nach außen ragen. In Form sog. Lipoteichonsäuren sind sie teilweise sogar in der Zellmembran verankert.
Zu (A) und (B): **Peptidoglykane** in Form vielfach vernetzter Makromoleküle bilden den **Mureinsacculus** der Zellwand grampositiver und gramnegativer Bakterien. Der Unterschied besteht hier nur in der Dicke des Mureins, das bei grampositiven Bakterien etwa 40 Schichten dick ist, bei gramnegativen Bakterien lediglich aus einer Schicht besteht.
Zu (C): **Lipopolysaccharide** bilden die äußere Membran gramnegativer Bakterien, die auf den einschichtigen Mureinsacculus aufgelagert ist und z. B. als sog. Endotoxine einen enorm wichtigen Pathogenitätsfaktor vieler Bakterien darstellt.
Zu (D): Die **Zellmembran** ist bei allen Bakterien weitgehend gleich aufgebaut und hat nichts mit der Gram-Färbung zu tun.
Siehe Lerntexte III.2 „Bakterielle Zellwand" und III.3 „Gram-Färbung".

H01 ■
→ **Frage 3.34:** Lösung B

Zu (B): Bei gramnegativen Bakterien findet man auf der Außenseite des dünnen Mureinsacculus eine zweite Membran in Form einer Phospholipid-Doppelschicht, auf deren äußerem Anteil eine Vielzahl an Lipopolysacchariden aufgelagert ist. Medizinische Bedeutung hat diese Schicht, da sie als so genanntes **Endotoxin** Auslöser zahlreicher Krankheitsreaktionen des Wirtsorganismus sein kann.
Zu (A): Grampositive Bakterien haben keine äußere Membran.
Zu (C)–(E): Das Vorhandensein von Geißeln oder die Fähigkeit zur Bildung von Kapseln (Mukopolysaccharide) und Sporen haben mit der Lipopolysaccharidschicht gramnegativer Bakterien nichts zu tun.

F05
→ **Frage 3.35:** Lösung B

Zu (B): Manche Lipopolysaccharide sind als Teil der „äußeren Zellmembran" oder als enzymatisch freigesetzte Substanzen als sog. **Endotoxine** für

viele pathologische Reaktionen im Wirtsorganismus verantwortlich.
Zu (A): Lipopolysaccharide sind typische Bestandteile der äußeren Zellmembran gramnegativer Bakterien. Bei grampositiven Keimen kommen sie nicht vor.
Zu (C), (D) und (E): Bei gramnegativen Bakterien folgt unmittelbar auf die Zellmembran der ein- bis zweischichtige Mureinsacculus. Sog. Murein-Lipoproteine überbrücken einen schmalen Zwischenraum, der auch als periplasmatischer Raum bezeichnet wird, und sind nach außen in eine zweite Lipiddoppelschicht, die äußere Membran, integriert. Diese äußere Membran trägt schließlich die Lipopolysaccharide, deren Zuckerketten nach außen weisen.

H00
→ **Frage 3.36:** Lösung C

Gramnegative Bakterien (D) sind durch eine „äußere Zellmembran" charakterisiert, die dem einschichtigen Murein-Sacculus außen aufliegt. Es handelt sich dabei um eine normale, zweischichtige Phospholipidmembran, an deren Außenseite noch eine Schicht aus **Lipopolysacchariden** aufgelagert ist (A).
Zu (C): Die Lipopolysaccharide sind fester Bestandteil der „äußeren Zellmembran" und werden nicht aktiv von der Zelle sezerniert.
Zu (B) und (E): Manche Lipopolysaccharide sind als Zellwandbestandteil oder auch als freie Substanz nach deren Abbau als sog. **Endotoxine** für viele pathologische Reaktionen beim Wirtsorganismus verantwortlich.

H05 ■
→ **Frage 3.37:** Lösung D

Zu (D): **Lipopolysaccharide** sind typische Bestandteile der äußeren Zellmembran gramnegativer Bakterien. Bei grampositiven Bakterien kommen sie nicht vor. Manche Lipopolysaccharide sind in membrangebundener Form oder als enzymatisch freigesetzte Substanzen als sog. **Endotoxine** für viele pathologische Reaktionen im Wirtsorganismus verantwortlich. Insbesondere die geschilderte Symptomatik mit hohem Fieber und Sepsis ist typisch für eine Reaktion auf derartige Endotoxine.
Zu (A): Kleinste Proteinfäden, sog. **Pili** oder Fimbrien, dienen vielen gramnegativen Bakterien zur Anheftung an andere Zellen oder Gewebe. Auch eine dünne Ausstülpung der Plasmamembran einiger Bakterien, über die die Übertragung genetischen Materials auf andere Zellen möglich ist, wird als (Sex-)Pilus bezeichnet. Diese Strukturen haben aber nichts mit dem geschilderten Krankheitsbild zu tun.

Zu (B) und (E): **Murein** und **Lipoteichonsäuren** sind ebenfalls Bestandteile der bakteriellen Zellwand, sind aber nicht pathogen.
Zu (C): Das Kernäquivalent oder **Nukleoid** beinhaltet die genetische Information einer Prokaryontenzelle, löst aber nicht die o. g. Krankheitssymptome aus.

F97
→ **Frage 3.38:** Lösung B

Zu (B)–(E): Siehe Lerntext III.8 „Wirkprinzipien von Antibiotika".
Zu (A): Denaturierung von Proteinen bezeichnet die Zerstörung der räumlich definierten Struktur und damit der biologischen Wirksamkeit. Dieser Vorgang ist das Wirkprinzip verschiedener Desinfektionsmittel, z. B. Alkohol, Phenole, Aldehyde.

H03 H00 ■
→ **Frage 3.39:** Lösung A

L-Formen sind Bakterien, die – in isotoner Nährlösung gehalten – durch die Einwirkung von Penicillin oder ähnlichen Substanzen ihre Zellwand verloren haben.
Zu (A): **Mykoplasmen** sind zellwandlose Bakterien und ähneln den o. g. L-Fomen durch den Mangel einer äußeren, festen Form sehr.
Zu (B): **Staphylokokken** = in Haufen liegende, kleine und rundliche Bakterien.
Zu (C): **Streptokokken** = in Reihen liegende, kleine und rundliche Bakterien.
Zu (D): **Treponemen** = spiralig gekrümmte Bakterien.
Zu (E): **Vibrionen** = kommaförmige Bakterien, z. B. *Vibrio cholerae*.

H02 F98 ■
→ **Frage 3.40:** Lösung A

Zu (A): **Mykoplasmen** sind Zellwand-freie Bakterien. Sie zeigen daher eine primäre Resistenz gegenüber Penicillin. Medizinisch relevant ist *Mycoplasma pneumoniae* als Erreger einer atypischen Pneumonie bei alten und immuninkompetenten Patienten.
Zu (B): Die Fähigkeit zur **Kapselbildung** ist u. a. von einigen Kokken bekannt. Die aus wasserbindenden Muzinen bestehende Kapsel schützt den Keim vor Phagozytose und erhöht somit die Virulenz des betreffenden Erregers. Medizinische Relevanz haben die **Pneumokokken** als Erreger der klassischen, akuten Lungenentzündung.
Zu (C): **Animale Viren** sind potenzielle Krankheitserreger bei Mensch und Tier, haben mit Mykoplasmen jedoch nichts zu tun.
Zu (D) und (E): Durch Einwirkung von **Penicillin** oder **Lysozym** wird die bakterielle Zellwand zerstört. Bei

physiologischem Außenmilieu kommt es daraufhin zum osmotisch bedingten Wassereinstrom und dadurch zum Platzen der Zelle. Bei hochosmolarem Außenmedium können die Zellen jedoch auch ohne Zellwand überleben und werden als sog. **L-Formen** (L für „Lister") bezeichnet.

3.2.3 Geißeln, Pili (Fimbrien)

F93
→ Frage 3.41: Lösung B

Zu **(B)**, **(C)** und **(D)**: Die Geißeln eukaryontischer (z. B. Spermium) und prokaryontischer Zellen haben mit der Fortbewegung der Zelle (C) zwar identische Funktion, sind aber völlig unterschiedlich aufgebaut (B). Bakterielle Geißeln bestehen aus Flagellin (D) und sind über eine gelenkartige Ansatzstruktur in der Zellmembran verankert. Ihnen fehlt das definierte Mikrotubulussystem der Eukaryonten-Geißel. Die Fortbewegung der Zelle wird durch rotierende Bewegungen, ähnlich einer Schiffsschraube, ermöglicht.
Zu **(E)**: Je nach Zahl und Ansatzstelle der bakteriellen Geißel werden verschiedene Bakteriengattungen charakterisiert. Man unterscheidet **polar** (eine endständige Geißel), **lophotrich** (ein endständiger Schopf mehrerer Geißeln) und **peritrich** (viele Geißeln über die Zelle verteilt) begeißelte Bakterien.

F04
→ Frage 3.42: Lösung D

Zu **(D)**: Bakterielle Geißeln bestehen aus dem Protein **Flagellin** und sind über eine gelenkartige Ansatzstruktur in der Zellwand verankert. Durch eine rotierende Schraubenbewegung, ähnlich einer Schiffsschraube, kann sich das Bakterium auf diese Weise aktiv bewegen.
Zu **(A)**: Aktin ist ein eukaryontisches Protein, das in Muskelzellen in Verbindung mit Myosin eine Zellbewegung ermöglicht. In Prokaryonten kommt es nicht vor.
Zu **(B)**, **(C)** und **(E)**: Beschrieben sind typische Charakteristika eukaryontischer Geißeln. Für die Bakteriengeißel sind diese Dinge nicht gültig.

H04
→ Frage 3.43: Lösung A

Zu **(A)**: Die Geißel einer Bakterienzelle hat mit der aktiven Zellbewegung zwar eine identische Aufgabe wie die Geißel einer eukaryontischen Zelle. Ihr struktureller Aufbau aus dem Protein **Flagellin** sowie ihre gelenkartige Ansatzstruktur in der Zellmembran ist jedoch völlig verschieden.

Zu **(B)** und **(E)**: Zilien oder Geißeln eukaryontischer Zellen sind durch eine hochgeordnete Struktur aus 9 Mikrotubulus-Doppelzylindern und 2 zentralen **Mikrotubuli**, die sog. **9 x 2 + 2-Struktur** charakterisiert.
Zu **(C)**: Mehrere Mikrofilamente aus Aktin zusammengelagert und mit einzelnen Myosin-Molekülen kombiniert ergeben die sog. **Stressfasern**, die für die strukturelle Integrität einer Zelle wichtig sind.
Zu **(D)**: **Tonofilamente** sind Bündel aus Keratinfilamenten, die in Epithelzellen zu finden sind und u. a. beim Prozess der Verhornung der obersten Epithelschicht eine Rolle spielen.

H04 ■
→ Frage 3.44: Lösung B

Zu **(B)**: **Fimbrien** oder **Pili** sind Proteinfäden an der Oberfläche meist gramnegativer Bakterien. Sie dienen der spezifischen oder unspezifischen Anheftung des Keimes an andere Gewebe oder Wirtszellen.
Zu **(A)**: Der sog. **Sexpilus** ist eine Zytoplasmabrücke zwischen zwei Bakterien, die im Rahmen der Konjugation ausgebildet wird und der direkten Übertragung von Genmaterial dient.
Zu **(C)**: Einige Bakterien besitzen Einstülpungen ihrer Zellmembran, die **Mesosomen**, deren genaue Funktion noch nicht bekannt ist. Man vermutet Anheftungsstellen für die bakterielle DNA und bei photosynthetisch aktiven Keimen einen Besatz mit lichtempfindlichen, ATP-produzierenden Enzymen.
Zu **(D)**: Hier spielt das IMPP wohl auf die bei einigen Eukaryontenzellen beschriebenen Ausstülpungen der Zellmembran hin, die u. a. als **Mikrovilli** an den Darmepithelzellen der Oberflächenvergrößerung dienen. Vergleichbare Strukturen bei Bakterien sind nicht bekannt.
Zu **(E)**: „Intramural" bedeutet „in einer Organwand (liegend)", eine bei Bakterien unmögliche Lokalisationsangabe.

H01 ■
→ Frage 3.45: Lösung B

Zu **(B)**: Insbesondere gramnegative Bakterien besitzen häufig zarte Proteinfäden auf ihrer Oberfläche, die als Pili oder Fimbrien bezeichnet werden. Über diese Pili kann sich der Keim spezifisch oder unspezifisch an andere Zellen oder Gewebe anheften. Zum Beispiel kann sich E. coli im Rahmen eines Harnwegsinfektes mittels Fimbrien an das Übergangsepithel der Harnröhre anheften.
Zu **(A)**: Geißeln dienen der aktiven Bewegung eines Bakteriums.
Zu **(C)**: Die Fähigkeit zur Kapselbildung ist ein wesentlicher Pathogenitätsfaktor bei Pneumokokken. Die Kapsel schützt den Keim vor der Phagozytose

durch körpereigene Abwehrzellen. Pneumokokken, die keine Kapsel mehr bilden können, sind apathogen.
Zu (D): Der Mureinsacculus ist die Zellwand der Bakterienzelle.
Zu (E): Mesosomen sind Einfaltungen der Zellmembran, die in einigen Bakterien vorkommen. Ihre genaue Funktion ist nicht geklärt. Diskutiert werden Anheftungsstellen für die bakterielle DNA und ein Besatz mit ATP-generierenden, lichtempfindlichen Proteinen bei photosynthetisch aktiven Keimen.

H05 ■
→ Frage 3.46: Lösung C

Zu (C): Vor allem gramnegative Bakterien besitzen häufig zarte Proteinfäden auf ihrer Oberfläche, die man als **Fimbrien** oder **Pili** bezeichnet. Durch diese Strukturen kann sich der Keim teils spezifisch, teils unspezifisch an andere Zellen oder Gewebe anheften. *E. coli* adhäriert auf diese Weise bei einem Harnwegsinfekt am Übergangsepithel der Harnröhre.
Zu (A) und (E): **Peptidoglykan** und **Lipoteichonsäuren** sind Bestandteile bakterieller Zellwände und haben mit der Anheftung an Wirtszelloberflächen nichts zu tun.
Zu (B): Die bakterielle **Zellmembran** ist stets von einer mehr oder weniger dicken Zellwand umgeben und kann daher für eine Adhärenz an andere Zellen nicht genutzt werden.
Zu (D): Die Bildung von **Kapseln** kann bei einigen Bakterien durch Schutz vor Phagozytose die Pathogenität erhöhen – bei der Anheftung an Oberflächen spielt sie keine Rolle.

F92 ■■
→ Frage 3.47: Lösung C

Transduktion ist die Übertragung genetischen Materials durch sog. Phagen, Bakterien-infizierende Viren. Sexpili dienen der Konjugation. (Siehe Lerntext III.9 „Parasexuelle Vorgänge bei Bakterien".)
Zu (B): Viele Bakterien benutzen kleine Ausstülpungen der Zellmembran (Pili), um sich in einem Gewebe festzuhalten. Beispiel: Harnwegsinfekte durch uropathogene E. coli, die sich über spezielle Pili am Epithel der ableitenden Harnwege anheften können.
Zu (E): Wie bei Eukaryonten, so enthält die Zellmembran natürlich auch bei Prokaryonten zahlreiche Mechanismen zur aktiven Stoffaufnahme.

3.2.4 Kapsel

F01 ■
→ Frage 3.48: Lösung B

Zu (B): Griffith entdeckte bereits 1928, dass pathogene Pneumokokken-Stämme die Eigenschaft der Kapselbildung auf vorher apathogene Stämme übertragen können, die dann selbst krankheitsauslösend wirken. Die aus Schleimstoffen bestehende Kapsel schützt den Keim vor Phagozytose und ist somit ein wichtiger Faktor der Virulenz.
Zu (A): Mykoplasmen sind zellwandfreie Bakterien, die bei immungeschwächten Patienten eine atypische Pneumonie auslösen können. Zur Bildung einer Kapsel sind diese Bakterien nicht befähigt.
Zu (C): *Treponema pallidum*, der Erreger der Syphilis, gehört zur Gruppe der Spirochäten. Der Keim ist ein spiralig gekrümmtes Stäbchen, ist durch Rotation aktiv beweglich und lässt sich auf künstlichen Nährmedien nicht kultivieren, sodass der Nachweis mittels Dunkelfeld-Mikroskopie geführt werden muss.
Zu (D): Staphylokokken sind in Haufen zusammengelagerte, runde Keime ohne aktive Beweglichkeit. *Staphylococcus aureus* besitzt als Eitererreger bei Lokalinfektionen eine enorme klinische Bedeutung. Problematisch ist die zunehmend häufiger beobachtete Resistenz gegenüber den gängigen Antibiotika.
Zu (E): *Vibrio cholerae*, ein kommaförmig geformtes Stäbchenbakterium ohne Begeißelung, ist als Erreger der Cholera von großer klinischer Bedeutung. Eine Kapselbildung kommt auch hier nicht vor.

3.2.5 Zellmambran (Zytoplasmamembran)

Zu diesem Kapitel wurden bisher keine Fragen gestellt.

3.2.6 Ribosomen

Zu diesem Kapitel wurden bisher keine Fragen gestellt.

3.2.7 Nucleoid (Kernäquivalent), Bakterienchromosom, Plasmide

III.4 Plasmide

Bakterienzellen enthalten neben dem eigentlichen Chromosom häufig weitere genetische Informationen als ringförmige und doppelsträngige DNA-Moleküle, die man als **Plasmide** bezeichnet und die in bis zu 40 Kopien in einem Bakterium vorliegen können. Plasmide vermehren sich unabhängig vom bakteriellen Chromosom, zeigen große Unterschiede im Hinblick auf die Anzahl der Basenpaare (zwischen 3×10^3 und 450×10^3) und tragen Gene, deren Informationen für das Überleben der Zellen nicht essenziell sind.

Der Besitz **konjugativer Plasmide** (*F*-Faktoren für *Fertilität*) ermöglicht es einer Bakterienzelle, über die Ausbildung einer direkten Zytoplasmabrücke Kontakt zu einer zweiten Zelle aufzunehmen und im Rahmen der sog. Konjugation genetisches Material, z.B. Resistenzgene desselben Plasmids, auszutauschen (siehe hierzu auch Lerntext III.9 „Parasexuelle Vorgänge bei Bakterien").

Klinischer Bezug
Medizinisch bedeutsam sind drei Gruppen von Plasmiden: **Virulenzplasmide** tragen Gene, die verschiedene Faktoren der bakteriellen Virulenz, z.B. für Enterotoxine tragen. **Metabolische Plasmide** codieren für diverse Stoffwechselmerkmale ihrer Trägerzellen. **Resistenzplasmide** enthalten Gene für verschiedene Mechanismen, die ihrem Träger Resistenzen gegenüber speziellen Antibiotika verleihen. Insbesondere diese Plasmide, die auch als R-Faktoren bezeichnet werden, haben aufgrund ihrer Übertragbarkeit auf Bakterienzellen anderer Gattungen eine enorme medizinische Bedeutung.

H01 ■■
→ Frage 3.49: Lösung B

Zu (B): Plasmide bestehen immer aus doppelsträngiger DNA, niemals aus RNA.
Zu (A), (C), (D) und (E): Plasmide sind extrachromosomale DNA-Elemente, die in vielen Bakterien enthalten sind. Sie tragen Gene, die für das Überleben der Zelle unter physiologischen Bedingungen nicht essenziell sind, z. B. Resistenzgene gegen Antibiotika. Die so genannten F-Faktoren auf Fertilitätsplasmiden ermöglichen einen direkten Genaustausch zwischen Bakterien (auch verschiedener Spezies) über Zytoplasmabrücken im Rahmen der Konjugation.

Siehe auch Lerntext III.9 „Parasexuelle Vorgänge bei Bakterien".

F01 ■
→ Frage 3.50: Lösung A

Zu (A), (B) und (D): Siehe Lerntext III.4 „Plasmide".
Zu (C) und (E): Der sog. F-Faktor (F für Fertilität) kennzeichnet konjugative Plasmide, die die entsprechende Bakterienzelle befähigen, über eine Zytoplasmabrücke direkten Kontakt zu einem anderen Keim auszubilden. Über diesen Kontakt können dann sowohl die Plasmide selbst als auch Teile des bakteriellen Chromosoms in die Empfängerzelle übertragen werden. Wichtig ist dieser Vorgang, den man auch als Konjugation bezeichnet, vor allem im Zusammenhang mit der Ausbreitung von Antibiotikaresistenzgenen, die auch über Artgrenzen hinweg übertragen werden können.

H93 ■
→ Frage 3.51: Lösung B

Zu (B): R-Plasmide mit diversen Genen für Antibiotikaresistenzen haben eine enorme Bedeutung in der Medizin. Da die genetische Information über Konjugationsvorgänge zwischen Bakterien auch speziesübergreifend ausgetauscht werden kann, werden immer neue resistente Keime beobachtet, die mit den routinemäßig eingesetzten Antibiotika nicht mehr bekämpft werden können.
Zu (A), (C), (D) und (E): R-Faktoren sind auf Plasmiden lokalisiert, die frei im Zytoplasma der Zelle liegen.

H98 ■
→ Frage 3.52: Lösung B

Zu (B): In den meisten Fällen sind die Resistenzfaktoren gerade nicht auf dem bakteriellen Chromosom, sondern auf extrachromosomalen DNA-Ringen, den sog. **Plasmiden**, lokalisiert.
Zu (A) und (E): Die Fähigkeit der Ausbildung einer Antibiotikaresistenz, die z. B. auf der Existenz Medikamenten-inaktivierender Enzyme beruht, ist selbstverständlich genetisch determiniert und kann sowohl auf die Tochterzellen als auch auf andere Keime derselben oder einer anderen Art übertragen werden.
Zu (C) und (D): Die Übertragung von Resistenzgenen durch **parasexuelle Vorgänge** zwischen Bakterien ist möglich. Wichtig sind in diesem Zusammenhang der interzelluläre Genaustausch über direkte Zytoplasmabrücken (**Konjugation**) und die Infektion mit Bakteriophagen (**Transduktion**).

3 Grundlagen der Mikrobiologie und Ökologie

H05
→ **Frage 3.53:** Lösung D

Unter einer cDNA versteht man das Produkt einer direkten Umschreibung der Basensequenz einer fertigen mRNA in eine DNA-Sequenz. Das bedeutet, dass bereits die nicht-informationstragenden Introns aus dem ursprünglichen Transkript entfernt wurden, sodass nur noch die direkt codierenden Abschnitte des betreffenden Gens enthalten sind. Überführt man synthetisch hergestellte cDNA-Moleküle in Bakterien (sog. Transfektion), bauen diese die cDNA in ihre Erbsubstanz ein. Auf diese Weise kann ein Bakterium ein menschliches Genprodukt synthetisieren. Prokaryontische Chromosomen enthalten keine Introns.
Zu **(D)**: Das korrekte Spleißen einer primär aus dem chromosomalen Gen transkribierten mRNA und hierbei v. a. das Entfernen der nicht-codierenden Introns der Nukleinsäure erfordert die Erkennung bestimmter Signalsequenzen, jedoch können Prokaryonten die eukaryotischen Signalsequenzen nicht erkennen.
Zu **(A)**: Die Introns würden transkribiert, d. h. in mRNA übersetzt, sie werden aber nicht als Introns erkannt, da derartige nicht-codierende Sequenzen bei Prokaryonten nicht vorkommen.
Zu **(B), (C) und (E)**: Wie oben gesagt, kann ein Bakterium Introns nicht als solche erkennen. Somit würde eine (zu) lange mRNA aus allen Introns und Exons auf der Basis des chromosomalen Gens synthetisiert. Würde von dieser mRNA eine Polypeptidkette produziert, hat deren Aminosäurensequenz nichts mit dem eukaryotischen Genprodukt zu tun.

3.2.8 Sporen

III.5 Bakterielle Sporen

Einige Bakterienspezies sind in der Lage, **Dauerformen** auszubilden. Diese Sporen sind morphologisch durch eine dicke Wand gekennzeichnet, die eine **hohe Resistenz gegenüber physikalischen und chemischen Einflüssen** gewährleistet. So sind Sporen extrem unempfindlich gegenüber Hitze, Austrocknung, Strahlung und einer Vielzahl von Desinfektionsmitteln (klinisch sehr bedeutsam!).

Die Sporenbildung wird durch **ungünstige Lebensbedingungen** des Bakteriums induziert. Aus einer Bakterienzelle bildet sich dann unter größtmöglicher Stoffwechselreduktion eine dauerhafte Spore aus. Bakterielle Sporen dienen also nicht der Vermehrung, ermöglichen dem Keim aber ein Überleben „in schlechten Zeiten". Sobald eine Spore in ein günstiges Nährmilieu gerät, entsteht aus ihr wieder die vegetative Bakterienzelle.

Klinischer Bezug
Humanpathogene Sporenbildner sind die verschiedenen **Clostridien**-Arten (Erreger von Wundstarrkrampf, Lebensmittelvergiftung und Gasbrand) und **Bacillus anthracis** (Milzbranderreger).

H90 ■ ■
→ **Frage 3.54:** Lösung B

Zu **(B)**: Sporen sind gegenüber den vegetativen Bakterienzellen gerade durch einen extrem reduzierten Stoffwechsel gekennzeichnet.
Zu **(D)**: Dieser Punkt hat große klinische Relevanz. Zur Abtötung von Sporen reichen gängige Desinfektionsmittel häufig nicht aus. Am sichersten ist die Sterilisation unter hoher Temperatur und hohem Druck (Autoklavieren).

H99 H96 ■ ■
→ **Frage 3.55:** Lösung C

Zu **(C)**: Bei der Sporulation entsteht aus einer Bakterienzelle eine Spore als umweltresistente Dauerform. Selbstverständlich muss der Erhalt der gesamten genetischen Information gewährleistet sein, da anderenfalls der Bestand der Art nicht gesichert wäre.
Zu **(A)**: Sporen entstehen unter ungünstigen Wachstumsbedingungen als temperatur-, trockenheits- und strahlungsresistente Dauerformen.
Zu **(B)**: Unter Konjugation versteht man den Austausch genetischer Information zwischen zwei Bakterienzellen.
Zu **(D)**: Da sich aus einem Bakterium nur eine Spore entwickelt, ist keinerlei Vermehrungsfunktion vorhanden (Gegensatz: Pilzsporen).
Zu **(E)**: Nur wenige Bakterienarten sind zur Sporenbildung befähigt; medizinisch relevant sind Clostridium und Bacillus.
Siehe Lerntext III.5 „Bakterielle Sporen".

F01 ■ ■
→ **Frage 3.56:** Lösung A

Fragen zu bakteriellen Sporen sind sehr häufig und kommen in abgewandelter Form in schöner Regelmäßigkeit immer wieder vor. Zur Wiederholung siehe Lerntext III.5 „Bakterielle Sporen".
Zu **(A)**: Nur einige Bakterienarten sind zur Sporenbildung befähigt. Klinisch relevant, da für den Menschen unter Umständen pathogen, sind Sporen der Bakteriengattungen Clostridium und Bacillus.
Zu **(B) – (E)**: Bakterielle Sporen sind extrem widerstandsfähige und langlebige Dauerformen, die un-

ter schlechten Umweltbedingungen gebildet werden. Sie sind durch einen sehr geringen Wassergehalt mit entsprechend reduziertem Stoffwechsel gekennzeichnet. Außerdem sind sie weitgehend resistent gegenüber Hitze oder Trockenheit und haben dadurch eine sehr lange Lebensdauer.

F03 ■■
→ Frage 3.57: Lösung D

Zu (D): Die Bildung von Sporen als weitgehend resistente Dauerformen ist bei nur einigen Bakteriengattungen bekannt; medizinisch interessant sind in diesem Zusammenhang die **Clostridien** (Erreger von Wundstarrkrampf, Botulismus, Gasbrand u. a.) und die Gattung **Bacillus** (*B. anthracis* als Erreger des Milzbrands). Kokken gehören nicht zu den Sporenbildnern.
Zu (A), (B) und (E): Sporen werden von Bakterien unter ungünstigen Umweltbedingungen gebildet, um als Dauerformen mit deutlich reduziertem Stoffwechsel und niedrigem Wassergehalt ein Überleben der Art zu sichern. Bei verbessertem Milieu entwickelt sich aus der Spore erneut die vegetative Bakterienzelle.
Zu (C): Durch die beschriebene extreme Absenkung des Stoffwechsels und durch eine sehr dicke Wand sind Bakteriensporen unempfindlich gegenüber Austrocknung, Erhitzen und viele Desinfektionsmittel.
Siehe Lerntext III.5 „Bakterielle Sporen".

F02 ■
→ Frage 3.58: Lösung C

Zu (C): Von den genannten Bakterien sind nur die **Clostridien** zur Sporenbildung befähigt. Bakterielle Sporen dienen nicht (wie etwa bei Pilzen) der ungeschlechtlichen Vermehrung, sondern sind unempfindliche Dauerformen mit hoher Resistenz gegenüber Austrocknung, Hitze und vielen Desinfektionsmitteln. Auch die Gattung Bacillus (u. a. Erreger des Milzbrands) ist zur Sporulation fähig.

3.3 Wachstum der Bakterien

3.3.1 Stoffwechsel (Verhalten gegenüber Sauerstoff), intrazelluläres Wachstum

H02
→ Frage 3.59: Lösung E

Zu (E): „Obligat anaerob" bedeutet, dass die betreffenden Keime sehr empfindlich gegenüber dem in der Luft enthaltenen Sauerstoff reagieren. Sie werden dadurch in ihrem Wachstum behindert, teilweise sogar abgetötet. *Clostridium histolyticum* als Erreger der Wundgangrän ist ein Beispiel für einen obligat anaeroben Keim, was man sich therapeutisch durch eine gezielte Sauerstoffbehandlung der betreffenden Wunde zunutze machen kann.
Zu (A) und (B): Bakterien, auf die Sauerstoff wachstumsfördernd wirkt, nennt man **fakultativ aerob**; solche, die auf Sauerstoff nicht verzichten können, sind **obligat aerob**.
Zu (C) und (D): Bakterien, die atmosphärischen Stickstoff oder organische Stickstoffverbindungen benötigen, sind vor allem als **Bodenbakterien**, teils in Symbiose mit Pflanzen, für den globalen **Stickstoff-Kreislauf** von großer Bedeutung. Mit den Begriffen aerob oder anaerob hat der Stickstoffumsatz nichts zu tun.
Siehe Lerntext III.15 „Stoffkreisläufe".

F90
→ Frage 3.60: Lösung B

Zu (B): Anorganische Stoffe dienen bei obligat anaeroben Bakterien nicht als Kohlenstoffquelle, sondern als Akzeptor für Elektronen und Protonen der Elektronentransportkette.
Zu (C) und (E): Gärprozesse durch obligate Anaerobier spielen eine immense Rolle in der Natur, da hier ohne Sauerstoff große Mengen organischer Substanz zersetzt werden. Als Beispiel sei der Abbau von Zellulose (pflanzliche Zellwände) in Sedimenten von Teichen und Seen oder in Faulschlamm-Behältern genannt.

H04
→ Frage 3.61: Lösung C

Zu (C): Die charakteristische Gruppe der humanpathogenen Anaerobier sind die **Clostridien**, die vor allem im Erdboden vorkommen. Insbesondere durch die Besiedelung tiefer Wunden, die nur schlecht durchblutet werden, können gefährliche Infektionen wie Gasbrand (*Clostridium perfringens*) oder auch Wundstarrkrampf (*Clostridium tetani*) entstehen. Auch der Auslöser einer schweren Lebensmittelvergiftung durch verdorbene Konserven, *Clostridium botulinum*, gehört zur selben Gruppe der Anaerobier.
Zu (A), (B), (D) und (E): Sauerstoff wirkt auf anaerobe Bakterien mehr oder weniger zwingend als Zellgift, da ihnen u. a. die Enzymsysteme fehlen, die schädliche Sauerstoffradikale wie Peroxid- oder Superoxid-Anionen eliminieren können. Fakultative Anaerobier können Nährsubstrate sowohl unter Sauerstoffzufuhr (Atmung) als auch unter Luftabschluss (Gärung) abbauen.

3.3.2 Bakterienkultur

III.6 Lichtmikroskopischer Nachweis von Bakterien

Der lichtmikroskopische Nachweis von Bakterien ist bei 1000facher Vergrößerung ab einer Keimzahl von 10^4/ml möglich. Falls keine ausreichende Keimdichte im Untersuchungsgut vorliegt, müssen die Bakterien in vitro vermehrt (= kultiviert) werden.

In einer **statischen Kultur** (ohne kontinuierlichen Austausch des Nährmediums) wachsen Bakterien nach einem genau quantifizierbaren Ablauf. Für die Zellvermehrung ist die **Generationszeit**, das ist die Zeit, die die Bakterien für einen Teilungsvorgang benötigen, der entscheidende Parameter. Diese Zeit ist unter optimalen Kulturbedingungen am kürzesten und für jedes Bakterium spezifisch. Die Zunahme der Zellzahl ist im Optimalfall exponentiell. Aus einer Zelle entstehen in einer Generationszeit zwei, nach zwei Generationszeiten $2^2 = 4$, nach drei Generationszeiten $2^3 = 8$ usw. Nach vierzehn Generationszeiten ist die Population auf $2^{14} = 16\,384$ Zellen angewachsen, eine Zahl, die in 1 ml gelöst die lichtmikroskopische Nachweisgrenze überschreitet.

H90
→ **Frage 3.62:** Lösung C

Zu (1) und (3): Ein Vollmedium ist – im Gegensatz zum synthetischen Medium – chemisch nicht exakt definiert und enthält ein Substanzgemisch, das den zu kultivierenden Bakterien eine Stickstoff- und eine Kohlenstoffquelle bietet. Darüber hinaus sind Wasser und verschiedene Mineralien darin enthalten.

Zu (5): Agar ist ein Polysaccharid, das aus marinen Rotalgen gewonnen wird. Es wird dem Nährmedium bei Temperaturen um 100°C in bestimmten Konzentrationen zugesetzt und verflüssigt sich. Dann wird das Agar-Medium-Gemisch in Petrischalen ausgegossen; bei etwa 45°C verfestigt sich der Agar und kann so als fester Nährboden für Bakterienkulturen genutzt werden.

H93
→ **Frage 3.63:** Lösung C

Zu (C): Ein Bakterium, das nach der Gram-Färbung im Mikroskop rot erscheint, ist gramnegativ.
Zu (B): **Heterotrophe Organismen** sind auf die **Zufuhr organischer Substrate** angewiesen; dies trifft auf (fast alle) Bakterien, alle Tiere und den Menschen zu. Grüne Pflanzen sind durch ihre Fähigkeit zur **Photosynthese** in der Lage, organische Materie aus **anorganischen Substraten** mit Hilfe des Sonnenlichts zu synthetisieren (**autotroph**).

3.3.3 Wachstum und Vermehrung

H95 F93
→ **Frage 3.64:** Lösung E

Zu (E): Die Generationszeit beträgt z. B. für E. coli etwa 20 Minuten. Nach der im Lerntext III.6 „Lichtmikroskopischer Nachweis von Bakterien" erläuterten Rechnung kann der lichtmikroskopische Nachweis hier nach 14 Generationszeiten = 280 Minuten (4 h 40′) erfolgen. Es gibt jedoch eine Reihe anderer Keime, deren Generationszeit deutlich länger ist. Ein Extremfall sind Tuberkulosebakterien *(Mycobacterium tuberculosis)*, die sich erst nach 8–12 Stunden einmal verdoppelt haben. Die meisten relevanten Keime liegen in ihrer Generationszeit jedoch zwischen 0,5–1 Stunde, sodass „in der Regel" keine 72 Stunden zur Beurteilung einer Bakterienkultur benötigt werden.

Zu (A): Bei humanpathogenen Bakterien liegt ein Temperaturoptimum im Bereich der menschlichen Körpertemperatur nahe.

Zu (B): **Agar** besteht aus weit verzweigten Polysaccharidketten (Agarose), die aus bestimmten Rotalgen gewonnen werden. Versetzt man eine Nährlösung mit 1,5–2 % Agarose, so ist diese Mischung bei 90°C–100°C flüssig, kann in Petrischalen ausgegossen werden und erstarrt bei 45°C zum festen Nährboden.

Zu (C): **Pepton** ist ein chemisch nicht definiertes Gemisch von Protein-Bestandteilen, das durch Andauung von Eiweißen mit der Protease Pepsin hergestellt wird. Pepton enthält zu einem Drittel Aminosäuren, der Rest besteht aus Di- und Tripeptiden sowie nicht verdauten Proteinen. Diese Mischung wird komplexen Nährlösungen als Stickstoffquelle zugesetzt.

Zu (D): Das pH-Optimum der meisten humanpathogenen Bakterien liegt bei pH = 7,0 oder leicht darüber.

III.7 Wachstumsverhalten von Bakterien in statischer Kultur

Die statische Kultur läuft als geschlossenes System ohne intermittierende Zufuhr von Nahrungsstoffen oder Abfuhr von Stoffwechselprodukten in charakteristischen 4 Phasen ab.

1. Anlauf-/lag-Phase
Diese Phase umfasst den Zeitraum von der Beimpfung der Kulturplatte bis zum Erreichen der maximalen Teilungsrate der Kultur. Die

Länge der lag-Phase hängt von zahlreichen Bedingungen ab, z. B. Zusammensetzung des Kulturmediums, äußere Faktoren (Temperatur!), Alter der Stammkultur usw.

2. Exponentielle Phase
Hier zeigen die Zellen ihre höchste Teilungsrate, die Kultur wächst exponentiell. Bei halblogarithmischer Auftragung kann man aus der Steigung der Wachstumsgeraden die optimale Generationszeit ausrechnen, d. h. die Zeit, in der sich die Bakterienpopulation einmal verdoppelt (bei E. coli ca. 20 min).
Mit fortschreitendem Substratverbrauch und zunehmender Anhäufung wachstumshemmender Stoffwechselprodukte geht die Kultur dann über in die

3. Stationäre Phase
Die Zellen stellen die Vermehrung ein, die ansteigende Gerade der exponentiellen Phase neigt sich zu einem horizontalen Verlauf. Die Überlebensfähigkeit der meisten Bakterien ist in dieser Phase noch groß. Es werden intrazelluläre Reservestoffe verbraucht; nur wenige Keime sterben hier schon ab.

4. Absterbephase
Die Konzentration zytotoxischer Stoffwechselprodukte bei drastischer Substratverarmung führt zum Absterben der Kultur.

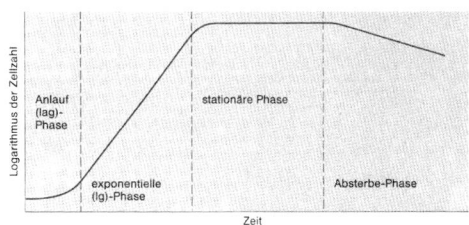

Abb. 3.4 Wachstumskurve einer Bakterienkultur (aus: Schlegel, H. G.: Allgemeine Mikrobiologie, 7. Aufl., Thieme, Stuttgart, 1992)

Klinischer Bezug
Andauernde Nährstoffzufuhr und Metabolitenabfuhr ermöglichen eine kontinuierliche Kultur (Fließgleichgewicht), in der die Zellen je nach Wunsch in der exponentiellen oder stationären Phase gehalten werden können.

F92
→ Frage 3.65: Lösung D

Zu (A) und (B): = Anlauf- oder lag-Phase.
Zu (C): = stationäre Phase.
Zu (E): = Absterbephase.

F94
→ Frage 3.66: Lösung B

Zu (B): Die **Zunahme der Zellzahl** erfolgt nicht linear, sondern **exponentiell** mit maximaler Teilungsrate bei minimaler Generationszeit.
Zu (A), (C), (D) und (E): Siehe Lerntext III.7 „Wachstumsverhalten von Bakterien in statischer Kultur".

H04
→ Frage 3.67: Lösung B

Die Frage bezieht sich auf mögliche Stickstoffquellen, die von den verschiedenen Bakterienarten benötigt werden.
Zu (B): **Pepton** ist ein chemisch nicht-definiertes Gemisch von Protein-Bestandteilen, das durch die Verdauung von Eiweißen mit der Protease Pepsin gewonnen wird. Es enthält etwa ein Drittel freie Aminosäuren sowie Di- und Tripeptide bis hin zu nicht verdauten Proteinen und ist häufiger Bestandteil komplexer Nährmedien.
Zu (A) und (C)–(E): Alle hier genannten Moleküle sind ebenfalls mögliche Stickstoffquellen. Atmosphärischer Stickstoff wird von verschiedenen Bakterien und Cyanobakterien teils autonom, teils in Symbiose mit Pflanzen (sog. Knöllchenbakterien) fixiert und in Aminosäuren eingebaut. Andere Bakterien und Pilze bauen organische, Stickstoff-haltige Ausscheidungen wieder ab und überführen sie u. a. in anorganisches NH_4^+. Diese Ammonium-Ionen werden dann entweder direkt der Proteinsynthese wieder zugeführt oder durch nitrifizierende Bakterien über Nitrit zu Nitrat oxidiert.
Siehe dazu Lerntext III.15 „Stoffkreisläufe".

F00
→ Frage 3.68: Lösung D

Zu (D): Agar-Agar ist eine Polysaccharid, das aus Rotalgen gewonnen wird. In der Mikrobiologie wird es Bakteriennährlösungen zugesetzt, um feste Nährböden herzustellen. Agar-Agar ist bei Temperaturen um 100 °C flüssig, härtet aber in der Petrischale nach dem Abkühlen unter 45 °C schnell aus. Flüssige Nährmedien sollten daher kein Agar-Agar enthalten, sonst bleiben sie nicht flüssig.
Zu (A): Die **Generationszeit** als die Zeit, in der sich eine Bakterienkultur verdoppelt, hängt von vielen äußeren Einflüssen ab. Sind Nährstoffangebot, pH-Wert und Temperatur optimal, so teilen sich Escherichia coli alle 20 Minuten. Damit gehört dieser Keim zu den am schnellsten wachsenden Bakterien. Als Gegenbeispiel kann man sich die Tuberkulosebakterien merken, deren Generationszeit in vitro bei 8 – 12 Stunden liegt.
Zu (B) und (E): In einer statischen Bakterienkultur, d. h. ohne Zufuhr weiterer Nährstoffe und ohne Abtransport schädlicher Metabolite, sind 4 cha-

3 Grundlagen der Mikrobiologie und Ökologie

rakteristische Wachstumsphasen voneinander abgrenzbar:
Die initiale **Anlauf(lag)-Phase** reicht vom Beimpfen der Kulturschale bis zum Erreichen der höchsten Teilungsrate der Kultur. In der zweiten **exponentiellen(log) Phase** wächst die Kultur mit maximaler Geschwindigkeit (und damit kürzester Generationszeit). Der fortschreitende Substratabbau und die zunehmende Anhäufung toxischer Metabolite bedingen den Übergang in die dritte, **stationäre Phase**. Die Teilungsaktivität wird eingestellt; die Zellen leben allerdings weiter durch den Verbrauch intrazellulärer Reservestoffe. Als Folge von Substratverarmung und Anhäufung toxischer Stoffwechselprodukte tritt die Kultur schließlich in die **Absterbephase** ein.
Siehe auch Lerntext III.7 „Wachstumsverhalten von Bakterien in statischer Kultur".
Zu (C): Der Wert von 10^9 Keimen pro ml markiert ungefähr den Endpunkt der exponentiellen Vermehrungsphase einer Bakterienkultur. Da die Kultur aus den o. g. Gründen danach in die stationäre Phase eintritt, steigt die Keimzahl danach nicht wesentlich weiter an.

→ **Frage 3.69:** Lösung E

Zu (1): E. coli ist mit einer Generationszeit von 20 Minuten unter optimalen Bedingungen eines der am schnellsten wachsenden Bakterien überhaupt.
Zu (2): Das Fehlen eines membranumgrenzten Zellkerns ist ein Charakteristikum prokaryontischer Zellen.
Zu (3) und (4): Antibiotikaresistenzen können durch **Mutationen** entstehen oder sind auf sog. **Resistenzplasmiden** codiert. Die Ausbreitung dieser Resistenzgene über verschiedene parasexuelle Vorgänge stellt ein großes medizinisches Problem dar.

F04 H98 F98 ■
→ **Frage 3.70:** Lösung C

Zu (C): Die **Generationszeit** als minimale Zeitspanne der Verdopplung einer Bakterienkultur wird nur unter optimalen Wachstumsbedingungen erreicht (ausreichendes Substratangebot, pH und Temperatur im Optimum, Fehlen zytotoxischer Metabolite). Sie ist für jede Bakterienart spezifisch. Bei *Escherichia coli* ist sie mit 20 Minuten sehr kurz. Andere Keime sind durch eine deutlich längere Generationszeit charakterisiert, z. B. *Mycobacterium tuberculosis* mit 8–12 Stunden.

→ **Frage 3.71:** Lösung D

Zu (3): Die Generationszeit als Zeitdauer für eine Verdopplung der Population nimmt zum Ende der exponentiellen Phase am Übergang zur stationären Phase deutlich zu. Gründe dafür sind ein schlechtes Substratangebot, steigende Konzentration von wachstumshemmenden Stoffwechselprodukten und ansteigende Populationsdichte.
Zu (1) und (2): Eine kurze Generationszeit kann nur bei optimalen äußeren Bedingungen erreicht werden. Dazu gehören Substratangebot, Temperatur und vieles mehr.

III.8 Wirkprinzipien von Antibiotika

1. Hemmstoffe der Zellwandsynthese
Penicilline und **Cephalosporine** hemmen die bakterielle Transpeptidase, ein Enzym, das die Quervernetzung der Polysaccharidketten im Murein über Oligopeptidketten katalysiert. Der Murein-Sacculus ist somit instabil und die Zelle platzt durch osmotisch bedingten Flüssigkeitseinstrom. Die Wirkung ist bakterizid (abtötend) auf wachsende Keime, besonders auf grampositive Bakterien.
Bacitracin und **Vancomycin** hemmen den Transport von Zellwand-Grundbausteinen durch die Zellmembran.

2. Interferenz mit der Translation am Ribosom
Tetrazykline, **Aminoglykoside**, **Chloramphenicol** und **Erythromycin** greifen auf unterschiedliche Art und Weise in die Translation am bakteriellen Ribosom ein. Bis auf Aminoglykoside ist die Wirkung bakteriostatisch, d. h. die Vermehrung der Keime wird verhindert. Tetrazykline sind die klassischen Breitbandantibiotika gegen eine Vielzahl von Erregern.

3. Schädigung der Zellmembran
Dieses Wirkprinzip ist in der antibakteriellen Therapie wenig verbreitet. Verschiedene **Polypeptid-Antibiotika** (Polymyxine, Tyrothricin) lagern sich in die Membran ein und führen zur osmotischen Lyse der Zelle.

4. Zerstörung bakterieller Nukleinsäuren
Gyrase-Hemmer verhindern die Platz sparende Verdrillung bakterieller DNA und wirken auf diese Weise bakterizid. **Nitroimidazol-Derivate**, z. B. Tuberkulose-Therapeutika, hemmen die bakterielle Transkription durch Blockade der DNA-abhängigen RNA-Polymerase.

5. Hemmung der Tetrahydrofolat-Synthese
Sulfonamide und **Trimethoprim** hemmen die Synthese von Tetrahydrofolat, einem wichtigen Ausgangsstoff zur Bildung von Nukleinsäuren. Beide Substanzen wirken bakteriostatisch, in Kombination (Cotrimoxazol) bakterizid. ■

H03 ■■
→ **Frage 3.72:** Lösung D

Zu (D): **Penicillin** hemmt die bakterielle **Transpeptidase** – ein Enzym, das die Quervernetzung der Polysaccharidketten im Mureinsacculus katalysiert.

Aus diesem Grunde sind gram-negative Keime von Penicillin mehr oder weniger nicht beeinflussbar.
Zu (A): **Tetrazykline**, **Erythromycin** und andere Antibiotika blockieren die bakterielle Translation durch Bindung an die kleinen, prokaryontischen Ribosomen. Diese sind allerdings mit 70S noch etwas größer, als vom IMPP fälschlicherweise mit 60S beschrieben.
Zu (B): Die Reaktionen der bakteriellen Atmungskette laufen in den **Mesosomen** ab, Einstülpungen der bakteriellen Zellmembran, die die Enzyme zur Zellatmung beinhalten. Ihre Existenz ist vermutlich auf artifizielle Veränderungen der bakteriellen Strukturen im Rahmen der Zellpräparation für die Elektronenmikroskopie zurückzuführen. In der Tat gibt es aber Anzeichen für eine Zerstörung dieser Strukturen durch verschiedene Antibiotika, z. B. bei der Wirkung von **Lomefloxacin** auf Mycobacterium tuberculosis.
Zu (C): **Gyrase-Hemmer** verhindern die platzsparende Verdrillung der bakteriellen DNA und wirken daher bakterizid.
Zu (E): Die DNA-abhängige RNA-Polymerase von Tuberkulose auslösenden Mycobakterien wird durch **Nitroimidazol**-Derivate gehemmt.
Siehe Lerntext III.8 „Wirkprinzipien von Antibiotika".

F03 ■■
→ **Frage 3.73:** Lösung E

Zu (E): Da das Penicillin durch Blockade der effektiven Quervernetzung von Bestandteilen der bakteriellen Zellwand (Murein-Sacculus) wirkt, ist es besonders effektiv bei proliferierenden grampositiven Keimen.
Zu (A): Mycoplasmen besitzen keine Zellwand und sind daher primär Penicillin-resistent.
Zu (B): Retroviren sind keine Lebewesen, besitzen keinen eigenen Stoffwechsel und sind daher unempfindlich gegenüber allen Antibiotika.
Zu (C): Der Begriff „**Protoplast**" ist definiert als Gesamtheit von Zytoplasma, Karyoplasma und Zellmembran, gilt für alle lebenden Zellen und ist damit im Zusammenhang mit dieser Frage als nicht sinnvolle Antwort zu sehen.
Zu (D): Rickettsien sind gramnegative, unbewegliche und zumeist intrazellulär parasitierende Bakterien. Sie kommen vor allem im Verdauungstrakt verschiedener Ektoparasiten vor (Läuse, Flöhe, Milben etc.) und können typhusähnliche Erkrankungen auslösen.

F03 ■
→ **Frage 3.74:** Lösung C

Zu (C): **Chloramphenicol**, Tetrazykline, Aminoglykoside und Erythromycin behindern in unterschiedlicher Art und Weise die Proteinsynthese von Bakterien, indem sie selektiv an den prokaryontischen Ribosomen angreifen.
Zu (A): **Mesosomen** sind Einstülpungen der bakteriellen Zellmembran, die Enzyme zur Zellatmung beinhalten. Ihre Existenz ist vermutlich auf artifizielle Veränderungen der bakteriellen Strukturen im Rahmen der Zellpräparation für die Elektronenmikroskopie zurückzuführen. In der Tat gibt es Anzeichen für eine Zerstörung dieser Strukturen durch verschiedene Antibiotika, z. B. bei der Wirkung von Lomefloxacin auf Mycobacterium tuberculosis. Insgesamt scheint mir dieses Wissen aber nicht essenziell für einen Physikumskandidaten zu sein.
Zu (B): Eine kleine Gruppe von **Polypeptid-Antibiotika** wirken bakterizid durch Einlagerung in die bakterielle Zellmembran mit nachfolgend osmotischer Lyse der Zelle.
Zu (D): **Nitroimidazole** hemmen die bakterielle DNA-abhängige RNA-Polymerase und verhindern so die notwendige Synthese der Ribonukleinsäuren. Diese Antibiotika-Gruppe findet vor allem Verwendung in der Tuberkulosebehandlung.
Zu (E): Über die Hemmung der Quervernetzung der bakteriellen Zellwand wirkt das klassische **Penicillin** ebenso wie die neueren **Cephalosporine**.
Siehe Lerntext III.8 „Wirkprinzipien von Antibiotika".

■
→ **Frage 3.75:** Lösung A

Bakterizidie = Abtötung von Bakterien.
Beispiel: Penicillin tötet wachsende grampositive Erreger ab.
Bakteriostase = Hemmung der bakteriellen Vermehrung.
Beispiel: Hemmung der Translation durch Tetrazyklin.
Resistenz = Unempfindlichkeit eines Keims gegen Antibiotika.
Beispiel: Penicillin-Resistenz von Staphylokokken durch β-Lactamase, die Penicillin spaltet.
Persistenz = überlebende Keime trotz Anwendung des „richtigen" Mittels.
Grund: z. B. ungenügende Medikamentenkonzentration am Wirkort.

F05 ■
→ **Frage 3.76:** Lösung B

Zu (B): **Penicillin** wirkt bakterizid auf sich vermehrende Erreger, indem es die Bildung eines funktionsfähigen Mureinsacculus (= Zellwand) verhindert.
Die sog. **log-Phase** einer Bakterienkultur ist durch eine maximale Teilungsrate mit exponentieller Zell-

vermehrung gekennzeichnet. Somit befinden sich in dieser Phase die meisten Zellen in aktiver Zellteilung – ein optimaler Angriffspunkt für Penicillin.

Zu (A): Die lag-Phase umfasst den Zeitraum von der Beimpfung des Kulturmediums bis zum Erreichen der maximalen Teilungsrate, d. h. die Wirkung des Penicillins ist in dieser Anfangsphase nicht so stark, da sich viele Zellen noch nicht in Teilung befinden.

Zu (C) und (D): In der stationären Phase einer Kultur stellen die Zellen ihre Vermehrung ein, in der darauf folgenden Absterbephase verringert sich die Zellzahl durch einen Konzentrationsanstieg toxischer Metabolite und das Fehlen von Nahrungsstoffen. Beide Phasen einer Zellkultur sind daher nicht empfindlich auf Penicillin.

Zu (E): Ein Protoplast ist eine Zelle, deren Zellwand (schonend) entfernt wurde ..., es gibt also keinen Angriffspunkt mehr für Penicillin.

F98 ■
→ **Frage 3.77:** Lösung C

Zu (C): Bakteriostatisch wirkende Antibiotika, z. B. Tetrazykline und Sulfonamide, hemmen die bakterielle Vermehrung und somit das Wachstum einer Keimpopulation. Das Abtöten der Erreger übernimmt das körpereigene Immunsystem.

Zu (A): Austrocknungsresistenz ist ein Kennzeichen bakterieller Sporen, wie sie beispielsweise von Clostridien gebildet werden, um das Überleben bei vorübergehend schlechten Umweltbedingungen zu ermöglichen.

Zu (B): Die Fähigkeit bestimmter Bakterien, trotz des Vorhandenseins potenziell abtötender Stoffe zu überleben, wird als Resistenz bezeichnet. Ein bekanntes Beispiel ist die Widerstandsfähigkeit von Staphylokokken gegenüber dem klassischen Penicillin.

Zu (D): Obligat anaerobe Bakterien wachsen nur unter Sauerstoffabschluss. Für diese Keime wirkt O_2 als tödliches Zellgift, z. B. Clostridien als Erreger des Gasbrands.

Zu (E): Die Abtötung von Keimen wird als bakterizide Wirkung von Antibiotika oder Desinfektionsmitteln bezeichnet. So verhindert Penicillin die Zellwandsynthese verschiedener grampositiver Bakterien (z. B. Streptokokken), was zur osmotisch bedingten Anschwellung und schließlich zum Platzen der Zellen führt.

H93
→ **Frage 3.78:** Lösung E

Zu (3): Beispiel: Die Kolonien von Pseudomonas aeruginosa (Erreger von Pneumonien und Wundinfekten bei geschwächten Patienten) können durch ihre blaugrün metallische Oberfläche leicht erkannt werden.

Zu (4): Streicht man eine Mischkultur mit Verdacht auf Beteiligung von Staphylokokken auf ein penicillinhaltiges Differenzierungsmedium aus, so werden die Keime aufgrund ihrer primären Resistenz überleben; penicillinempfindliche Bakterien (Streptokokken u. a.) gehen dagegen zugrunde.

→ **Frage 3.79:** Lösung E

Zu (E): Tiefgefrieren führt zur Verlangsamung des bakteriellen Stoffwechsels, jedoch nicht zum Abtöten der Keime. Bei Wiedererwärmung steigt die Stoffwechselaktivität sofort wieder an, und es kommt zum schnellen Verderben des Gefrierguts.

Zu (A), (B) und (C): **Alkohole, Aldehyde** und **Phenole** führen zur **Proteindenaturierung**, d. h. zum Verlust der räumlich definierten Proteinstruktur und damit der Funktion.

Zu (D): **UV-Strahlung** bewirkt in der bakteriellen DNA die **Bildung sog. Thymindimere**. Die kovalent miteinander verknüpften Nukleobasen sind in der nächsten Transkription/Zellteilung Ursache für Mutationen, die schließlich das weitere Keimwachstum verhindern.

3.4 Bakteriengenetik

3.4.1 Bakterienchromosom, Plasmide

Zu diesem Kapitel wurden bisher keine Fragen gestellt.

3.4.2 Übertragung von Genmaterial

III.9 Parasexuelle Vorgänge bei Bakterien

Unter dem Begriff **Parasexualität** subsummiert man drei Möglichkeiten des Gentransfers zwischen Bakterien:
1. **Transformation** bezeichnet die Aufnahme freier DNA durch ein Bakterium. Klassische Bedeutung hat dieser Vorgang durch die Entdeckung von Griffith 1928, dass pathogene Pneumokokken die Eigenschaft der Kapselbildung auf vorher apathogene Pneumokokken übertragen können. Avery erkannte 1944 die DNA als das „transformierende Prinzip". Heute hat die Transformation eine wichtige Bedeutung in der Gentechnologie; so wird das menschliche Insulin-Gen per Transformation in E. coli eingeschleust, die das Hormon danach in

wirtschaftlich nutzbaren Mengen produzieren.
2. **Transduktion** ist der Gentransfer durch Bakteriophagen.
Bakteriophagen sind Viren, deren Wirtszellen Bakterien sind. Während des Vermehrungszyklus eines Phagen kommt es vor, dass neben der Phagen-DNA ein Teil der Bakterien-DNA in den Phagenkopf inkorporiert wird. Diese DNA wird dann bei Infektion eines nächsten Bakteriums übertragen.
3. **Konjugation** ist die Übertragung von genetischem Material zwischen zwei Bakterien über eine Zytoplasmabrücke (sog. Sexpilus). Die Ausbildung eines solchen Zellkontakts erfordert die Anwesenheit eines konjugativen Plasmids (Fertilitäts-Faktor) in der Donorzelle. Häufig werden auf diesem Weg Antibiotikaresistenzen durch konjugative Resistenzplasmide übertragen. Neben der reinen Übertragung des konjugativen Plasmids ist es möglich, dass nach der Insertion des F-Faktors ins bakterielle Chromosom Teile der bakteriellen DNA mit übertragen werden. Bakterienstämme, die auf diese Weise Gene ihres Chromosoms als „Anhängsel" des F-Faktors auf andere Bakterien übertragen, werden auch als hfr-Stämme („high frequency of recombination") bezeichnet.

H99 ■■
→ **Frage 3.80:** Lösung B

Zu (B): **Transduktion** bezeichnet den Austausch von genetischem Materiel zwischen Bakterien über Bakteriophagen. Die in der Antwortmöglichkeit genannten „Sexpili" bilden bei der Konjugation eine Plasmabrücke, über die häufig Plasmid-DNA übertragen wird.
Zu (A): Der richtig definierte Begriff der **Parasexualität** bei Bakterien umfasst die drei Mechanismen Transformation, Transduktion und Konjugation.
Zu (C): Nach Insertion der Phagen-DNA in das bakterielle Wirtschromosom, die unspezifisch an beliebiger Stelle erfolgt, kann nach der Bildung neuer Phagen ein beliebiges DNA-Fragment gemeinsam mit der Erbinformation des Phagen in ein anderes Bakterium übertragen werden.
Zu (D): Bei der **Transformation** nimmt eine Bakterienzelle freie DNA aus dem sie umgebenden Medium auf. Nur wenige Spezies sind spontan zur Transformation befähigt (z. B. Pneumokokken). Andere Bakterien müssen in vitro auf verschiedene Weise vorbehandelt werden, wenn man die Transformation induzieren will (z. B. für die Übertragung menschlicher Insulin-Gene auf E. coli, um Insulin in wirtschaftlich nutzbaren Mengen zu gewinnen).

Zu (E): Der beschriebene Fertilitäts-Faktor ist auf einem sog. konjugativen Plasmid der Donorzelle codiert. Diese Zelle baut über eine Zytoplasmabrücke einen direkten Kontakt zum Empfängerbakterium auf, über den genetisches Material übertragen werden kann. Der Vorgang der **Konjugation** hat klinische Relevanz in der Ausbreitung von Antibiotikaresistenz-Genen, die auf verschiedenen Resistenzplasmiden lokalisiert sind.
Siehe Lerntext III.9 „Parasexuelle Vorgänge bei Bakterien".

F03 ■
→ **Frage 3.81:** Lösung C

Zu (C): Die **Konjugation** als Übertragung genetischen Materials über eine direkte Plasmabrücke zwischen zwei Bakterien ist u. a. ein Mechanismus der Übertragung von Resistenzgenen gegen Antibiotika. Entscheidend ist hierbei, dass der genetische Austausch auch zwischen verschiedenen Bakterienarten stattfinden kann.
Zu (A): Der Zeitpunkt der Konjugation kann ebenso gut vor wie nach einer Mitose liegen – das eine hat mit dem anderen nichts zu tun.
Zu (B) und (D): Geschlechtliche Vermehrung bei Bakterien mit Meiose und vor allem mit einer Kopulation (!) ist für Bakterien nicht beschrieben usw. Hier geht die Phantasie wohl ein wenig mit dem IMPP durch.
Zu (E): Bei der **Sporulation** werden Dauerformen mit extrem reduziertem Stoffwechsel gebildet – eine Übertragung genetischen Materials mittels Konjugation findet hier sicher nicht mehr statt.

H00 F00 ■■
→ **Frage 3.82:** Lösung D

Fragen zum parasexuellen Gentransfer zwischen Bakterien sind sehr häufig, siehe daher auch den Lerntext III.9 „Parasexuelle Vorgänge bei Bakterien". Diese Frage wurde in unwesentlich verändertem Wortlaut und mit anderer Reihenfolge der Antwortmöglichkeiten bereits im vorausgehenden Physikum gestellt.
Zu (D): Beschrieben ist das klassische Experiment von Griffith 1928, in dem er die Übertragung der Eigenschaft der Kapselbildung von einem pathogenen Pneumokokkenstamm auf einen zweiten, vorher nicht krankheitsauslösenden Stamm beschrieb. Auf der Grundlage dieser Arbeiten erkannte Avery 1944 die DNA als das „transformierende Prinzip". Der zugrunde liegende Vorgang der **Transformation** beschreibt eine Genübertragung zwischen (verschiedenen) Bakterienstämmen über die direkte Aufnahme freier DNA aus dem Kulturmedium.
Zu (A): Bei der **Konjugation** entsteht eine direkte Zytoplasmabrücke zwischen zwei Bakterien, über

die der Austausch genetischer Information stattfinden kann.

Zu (B): **Transduktion** bezeichnet den Gentransfer zwischen Bakterien durch spezielle Viren, die **Bakteriophagen**.

Zu (C): **Translation** ist der letzte Schritt der Genexpression, die Bildung der Polypeptidkette auf der Grundlage der Basensequenz der mRNA. Dieser Begriff hat mit parasexuellen Vorgängen bei Bakterien also nichts zu tun.

Zu (E): **Transposition** bezeichnet die Insertion mobiler DNA-Segmente, Transposons oder „springende Gene", in einen beliebigen DNA-Abschnitt. Über diesen Weg werden häufig Resistenzgene zwischen verschiedenen Bakterienstämmen übertragen.

F99 ■
→ **Frage 3.83:** Lösung D

Zu (D): Von großer Bedeutung sind Transposons tatsächlich in der Bakteriengenetik. Sie können allerdings auch in eukaryontischen Zellen auftreten und dort zu Erbgutveränderungen führen.

Zu (A) und (B): Transposons sind unterschiedlich große DNA-Sequenzen, die aufgrund ihrer besonderen Struktur mit flankierenden Insertionssequenzen in der Lage sind, ohne ausgedehnte Homologie zwischen Donor- und Empfänger-DNA in einen anderen Abschnitt derselben oder in eine andere DNA zu inserieren. Aufgrund der hohen Mobilität dieser Sequenzen werden Transposons auch als „springende Gene" bezeichnet.

Zu (C) und (E): Die Ausbreitung von Mehrfachantibiotikaresistenzen innerhalb einer Bakterienpopulation wird durch die Ansammlung der einzelnen Resistenzgene auf konjugativen Plasmiden erklärt.

Siehe Lerntext III.9 „Parasexuelle Vorgänge bei Bakterien".

F04 ■
→ **Frage 3.84:** Lösung C

Zu (C): **Transposons** sind mobile DNA-Abschnitte, die auch als „springende Gene" bezeichnet werden und in beliebige Genombereiche inserieren können. Von medizinischer Bedeutung sind Transposons, die Gene für **Antibiotikaresistenzen** tragen, die auf diese Weise in Bakterienpopulationen auch über Artgrenzen hinweg weitergegeben werden können.

Zu (A): Transposons sind eher selten, können aber in allen Organismen vorkommen.

Zu (B): Nach der **Lyon-Hypothese** reicht einer Zelle mit weiblichem Genotyp die Expression der Gene eines X-Chromosoms. Das andere X wird hochgradig kondensiert, damit inaktiviert und ist lichtmikroskopisch als sog. **Barr-Körperchen** sichtbar. Mit Transposons hat dieser Vorgang nichts zu tun. Siehe auch Lerntext II.9 „Barr-Körperchen".

Zu (D): Der Übergang eines in die Wirtszell-DNA inkorporierten Virusgenoms (latente Infektion) in den lytischen Zustand mit intrazellulärer Bildung neuer Viruspartikel und nachfolgender Freisetzung durch Lyse der Wirtszelle wird als Reaktivierung des Virus bezeichnet. Ein gutes Beispiel für diese Situation ist die Persistenz von **Herpesviren** in den Zellkernen sensorischer Neurone, wobei der betreffende Wirtsorganismus keine Krankheitssymptome zeigt. Kommt es durch psychischen Stress, physikalische Reize (Sonneneinstrahlung), Fieber, andere Infekte oder Traumen zu einer Reaktivierung, so wird der lytische Vermehrungszyklus mit den entsprechenden Symptomen eines Rezidives induziert. Die genauen Mechanismen der Reaktivierung oder gar eine spezielle Rolle der Transposons sind bei diesem Prozess nicht bekannt.

Zu (E): Die **Robertson'sche Translokation** ist eine klassische strukturelle Chromosomenmutation, bei der sich durch einen Stückaustausch zwischen zwei nicht-homologen Chromosomen mit endständigem Zentromer ein neues Translokationschromosom aus den langen Schenkeln der Ausgangschromosomen bildet. Auch hierbei spielen Transposons keine Rolle.

F98 ■■
→ **Frage 3.85:** Lösung C

Fragen zum Gentransfer zwischen Bakterien gehören seit Jahren zu den Steckenpferden des IMPP. Siehe daher Lerntext III.9 „Parasexuelle Vorgänge bei Bakterien".

Zu (C): Gentransfer über Infektion mit Bakteriophagen wird als **Transduktion** bezeichnet.

Zu (A): Transposition kennzeichnet die interbakterielle Übertragung unterschiedlich langer DNA-Abschnitte, die durch eine spezielle Struktur mit sehr kurzen endständigen Erkennungssequenzen in beliebige Stellen des Genoms inserieren können. Man bezeichnet diese DNA-Abschnitte daher auch als Transposons oder **„springende Gene"**.

Zu (B): Ist die Insertionsstelle innerhalb eines Strukturgens gelegen, so kann dieses Gen dadurch mutiert werden.

Zu (D) und (E): Klinische Relevanz erlangen Transposons, sobald auf ihnen Resistenzfaktoren (R-Faktoren) gegen Antibiotika lokalisiert sind. Die beschriebene Mobilität der genetischen Information kann daher zur Ausbreitung (D) und zur intrazellulären Umverteilung (E) der Resistenzgene führen.

3.4 Bakteriengenetik

H94 ■
→ **Frage 3.86:** Lösung A

Zu (A): Der beschriebene Prozess der Transformation ist nicht bei allen Bakterienstämmen möglich und wird heute in der Biotechnologie zur genetischen Manipulation von Bakterien vielfach angewandt.
Zu (B): = Konjugation.
Zu (C): Siehe Lerntext III.13 „Bakteriophagen und ihre Vermehrung".
Zu (D): = Transduktion.
Zu (E): = Transkription.

F97 ■
→ **Frage 3.87:** Lösung B

Zu (A), (B), (C) und (D): Siehe Lerntext III.9 „Parasexuelle Vorgänge bei Bakterien".
Zu (E): Integriert ein Bakteriophage sein Genom in das Chromosom der bakteriellen Wirtszelle, ohne diese zu lysieren, so bezeichnet man diesen Vorgang als **Lysogenie**. Der Phage wird dann als sog. Prophage mit der Vermehrung des Bakteriums weitergegeben.

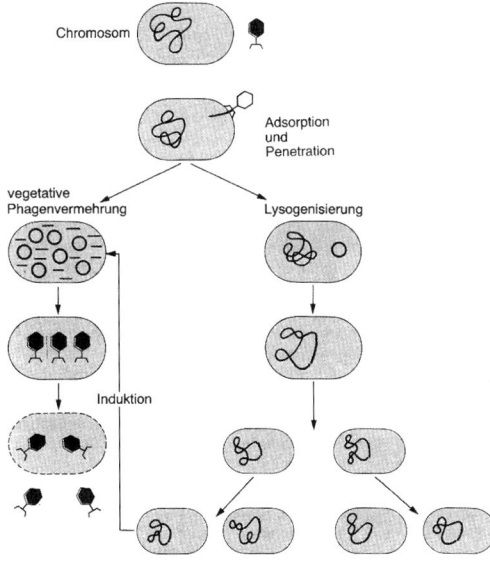

Abb. 3.5 Schema der Phagenvermehrung und der Lysogenisierung von Wirtsbakterien durch temperente Bakteriophagen (aus: Kayser, F. H., Bienz, K. A., Eckert, J.: Medizinische Mikrobiologie, 11. Aufl., Thieme, Stuttgart, 2005)

III.10   MRSA

Die Abkürzung MRSA steht für methicillinresistenter *Staphylococcus aureus*. Es handelt sich dabei um bestimmte Stämme des natürlichen Hautkeims *Staph. aureus*, die durch die Veränderung bestimmter Zellproteine eine Resistenz gegenüber Penicillin und allen anderen β-Lactam-Antibiotika erworben haben. MRSA führen nicht häufiger zu Infekten als die ursprünglichen *Staph. aureus*-Stämme. Ist aber eine MRSA-Infektion aufgetreten, ist diese deutlich schwieriger behandelbar und hat längere Liegezeiten in der Klinik, erheblich höhere Kosten sowie eine gesteigerte Patientenmortalität zur Folge. Neben einer schlechten Immunabwehr bestimmter Patientenkollektive (z. B. älterer Menschen), einer langen intensivmedizinischen Behandlung oder bei chronischen Hautwunden (z. B. Unterschenkelulzera bei Diabetikern) steigert vor allem ein unkritischer und ungezielter Einsatz von Antibiotika die Gefahr der Resistenzentwicklung bei *Staph. aureus* und der Infektion mit MRSA. Es sind zumeist nosokomiale, also im Krankenhaus erworbene Infekte, deren Übertragung in den meisten Fällen durch kontaminierte Hände des medizinischen Personals erfolgt. Nach Angaben der Paul-Ehrlich-Gesellschaft ist die Rate resistenter *Staph. aureus*-Stämme von 0,4 % 1978 auf 30 % im Jahre 2003 gestiegen.
Bei nachgewiesener MRSA-Infektion sollte die antibiotische Therapie immer nach individueller Resistenztestung durchgeführt werden. Geeignete Antibiotika können z. B. Vancomycin (Glykopeptid), Aminoglykoside oder Clindamycin sein.

→ **Frage 3.88:** Lösung E

Zu (1): Die **natürliche Resistenz** existiert bei vielen Bakterien, z. B. bei Darmbakterien, Pseudomonaden, Staphylokokken und Enterokokken. Sie kann auf unterschiedlichen Mechanismen beruhen: Produktion Antibiotikum-abbauender Enzyme (β-Lactamase bei Staphylokokken baut Penicillin ab), resistente Zielmoleküle, Permeabilitätsbarrieren oder aktiver Efflux (aktives Heraussschleusen des Antibiotikums nach extrazellulär durch Pumpmechanismen in der Zytoplasmamembran, z. B. bei Tetracyclinresistenz).
Zu (2) und (3): Eine Mutation, gleich ob spontan (2) oder durch Resistenzfaktoren (3), kann ihrem Träger eine bessere Anpassung an mögliche Veränderungen der Lebensbedingungen ermöglichen (Selektionsdruck). Über eine Selektion dieser Keime kann sich der genetisch neue Organismus in der Population durchsetzen.

H04 ■ ■
→ **Frage 3.89:** Lösung E

Zu (E): Im Fragentext werden Viren beschrieben, die Bakterien infizieren. Diese sog. Bakteriophagen können unterschiedlich lange DNA-Abschnitte ih-

rer Wirtsbakterien auf einen anderen Keim übertragen – ein Prozess, den man als **Transduktion** bezeichnet.
Zu (A): **Konjugation** bezeichnet den direkten Gentransfer zwischen Bakterien über eine Zytoplasmabrücke („Sexpilus").
Zu (B): Als Rekombination bezeichnet man eine Mischung vorhandenen Erbgutes, wie sie z. B. durch die zufällige Verteilung mütterlicher und väterlicher Chromosomen bei der Entstehung von Keimzellen im Rahmen der Meiose entsteht.
Zu (C): Die direkte Aufnahme freier DNA aus einem Kulturmedium in ein Bakterium wird als **Transformation** bezeichnet.
Siehe auch Lerntext III.9 „Parasexuelle Vorgänge bei Bakterien".

■
→ **Frage 3.90:** Lösung D

Zu (1) und (4): **Bakteriophagen** sind in der Tat bestimmte Viren, die ausschließlich Bakterien infizieren. Sie sind Genüberträger im Rahmen der **Transduktion**.
Zu (2) und (3): An Transformation und Konjugation sind Bakteriophagen nicht beteiligt.

H03 F99 ■ ■
→ **Frage 3.91:** Lösung E

Zu (E): Bakteriophagen sind bakterienpathogene Viren, die neben ihrem eigenen Genmaterial auch Abschnitte der bakteriellen Wirts-DNA auf einen nachgeschalteten Keim übertragen können. Bei diesem Prozess, den man als **Transduktion** bezeichnet, sind sogar Überschreitungen der Artgrenze kein Problem.
Zu (A): Da die **Zellwand** im Gegensatz zur **Zellmembran** omnipermeabel ist und somit keine Grenze für Antibiotika darstellt, gibt es keine Notwendigkeit, aktive Transportvorgänge einzurichten.
Zu (B): Durch spontane **Neumutationen** oder durch Erhalt eines entsprechenden **Resistenzgens** kann ein vormals Antibiotika-sensitiver Bakterienstamm eine Antibiotika-Resistenz entwickeln.
Zu (C): Veränderungen der DNA, auch chemisch induzierte, sind **Mutationen**.
Zu (D): Beschrieben ist eine simple **Infektion**.

3.4.3 Antibiotikaresistenz aus evolutionsbiologischer Sicht

→ **Frage 3.92:** Lösung A

Zu (A): Beschrieben ist der Vorgang, den Darwin „survival of the fittest" nannte und der eine wichtige Rolle bei der Selektion spielt.

Zu (B): Bei ungezieltem und nicht sachgerechtem Antibiotikaeinsatz kann man in der Tat resistente Bakterienstämme „anzüchten". Insofern ist diese Antwortmöglichkeit gar nicht so falsch.

H90 ■
→ **Frage 3.93:** Lösung B

Zu (B): Die Konjugation über Pili ist auch zwischen zwei Bakterien unterschiedlicher Spezies möglich.
Zu (A): Sehr wahrscheinlich haben sich die Gene für Antibiotikaresistenzen in der Gruppe der Bodenbakterien entwickelt, die selber Antibiotika produzieren und ihre eigene Existenz mit Hilfe der Resistenzmechanismen sichern. Über unterschiedliche parasexuelle Vorgänge haben sich die Resistenzgene dann im Verlauf der Evolution ausgebreitet.
Zu (E): Bei der Teilung einer Bakterienzelle wird natürlich die gesamte Erbinformation (also auch die Resistenzgene auf Plasmiden) auf die Tochterzellen übertragen.

3.5 Pilze

3.5.1 Lebensweise, medizinische Bedeutung

III.11 Pilze

Pilze sind eukaryontische Mikroorganismen, die sich als **Destruenten** ausschließlich heterotroph, d. h. durch den Abbau organischer Materie ernähren. Aufgrund des Mangels an Chlorophyll sind sie nicht zur Photosynthese befähigt. Pilze vermehren sich durch Bildung großer Mengen asexueller oder sexueller Sporen, die besonders unter vorteilhaften Umweltbedingungen produziert werden. Ein verzweigtes Netz aus feinen Pilzfäden (Hyphen) bildet in seiner Gesamtheit den kompletten Vegetationskörper (Thallus) eines Pilzes. Hefen als Untergruppe der Pilze sind unizelluläre Organismen, die sich durch Sprossung vermehren.

Klinischer Bezug
Medizinisch bedeutsame Erkrankungen durch Pilze sind selten. Es handelt sich dabei um **allergische Erkrankungen**, **Toxikosen** durch Aufnahme von Pilzgiften (z. B. Aflatoxine aus Schimmelpilzen) oder um infektiöse Pilzerkrankungen, die sog. **Mykosen**. Letztere treten besonders bei immunsupprimierten oder auf anderem Wege abwehrgeschwächten Patienten auf. Der klassische Soor durch eine opportunistische Infektion mit dem Hefepilz *Candida albicans* oder die

pulmonale Aspergillose sind wichtige Beispiele für diese so genannten Systemmykosen. Daneben sind besonders die kutanen Mykosen durch die große Gruppe der Dermatophyten von Bedeutung.

H90
→ Frage 3.94: Lösung D

Zu (D): Als **Produzenten** bezeichnet man **grüne Pflanzen**, da sie aus anorganischem Substrat mittels Sonnenlicht im Rahmen der Photosynthese organische Materie (Biomasse) produzieren. **Pilze** hingegen leben rein heterotroph und sind als wichtige **Destruenten** am Abbau organischer Materie (C) beteiligt.

Zu (E): Pilze sind zur Bildung asexueller und sexueller Sporen befähigt. Die Sporenbildung wird besonders unter positiven Umweltbedingungen angeregt und dient der Vermehrung (beachte die Unterschiede zu bakteriellen Sporen!).

F98
→ Frage 3.95: Lösung C

Zu (C): Die Fähigkeit zur Photosynthese ist vom Vorhandensein des grünen Blattfarbstoffs Chlorophyll abhängig. Da Pilze diese Substanz nicht besitzen, sind sie nicht zur Photosynthese befähigt.

Zu (A): Pilzzellen enthalten u. a. einen membranumgrenzten Zellkern und werden daher zu den Eukaryonten gerechnet.

Zu (B) und (E): Da Pilze keine Photosynthese betreiben können, sind sie auf die Zufuhr organischer Substrate angewiesen, ein Ernährungstyp, den man als heterotroph bezeichnet.

Zu (D): Die asexuelle (= ohne Bildung einer Zygote) Vermehrung über mitotisch entstehende Sporen ist neben der sexuellen Vermehrung bei Pilzen weit verbreitet.

F01
→ Frage 3.96: Lösung A

Zu (A) und (D): Die Voraussetzung für eine autotrophe Lebensweise, bei der Stoffwechselenergie aus anorganischen Substanzen mit Hilfe des Sonnenlichts gewonnen wird, ist der Besitz von Chlorophyll. Grüne Pflanzen sind auf diese Weise in der Lage, als Produzenten Biomasse zu bilden. Pilze verfügen nicht über Chlorophyll; sie sind stattdessen rein heterotroph lebende Destruenten, die ihre Energie aus dem Abbau biologischer Materie gewinnen.

Zu (B): Der Vegetationskörper eines Pilzes (Thallus) besteht aus einem Geflecht feinster Pilzfäden (Hyphen), die sich im Nährsubstrat ausbreiten. Die Gesamtheit aller Hyphen wird auch als Myzel bezeichnet.

Zu (C): Im Gegensatz zu Bakterien, deren Sporen lediglich als Dauerformen schlechte Umweltbedingungen überbrücken sollen, dienen Pilzsporen, die in großer Zahl vor allem durch mitotische Teilungen entstehen, der Vermehrung von Pilzen.

Zu (E): Einige Pilze bilden in der Tat natürlich vorkommende Antibiotika, die sie in ihre Umgebung abgeben (z. B. Penicillin durch *Penicillium notatum*). Auf diese Weise erlangen die Pilze einen großen Evolutionsvorteil gegenüber den um Nahrungsressourcen konkurrierenden Bakterien, die sie durch Antibiotika abtöten.

H98 F98
→ Frage 3.97: Lösung C

Zu (C): Die Fähigkeit zur Photosynthese ist vom Vorhandensein des grünen Blattfarbstoffes Chlorophyll abhängig. Da Pilze diese Substanz nicht besitzen, sind sie nicht zur Photosynthese befähigt.

Zu (A): Pilzzellen enthalten u. a. einen membranumgrenzten Zellkern und werden daher zu den **Eukaryonten** gerechnet.

Zu (B) und (E): Da Pilze keine Photosynthese betreiben können, sind sie auf die Zufuhr organischer Substrate angewiesen, ein Ernährungstyp, den man als **heterotroph** bezeichnet.

Zu (D): Die asexuelle (= ohne Bildung einer Zygote) Vermehrung über mitotisch entstehende Sporen ist bei Pilzen weit verbreitet.

H01
→ Frage 3.98: Lösung A

Zu (A): Pilze gehören zu den **Eukaryonten**. Die Gruppe der Prokaryonten setzt sich aus den Bakterien und den Cyanobakterien (früher als „Blaualgen" bezeichnet) zusammen.

Zu (B) und (E): Da Pilze nicht über Chlorophyll verfügen, können sie keine Photosynthese betreiben und sind daher zur Deckung der notwendigen Stoffwechselenergie auf den Abbau bereits bestehender Biomasse angewiesen, was als obligat heterotrophe Ernährung bezeichnet wird. Im Rahmen der Nahrungskette stehen die Pilze gemeinsam mit den Bakterien daher an der Stelle der Destruenten, die für den Abbau toter organischer Substanz verantwortlich sind.

Zu (C): Als **Saprophyten** werden Organismen bezeichnet, die sich durch den Abbau organischen Substrates ernähren – für Pilze eine typische Situation. Die parasitäre Lebensweise ist bei Pilzen ebenfalls weit verbreitet und betrifft Tiere und Pflanzen (hier: Rostpilze) ebenso wie den Menschen (Dermatophyten).

Zu (D): Die Bildung einer ungeheuren Menge an extrem widerstandsfähigen Sporen ermöglicht vielen Pilzen eine gesicherte Ausbreitung und das Überleben auch unter vorübergehend eingeschränkten Lebensbedingungen.

H94 ■
→ Frage 3.99: Lösung C

Zu (C): Pilze enthalten keine Chlorophyll-haltigen Organellen (Plastiden der Pflanzen) und sind daher nicht zur Photosynthese befähigt.
Zu (E): Die Bedeutung der Pilze als Krankheitserreger des Menschen lässt sich in drei Gruppen von Krankheiten teilen:
Pilzallergien als Reaktion des Körpers auf Pilzsporen (z. B. Alveolitis)
Vergiftungen durch Stoffwechselprodukte von Pilzen (z. B. grüner Knollenblätterpilz, Mutterkorn u. a.)
Pilzinfektionen = Mykosen
Hierbei sind es meist relativ harmlose Krankheitsbilder, da das menschliche Immunsystem einen guten Schutz gegen Pilze bietet. Es handelt sich daher meist um **lokale Haut- oder Schleimhautinfektionen** (kutane Mykosen). Bei immungeschwächten Patienten (z. B. HIV) kann es dagegen auch zu **systemischen Mykosen** kommen, die dann dramatische Erkrankungen darstellen, z. B Aspergillose der Lunge.

F05
→ Frage 3.100: Lösung A

Zu (A): Die Abbildung zeigt das Bild verzweigter, septierter **Pilzhyphen**, wie sie z. B. bei einer **Aspergillose** vorkommen. Die geschilderte klinische Situation – Pneumonie bei einem immunsupprimierten Patienten – ist darüber hinaus typisch für eine Pilzinfektion, die bei Menschen mit normalen Abwehrkräften allenfalls als lokaler Prozess, z. B. in der Haut, ablaufen.
Zu (B): Die abgebildeten Erreger sind wahrhaftig nicht mit Kokken – also mit kugelförmigen Bakterien – zu verwechseln.
Zu (C): Chlamydien sind sehr kleine, obligat intrazelluläre Bakterien.
Zu (D): Spirochäten (z. B. *Treponema, Borrelia*) sind spiralig gekrümmte, bewegliche Keime.
Zu (E): Mycobakterien sind unbewegliche, grampositive Stäbchenbakterien.

3.5.2 Wachstumsformen

F95 F94 ■
→ Frage 3.101: Lösung C

Zu (5): Pilze gehören zu den Eukaryonten.
Zu (1): Der Vegetationskörper (**Thallus**) eines Pilzes besteht aus einem Geflecht verzweigter Fäden (**Hyphen**), die sich im Nährsubstrat ausbreiten. Die Gesamtheit aller Hyphen eines Pilzthallus wird als **Myzel** bezeichnet.
Zu (2): Pilze enthalten kein Chlorophyll, sind somit nicht zur Photosynthese fähig und ernähren sich daher obligat heterotroph durch Zersetzung organischer Substrate. Darüber hinaus sind sie aerobe Organismen.
Zu (3): **Saprophytische Pilze** sind am Abbau toter organischer Materie beteiligt. **Parasitisch** lebende Formen schmarotzen auf/in einem Wirtsorganismus und schaden ihm damit. **Symbiontische** Pilze gehen mit einem anderen Organismus eine Lebensgemeinschaft zum beiderseitigen Nutzen ein – z. B. formgebender Pilz + photosynthetisch aktive Alge = Flechte.
Zu (4): Bei den Pilzen (anders als bei Bakterien!!) dient die Sporenbildung in der Tat der Vermehrung. Pilzsporen können **asexuell** durch mitotische Zellteilungen in großen Mengen entstehen, besonders bei günstigen Umweltbedingungen. Zusätzlich werden meist gleichzeitig **sexuelle** Sporen in Form haploider Gameten gebildet.

3.5.3 Vermehrung

Zu diesem Kapitel wurden bisher keine Fragen gestellt.

3.5.4 Synthese von Stoffen

H04 H93 ■■
→ Frage 3.102: Lösung D

Zu (D): Der allseits bekannte Schimmelpilz *Aspergillus flavus* produziert in der Tat das hoch kanzerogene **Aflatoxin**.
Zu (A): **Atropin** ist das giftige Alkaloid der Tollkirsche (Belladonna).
Zu (B): **Digitonin** ist ein Seifenstoff aus dem Samen des Fingerhutes und hat keine medizinische Bedeutung. Die Substanz sollte nicht mit dem Herzglykosid Digitoxin verwechselt werden ... Zufall oder Absicht beim IMPP?!
Zu (C): α-Amanitin ist das Gift des grünen Knollenblätterpilzes (*Amanita phalloides*).
Zu (E): **Ergotamin** ist das Alkaloid des Mutterkorns (*Secale cornutum*), eines Getreidepilzes.

H99 ■
→ Frage 3.103: Lösung A

Zu (A): Der Getreidepilz *Claviceps purpurea* synthetisiert das Alkaloid Ergotamin, das kontrakti-

onsfördernd auf glatte Muskulatur und zentral α-sympatholytisch wirkt.
Zu (B)–(E): **Aflatoxine** sind Gifte der **Schimmelpilze**, v. a. *Aspergillus flavus* ... wo die sich befinden, wird jeder aus eigener Erfahrung wissen. Die Substanzen sind **hitzeresistent** und gehören zu den stärksten bislang bekannten **Leber-Karzinogenen**.

F04 ■ ■
→ **Frage 3.104:** Lösung D

Und wieder einmal werden die Syntheseprodukte verschiedener Pilze abgefragt – immer in etwas unterschiedlicher Reihenfolge oder mit verschiedenen Bezugspunkten, aber jedes Mal die gleichen Substanzen.
Zu (D): Der Getreidepilz *Claviceps purpurea* synthetisiert das Alkaloid **Ergotamin**, das aufgrund seiner **kontraktionsfördernden Wirkung auf glatte Muskulatur** zur Tonisation der postpartalen Uterusschleimhaut eingesetzt wird. Außerdem wirkt Ergotamin zentral α-sympatholytisch und wird daher in der Migränetherapie verwendet.
Zu (A): α-Amanitin ist das Gift des grünen Knollenblätterpilzes, das über die Hemmung der eukaryontischen RNA-Polymerase seine toxische Wirkung entfaltet.
Zu (B): **Digitonin** ist ein Seifenstoff aus dem Samen des Fingerhuts, das lokal gewebsreizend und hämolytisch wirkt. Es hat keinerlei medizinische Bedeutung.
Zu (C): **Atropin** ist das Alkaloid der Tollkirsche. Es wirkt **parasympatholytisch**, dient dem Augenarzt zur Pupillenweitstellung und in der Notfallmedizin zur Behandlung bedrohlicher Bradykardien.
Zu (E): **Aflatoxine** sind hitzeresistente Gifte der Schimmelpilze und gehören zu den stärksten bisher bekannten **Leber-Karzinogenen**.

F99 ■
→ **Frage 3.105:** Lösung A

Fragen zu den Syntheseprodukten einzelner Pilze werden in den letzten Physika immer häufiger; hier lohnt sich das Lernen, da immer dieselben Substanzen abgefragt werden.
Zu (A): Das Gift des grünen Knollenblätterpilzes (*Amanita phalloides*), α-**Amanitin**, ist ein zyklisches Oktapeptid und ein spezifischer Hemmstoff der eukaryontischen RNA-Polymerase II, die u. a. die Synthese der mRNA katalysiert.
Zu (B): Eine Hemmung der (DNA-)Replikation ist der Angriffspunkt verschiedener **Zytostatika**. Die Wirkung kommt durch eine feste Vernetzung der beiden DNA-Stränge (Alkylantien, z. B. Cyclophosphamid) oder durch die Hemmung der DNA-Polymerase (Cytosinarabinosid) zustande.
Zu (C): Eine Störung der Zellwandsynthese ist der typische Wirkungsmechanismus wichtiger **Antibiotika**, z. B. Penicilline und Cephalosporine.
Zu (D): Abkömmlinge des **Ergotamin**, z. B. Methysergid und das bekannte Derivat Lysergsäurediethylamid (LSD) haben als Serotonin-Antagonisten eine starke psychotrope Wirkung.
Zu (E): Die Atmungskette („oxidative Phosphorylierung") als Hauptquelle des zellulären ATP kann durch verschiedene Substanzen an ganz unterschiedlichen Stellen gehemmt werden. Die bekanntesten davon sind Cyanide (CN^-), Azide (N_3^-) und Kohlenmonoxid (CO), die die terminale Elektronenübertragung von der Cytochromoxidase auf Sauerstoff verhindern.

H02 ■ ■
→ **Frage 3.106:** Lösung D

Fragen zu den verschiedenen Substanzen, die von Pilzen synthetisiert und die z. T. erhebliche medizinische Relevanz besitzen, werden häufig gestellt.
Zu (D): α-**Amanitin** wird vom grünen Knollenblätterpilz (*Amanita phalloides*) produziert. Das zyklische Oktapeptid ist ein spezifischer Hemmstoff der eukaryontischen RNA-Polymerase II und blockiert auf diese Weise die Synthese der mRNA.
Zu (A): **Digitonin** ist ein Seifenstoff (Saponin) aus dem Samen des Fingerhuts (*Digitalis purpurea*). Es wirkt lokal gewebsreizend, hämolytisch und hat keine medizinische Bedeutung – leicht zu verwechseln mit den wichtigen Herzglykosiden Digoxin und Digitoxin!
Zu (B): **Atropin** ist das Alkaloid von Tollkirsche und Stechapfel; in der modernen Medizin dient es dem Augenarzt zur Weitstellung der Pupillen und durch seine parasympatholytische Wirkung dem Notarzt zur Behandlung bedrohlicher Bradykardien.
Zu (C): **Ergotamin** ist das Alkaloid des Mutterkorns (*Secale cornutum*), eines Getreidepilzes. Es wird therapeutisch zur Kupierung schwerster Migräneanfälle und zur Uterustonisation angewandt.
Zu (E): **Aflatoxine** aus dem Schimmelpilz (*Aspergillus flavus*) gehören zu den am stärksten kanzerogenen Substanzen und sind als Ursache von Leberkrebs gefürchtet.

3.6 Viren

3.6.1 Virusbegriff

III.12 Viren

Viren unterscheiden sich von Mikroorganismen in zwei wichtigen Punkten:
1. Sie besitzen **nur einen Typ von Nukleinsäure**, DNA oder RNA.

2. Sie verfügen über **keinen eigenen Stoffwechsel**, sind also keine Lebewesen und können sich nur in einer Wirtszelle vermehren.

Die virale Nukleinsäure ist von einer Proteinhülle umgeben, die als **Kapsid** bezeichnet wird. Nukleinsäure und Kapsid bilden als Nukleokapsid eine Einheit, die entweder frei vorliegt (z. B. Polio-Virus) oder von einer Membran umhüllt wird (z. B. Herpes-Virus, Influenza-Virus).

Viren sind extrem wirtsspezifisch und können auch innerhalb des Wirtsorganismus in der Regel nur bestimmte Zellen befallen, z. B. HI-Viren befallen nur T4-Lymphozyten.

Wichtige Sonderformen der Viren sind:
- Bakteriophagen: Viren, die ausschließlich Bakterienzellen infizieren.
- Retroviren: RNA-haltige Viren, die mit Hilfe ihres Enzyms reverse Transkriptase eine komplementäre DNA ihres Erbguts erzeugen, die dann in die Wirts-DNA inkorporiert wird. Weltweit bekannt wurde die Gruppe der Retroviren durch das HIV, den Erreger des AIDS.

Klinischer Bezug

Humanpathogene Viren werden über Tröpfchen- oder Schmierinfektion, über den Blutweg oder durch Insekten übertragen und durch Endozytose in die infizierte Zelle aufgenommen. Hierbei missbraucht das Virus häufig zellspezifische Membranrezeptoren zur Anbindung an die Zellmembran. Intrazellulär kommt es zum Abbau des Kapsids; die dadurch frei gewordene Nukleinsäure wird zur Bildung neuer Viruspartikel transkribiert oder kann bei einigen Viren zunächst in das Wirtszellgenom eingebaut werden.

→ **Frage 3.107:** Lösung B

Zu (B): Viren benötigen Wirtszellen für ihre Vermehrung. Daher kann man sie niemals isoliert auf Nährböden züchten. Ein charakteristischer Nachweis von Viren ist das Auftreten von „Löchern" in einem Zellrasen, den man auf passendem Nährmedium kultiviert.
Zu (A), (C), (D) und (E): Siehe Lerntext III.12 „Viren".

→ **Frage 3.108:** Lösung D

Zu (1): Intrazellulär neu entstandene Viren werden über Exozytose aus der Wirtszelle abgegeben, ohne dass diese dabei zerstört wird.
Zu (2): Die Retroviren (u. a.) integrieren ihr Genom in die Wirtszell-DNA, um auf diese Weise über Generationen an die Tochterzellen weitergegeben zu werden. Auch Bakteriophagen verfolgen diese Taktik, um irgendwann „aktiviert" zu werden, sich intrazellulär zu vermehren und die Wirtszelle dann zu verlassen.
Zu (4): Bei der lytischen Vermehrung eines Bakteriophagen wird die Bakterienzelle bei der Freisetzung der neuen Viren zerstört.
Zu (3): Ein Virus mit dieser Taktik wäre im Rahmen der Evolution schnell „aus dem Rennen", da das Virus zur Vermehrung auf die lebende Wirtszelle angewiesen ist.

F04

→ **Frage 3.109:** Lösung C

Zu (C): Die lytische Zerstörung der Wirtszelle ist bei humanpathogenen Viren in der Tat der auslösende Vorgang einer klinisch akuten Erkrankung. Ein in das Genom der Wirtszelle integriertes Virus wird durch Replikation der Wirtszell-DNA zwar weiter vererbt, führt aber zu keiner klinisch erkennbaren Erkrankung (z. B. Persistenz von Herpes-Viren in den Zellkernen sensorischer Neurone).
Zu (A): Bei der Infektion einer humanen Zelle durch ein Virus sind die Prozesse der **Adsorption** und der **Penetration** hintereinander geschaltet. Die Adsorption erfolgt durch Bindung an spezifische Oberflächenrezeptoren (z. B. HIV-Infektion über den CD4-Rezeptor humaner Lymphozyten), die von dem Virus gewissermaßen „missbraucht" werden. Nach der Adsorption werden die Viren durch Pinozytose in die Zelle aufgenommen. Eine „Fimbrien-vermittelte Invasion" klingt zwar gefährlich, existiert aber bei Viren nicht.
Zu (B): Lipopolysaccharide sind Bestandteil der äußeren Zellmembran **gramnegativer Bakterien** und können als sog. **Endotoxine** über die Aktivierung von Makrophagen hohes Fieber oder einen Endotoxinschock auslösen.
Zu (D): Beschrieben ist die bereits erwähnte **latente Infektion** – ein Zustand, bei dem die Erbinformation des Virus in das Wirtszellgenom integriert ist, es jedoch nicht zu einer klinisch fassbaren Erkrankung kommt.
Zu (E): Zahlreiche **Bakterien** sezernieren sog. **Exotoxine**, die z. T. schwerste akute Krankheitsbilder wie Tetanus, Gasbrand, Cholera oder Diphtherie auslösen können.

F95

→ **Frage 3.110:** Lösung C

Zu (1): Phagen – oder vollständig – Bakteriophagen sind Bakterien-pathogene Viren, die somit ebenfalls den intrazellulären Enzym-Apparat der Wirtszelle zu ihrer eigenen Vermehrung „missbrauchen".
Zu (3): Es gibt einige Bakterien (Chlamydien, Rickettsien), die sich ebenfalls nur in einer Wirtszelle

vermehren können. Sie weisen aber alle strukturellen Merkmale eines Prokaryonten auf und werden deshalb nicht zu den Viren gezählt.

F96 H91 ■
→ **Frage 3.111:** Lösung C

Zu (C): Bei humanpathogenen Viren wird die Nukleinsäure von einer Schutzhülle aus viruseigenen Proteinen, dem sog. **Kapsid**, umgeben. Diese Einheit wird bei einer Infektion von der menschlichen Zelle als Ganzes aufgenommen. Die Antwortmöglichkeit zielt (mit Erfolg) auf die Verwechslung mit Bakteriophagen ab. Dies sind Viren, die ausschließlich Bakterien infizieren, indem sie nach Adsorption an deren Zellwand ihre Nukleinsäure ins Bakterium injizieren.
Zu (A): Eine Vielzahl humanpathogener Viren enthält RNA als Träger der genetischen Information. Die RNA kann als Einzel- oder als Doppelstrang vorliegen. Wichtige Beispiele für RNA-Viren sind: Polio-Virus (Kinderlähmung), Rhino-Virus (Schnupfen), Hepatitis-A-Virus, Röteln-Virus und HIV.
Zu (B): Humane Zellen besitzen eine Reihe von Rezeptoren, an die Viren spezifisch binden. Einige Rezeptoren dienen der interzellulären Kommunikation (CD4-Rezeptor – HIV, Komplement C3-Rezeptor – Epstein-Barr-Virus). Andere Rezeptoren sind in ihrer Funktion für die Zelle noch nicht aufgeklärt. Die Bindung eines Virus an seinen Rezeptor **(Adsorption)** ist Voraussetzung für das Eindringen in die Zelle **(Penetration)**.
Zu (D): Durch die intrazelluläre Verdauung des Kapsids **(Uncoating)** wird die virale Nukleinsäure freigesetzt.
Zu (E): Manche Viren besitzen eine Hülle, die das Kapsid von außen ummantelt. Die Hülle besteht aus zellulärer Membran, in die meistens Viruscodierte Proteine eingelagert sind. Sie ist das Ergebnis der exozytotischen Virus-Ausschleusung aus der infizierten Zelle. Viren mit einer derartigen Hülle sind beispielsweise HIV, Herpes-Virus, Tollwut-Virus; keine Hülle besitzen das Polio-Virus, Rhino-Virus und Papilloma (Warzen)-Virus.

F00 ■
→ **Frage 3.112:** Lösung C

Zu (C): Eine äußere Lipidhülle ist nicht obligat. Viele Viren bestehen nur aus Nukleinsäure und umgebendem Protein-Kapsid; z. B. Hepatitis A-Virus, Poliovirus oder Warzenviren.
Zu (A), (B) und (E): Alle Viren bestehen aus **Nukleinsäure** und einer umgebenden Protein-Hülle, dem sog. **Kapsid**. Der Typ der Nukleinsäure ist ein wichtiges taxonomisches Merkmal. Zu den RNA-Viren gehören z. B. das Tollwutvirus, Masern-, Mumps- und Rötelnviren sowie das HIV; DNA-haltig sind Warzenviren, Herpesviren oder das Epstein-Barr-Virus. Sobald das Virus in die Wirtszelle aufgenommen wurde, kommt es zur Auflösung des Kapsids, die Nukleinsäure wird freigesetzt und kann entweder abgelesen oder in die Wirtszell-DNA integriert werden.
Zu (D): Häufig missbrauchen Viren Rezeptoren der äußeren Zellmembran, an die sie andocken und durch die sie dann von der Wirtszelle endozytiert werden. Das Resultat ist ein Virus innerhalb eines membranumgrenzten Vesikels.
Bei der Freisetzung von Viren kommt es manchmal zum umgekehrten Vorgang. Das Virus wird in ein Membranvesikel verpackt und als solches durch Membranfluss-Vorgänge nach extrazellulär abgegeben. Auf diese Weise kommen Viren zu einer äußeren Hülle, die also ursprünglich aus der Membran der Wirtszelle besteht. Allerdings sind häufig virusspezifische Proteine in die Membran eingelagert.

F05 ■
→ **Frage 3.113:** Lösung A

Zu (A): Viren enthalten in der Tat immer nur einen Typ Nukleinsäure – DNA oder RNA. Neben dem sicherlich bekanntesten RNA-haltigen Virus, dem HIV, sind auch die Erreger von Grippe, Masern, Mumps, Hepatitis A oder Tollwut RNA-Viren.
Zu (B): **Nukleosidanaloga** interferieren als „falsche Bausteine" mit der Synthese der viralen Nukleinsäure. Mit der Proteinsynthese haben sie nichts zu tun.
Zu (C): Der Mureinsacculus ist ein typisches Strukturmerkmal von Bakterien und kommt bei Viren nicht vor.
Zu (D): Das Kapsid ist die Schutzhülle der viralen Nukleinsäure und besteht aus Proteinen.
Zu (E): Der beschriebene Mechanismus ist nur bei den sog. **Retroviren** bekannt, zu denen auch das HI-Virus gehört. Bei anderen RNA-Viren kann das Virusgenom direkt als mRNA zur Translation verwendet werden oder dient als Matrize für die Herstellung einer komplementären RNA, die dann ihrerseits zur Proteinsynthese herangezogen wird.

F91
→ **Frage 3.114:** Lösung E

Zu (3): Die Mutationsfähigkeit von Viren ist stärker ausgeprägt als bei Pro- und Eukaryonten. Daraus entstehen zum einen Probleme mit der Wirksamkeit von Impfstoffen und anderen Medikamenten, wenn das Virus in immer neuen Formen auftritt (Influenza-Impfung, HIV-Medikamente). Andererseits kennt man eine Vielzahl mutierter Viren, die ihre Pathogenität verloren haben. Diese „attentuierten" Stämme können gefahrlos zu Impf-

zwecken verwendet werden (z. B. Pocken-Impfung).
Zu (4): Einige Viren zeigen eine sehr regelmäßige Ikosaederstruktur. Man kann sie in diesem Fall in größeren Aggregaten kristallisieren und dadurch mit speziellen röntgenologischen Methoden strukturell untersuchen.
Zu (5): Die Hülle eines komplexen Virus besteht aus einem Teil der Zell- oder Zellkernmembran der Wirtszelle, die das Virus-Kapsid in einem Membranvesikel abgeschnürt hat. Der äußere Proteinbesatz dieser Membran trägt meist solche Proteine, die im Virusgenom codiert sind und die nach intrazellulärer Synthese durch die Wirtszelle in die Membran inkorporiert worden sind.

→ **Frage 3.115:** Lösung D

Zu (D): Die Replikation der Virus-Nukleinsäure erfordert immer den Stoffwechsel der Wirtszelle und kann daher nur in ihr – und nicht im Virus-Kapsid – ablaufen.
Zu (A): Die RNA eines Retrovirus wird durch die reverse Transkriptase in eine Doppelstrang-DNA überführt. In dieser Form kann das Virusgenom in die DNA der Wirtszelle inserieren und wird so bei jeder Zellteilung an die Tochterzellen weitergegeben.
Zu (B) und (C): Eine Virus-DNA wird durch den Enzymapparat der Wirtszelle transkribiert und repliziert. Nur auf diese Weise ist die intrazelluläre Entstehung eines Virus-Partikels und seine Vermehrung möglich.
Zu (E): Da Viren keinen eigenen Stoffwechsel haben, nutzen sie die Wirtszell-Ribosomen zur Synthese ihrer Proteine.

H98
→ **Frage 3.116:** Lösung B

Zu (B): **Defektmutanten** humanpathogener Viren mit erhaltener Vermehrungsfähigkeit und Antigenität bei verminderter Virulenz spielen in der Medizin eine große Rolle als **Impfstoffe**. Die abgeschwächten (attenuierten) Viren werden zur aktiven Immunisierung z. B. bei Masern, Mumps und Polio (Kinderlähmung) verwendet.
Zu (A), (C), (D) und (E): **Viroide** sind Erreger einiger Pflanzenkrankheiten und bestehen aus „nackter" RNA ohne eine umgebende Proteinhülle. Sie sind die kleinsten bisher bekannten Krankheitserreger.

F99
→ **Frage 3.117:** Lösung B

Zu (B): Nur das humanmedizinisch relevante Hepatitis-D-Virus (Deltaagens) ist strukturell mit den Viroiden verwandt. Ansonsten haben Viroide lediglich Bedeutung als Erreger verschiedener Pflanzenkrankheiten.

Zu (A), (C), (D) und (E): Viroide sind die kleinsten bisher bekannten Krankheitserreger. Sie bestehen aus „nackter", ringförmiger RNA ohne Proteinhülle. Ihr genauer Vermehrungsmechanismus ist unbekannt, muss aber unter Verwendung wirtszellspezifischer Enzyme intrazellulär ablaufen, da Viroide keinen eigenen Stoffwechsel besitzen.

III.13 Bakteriophagen und ihre Vermehrung

Bakteriophagen sind Viren, die ausschließlich Bakterien infizieren. Sie adsorbieren an spezifische Oberflächenrezeptoren und „injizieren" danach ihre Nukleinsäure in die Wirtszelle. Hinsichtlich ihrer Vermehrung muss man zwei Gruppen von Bakteriophagen unterscheiden:

1. Die Infektion eines Bakteriums mit einem **virulenten Phagen** führt zur sofortigen Expression der Phagen-Gene in der Wirtszelle. Die neuen Phagen entstehen im infizierten Bakterium und werden durch Lyse der Zelle freigesetzt, sog. **lytischer Vermehrungszyklus**.
2. Ein **temperenter Phage** dagegen integriert nach der Infektion seine DNA in das bakterielle Chromosom (sog. **Prophage**). Die Phagen-Gene werden bei jeder Zellteilung wie ein Teil der bakteriellen DNA weitergegeben, ohne dass die Wirtszelle abgetötet wird (sog. **lysogener Vermehrungszyklus**). Äußere Einwirkungen unterschiedlichster Art (UV-Strahlung, Zellgifte usw.) können den Wiedereintritt des temperenten Phagen in den lytischen Vermehrungszyklus jederzeit induzieren.

H95
→ **Frage 3.118:** Lösung C

Zu (C): Viele humanpathogene Viren werden per Endozytose in die menschliche Wirtszelle aufgenommen. Bakteriophagen infizieren ausschließlich Bakterien. Sie adsorbieren an bestimmten Oberflächenrezeptoren und injizieren nur ihre Nukleinsäure in die bakterielle Wirtszelle.
Zu (A): Bakteriophagen sind bakterienpathogene Viren.
Zu (B): Die Nukleinsäure (DNA oder RNA) eines Bakteriophagen ist in Proteine „verpackt".
Zu (D): Restriktionsendonukleasen (Restriktionsenzyme) sind bakterielle Enzyme, die die injizierte DNA eines Bakteriophagen zerstören. Sie zerschneiden dazu die Phagen-DNA an spezifischen Erkennungssequenzen. Gleiche Basensequenzen der bakteriellen DNA sind durch Methylierung vor dem enzymatischen Abbau geschützt.
Zu (E): Wie alle anderen Viren, so besitzen auch Bakteriophagen keinen eigenen Stoffwechsel und sind daher bei ihrer Vermehrung auf die Wirtszelle angewiesen.

F89
→ **Frage 3.119:** Lösung C

Zu (C): Ein temperenter Phage integriert seine Erbinformation in die DNA seiner Wirtszelle (sog. **Prophage**). Diese lebt unbeeinflusst weiter, repliziert und gibt die Virus-DNA bei jeder Zellteilung an die Tochterzellen weiter.
Zu (B) und (D): Das Virus-Genom wird bei jeder Replikation der bakteriellen DNA vermehrt. Dies ist kein aktiver Prozess des Virus selbst, sondern wird durch die Integration in die bakterielle DNA erreicht. Da somit die Synthese der Phagen-Bestandteile von der Tätigkeit der Wirtszellenzyme abhängt, ist die Temperatur notwendig, die auch das Bakterium für seinen reibungslosen Stoffwechsel benötigt. Zumindest bei den humanpathogenen Keimen sind die genannten 33 °C meist nicht ausreichend. Die Zeitdauer der Phagenvermehrung ist bei den einzelnen Typen nicht identisch. Der Phage lambda benötigt für einen Zyklus etwa 45 min, was kaum als „extrem langsam" bezeichnet werden kann.
Zu (E): Erst nach Induktion eines temperenten Phagen und dem dadurch auftretenden Übergang in die lytische Vermehrung können Resistenzgene in den Phagenkopf eingebaut und so über den Prozess der Transduktion übertragen werden.

H97 H88
→ **Frage 3.120:** Lösung B

Zu (B): Ein **temperenter Bakteriophage** kann seine DNA in das Chromosom der bakteriellen Wirtszelle integrieren (**Prophage**). Die Phagen-Gene werden dann bei jeder Vermehrung des Bakteriums weitergegeben, das (vorerst) nicht lysiert wird. Verschiedene äußere Faktoren können jedoch die Expression der Phagen-Gene, die intrazelluläre Phagenentstehung und schließlich deren Freisetzung durch Lyse des Bakteriums induzieren (**lytische Vermehrung**).
Zu (C): **Lysozym** ist als bakterizides Enzym u. a. im Nasensekret enthalten und dient dort als wichtiger Bestandteil der unspezifischen Abwehr von Krankheitserregern. Mit Lysogenie hat es aber nichts zu tun.
Zu (D): Verschiedene Pilze und Bakterien sind zur Bildung und Sekretion von Substanzen befähigt, die das Wachstum anderer Mikroorganismen als potenzielle Nahrungskonkurrenten verhindern sollen. Diese Stoffe bilden die große Gruppe der natürlich vorkommenden **Antibiotika** (z. B. Penicillin), die inzwischen durch eine Vielzahl synthetisch hergestellter Substanzen in ihrem Wirk- und Anwendungsspektrum enorm erweitert worden ist.
Zu (E): Jede biologische Art innerhalb einer Population ist bestrebt, die eigenen Gene an die nächste Generation weiterzugeben, um die Art langfristig zu erhalten. Eine „Neigung zur Autolyse" käme daher unter evolutionsbiologischen Gesichtspunkten dem Suizid einer Art oder Population gleich. Ein Vorgang, der nicht sinnvoll ist und der daher nicht existiert.
Siehe Lerntext III.13 „Bakteriophagen und ihre Vermehrung".

H04
→ **Frage 3.121:** Lösung C

Zu (C): Nach Infektion durch einen Bakteriophagen kann sich dessen DNA in das bakterielle Chromosom integrieren. Die Zelle wird nicht umgehend zerstört, sondern enthält und vermehrt das virale Erbgut. Man bezeichnet den Phagen in dieser Situation dann als **Prophagen**, die Wirtszelle als lysogen.
Zu (A): **Lysozym** zerstört den bakteriellen Mureinsacculus, sodass die Zelle durch den osmotisch bedingten Wassereinstrom zerstört – lysiert – wird.
Zu (D): Eine schöne Vorstellung – Bakterien, die Krebszellen auflösen ...

3.6.2 Aufbau

H93
→ **Frage 3.122:** Lösung C

Zu (3): Bei Viren, deren Kapsid von einer Hülle umgeben ist, wird diese zur Adsorption an die Wirtszelle verwendet. Entweder sie verschmilzt mit der Zellmembran, oder sie wird nach der Aufnahme des Kapsids in die Zelle abgestreift.
Zu (1) und (2): Die Hülle eines Virus wird aus modifizierter Kern- oder Zellmembran der Wirtszelle gebildet, enthält damit Lipide und kann durch verschiedene Desinfektionsmittel zerstört werden, was die Infektiosität des Virus deutlich herabsetzt.

H92
→ **Frage 3.123:** Lösung B

Zu (B): Viren enthalten immer nur einen Typ Nukleinsäure – DNA **oder** RNA.
Zu (A) und (D): Lipide und Glykoproteine sind Bestandteile der äußeren Hülle mancher Viren, die aus der Kernmembran oder Zellmembran der Wirtszelle hervorgeht und mit viruscodierten Proteinen modifiziert ist.
Zu (C): Strukturproteine bilden das Kapsid eines Virus.
Zu (E): Enzyme sind in vielen Viren enthalten – z. B. Polymerase in DNA-Viren, reverse Transkriptase in Retroviren.

3.6.3 Vermehrung und Genetik

F90
→ Frage 3.124: Lösung B

Zu (B): Bakteriophagen injizieren ihre Nukleinsäure in das Wirtsbakterium. Humanpathogene Viren werden als Nukleokapsid (Nukleinsäure + Kapsid) aufgenommen.
Zu (A), (C), (D) und (E): Nach Adsorption des Virus an die Wirtszellmembran wird das Kapsid über Endozytose aufgenommen. Intrazellulär wird das Kapsid abgebaut (Uncoating), die freie Nukleinsäure wird zur Bildung neuer Virusproteine transkribiert oder zunächst in das Wirtsgenom inkorporiert. Stehen genug Virus-Proteine und Nukleinsäuren zur Verfügung, so bilden sich intrazellulär die neuen Viren.
Anmerkung: Vermutlich läuft dieser Prozess „von selbst" (self-assembly) und ist eben keine aktive „Montage".

F05
→ Frage 3.125: Lösung D

Diese Frage wurde auch schon in vorangegangenen Examina mit gering verändertem Wortlaut verwendet.
Zu (A) und (D): Zur Expression des Virusgenoms (A) ist dessen Freisetzung aus dem Kapsid in der Wirtszelle notwendig. Dieses „Uncoating" wird durch Proteasen der Wirtszelle durchgeführt, die damit den Prozess der Virusvermehrung selbst einleiten.
Zu (B): Über den Einbau des Virusgenoms in die DNA der Wirtszelle wird das Virus auf die folgenden Zellgenerationen übertragen und kann zu jedem späteren Zeitpunkt wieder reaktiviert und exprimiert werden.
Zu (C) und (E): Nach Bildung der einzelnen Kapsomere (= Untereinheiten) kann eine neue Virushülle aufgebaut werden.

F89
→ Frage 3.126: Lösung A

Zu (A): Die Eklipse folgt dem Uncoating. Das Virus-Genom wird repliziert, exprimiert und steuert die Bildung neuer Virus-Bestandteile. In dieser Phase ist das Virion morphologisch in der Wirtszelle nicht mehr nachweisbar, da das Kapsid vorher komplett aufgelöst wurde.

■
→ Frage 3.127: Lösung E

Alle genannten Prozesse spielen sich genau in der Art und Reihenfolge ab, wie es in den Antworten beschrieben ist.

Zu (2): Anders ist es bei Bakteriophagen: Hier wird die Nukleinsäure in die Wirtszelle (Bakterium) injiziert, das Kapsid verbleibt auf der Zellmembran.

F91 ■
→ Frage 3.128: Lösung D

Zu (D): Reverse Transkriptase ist ein spezifisches Enzym der Retroviren und kommt in Prokaryonten nicht vor.
Zu (A) und (E): Die retrovirale RNA wird durch die reverse Transkriptase in eine Doppelstrang-DNA überführt, die dann ins Genom der Wirtszelle inkorporiert und mit ihr repliziert wird. Das HI-Virus (Erreger der erworbenen Immunschwäche AIDS) und andere Retroviren sind Beispiele für diese Vermehrungstaktik.
Zu (B) und (C): Will man die Gene für bestimmte Proteine klonieren (vervielfältigen), nutzt man die reverse Transkriptase, um von der leicht isolierbaren mRNA des gewünschten Proteins einen DNA-Strang herzustellen. Diese cDNA (c steht für complementary) kann danach beispielsweise in ein bakterielles Genom eingefügt und auf diese Weise in verwertbaren Mengen gewonnen werden.

H92
→ Frage 3.129: Lösung D

Da Viren nur in lebenden Zellen gezüchtet werden können, ist Serum – in flüssiger Form oder als Nährboden – aufgrund seiner Zellfreiheit dafür nicht geeignet.

3.7 Prionen

III.14 Prionen

Der Begriff **Prion** wurde von dem Nobelpreisträger S. Prusiner 1982 aus „proteinaceous infectious only" geprägt. Prionen sind die Erreger verschiedenster Formen übertragbarer neurodegenerativer Erkrankungen (sog. transmissible spongiforme Enzephalopathien) und sind durch ihren ausschließlichen Aufbau aus Proteinen gekennneichnet. Bis zu ihrer Entdeckung galt es als sicher, dass der Erreger einer übertragbaren Infektionskrankheit über eine eigene Erbinformation aus Nukleinsäuren verfügen musste. Typische Prionen-Erkrankungen sind neben BSE und der neuen Variante der Creutzfeld-Jakob-Krankheit auch die Kuru, eine Form der spongiformen Enzephalopathie beim Menschen, die durch rituellen Kannibalismus hervorgerufen wird. Weiterhin die sog. Traber-Krankheit oder Scrapie der Schafe und Ziegen.

Allen Erkrankungen sind die typische schwammartige Zersetzung des Gehirns mit entsprechend progredienten neurologischen Symptomen, die variable und teils sehr lange Inkubationszeit, das Fehlen jeglicher Entzündungsreaktion im Gewebe sowie der stets letale Ausgang gemeinsam.

Eine Schweizer Arbeitsgruppe konnte 1985 nachweisen, dass ein Prion von einem normalen Gen codiert wird, das auch in gesunden Organismen vorhanden ist. Das Genprodukt PrP^c (für zelluläres Prion-Protein) fand sich in bislang allen untersuchten Säugetierspezies und ist auf der Oberfläche von Nervenzellen, Lymphozyten und anderen Körperzellen vorhanden. Das krankmachende PrP^{sc} (für Scrapie) ist von identischer Größe, zeigt jedoch einige spezielle Eigenschaften in Hinblick auf Proteasen-Empfindlichkeit oder Löslichkeit nach Behandlung mit Detergenzien.

Nach dem gegenwärtigen Stand der Forschung wird das gesunde PrP^c auf der Oberfläche der infizierten Zelle durch den Kontakt mit exogen zugeführten Prionen selbst zum pathologischen PrP^{sc} verändert. Interessanterweise zeigen spezielle Knockout-Mäuse, denen das PrP-Gen fehlt, keine wesentlichen, vom Wildtyp abweichende Symptome, und erkranken nach exogener Infektion mit Prionen nicht. Somit bleibt die physiologische Rolle des PrP^c bislang nicht geklärt. Auch die Ursache der eigentlichen Erkrankung durch eine Prionen-Infektion und die Art des Erreger-Transportes ins Gehirn sind derzeit Themen aktueller Forschung. Erste Ergebnisse deuten auf eine wichtige Rolle der B-Lymphozyten bei der Ausbreitung der Prionen im Körper hin.

H03
→ **Frage 3.130:** Lösung D

Die bisher erste Prüfungsfrage zu diesem wichtigen und in den Medien häufig behandelten Thema.

Zu **(D):** **Prionen** gelten als Erreger der übertragbaren, neurodegenerativen Erkrankungen, deren eine menschenpathogene Form die **Creutzfeld-Jakob-Krankheit** darstellt. In Form der BSE (bovine spongiforme Enzephalitis) oder der sog. Traber-Krankheit (= Scrapie) bei Rindern bzw. Ziegen und Schafen kommen ähnliche Infektionskrankheiten, die z. T. durch enorm lange Inkubationszeiten gekennzeichnet sind, sonst v. a. bei Huftieren vor. Prionen sind die ersten Erreger infektiöser Erkrankungen, die nur aus Proteinen bestehen und über keine eigene Erbinformation verfügen. Die meisten Begleitumstände der entsprechenden Erkrankungen wie Einzelheiten des Infektionsweges oder ihr Pathomechanismus sind bislang noch Gegenstand intensiver Forschung.
Siehe Lerntext III.14 „Prionen"

Zu **(A)** und **(B):** Bakterien und Viren sind die klassischen Erreger einer Vielzahl von Infektionserkrankungen, die weltweit immer noch zu den häufigsten Todesursachen zählen.

Zu **(C):** **Rickettsien** sind kugelige, sehr kleine Bakterien, die zumeist obligat intrazelluläre Zellparasiten darstellen. Sie sind bei Tier und Mensch weit verbreitet und können von leichten, selbstlimitierenden Infektionen bis zu tödlich verlaufenden Erkrankungen eine Vielzahl von Folgen auslösen. Die bekannteste, durch *Rickettsia prowazekii* ausgelöste Erkrankung, ist das klassische **Fleckfieber**. Der Übertragungsweg beinhaltet in nahezu allen Fällen den Kontakt mit verschiedenen Arthropoden – z. B. Läusen, Zecken und Milben.

Zu **(E):** Auch **Chlamydien** sind obligate, gramnegative Zellparasiten. Die humanpathogenen Formen sind Erreger der **Ornithose** (atypische Pneumonie, übertragen durch Vogelkot, z. B. bei Taubenzüchtern, *Chlamydia psittaci*), verschiedener **Konjunktivitiden** oder unspezifischer **Genitalinfektionen** (Schmierinfekte, „Schwimmbadkonjunktivitis", *Chlamydia trachomatis*) oder milder **Infekte des oberen Respirationstraktes** (Pneumonie durch *Chlamydia pneumoniae*).

3.8 Ausgewählte Kapitel aus der Ökologie mit Bezügen zur Mikrobiologie

3.8.1 Stoffkreisläufe

III.15 Stoffkreisläufe

Alle biochemischen und geochemischen Umbauprozesse unserer Erde lassen sich als zusammenhängende Stoffkreisläufe beschreiben. Hierdurch kann die Entstehung von Gesteinsformationen und deren Verwitterung durch abiotische (d.h. unbelebte) Faktoren ebenso dargestellt werden wie die Umsetzung verschiedener chemischer Elemente unter dem Einfluss unbelebter und biologischer Prozesse. Besonders bedeutsam für das Verständnis biologischer und biochemischer Stoffkreisläufe sind die Vorgänge beim Umsatz von Kohlenstoff und Stickstoff.

1. **Kohlenstoff-Kreislauf:** Etwa 15% des atmosphärischen CO_2 werden jährlich von den Pflanzen im Rahmen der **Photosynthese** zu Kohlenhydraten umgesetzt. Etwa die Hälfte davon trägt zur

Bildung von Biomasse bei, die andere Hälfte wird bei der Respiration zur eigenen Energiegewinnung erneut zu CO_2 verbraucht. Beim entgegengesetzten Prozess der **Mineralisierung** wird der organisch gebundene Kohlenstoff erneut zu anorganischen Verbindungen wie CO_2, HCO_3^- und CO_3^{2-} umgesetzt. Dies geschieht vor allem durch die biologische Zersetzung unter Beteiligung von Bakterien und Pilzen („Destruenten") und durch Verbrennungsvorgänge, an denen der Mensch einen steigenden Anteil bestreitet. Etwa 4% des jährlich in die Atmosphäre emittierten CO_2 sind anthropogenen Ursprungs durch Verbrennung fossiler Brennstoffe und Zerstörung von Wäldern oder Bodenerosion mit den entsprechenden Folgen.

2. **Stickstoff-Kreislauf:** Die Überführung des atmosphärischen Stickstoff N_2 in organische Stickstoff-Verbindungen wird von Mikroorganismen (Bakterien und Cyanobakterien [früher „Blaualgen"]) teils autonom, teils in Symbiose mit höheren Pflanzen („Knöllchenbakterien" der Leguminosen) durchgeführt. Der Stickstoff wird hierbei vor allem in Aminosäuren als Bestandteilen der Proteine fixiert, die im Rahmen der Nahrungskette auch durch Tiere und Menschen weiter verwertet werden. Der Stickstoff wird schließlich durch N-haltige Ausscheidungsprodukte (z. B. Harnstoff) und durch die Zersetzung von Biomasse den destruierenden Bakterien und Pilzen zugeführt, die ihn durch **Desaminierung** erneut in anorganisches NH_4^+ überführen. Diese Ammonium-Ionen werden entweder der Proteinbiosynthese wieder zugeführt oder durch verschiedene Bakteriengattungen im Rahmen der **Nitrifikation** über Nitrit zu Nitrat NO_3^- oxidiert. Nitrat wird z. T. in Sedimenten abgelagert, z. T. wird es durch andere Bakterien unter anaeroben Bedingungen zu molekularem Stickstoff N_2 reduziert (**Denitrifikation**).

→ **Frage 3.131:** Lösung E

Zu (1): Als biologische N_2-Bindung bezeichnet man die Überführung atmosphärischen Stickstoffs in organische Materie, z. B. in Form von Aminogruppen der Proteine. Diese Fähigkeit ist bei manchen Bakterien realisiert, die z. T. in Symbiose mit Pflanzen leben („Knöllchenbakterien"), z. T. aber auch isoliert vorkommen.
Zu (2) und (3): Der Abbau von Harnstoff, der in großen Mengen von Menschen und Tieren ausgeschieden wird, vollzieht sich in mehreren Stufen, an denen verschiedene Bakterien beteiligt sind. Dem Vorgang der Mineralisation (organischer Harnstoff zu anorganischem Ammoniak) folgt die Nitrifikation, in der Ammoniak zu Nitrat oxidiert wird.

Zu (4): Bei der Denitrifikation dient Nitrat anstelle von Sauerstoff als terminaler Elektronenakzeptor in der anaeroben Atmungskette.
Zu (5): Die Gruppe der „nitrifizierenden Bakterien" ist in der Lage, Ammonium-Ionen über Nitrit zu Nitrat zu oxidieren.

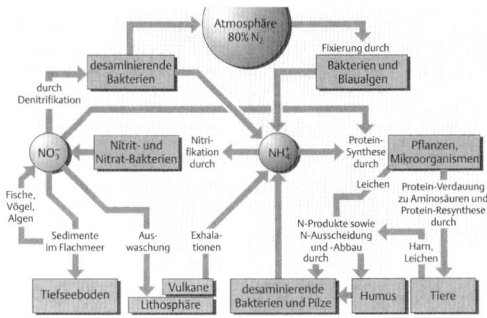

Abb. 3.6 Globaler Stickstoff-Kreislauf (aus: Schwedt, G.: Taschenatlas der Umweltchemie, Thieme, Stuttgart, 1996)

F97 H87
→ **Frage 3.132:** Lösung E

Zu (1): Harnstoff und andere organische Substanzen werden bei Fäulnisprozessen unter anaeroben Bedingungen zu Ammoniak (NH_3) abgebaut.
Zu (2): Eine Reihe von sog. "**nitrifizierenden Bakterien**" in Boden und Wasser ist in der Lage, Ammonium-Ionen (NH_4^+) über Nitrit (NO_2^-) zu Nitrat (NO_3^-) zu oxidieren. Dieser Prozess führt zu einer Ansäuerung des Bodens, was die Löslichkeit von Mineralsalzen (Calzium-, Magnesiumsalze) erhöht.
Zu (3): Auch der umgekehrte Vorgang, die Reduktion von Nitrat zu molekularem Stickstoff (N_2), wird von bestimmten Bakteriengruppen geleistet. In diesem Prozess der **Denitrifikation** dient Nitrat anstelle von Sauerstoff als terminaler Elektronenakzeptor. Interessanterweise besitzen die entsprechenden Bakterien durchaus das komplette aerobe Atmungssystem. Die zur Denitrifikation benötigten Enzyme werden nur unter anaeroben Bedingungen exprimiert.
Zu (4): Eine Gruppe obligat anaerober Bakterien überträgt Elektronen und Protonen der „Atmungskette" auf Sulfat (SO_4^{2-}) unter Bildung von Schwefelwasserstoff (H_2S). Der charakteristische Geruch nach faulen Eiern ist eine typische Begleiterscheinung anaerober Zersetzungsprozesse von organischer Materie.

F96
→ **Frage 3.133:** Lösung B

Die aerobe Zersetzung organischer Materie wird hauptsächlich von Bakterien und Pilzen bewerkstellt, die man in diesem Zusammenhang auch als **Destruenten** bezeichnet. Kommt es zur Abnahme des O_2-Angebots, so schlägt der aerobe Abbau in anaerobe Gär- und Fäulnisprozesse um.

Zu (B): Kohlendioxid ist (neben Wasser) das typische Endprodukt aerober Abbauprozesse. CO_2 entsteht zum Großteil beim Abbau von Polysacchariden, über darin einmündende Stoffwechselwege, aber auch durch Zersetzung von Fetten und Proteinen. Wasser ist das Endprodukt der energieerzeugenden „Atmungskette", an deren Ende Protonen und Elektronen auf O_2 als terminalen Elektronenakzeptor übertragen werden.

Zu (A): Kohlenmonoxid spielt in biologischen Stoffwechselkreisläufen eine untergeordnete Rolle. Es kommt als intermediäre Substanz bei verschiedenen Gärungen vor (Homoacetatgärung, Methan-Bildung) und wird von einigen „exotischen" Bakterien als Elektronen- und Kohlenstoff-Quelle genutzt. Als Stoffwechsel-Endprodukt spielt es keine Rolle.

Zu (C) und (D): Methan und Schwefelwasserstoff sind typische Endprodukte bei anaerober Zersetzung organischer Materie, z. B. im Faulschlamm. Methan ist auch als sog. Biogas bekannt.

Zu (E): Die Entstehung molekularen Stickstoffdioxids NO_2 im Rahmen biologischer Prozesse ist mir nicht bekannt. Nitrit-Anionen (NO_2^-) spielen eine Rolle bei der Umsetzung von Ammonium- (NH_4^+) zu Nitrat-Ionen (NO_3^-) durch sog. nitrifizierende Bodenbakterien.

H96 F88 ■
→ **Frage 3.134:** Lösung C

Zu (2) und (5): Die Selbstreinigung eines Gewässers beinhaltet den Abbau organischer Abfälle (z. B. Fäkalien) in ihre anorganischen Bestandteile. Dieser Abbau wird vorwiegend durch Bakterien und Pilze unter Verbrauch von Sauerstoff (aerob) durchgeführt. Dasselbe Prinzip macht man sich übrigens auch in der biologischen Reinigung einer modernen Kläranlage zunutze.

Zu (1): Der Begriff *autotroph* bezieht sich strikt auf die Herkunft des Zellkohlenstoffs aus anorganischen Quellen. Die Fixierung von Kohlendioxid im Rahmen der Photosynthese grüner Pflanzen ist das Paradebeispiel autotropher Ernährung. Bakterien und Pilze, die bei der Selbstreinigung eines Gewässers mitwirken, beziehen ihren Zellkohlenstoff aus dem Abbau organischer Materie, ein Ernährungstyp, der als *heterotroph* bezeichnet wird.

Zu (3) und (4): Chlorierte Kohlenwasserstoffe und Schwermetalle gehören zu den Substanzen, die nicht abgebaut werden können. Sie reichern sich im Sediment oder in den Organismen an und bleiben auf diesem Weg der Nahrungskette erhalten.

H89
→ **Frage 3.135:** Lösung C

Zu (C): Bei der biologischen Reinigung von Abwässern sollen die enthaltenen organischen Stoffe (E) abgebaut werden. Dazu sind nur heterotrophe Mikroorganismen in der Lage. Autotrophe Lebewesen erzeugen organische Biomasse aus anorganischen Stoffen mit Hilfe des Sonnenlichts – Photosynthese der grünen Pflanzen und einiger Bakteriengattungen.

Zu (B) und (D): Die gewünschten Abbauprozesse laufen über aerobe Stoffwechselwege unter Sauerstoffverbrauch. Fehlt O_2, so treten vermehrt anaerobe, deutlich weniger effektive Gärungsprozesse auf.

3.8.2 Nahrungskette, Energiefluss

III.16 Nahrungskette

Die ernährungsbedingte Abhängigkeit verschiedenster Organismen voneinander wird als Nahrungskette bezeichnet. Aufgrund vielfältiger Verflechtungen und Verzweigungen sollte jedoch besser von einem „**Nahrungsnetz**" gesprochen werden. In vereinfachter Form besteht ein derartiges Geflecht aus drei Organismengruppen. Die abiotische Energie in Form des Sonnenlichtes wird durch die **Produzenten** zur autotrophen Erzeugung von Biomasse genutzt. Die Photosynthese der grünen Pflanzen und des Phytoplanktons ist hierbei der entscheidende Vorgang. Die heterotrophen **Konsumenten** (pflanzenfressende und fleischfressende Tiere, Menschen) decken ihren Energiebedarf durch die Aufnahme und Verwertung dieser Biomasse. Tote organische Materie wird schließlich durch die **Destruenten** (Bakterien, Pilze) wieder zu anorganischen Substanzen zersetzt.

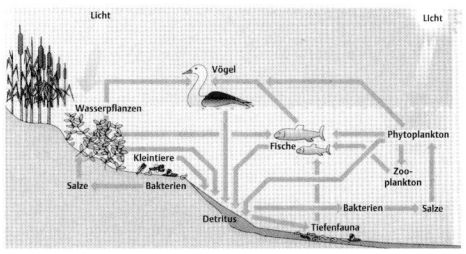

Abb. 3.7 Nahrungsnetz und Stoff-Kreislauf in Gewässern
aus: Schwedt, Taschenatlas der Umweltchemie, Thieme, Stuttgart, 1996.

Klinischer Bezug

Biologisch und medizinisch interessant ist in diesem Zusammenhang die mögliche Anreicherung potenziell schädlicher Substanzen in der Nahrungskette. Ein Beispiel ist die Kumulation fettlöslicher **Herbizide** im Körper höherer Konsumenten. So steigt z.B. der DDT-Gehalt in ppm (part per million) von der Wasserpflanze 0,08 über die Schnecke mit 0,26 oder den Aal mit 0,28 bis zum Graureiher auf 3,51 oder zum Fischadler auf 13,8 (gemessen im Ei) an (Quelle: TA der Biologie, Vogel und Angermann, Bd. 2, Thieme). Auch viele **Schwermetalle** zeigen aufgrund einer langen Verweilzeit im Körper eine starke Anreicherungstendenz.

H99
→ Frage 3.136: Lösung D

Zu **(D)**: **Bakterien und Pilze** bilden in einem Ökosystem die Gruppe der heterotrophen **Destruenten**. Ihre Aufgabe ist der aerobe – und unter O_2-Mangel anaerobe – Abbau organischer Biomasse in anorganische Materie. Im gezeigten Schaubild trifft diese Position nur für die mit D bezeichnete Organismengruppe zu.
Zu **(A)**: **Grüne Pflanzen** können unter Verwendung des energiereichen Sonnenlichts aus anorganischer Materie organische Substanz/Biomasse aufbauen. Sie werden daher als **Produzenten** bezeichnet.
Zu **(B) und (C)**: Die von den Produzenten aufgebaute Biomasse dient einer Vielzahl von heterotrophen Organismen, den **Konsumenten**, als Nahrungsquelle. Die Gruppe der Pflanzenfresser (**Herbivoren** = B) ernährt sich hierbei direkt von den Produzenten, die fleischfressenden **Carnivoren** (= C) nehmen die Energie im Rahmen verschiedenster Nahrungsketten auf.
Zu **(E)**: Beim Absterben von Destruenten kommt es zur Ablagerung organischer Materie, die nicht weiter zersetzt wird (Humus- oder Torfbildung).

F02
→ Frage 3.137: Lösung D

Zu **(D)**: Bakterien und Pilze bauen tote organische Materie zu anorganischen Substanzen ab und werden deshalb innerhalb der ökologischen Nahrungskette und Stoffkreisläufe als **Destruenten** bezeichnet.
Zu **(A)**: Grüne Pflanzen und Phytoplankton können als **Produzenten** aufgrund ihres Chlorophyll-Gehaltes Biomasse aus abiotischer Energie in Form von Sonnenlicht herstellen (autotrophe Lebensweise).
Zu **(B) und (C)**: **Konsumenten** ernähren sich heterotroph, d. h. sie nehmen Nahrung in Form organischer Substrate auf. Innerhalb einer gestaffelten Nahrungskette kann man Konsumenten 1. und 2. Ordnung, z. B. Pflanzen- und Fleischfresser, unterscheiden.
Siehe Lerntext III.16 „Nahrungskette".

3.8.3 Regulation der Populationsgröße in einem Biosystem

Zu diesem Kapitel wurden bisher keine Fragen gestellt.

3.8.4 Wechselbeziehungen zwischen artverschiedenen Organismen

III.17 Wechselbeziehungen von Organismen

Wechselbeziehungen artfremder Organismen können unter dem Gesichtspunkt des Nutzen für die jeweiligen Partner klassifiziert werden. Man unterscheidet:
Konkurrenz: Beide Organismen konkurrieren um einen lebensnotwendigen Umweltfaktor, z. B. Licht oder Nahrung. Ein echter Nutzen kann nur von dem Organismus erreicht werden, der sich dem Konkurrent gegenüber durchsetzt, was jedoch in der Natur häufig nicht vollständig passiert. Beispiele für Konkurrenzsituationen sind unterschiedliche Wachstumsgeschwindigkeiten oder -formen von Bäumen bei der bestmöglichen Ausnutzung des Sonnenlichtes im dichten Wald.
Kommensalismus: Bei dieser, auch als „Tischgenossenschaft" bezeichneten Wechselbeziehung nutzt ein Organismus die Nahrung eines anderen zum eigenen Überleben. So beseitigen Hyänen oder Geier die Beutereste großer Raubtiere. Der Übergang zum Parasitismus ist manchmal unscharf, z. B. wenn der Kommensale seinem Nahrungsbringer die Beute abjagt, bevor dieser sich davon ernährt hat.
Symbiose kennzeichnet das Zusammenleben von Organismen zum gegenseitigen Vorteil. Hierbei kann bei besonders engen Beziehungen der Eindruck eines einzigen Organismus entstehen – so leben in einer Flechte photosynthetisch aktive Grünalgen und mechanisch robuste Schlauchpilze in einer engen Symbiose. Auch im Tierreich kennt man zahlreiche symbiontische Lebensbeziehungen mit z. T. sehr ungleichen Partnern. Die Spannweite reicht von intrazellulär-symbiontischen einzelligen Algen in Meeresschwämmen über die natürliche Bak-

terienflora im Darm vieler Vögel und Säugetiere (Vitamin-Lieferanten) bis zum hochorganisierten Zusammenleben zwischen Ameisen und Blattläusen, die durch ihre kohlenhydratreichen Ausscheidungen zur Ernährung ihrer „Beschützer" beitragen.

Klinischer Bezug
Medizinisch bedeutsam ist hier die Zerstörung der natürlichen, symbiontischen Darmflora des Menschen durch die langfristige Einnahme von Antibiotika, die zur Überwucherung des Darmes mit dem weitgehend resistenten Bakterium Clostridium difficile führen kann (sog. „pseudomembranöse Colitis").

Parasitismus: Auch diese Wechselbeziehung, die durch eine einseitige Vorteilsnahme eines Partners gekennzeichnet ist, hat eine große Variabilität ihrer verschiedenen Ausprägungen. Von klassischen humanen Ektoparasiten wie Flöhen oder Läusen über pflanzliche Parasiten wie die bekannte Mistel an größeren Baumästen reicht das Spektrum bis zu großen Organismen, die als Endoparasiten im Inneren ihres Wirtes leben und diesem wichtige Nährstoffe entziehen können, z. B. Bandwürmer.

→ **Frage 3.138:** Lösung A

Der Begriff des Endoparasiten charakterisiert bereits den Aufenthaltsort im Innern des Körpers. Als **Parasit** wird ein Organismus dann bezeichnet, wenn er an/in einem anderen schmarotzt und diesem dadurch Schaden zufügt. Beide Punkte sind bei den angegebenen Lösungsmöglichkeiten nur in (1) realisiert.
Der Lebenszyklus des Malariaerregers (Plasmodium spec.) ist durch eine Vielzahl von verschiedenen Aufenthaltsorten im Körper charakterisiert. U. a. gibt es ein intraerythrozytäres Stadium, bei dem der Parasit also nicht nur im Körper, sondern sogar in den Körperzellen lokalisiert ist. Die massenhafte Freisetzung der Plasmodienstadien aus den Erythrozyten durch Hämolyse bedingt die pathognomonischen Fieberschübe der Erkrankung.
Zu (2) und (3): Diese Lebensgemeinschaften werden als **Symbiose** (d. h. beide Partner profitieren voneinander) oder als **Kommensalismus** (neutrales Verhältnis ohne Nutzen oder Schaden) bezeichnet.
Zu (4): Blutsaugende Läuse sind Ektoparasiten, da sie sich nicht im, sondern auf dem Körper befinden.

H01
→ **Frage 3.139:** Lösung A

Zu **(A):** Bei einer **Symbiose** haben beide Lebenspartner einen Vorteil von ihrer gemeinsamen Existenz. So ist auch das Vorkommen von Vitamin-K-produzierenden Bakterien im menschlichen Darmtrakt ein gutes Beispiel für eine Symbiose.
Zu **(B):** Beim **Kommensalismus**, auch als „Tischgenossenschaft" bezeichnet, nutzt ein Organismus die Nahrung eines anderen zum eigenen Überleben. So beseitigen Hyänen oder Geier die Beutereste großer Raubtiere. Der Übergang zum Parasitismus ist manchmal unscharf, z. B. wenn der Kommensale seinem Nahrungsbringer die Beute abjagt, bevor dieser sich davon ernährt hat.
Zu **(C):** Ein **Parasit** schädigt seine Wirtszelle, z. B. durch einen ständigen Entzug lebenswichtiger Nährstoffe.
Zu **(D): Konkurrenz**verhalten zwischen zwei Organismen tritt dann auf, wenn die Lebensumstände für nur einen von beiden positive Umweltbedingungen ermöglichen; z. B. ist das unterschiedlich schnelle Wachstum von Bäumen und anderen Pflanzen im belaubten Wald ein ständiger Konkurrenzkampf um das rar gesäte Sonnenlicht.
Zu **(E):** Zeigt innerhalb einer Population ein Organismus einen (zufällig entdeckten) neu erworbenen Vorteil gegenüber den anderen Organismen, so kann er sich besser durchsetzen und statistisch seine Gene vermehrt in die folgende Generation übertragen. Dieses Phänomen bezeichnet man auch als positive **Selektion**.

3.9 Kommentare aus Examen Frühjahr 2006

F06
→ **Frage 3.140:** Lösung A

Zu **(A): Rickettsien** sind weit verbreitete, sehr kleine Bakterien und fast ausnahmslos obligate Zellparasiten. Sie werden in der Regel durch Arthropoden (Läuse, Flöhe, Milben u. a.) auf den Menschen übertragen und lösen fieberhafte Infekte oder auch eine atypische Pneumonie aus. Auch **Chlamydien** sind sehr kleine Keime, die ebenfalls obligate Zellparasiten darstellen. Sie haben allerdings eine Entwicklungsform, die sog. Elementarkörperchen, die auch außerhalb einer Wirtszelle überleben können. Typische Krankheitsbilder nach einer Infektion mit Chlamydien sind eine atypische Pneumonie oder eine Infektion von Hornhaut und Konjunktiven (Trachom). **Viren** gehören streng genommen nicht zu den Lebewesen. Sie besitzen keinen eigenen Stoffwechsel und sind deshalb immer auf Wirtszellen angewiesen.
Zu **(B)** und **(C):** Rickettsien und Chlamydien sind empfindlich gegenüber Tetrazyklin. Da Viren keinen eigenen Stoffwechsel haben, sind sie gegenüber Antibiotika nicht empfindlich.

3 Grundlagen der Mikrobiologie und Ökologie

Zu (D): Viren vermehren sich nicht durch Zweiteilung. Die virale Nukleinsäure und die notwendigen Proteine für die Virushülle werden in der Wirtszelle produziert und dort zusammengebaut.
Zu (E): Viren haben meistens eine äußere Hülle aus speziellen Proteinen, ein Mureingerüst ist typisch für Bakterien.

F06
→ **Frage 3.141:** Lösung C

Diese Frage wurde in fast identischer Form im letzten Physikum vom Herbst 2005 bereits gestellt – damals waren allerdings die Merkmale Gram-positiver Bakterien gefragt.
Zu (C): **Lipopolysaccharide** bilden die äußere Membran Gram-negativer Bakterien, die auf dem einschichtigen Mureinsacculus aufgelagert ist und z. B. als sog. Endotoxine einen enorm wichtigen Pathogenitätsfaktor vieler Keime darstellt. Siehe Lerntexte III.2 „Bakterielle Zellwand" und III.3 „Gram-Färbung".
Zu (A) und (B): **Peptidoglykane** in Form vielfach vernetzter Makromoleküle bilden den **Mureinsacculus** der Zellwand Gram-positiver und Gram-negativer Bakterien. Der Unterschied besteht hier nur in der Dicke des Mureins, das bei Gram-positiven Keimen etwa 40 Schichten dick ist und bei Gram-negativen Bakterien lediglich aus einer Schicht besteht.
Zu (D): Die bei einigen Bakterienstämmen vorhandene **Kapsel** ist als Schutz vor der Phagozytose durch immunkompetente Zellen ein wesentlicher Aspekt der Pathogenität; kapselbildende Stämme von Streptococcus pneumoniae lösen z. B. eine Lungenentzündung aus, kapselfreie Stämme sind apathogen. Mit der Gramfärbung hat diese Kapsel nichts zu tun.
Zu (E): **Lipoteichonsäuren** sind in der Tat eine Art „Markenzeichen" Gram-positiver Zellwände. Es sind große Polymere aus Ribitol- und Glycerol-Phosphaten, die zumeist fest an den Mureinsacculus gebunden sind und nach außen ragen. In Form sog. Lipoteichonsäuren sind sie teilweise sogar in der Zellmembran verankert.

F06
→ **Frage 3.142:** Lösung B

Zu (B): **Lysozym** ist ein bakterizides Enzym, das u. a. im Nasensekret, in der Tränenflüssigkeit und in neutrophilen Granulozyten vorkommt. Es tötet Bakterien durch die hydrolytische Zerstörung des Mureinsacculus zwischen N-Acetyl-Glucosamin und N-Acetyl-Muraminsäure (sog. **Muramidase**), was letztlich zum osmotisch bedingten Wassereinstrom und zum Platzen der Bakterienzelle führt. Siehe Lerntext III.2 „Bakterielle Zellwand".
Zu (A), (C), (D) und (E): Polysaccharide, Polypeptide, Lipide oder Bestandteile der Zellmembran können von dem hoch spezifischen Enzym nicht abgebaut werden.

F06
→ **Frage 3.143:** Lösung D

Zu (D): Die sog. **H-Antigene** sind in der Tat bestimmte Oberflächenantigene der Geißeln von Enterobakterien. Diese Keime werden in Abhängigkeit ihres Antigenspektrums in verschiedene Gruppen, die sog. Serovare oder Serotypen, eingeteilt. Neben dem H-Antigen, das beständig gegenüber Formaldehyd ist, werden auch bestimmte Polysaccharidketten der äußeren Zellmembran, das sog. **O-Antigen**, für die Einteilung herangezogen.
Zu (A): Basierend auf der chemischen Feinstruktur lassen sich kapselbildende Bakterien auch in verschiedene Serovare einteilen – es handelt sich dabei aber nicht um das gefragte H-Antigen.
Zu (B) und (C): Die bakterielle Zellwand und damit auch der Mureinsacculus bietet v. a. durch die Art der Anfärbbarkeit im Rahmen der bekannten Gram-Färbung die Möglichkeit, Bakterien in Gram-negativ oder Gram-positiv einzuteilen.
Zu (E): Besonders bei Gram-negativen Bakterien sind bestimmte Antigene der äußeren Membran mit anhängender Lipopolysaccharidschicht (LPS) wichtige Klassifikationsmerkmale. Von großer klinischer Bedeutung ist die Wirkung der LPS als Endotoxin, das u. a. die „O-spezifische Polysaccharidkette", auch O-Antigen genannt, enthält.

Literaturverzeichnis

Literaturverzeichnis

1. Bachmann, K.: Biologie für Mediziner, 3. Auflage. Springer, Berlin, Heidelberg, New York 1986.
2. Buselmaier, W.: Biologie für Mediziner, 9. Auflage. Springer, Berlin, Heidelberg, New York 2003.
3. Czihak, G., Langer, H., Ziegler, H.: Biologie, 6. Auflage. Springer, Berlin, Heidelberg, New York 1996.
4. Gottschalk, W.: Allgemeine Genetik, 4. Auflage. Thieme, Stuttgart, New York 1994.
5. Hirsch-Kauffmann, M., Schweiger, M.: Biologie für Mediziner und Naturwissenschaftler, 5. Auflage. Thieme, Stuttgart, New York 2004.
6. Junqueira, L. C., Carneiro, J.: Histologie, 6. Auflage. Springer Verlag 2005.
7. Kayser, F. H., Bienz, K. A., Eckert, J.: Medizinische Mikrobiologie, 11. Auflage. Thieme, Stuttgart, New York 2005.
8. Kleinig, H., Sitte, P.: Zellbiologie, 4. Auflage. Fischer, Stuttgart, Jena, New York 1999.
9. Leonhardt, H.: Histologie, Zytologie und Mikroanatomie des Menschen, 8. Auflage. Thieme, Stuttgart, New York 1990.
10. Moore, K. L.: Embryologie, 4. Auflage. Schattauer, Stuttgart, New York 1996.
11. Murken, J.-D., Cleve, H.: Humangenetik, 6. Auflage. Enke, Stuttgart 1996.
12. Roche Lexikon Medizin, 5. Auflage. Urban & Schwarzenberg, München, Wien, Baltimore 2003.
13. Sadler, T.W.: Medizinische Embryologie, 10. Auflage. Thieme, Stuttgart, New York 2003.
14. Schmidt, R. F., Thews, G.: Physiologie des Menschen, 29. Auflage. Springer, Berlin, Heidelberg, New York 2005.
15. Schlegel, H. G.: Allgemeine Mikrobiologie, 7. Auflage. Thieme, Stuttgart, New York 1992.
16. Schwedt, G.: Taschenatlas der Umweltchemie, Thieme, Stuttgart, New York, 2001.
17. Stryer, L.: Biochemie, 4. Auflage. Spektrum Akademischer Verlag, Heidelberg, Berlin, Oxford 1996.
18. Vogel, G., Angermann, H.: Taschenatlas der Biologie, Bd. 1-3. Thieme, Stuttgart, New York 1990.

Abbildungsverzeichnis

Abb.-Nr.	Diagnose, Beschreibung
1	Grampositive Diplokokken – *Streptcoccus pneumoniae*
2	Grampositive Streptokokken – *Streptococcus pyogenes*
3	Pilzhyphen von Aspergillus

Bildanhang

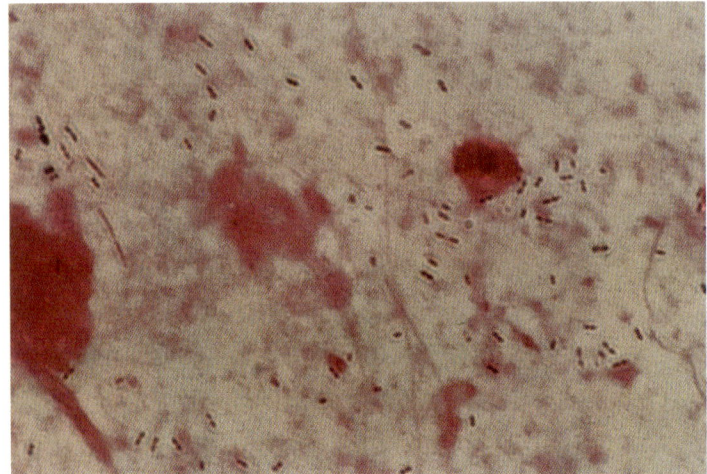

Abb. 1 zu Frage 3.7

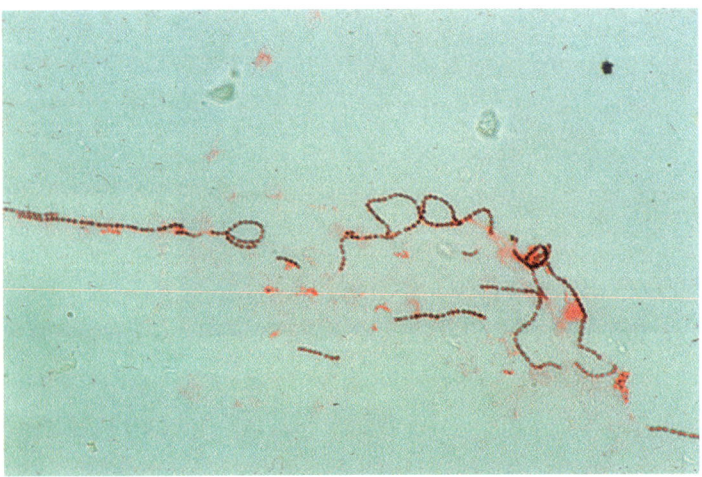

Abb. 2 zu Frage 3.8

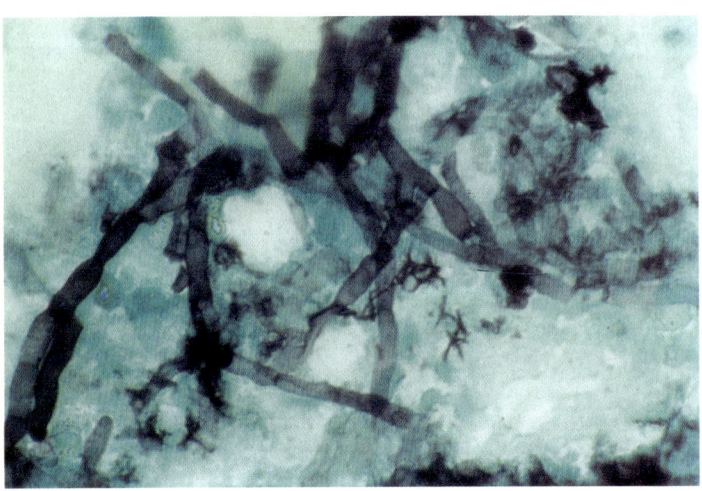

Abb. 3 zu Frage 3.100

Sachverzeichnis

A

Adenylatzyklase	135
Aerobier	185
Aflatoxin	210
Agar	200
Aktin	111
aktiver Transport	88
Allel	163
Allelie	
multiple	158, 163
Alloenzyme	153
α-Amanitin	211
Amitose	125
amöboide Zellbewegung	103
Ektoplasma	103
Endoplasma	103
Anaerobier	185
Aneuploidie	131, 177, 178
Antibiotika	202
Antibiotikaresistenz	197
Anticodon	146
Antizipation	156
Apoptose	134, 156
Aspergillose	209
Atmungskette	
ATP-Synthese	108
Cyanide	108
Autotrophie	219

B

Bakteriengeißel	195
Bakteriophage	205, 208, 214
Prophage	214
temperenter Phage	214
virulenter Phage	214
Bakteriostase	203
Bakterizidie	203
Barr-Körperchen	170
Lyon-Hypothese	170
Basalkörperchen	87
Blastem	124
Blutgruppe	161
AB0-System	161
BSE	217

C

Carnivore	220
Carrier	87
Caspase	135
cDNA	180
Cephalosporin	202
Chemotaxis	103
Chromosom	94, 133
Chromatide	133
Chromosomenaberration	
numerische	176
Chromosomenfehlverteilung	133
Chromosomenmutation	171
Deletion	171, 175
Inversion	171, 175
Translokation	175
zentrische Fusion	175
Chromosomenzahl	
diploid	126
haploid	126
Clathrin	102
Claudin	90
Colchizin	112
Connexin	86
Creutzfeld-Jakob-Krankheit	217
Crossing-over	131
Cytochrom C	135
Cytochromoxidase	108

D

Denitrifikation	218
Desmosom	91
Destruent	209, 220
Deuteranopie	168
Diktyosom	100
DNA	139
Basenpaarung	140
Basen-Triplett	139
hochrepetitive	143, 153
mitochondriale	170
mittelrepetitive	143, 153
DNA-Doppelhelix	94, 139
DNA-Helikase	141
DNA-Polymerase	141
DNA-Replikation	141, 144
Down-Syndrom	177
Dynein	114
Dystrophin	113

E

E-Cadherin	91
Endomitose	125
Endoplasmatisches Retikulum	
glattes	99
rauhes	99
Endosom	102
Endosymbionten-Theorie	96, 107, 190
Endotoxin	192, 193
Endozytose	87, 88
Phagozytose	88, 102
Pinozytose	88, 102
Erbgang	
autosomal-dominanter	160
autosomal-rezessiver	163
mitochondrialer	170
X-chromosomaler	166
X-chromosomal-rezessiver	167
Ergastoplasma	99
Ergotamin	211
Euchromatin	143
Eukaryont	188, 190
Exon	144, 153
Exportprotein	99
Expressivität	156

F

Fimbrie	196
Flagellin	195
Frame-shift	172

G

Gap junction	87
Genduplikation	153
Generationszeit	200
genetischer Code	151
Wobble-Theorie	151
genetisches Mosaik	133
Genfrequenz	156
Genmutation	171
Punktmutation	171
Genom-Mutation	171
Monosomie	171
Trisomie	171
Gentherapie	181
GFAP	115
Gluconeogenese	100
Glykokalix	86
Glykolipid	86
Glykoprotein	86
Golgi-Apparat	100, 101
G-Protein	135
Gram-Färbung	192
gramnegativ	192
grampositiv	192
Gyrase-Hemmer	202

H

Hämoglobin	152
Hämophilie A	167
Hämosiderin	106
Hardy-Weinberg-Gesetz	182
Hefe	208
Hemidesmosom	86
Hemizygotie	157
Herbivore	220
Herbizid	220
Heterochromatin	143
Heterogenie	157, 163
Heterotrophie	219
Heterozygotie	157
Histon	94
Hyperplasie	124
Hypertrophie	124

I

Imprinting	156
Induktion	93
Infektion	
latente	212
nosokomiale	207
Integrin	91
Intermediärfilament	114, 115
Intron	144, 153
ionisierende Strahlung	175
Isoenzym	153

K

Kapsomer	216
Karyogramm	123
Karyolemm	85
Karyoplasma	84
Katalase	106
Katzenschrei-Syndrom	175
Kernlamina	94
Kernmembran	85
Kern-Plasma-Relation	84
Kernpore	95
Kinetochor	155
Kinetosom	84
Klinefelter-Syndrom	170
Klonierung	179
Knockout-Tier	181
Kodominanz	157
Kohlenstoff-Kreislauf	217
Kokken	185
Staphylokokken	185
Streptokokken	185
Kommensalismus	220
Konduktorin	166
Konjugation	197
Konkurrenz	220
Konsument	220
Kontaktinhibition	90

L

Lamin	94
Lektin	87
Letalfaktor	157
Lipofuszin	99, 105
Lipopolysaccharid	194
Lyon-Hypothese	168
Lysogenie	207
Lysosom	104, 117
Autophagie	104
Heterophagie	104
Residualkörper	104
Lysozym	105

M

Macula adhaerens	91
Meiose	122, 126
1. Reifeteilung	126
2. Reifeteilung	127
Chiasma	126, 132
Crossing-over	126
Diakinese	132
Diplotän	132
Leptotän	132
Pachytän	132
primäre Non-disjunction	133
Zygotän	132
Melanin	105
Membranfluss	85, 101
Mendel'sche Gesetze	158
Mesosom	196
Metaplasie	124, 125
Mikrofilament	115
Mikrotubuli	113
Mitochondrium	107, 117
Atmungskette	107
Cristae	109
Cristae-Typ	110
mitochondriale RNA	95
mitochondriale tRNA	110
Multienzymkomplex	108
Tubuli	109
Tubulus-Typ	110
Mitose	121
Anaphase	121
Äquatorialebene	121, 123
Metaphase	121
Prophase	121
Telophase	121
Zytokinese	122
Monosomie	176
mRNA	148
Reifung	144
MRSA	207
Murein-Sacculus	191
Mutation	171, 182
Frame-shift	173
Spontanmutation	171
stille	173
Mykoplasmen	194
Mykose	208, 210
Myzel	209

N

Na^+/K^+-ATPase	88
Nahrungskette	219
Nekrose	134
Non-disjunction	177
Nucleolemm	85
Nukleolus	93
Nukleolus-Organizer-Regionen	95
Nukleosom	94

O

Occludin	90
Okazaki-Fragment	141
Onkogen	135, 174
Oogenese	127, 130
Polkörperchen	129
Operon-Modell	147
Operator	147
Promotor	147
Regulator	147
β-Oxidation	105

P

Palindrom	180
Parasexualität	204
Konjugation	205
Transduktion	205
Transformation	204
Parasitismus	221
Penetranz	156
unvollständige	159
Penicillin	202
Peroxisom	117
Katalase	107
Oxidase	106
Persistenz	203
Phagosom	96
Photosynthese	217
Pili	196
Pilze	208
Pilzhyphe	208
Pilzthallus	209
Plasmalemma	84
Plasmid	188, 197
konjugatives	197
Plasmodium	126
Pleiotropie	157, 163
Pluripotenz	93
Polkörperchen	127, 130
Polygenie	163
Polymerasekettenreaktion	179
Polyphänie	163
Polysom	96, 97
Polysomie	126
Präkanzerose	125
Prion	216
Processing	144
poly-A-Schwanz	145
Produzent	209, 220
Prokaryont	188, 190
Promotor	147
prospektive Bedeutung	93
Protanopie	168
Proteasom	106
protein targeting	
Signalpeptid	85
Proteinbiosynthese	148
Proteoglykan	86
Protoplast	84
Protozoen	189
Pseudopodium	103
Punktmutation	152
Purinbase	139
Adenin	139
Guanin	139
Pyrimidinbase	139
Cytosin	139
Thymin	139
Uracil	139

R

Replikation	
Okazaki-Fragment	142
semikonservative	141
Replikon	141
Resistenz	203
Resistenzplasmid	197
Restriktionsendonuklease	179
Restriktionsenzym	179
Restriktionsfragmentlängenpolymorphismus (RFLP)	168
Retrovirus	180
reverse Transkriptase	143, 180

Ribosom	96	Tetrazyklin	202	**Y**		
RNA		Thalassämie	152	Y-Chromosom	170	
heterogene nukleäre	145	Topoisomerase	181	**Z**		
ribosomale RNA	97, 151	Transduktion	197	**Zellkern**	94	
		transfer-RNA	146, 148	Zellkontakt	89	
S		Transformation	143	Desmosom	89	
Saprophyt	209	transgenes Tier	181	Gap junction	89	
sarkoplasmatisches		Transkription	96, 144, 148	Nexus	89	
Retikulum	100	messenger-RNA	148	Tight junction	89	
second messenger	136	Translation	96, 98, 144, 148	Zellmembran	191	
cAMP	135	transfer-RNA	148	Fluid-Mosaic-Modell	84	
Selektion	171, 182	Transposon	206	Lipiddoppelschicht	84	
Selektionsvorteil	182	Transzytose	102	Membranprotein	84	
Sichelzellanämie	152	Trimethoprim	202	Zellteilung		
Signalerkennungspartikel	96	Trinukleotiderkrankung	157	differenzielle	124	
Signaltransduktion	135	Triploidie	176	Zelltod	134	
Soor	208	Trisomie	176	Zellwand		
Spermatogenese	127, 130	Tuberkulose	188	bakterielle	191	
Splicing	144	α-Tubulin	97	Zellzyklus	119, 120, 149	
Spore	198			G_0-Phase	119	
Stammzelle	123	**U**		G_1-Phase	119	
Start-Codon	147	**Ullrich-Turner-Syndrom**	174, 177	G_2-Phase	119	
statische Kultur	200			S-Phase	119	
Absterbephase	201	**V**		Zentriole	114	
exponentielle Phase	201	**Vancomycin**	202	Mitosespindel	114	
lag-Phase	200	Villin	116	Zentromer	94	
stationäre Phase	201	Vimentin	115	Zilium	87	
Stickstoff-Kreislauf	218	Vincristin	123	9 × 2 + 2-Muster	114	
Stop-Codon	147, 172	Viroid	214	Zitratzyklus	107	
Strukturgen	144	Virulenzplasmid	197	Zonula adhaerens	91	
Sulfonamid	202	Virus	211	Zytokinese	121	
Symbiose	220	Uncoating	216	Zytopempsis	88, 102	
Synapse	90	Viruskapsid	212	Zytoplasma	84, 85	
Synzytium	126			Zytoskelett	111	
		W		Intermediärfilament	111	
T		**Wasserstoffbrücken-**		Mikrofilament	111	
Teichonsäure	193	**bindung**	139	Mikrotubuli	111	
Telolysosom	104			Zentrosom	114	
Telomer	94, 155	**X**				
Tetraploidie	176	**X-Chromosom**	170			

1. ÄP Biologie, 17. Auflage

Ihre Meinung ist gefragt!

Sehr geehrte Leserin, sehr geehrter Leser,

ein gutes Buch sollte auch über mehrere Auflagen in Inhalt und Gestaltung den Bedürfnissen seiner Leser gerecht werden. Um dies zu erreichen, sind wir auf Ihre Hilfe angewiesen. Deshalb: Schreiben Sie uns, was Ihnen an diesem Buch gefällt, vor allem aber, was wir daran ändern sollen.

Für Ihre Mithilfe möchten wir uns mit einer **Verlosung** bedanken, an der jeder Fragebogen teilnimmt. Die Verlosung findet einmal jährlich statt. Zu gewinnen sind 10 Büchergutscheine à 50 €. Der Rechtsweg ist ausgeschlossen. Wir freuen uns auf Ihre Antwort, die wir selbstverständlich vertraulich behandeln.

Bitte schicken Sie diesen Fragebogen an:

Georg Thieme Verlag
Programmplanung Medizin
Dr. med. P. Fode
Postfach 30 11 20

70451 Stuttgart

Wie beurteilen Sie diesen Band:

Anzahl der Schemata ausreichend   ja ❏   nein ❏
Anzahl der Tabellen ausreichend   ja ❏   nein ❏
Anzahl der Lerntexte ausreichend   ja ❏   nein ❏

Wie beurteilen Sie die inhaltliche Qualität der Kommentare? Welche Kommentare sind besonders gut, welche Kommentare sind nicht ausreichend?
_____
_____
_____
_____
_____
_____
_____
_____

Wie beurteilen Sie die Lerntexte?
_____
_____
_____
_____

Zu folgenden Themen wünsche ich mir einen Lerntext/ausführlichere Erklärungen:
_____
_____

1. ÄP Biologie, 17. Auflage

Wie beurteilen Sie den Schreibstil und die Lesbarkeit des Bandes?
_____
_____

Ist die Schwarze Reihe für das Prüfungsfach als Vorbereitung ausreichend? Haben Sie noch andere Lehrbücher benutzt? Welche?
_____
_____
_____

Besonders gefallen hat mir an diesem Band:
_____
_____

Weitere Vorschläge und Verbesserungsmöglichkeiten?

Absender (bitte unbedingt ausfüllen)

_____
_____
_____